EUL VERLAG

Rechnungslegung und Wirtschaftsprüfung

Herausgegeben von Prof. (em.) Dr. Dr. h. c. Jörg Baetge, Münster, Prof. Dr. Hans-Jürgen Kirsch, Münster, und Prof. Dr. Stefan Thiele, Wuppertal

Band 16
Sebastian Nimwegen
Vermeidung und Aufdeckung von Fraud – Möglichkeiten der internen Corporate Governance-Elemente
Lohmar – Köln 2009 • 296 S. • € 59,- (D) • ISBN 978-3-89936-822-2

Band 17
Timo Haenelt
Die Zwischenberichterstattung nach IFRS – Eine empirische Analyse der gesetzlichen Vorschriften und der Anforderungen des Kapitalmarkts
Lohmar – Köln 2009 • 400 S. • € 66,- (D) • ISBN 978-3-89936-831-4

Band 18
Thorsten Melcher
Aufdeckung wirtschaftskrimineller Handlungen durch den Abschlussprüfer
Lohmar – Köln 2009 • 300 S. • € 59,- (D) • ISBN 978-3-89936-832-1

Band 19
Hannes Köhrmann
Die Rechnungslegung kommunaler Gebietskörperschaften – Eine Analyse der Regelungen des NKF und der IPSAS
Lohmar – Köln 2009 • 288 S. • € 58,- (D) • ISBN 978-3-89936-844-4

Band 20
Thomas Lenz
Die Bilanzierung von Immobilien nach IFRS – Eine ökonomische Analyse vor dem Hintergrund des REIT-Gesetzes
Lohmar – Köln 2009 • 460 S. • € 69,- (D) • ISBN 978-3-89936-856-7

Band 21
Sören Peters
Entscheidungsnützlichkeit der Leasingbilanzierung nach IFRS und US-GAAP – Eine Analyse der aktuellen Reformbestrebungen
Lohmar – Köln 2009 • 360 S. • € 64,- (D) • ISBN 978-3-89936-866-6

JOSEF EUL VERLAG

Entscheidungsnützlichkeit der Leasingbilanzierung nach IFRS und US-GAAP

Eine Analyse der aktuellen Reformbestrebungen

Von der Wirtschaftswissenschaftlichen Fakultät der
Gottfried Wilhelm Leibniz Universität Hannover
zur Erlangung des akademischen Grades

Doktor der Wirtschaftswissenschaften
– Doctor rerum politicarum –

genehmigte Dissertation
von

Diplom-Ökonom Sören Peters
geboren am 25. November 1976 in Hannover

2009

Referent:	Prof. Dr. Hans-Jürgen Kirsch
Korreferent:	Prof. Dr. Stefan Wielenberg
Tag der Promotion:	22. Oktober 2009

Abstract:

Die geltenden Leasingstandards nach IFRS und US-GAAP sind durch einen mit dem *risk and reward approach* verbundenen dichotomen Ansatz sowie durch die Möglichkeit zur *off-balance-sheet*-Gestaltung durch den Leasingnehmer (*all or nothing approach*) gekennzeichnet. Nicht zuletzt aufgrund der massiven Kritik an der aktuellen Konzeption steht die Weiterentwicklung der geltenden Bilanzierungsregelungen im Mittelpunkt des aktuellen IASB/FASB-Leasingprojektes. Die Standardsetter präferieren in ihrem jüngst veröffentlichten Diskussionspapier "*Leases - Preliminary Views*" eine bilanzwirksame Gleichbehandlung sämtlicher Leasingverhältnisse.

Vor diesem Hintergrund wird in der vorliegenden Untersuchung die Reformbedürftigkeit der geltenden Leasingbilanzierung nach IFRS und US-GAAP diskutiert. Zusätzlich werden über das aktuelle Diskussionspapier hinaus auch andere, alternativ im Zusammenhang mit dem aktuellen IASB/FASB-Leasingprojekt diskutierte Bilanzierungskonzeptionen analysiert. Die Grundlage für die Beurteilung bilden dabei die in der Untersuchung herausgearbeiteten Anforderungen an entscheidungsnützliche Informationen aus Sicht der typisierten Investoren. Im Ergebnis der Analyse konnte gezeigt werden, dass die im Diskussionspapier vorgeschlagene grundsätzliche Vereinheitlichung der Leasingbilanzierung mittels der Aktivierung der erwarteten Leasingzahlungen das Potential zu einer im Vergleich zu den alternativ diskutierten Bilanzierungskonzeptionen verbesserten Entscheidungsnützlichkeit hat.

Schlagwörter:

Leasingbilanzierung, Entscheidungsnützlichkeit, Diskussionspapier

Abstract:

The current IFRS and US-GAAP lease accounting standards adopt the risk and reward approach and allow the lessee to utilise off-balance-sheet-arrangements (all or nothing approach). As criticism was passed continuously on the current concept an IASB and FASB project was launched to enhance the existing lease accounting standards. The respective discussion paper "Leases - Preliminary Views" recently published by the standardsetters clearly supports the approach of on-balance-sheet-accounting for all lease contracts.

Respectively this document analyses the current IFRS and US-GAAP lease accounting standards, the current discussion paper as well as optional lease accounting concepts discussed in this context. Assessments made are based on the availability of useful information for buy-hold-sell decisions of private investors. The conclusion of the analysis underlines the improvements achievable through the unification of lease accounting based on the estimated leasing rate in balance sheets. The approach favoured by the IASB and FASB will help private investors to make investment decisions based on more useful information than supported by other lease accounting approaches outlined.

Key words:

Lease accouting, Decision usefulness, Discussion paper

Reihe: Rechnungslegung und Wirtschaftsprüfung · Band 21

Herausgegeben von Prof. (em.) Dr. Dr. h. c. Jörg Baetge, Münster, Prof. Dr. Hans-Jürgen Kirsch, Münster, und Prof. Dr. Stefan Thiele, Wuppertal

Dr. Sören Peters

Entscheidungsnützlichkeit der Leasingbilanzierung nach IFRS und US-GAAP

Eine Analyse der aktuellen Reformbestrebungen

Mit einem Geleitwort von Prof. Dr. Hans-Jürgen Kirsch,
Westfälische Wilhelms-Universität Münster

EUL VERLAG

Bibliografische Information der Deutschen Nationalbibliothek

Die Deutsche Nationalbibliothek verzeichnet diese Publikation in der Deutschen Nationalbibliografie; detaillierte bibliografische Daten sind im Internet über <http://dnb.d-nb.de> abrufbar.

Dissertation, Gottfried Wilhelm Leibniz Universität Hannover, 2009

ISBN 978-3-89936-866-6
1. Auflage Dezember 2009

JOSEF EUL VERLAG GmbH
Brandsberg 6
53797 Lohmar
Tel.: 0 22 05 / 90 10 6-6
Fax: 0 22 05 / 90 10 6-88
E-Mail: info@eul-verlag.de
http://www.eul-verlag.de

Bei der Herstellung unserer Bücher möchten wir die Umwelt schonen. Dieses Buch ist daher auf säurefreiem, 100% chlorfrei gebleichtem, alterungsbeständigem Papier nach DIN 6738 gedruckt.

Geleitwort

Die derzeitigen Regelungen zur Leasingbilanzierung nach IFRS und US-GAAP, die vor allem durch eine auf dem *risk and reward approach* basierende Zweiteilung der Bilanzierung sowie die Möglichkeit zur *off-balance-sheet*-Gestaltung durch den Leasingnehmer (*all or nothing approach*) geprägt sind, stehen bereits seit längerer Zeit infolge der angeblich unvollständigen Berichterstattung und umfangreichen Abbildungsspielräume in der Kritik. Aus diesem Grund steht die Weiterentwicklung der geltenden Leasingstandards im Mittelpunkt des aktuellen IASB/FASB-Leasingprojektes. Die beiden Standardsetter präferieren in ihrem am 19. März 2009 veröffentlichten Diskussionspapier "*Leases - Preliminary Views*" eine bilanzwirksame Gleichbehandlung sämtlicher Leasingverhältnisse, mit der eine Verbesserung der Entscheidungsnützlichkeit der Informationsvermittlung für die primär adressierten Investoren angestrebt wird. Sofern die vorgeschlagene Grundkonzeption weiterverfolgt wird, steht die Leasingbilanzierung vor einem Paradigmenwechsel, der deutliche Auswirkungen auf die Bilanz und Gewinn- und Verlustrechnung insbesondere leasingintensiver Unternehmen haben könnte. Vor diesem Hintergrund werden in der vorliegenden Untersuchung die Reformbedürftigkeit der geltenden Leasingbilanzierung nach IFRS und US-GAAP analysiert und neben dem aktuellen Diskussionspapier auch andere, alternativ im Zusammenhang mit dem aktuellen IASB/FASB-Leasingprojekt diskutierte Bilanzierungskonzeptionen hinsichtlich einer möglichen Verbesserung der Entscheidungsnützlichkeit der Leasingbilanzierung diskutiert.

Als Grundlage für die Analyse der geltenden Regelungen zur Leasingbilanzierung bzw. der alternativ diskutierten Bilanzierungskonzeptionen werden dazu im **zweiten Abschnitt** zunächst die allgemeinen Anforderungen an eine kapitalmarktorientierte Unternehmensberichterstattung herausgearbeitet. Die infolge der Heterogenität der Informationsbedürfnisse der Kapitalmarktteilnehmer erforderliche Typisierung führt zu einer Fokussierung auf einen durchschnittlich fachkundigen, auf öffentlich verfügbare Informationen angewiesenen Kleinaktionär (*average prudent investor*), der seine Investitionsentscheidungen auf Basis des Vergleichs erwarteter künftiger Zahlungsströme aus verschiedenen Investitionsalternativen trifft. Hieraus lässt sich das Interesse der typisierten

Investoren an Informationen ableiten, die die Unsicherheit hinsichtlich der künftigen Entwicklung der Investitionsobjekte reduzieren und somit die Prognose der künftigen Zahlungsströme erleichtern bzw. ermöglichen. Entscheidungsnützlichkeit von Kapitalmarktinformationen bedingt daher sowohl entscheidungsrelevante Informationsinhalte zur Entscheidungsunterstützung als auch eine vertrauenschaffende Informationsqualität (Verlässlichkeit) als Grundvoraussetzung für interessengerechte Investitionsentscheidungen. Aufbauend auf den somit entwickelten Informationsanforderungen der Kleinaktionäre wird die grundsätzliche Eignung der externen Rechnungslegung für eine entscheidungsnützliche Informationsvermittlung untersucht. Mittels Rückgriff auf die Neue Institutionenökonomik stellt der Verfasser fest, dass die normierte externe Rechnungslegung zu einer Verringerung der transaktionskostenbedingten Informationsasymmetrien sowie der *Prinzipal-Agent*-Konflikte zwischen den Investoren und dem beauftragten Management führen kann. Darüber hinaus wird herausgearbeitet, dass die internationale Harmonisierung der Rechnungslegungssysteme - bspw. mittels der aktuellen Konvergenzbestrebungen zwischen IASB und FASB - zu einer deutlichen Verringerung der Transaktionskosten führen kann.

Zur Präzisierung des ausgewählten Untersuchungsgegenstandes werden im nächsten Schritt die Grundstrukturen von Leasingvereinbarungen zunächst zivilrechtlich mittels der Methode der typologischen Gesamtbetrachtungsweise analysiert. Trotz der fehlenden zivilrechtlichen Legaldefinition und der international uneinheitlichen Verwendung des Leasingbegriffes lassen sich die Nutzungsüberlassung und dieser nachrangig die Finanzierung als Hauptfunktionen von Leasingverhältnissen identifizieren. Anschließend leitet der Verfasser aus ökonomischer Perspektive das der vorliegenden Untersuchung zu Grunde liegende Verständnis von Leasingvereinbarungen aus der *Property-Rights*-Theorie ab, nach dem unter einem Leasingverhältnis eine entgeltliche, zeitlich begrenzte Übertragung von Verfügungsrechten zu verstehen ist, mit der zumindest eine Abspaltung eines Nutzungsrechtes vom juristischen Eigentum verbunden ist.

Der somit entwickelte Bezugsrahmen dient im **dritten Abschnitt** als Basis für die Diskussion der aktuellen, konzeptionell weitestgehend identischen Leasingstandards nach IFRS und US-GAAP hinsichtlich der Entscheidungsnützlichkeit der vermittelten Informationen. Nach dem *risk and reward approach* der geltenden Bilanzierungsregelungen sind sämtliche Leasingvereinbarungen anhand der Verteilung der wesentlichen mit dem Leasingobjekt verbundenen Chancen und Risiken in Finanzierungs- oder Operating-Leasingverhältnisse zu kategorisieren. Ausgehend von dieser Klassifizierung folgen die aktuellen Leasingstandards dem *all or nothing approach*, nach dem im Fall eines Finanzierungs-Leasingverhältnisses das Leasingobjekt sowie die korrespondierende Leasingverbindlichkeit beim Leasingnehmer auszuweisen sind, während ein regelmäßig angestrebtes Operating-Leasingverhältnis bei diesem grundsätzlich nicht bilanziell zu erfassen ist. Die aktuelle Leasingbilanzierung ist somit durch einen dichotomen Ansatz gekennzeichnet. Der *all or nothing approach* der geltenden Bilanzierungsvorgaben führt zu einer unvollständigen Informationsvermittlung, die auch durch die ergänzende Berichterstattung nicht wesentlich eingeschränkt wird. Zudem bleiben die regelmäßig zwischen den Vertragsparteien vereinbarten bedingten Leasingzahlungen sowie bestimmte Optionen innerhalb der geltenden Bilanzierung unberücksichtigt. Die geltende Zweiteilung der Leasingbilanzierung suggeriert ferner eine realiter nicht gegebene Möglichkeit der trennscharfen Kategorisierung von realen Sachverhalten. Die bilanzielle Abbildung von ökonomisch nahezu identischen Sachverhalten ist daher grundverschieden. Wie innerhalb der Analyse festgestellt wird diese Problematik dadurch verstärkt, dass die qualitativen Orientierungshilfen folgende Vertragseinordnung nach IFRS einem faktischen Wahlrecht ähnelt. Die quantitativen Klassifizierungskriterien nach US-GAAP erleichtern dagegen die Umgehung der Grenzwerte durch eine zielgerichtete Vertragsgestaltung. Die aktuellen Leasingstandards bergen somit die Gefahr einer tendenziösen Berichterstattung durch die eine Nichtbilanzierung anstrebenden Leasingnehmer. Auch infolge der unzureichenden ergänzenden Erläuterungen zur Ausübung der Abbildungsspielräume sowie zur zentralen Vertragskategorisierung wird im Ergebnis der Analyse die Reformbedürftigkeit der geltenden Regelungen zur Leasingbilanzierung infolge der eingeschränkten Entscheidungsnützlichkeit bestätigt.

Aufbauend auf der diagnostizierten Reformbedürftigkeit werden im **vierten Abschnitt** zunächst mit dem *Right-of-use*-Modell und dem *Whole-Asset*-Modell die dem aktuellen IASB/FASB-Leasingprojekt als wesentliche Grundlage dienenden Bilanzierungskonzeptionen diskutiert, nach denen die künftige Leasingbilanzierung grundsätzlich vereinheitlicht werden soll. Während mit dem *Right-of-use*-Modell die grundsätzliche Aktivierung von Verfügungsrechten beim Leasingnehmer und somit die Bilanzierung der von diesem kontrollierten wirtschaftlichen Ressourcen vorgeschlagen wird, sollen nach dem *Whole-Asset*-Modell unabhängig von den vertraglichen Regelungen stets die gesamten körperlichen Leasingobjekte beim Leasingnehmer bilanziert werden. Im Rahmen der Analyse der jeweiligen Entscheidungsnützlichkeit stellt der Verfasser fest, dass das *Right-of-use*-Modell durch die einheitliche Bilanzierung der Verfügungsrechtspositionen der beiden Vertragsparteien im Vergleich zu den aktuellen Leasingstandards zu entscheidungsrelevanteren Informationen führt, während die Verlässlichkeit insbesondere durch die zunehmende Komplexität der separaten Bewertung von bestimmten Vertragskomponenten eingeschränkt wird. Demgegenüber wird deutlich, dass der grundsätzliche Ansatz des Leasingobjektes in Höhe des beizulegenden Zeitwertes beim Leasingnehmer nach dem *Whole-Asset*-Modell unzutreffenderweise künftige Zahlungsflüsse über die gesamte wirtschaftliche Nutzungsdauer des Leasingobjektes suggeriert. Die fehlende Differenzierung zwischen zeitlich begrenztem Leasing und einem kreditfinanzierten Erwerb des gesamten Leasingobjektes ist ein weiteres zentrales Problemfeld des *Whole-Asset*-Modells.

Aufbauend auf den Erkenntnissen aus den Analysen der untersuchten alternativen Bilanzierungskonzeptionen diskutiert der Verfasser schließlich der Verlauf des aktuellen IASB-/FASB-Leasingprojektes bis hin zu dem am 19. März 2009 veröffentlichten Diskussionspapier "*Leases – Preliminary Views*". Die vorgeschlagene - der Annahme des Erwerbs des Nutzungsrechtes am Leasingobjekt über die voraussichtliche Vertragsdauer folgende - grundsätzliche Vereinheitlichung der Leasingbilanzierung mittels der Aktivierung der erwarteten Leasingzahlungen hat nach der vorliegenden Analyse das Potential für eine entscheidungsrelevante Informationsvermittlung. Allerdings resultieren aus der Bilanzierung der erwarteten Leasingzahlungen infolge der unvermeidlichen Subjektivität von Wahrscheinlichkeiten Abbildungsspielräume, deren Einfluss auf die Bilanzierung jedoch mittels der in der Untersuchung entwickelten Vorschläge reduziert werden kann. Im Ergebnis konnte in der vorliegenden Arbeit somit gezeigt werden, dass die im jüngst veröffentlichten Diskussionspapier vorgeschlagene Grundkonzeption aus

Sicht der typisierten Investoren das Potential zu einer im Vergleich zu den alternativ diskutierten Bilanzierungskonzeptionen verbesserten Entscheidungsnützlichkeit hat.

Insgesamt bietet die vorgelegte Arbeit somit nicht nur einen theoretisch fundierten Einblick in die verschiedenen Konzepte einer Bilanzierung von Leasingverhältnissen und in die Entwicklung der Diskussion auf diesem Feld. Darüber hinaus werden diese Ansätze vor dem Hintergrund des von den beiden Standardsettern IASB und FASB selbst gesetzten Ziels der Entscheidungsnützlichkeit von Informationen umfassend gewürdigt. Die Arbeit leistet damit einen wichtigen Beitrag für die Diskussion um die Bilanzierung von Leasingverhältnissen. Insofern wünsche ich der Arbeit eine weite Verbreitung sowohl in der theoretischen Diskussion als auch in der praktischen Weiterentwicklung der Rechnungslegung zu diesem Bereich.

Hannover/Münster, im November 2009 Prof. Dr. Hans-Jürgen Kirsch

Vorwort des Verfassers

Die vorliegende Arbeit entstand während meiner Tätigkeit als wissenschaftlicher Mitarbeiter am Institut für Rechnungslegung und Wirtschaftsprüfung der Gottfried Wilhelm Leibniz Universität Hannover und parallel zu meiner Tätigkeit als Mitarbeiter der PricewaterhouseCoopers AG Wirtschaftsprüfungsgesellschaft in Hannover. Sie wurde von der Wirtschaftswissenschaftlichen Fakultät der Gottfried Wilhelm Leibniz Universität Hannover im Oktober 2009 als Dissertation angenommen.

Mein herzlicher Dank gilt meinem verehrten Doktorvater, Herrn Prof. Dr. Hans-Jürgen Kirsch, der mir zum einen die Möglichkeit zur Promotion eröffnete und zum anderen durch seine wertvollen fachlichen Hinweise erheblich zum Gelingen dieser Arbeit beigetragen hat. Ihm danke ich insbesondere für die ständige Diskussionsbereitschaft, auch nach der Übernahme der Leitung des Instituts für Rechnungslegung und Wirtschaftsprüfung der Westfälischen Wilhelms-Universität Münster. Bedanken möchte ich mich auch bei Herrn Prof. Dr. Stefan Wielenberg für die freundliche Übernahme des Zweitgutachtens sowie für die Einräumung der für die Fertigstellung der Arbeit notwendigen Freiräume am Institut in Hannover. Weiterhin gilt mein Dank Herrn Prof. Dr. Klaus-Peter Wiedmann für seine Mitwirkung in der Promotionskommission.

Ferner bedanke ich mich herzlich bei meinem Arbeitgeber, der PricewaterhouseCoopers AG Wirtschaftsprüfungsgesellschaft in Hannover, für die großzügige Gewährung eines Promotionsstipendiums.

Meinen (ehemaligen) Kolleginnen und Kollegen an den obigen Instituten in Hannover und Münster danke ich für ihre fachliche Unterstützung, die angenehme Arbeitsatmosphäre sowie die mitunter notwendige Ablenkung von der Forschung. Namentlich erwähnen möchte ich gern an dieser Stelle Herrn Dr. Christian Blecher, Frau Dipl.-Kffr. Corinna Ewelt, Frau Prof. Dr. Henriette Houben, Herrn Dipl.-Ök. Oliver Kiaman, Herrn Dr. Peter Koelen, Herrn Dr. Hannes Köhrmann, Herrn Dipl.-Ök. Henrik Kohlmann, Herrn Dr. Dirk Meth, Herrn Dr. Sebastian Nimwegen, Herrn Dipl.-Kfm. Christian Olivier, Herrn Dr. Andreas Scholze, Herrn Dr. Leif Steinhauer und Herrn Dipl.-Kfm. Oliver Tinz.

Mein Dank gilt auch den Famulantinnen und Famulanten für die Unterstützung bei der Literaturrecherche.

Ganz besonders möchte ich mich bei meinen Eltern bedanken, die mich auf meinem bisherigen Lebensweg stets in vielfältiger Weise unterstützt und gefördert haben. Ebenso großen Dank schulde ich meinem Lieblingsbruder Björn für die Unterstützung nicht nur in den letzten Jahren. Ihnen möchte ich diese Arbeit widmen.

Hannover, im November 2009 Sören Peters

Inhaltsübersicht

Inhaltsverzeichnis

Abbildungsverzeichnis

Abkürzungsverzeichnis

A

a. A.	anderer Ansicht/Auffassung
AAA	American Accounting Association
AAS	Australian Accounting Standard
Abl.	Amtsblatt
Abt.	Abteilung
ADS	Adler/Düring/Schmaltz
AG	Die Aktiengesellschaft (Zeitschrift)/Application Guidance (i. V. m. IAS- oder IFRS-Standards verwendet)
AICPA	American Institute of Certified Public Accountants
AK	Arbeitskreis
APB	Accounting Principles Board
ASB	United Kingdom Accounting Standards Board

B

BB	Betriebs-Berater (Zeitschrift)
Begr.	Begründer
BFH	Bundesfinanzhof
BFuP	Betriebswirtschaftliche Forschung und Praxis (Zeitschrift)
BGB	Bürgerliches Gesetzbuch
BGH	Bundesgerichtshof
BMF	Bundesministerium der Finanzen
BörsG	Börsengesetz
bspw.	Beispielsweise
bzgl.	Bezüglich
bzw.	Beziehungsweise

D

DB	Der Betrieb (Zeitschrift)

DBW	Die Betriebswirtschaft (Zeitschrift)
DStR	Deutsches Steuerrecht (Zeitschrift)
DSWR	Datenverarbeitung Steuer Wirtschaft Recht (Zeitschrift)

E

EG	Europäische Gemeinschaft(en)
EGHGB	Einführungsgesetz zum Handelsgesetzbuch
EITF	Emerging Issues Task Force
et al.	et alii (und andere)
EU	Europäische Union

F

F.	Framework
FASB	Financial Accounting Standards Board
FASC	Financial Accounting Standards Committee
FB	Finanzbetrieb (Zeitschrift)
FIN	FASB Interpretations
FLF	Finanzierung Leasing Factoring (Zeitschrift)
FTB	FASB Technical Bulletins

G

GE	Geldeinheiten
gl. A.	gleicher Ansicht

H

HB	Handbuch
HdJ	Handbuch des Jahresabschlusses in Einzeldarstellungen
Hrsg.	Herausgeber

I

IAS	International Accounting Standard(s)

IASB	International Accounting Standards Board
IASC	International Accounting Standards Committee
i. d. R.	in der Regel
IFRIC	International Financial Reporting Interpretations Committee
IFRS	International Financial Reporting Standard(s)
IOSCO	International Organization of Securities Commissions
IRZ	Zeitschrift für Internationale Rechnungslegung
IStR	Internationales Steuerrecht (Zeitschrift)
i. V. m.	in Verbindung mit

J

JuS	Juristische Schulung (Zeitschrift)
JZ	Juristenzeitung

K

KoR	Zeitschrift für internationale und kapitalmarktorientierte Rechnungslegung
Komm.	Kommentar

M

m. w. N.	mit weiteren Nachweisen

N

NJW	Neue Juristische Wochenschrift (Zeitschrift)
No.	Number
Nr.	Nummer(n)

P

PiR	Praxis der internationalen Rechnungslegung (Zeitschrift)

R

rev.	Revised
RIW	Recht der internationalen Wirtschaft (Zeitschrift)
Rn.	Randnummer

S

S.	Seite
SAC	Standards Advisory Council
SAS	Statement on Auditing Standards
sbr	Schmalenbach Business Review (Zeitschrift)
SEC	Securities and Exchange Commission
SFAC	Statement of Financial Accounting Concept
SFAS	Statement of Financial Accounting Standards
SIC	Standing Interpretations Committee
sog.	so genannte(r)
SoP	Statement of Position
Sp.	Spalte
SSAP	Statement of Standard Accounting Practice
StuB	Steuern und Bilanzen (Zeitschrift)
StuW	Steuern und Wirtschaft (Zeitschrift)
SZW	Schweizerische Zeitschrift für Wirtschafts- und Finanzmarktrecht

U

UK	United Kingdom
US	United States
US-GAAP	United States Generally Accepted Accounting Principles
u. U.	unter Umständen

V

vgl.	Vergleiche

W

WiSt	Wirtschaftswissenschaftliches Studium (Zeitschrift)
WISU	Das Wirtschaftsstudium (Zeitschrift)
WPg	Die Wirtschaftsprüfung (Zeitschrift)
WpHG	Gesetz über den Wertpapierhandel

Z

z. B.	zum Beispiel
ZBB	Zeitschrift für Bankrecht und Bankwirtschaft
ZfB	Zeitschrift für Betriebswirtschaft
ZfbF	Zeitschrift für betriebswirtschaftliche Forschung
ZfgK	Zeitschrift für das gesamte Kreditwesen
ZGR	Zeitschrift für Unternehmens- und Gesellschaftsrecht
ZHR	Zeitschrift für das gesamte Handelsrecht und Wirtschaftsrecht
ZIP	Zeitschrift für Wirtschaftsrecht
z. T.	zum Teil

1 Problemstellung und Gang der Untersuchung

In den letzten Jahrzehnten ist eine zunehmende Internationalisierung der Unternehmenstätigkeit festzustellen, die mit einem erhöhten externen Finanzierungsbedarf der Unternehmen verbunden ist.[1] Zur Deckung dieses gestiegenen Finanzbedarfs ist die verstärkte Inanspruchnahme internationaler Kapitalmärkte erforderlich. Angesichts des damit verbundenen verstärkten Wettbewerbs auf den internationalen Kapitalmärkten und der immensen Bedeutung günstiger Finanzierungskonditionen für die Konkurrenzfähigkeit der Unternehmen wird eine an den Interessen der Kapitalgeber ausgerichtete Kapitalmarktkommunikation erforderlich.[2] Vor diesem Hintergrund ist ein Trend zur Internationalisierung der Rechnungslegung – als wesentlicher Bestandteil der Kapitalmarktkommunikation – zu konstatieren, mit der eine verbesserte und vergleichbarere Informationsversorgung der Kapitalgeber angestrebt wird.[3]

Insbesondere mit der Unterstützung der Europäischen Union haben sich die *International Financial Reporting Standards* (IFRS) als weltweit bedeutendes Rechnungslegungssystem neben den US-amerikanischen *Generally Accepted Accounting Principles* (US-GAAP) etabliert.[4] Mit der Verabschiedung der EU-Verordnung vom 19. Juli 2002 wurden sämtliche kapitalmarktorientierte[5] Unternehmen verpflichtet, ihren Konzernabschluss für Geschäftsjahre beginnend ab dem 1. Januar 2005 nach IFRS auf-

---

1 Vgl. PELLENS, B./FÜLBIER, R. U./GASSEN, J./SELLHORN, T., Internationale Rechnungslegung,

2 Vgl. GLAUM, M./MANDLER, U., Rechnungslegung auf globalen Kapitalmärkten, S. 1-2; WATRIN, C., Internationale Rechnungslegung, S. 135-136; BAETGE, J./NOELLE, J., Shareholder-Value-Reporting, S. 174-175.

3 Vgl. BALLWIESER, W., Konzernrechnungslegung und Wettbewerb, S. 644-645; BAY, W./BRUNS, H.-G., Internationalisierung der Unternehmenspublizität, S. 716-717.

4 Ein erster bedeutender Meilenstein für diese Entwicklung war die am 16. Mai 2000 verabschiedete Resolution der *International Organization of Securities Commissions* (IOSCO), mit der allen Mitgliedsorganisationen die Anerkennung eines Großteils der damaligen *International Accouting Standards* (IAS) als Zulassungsvoraussetzung für eine Inanspruchnahme der jeweiligen nationalen Kapitalmärkte durch ausländische Emittenten empfohlen worden ist. Obwohl die Vorgaben der IOSCO für die einzelnen Mitgliedsorganisationen nicht bindend sind und insbesondere die SEC der Empfehlung zu diesem Zeitpunkt nicht gefolgt ist, stellte die Anerkennung der Standards durch die IOSCO einen bedeutenden Schritt zur internationalen Akzeptanz der Standards dar. Vgl. IOSCO (Hrsg.), IASC Standards-Assessment Report. Zur Bedeutung dieser Anerkennung vgl. FUCHS, M./STIBI, B., IOSCO-SEC-EU-Kommission, S. 1-5.

5 Als kapitalmarktorientiert gelten hierbei alle Unternehmen, deren Wertpapiere in einem beliebigen Mitgliedsstaat zum Handel in einem geregelten Markt zugelassen sind.

zustellen.[6] Die verpflichtende Anwendung führt zu einer Harmonisierung der kapitalmarktorientierten Rechnungslegung innerhalb der EU. Für Unternehmen, deren Wertpapiere an einer Börse außerhalb der EU zugelassen waren und die zu diesem Zweck andere international anerkannte Rechnungslegungsstandards – beispielsweise US-GAAP – angewendet haben, galt eine Fristverlängerung für die verpflichtende IFRS-Anwendung bis zum 1. Januar 2007.[7]

Über diese Harmonisierung der Rechnungslegung innerhalb der EU hinaus findet derzeit zwischen *International Accounting Standards Board* (IASB) und *Financial Accounting Standards Board* (FASB) ein Projekt zur Konvergenz von IFRS und US-GAAP statt.[8] Zielsetzung des am 18. September 2002 beschlossenen Konvergenzprojektes ist die Harmonisierung der beiden Rechnungslegungssysteme sowie die Koordination der zukünftigen Arbeitsprogramme der beiden Standardsetter.[9] Am 27. Februar 2006 haben das IASB und das FASB einen konkreten Fahrplan zur Konvergenz der IFRS und US-GAAP beschlossen.[10] Dabei wurde insbesondere eine Vielzahl von einzelnen Projekten vereinbart, in denen ausgewählte Bilanzierungsprobleme thematisiert werden sollen.

---

[6] Vgl. Verordnung (EG) Nr. 1606/2002 des Europäischen Parlaments und des Rates betreffend die Anwendung internationaler Rechnungslegungsstandards, Abl. der EG Nr. L 243 vom 11.9.2002, S. 1-4 (IAS-Verordnung). Vgl. hierzu sowie zur Ausübung der Mitgliedsstaatenwahlrechte bzgl. der zulässigen oder verpflichtenden Anwendung der IFRS für den Einzelabschluss aller Unternehmen und/oder für den Konzernabschluss nicht kapitalmarktorientierter Unternehmen KIRSCH, H.-J., Umsetzung der Mitgliedstaatenwahlrechte, S. 275-278; BUCHHEIM, R./GRÖNER, S., Anwendungsbereich der IAS-Verordnung, S. 953-955; GÖTHEL, S. R., Europäisches Bilanzrecht, S. 2057-2061. Dabei ist zu berücksichtigen, dass nach der IAS-Verordnung die vom IASB verabschiedeten Standards und Interpretationen sowie deren Änderungen erst nach erfolgter Übernahme im Rahmen des Endorsement-Verfahrens verbindliches Recht der Europäischen Union werden. Vgl. hierzu Abschnitt 232.32 m. w. N.

[7] Die gleiche Übergangsfrist galt für Unternehmen, die ausschließlich auf Grund emittierter Fremdkapitaltitel unter den Anwendungsbereich der IAS-Verordnung fallen. Vgl. Artikel 57 EGHGB.

[8] Vgl. zum aktuellen Stand der Konvergenz der beiden Rechnungslegungssysteme DOBLER, M./GÜNTHER, N., Stand der de facto-Konvergenz, S. 809-842.

[9] Das sogenannte Norwalk Agreement am 18. September 2002 wurde im Rahmen eines *joint meetings* zwischen IASB und FASB in Norwalk (USA) ausgehandelt und am 29. Oktober 2002 in Form eines *Memorandum of Understanding* veröffentlicht. Vgl. FASB/IASB (Hrsg.), The Norwalk Agreement; BERNDT, T./HOMMEL, M., Konvergenz und Wettbewerb, S. 408-409; WAGENHOFER, A., IFRS als Global GAAP, S. 51-52. Hierbei ist darauf hinzuweisen, dass in die Konvergenzbestrebungen die vom IASB veröffentlichten IFRS und nicht die von der EU übernommenen IFRS einbezogen werden.

[10] Vgl. FASB/IASB (Hrsg.), Roadmap for Convergence. Für einen Überblick über das Konvergenzprojekt vgl. bspw. KOBISCH, S./HUNDT, I./NEITZ, B., Konvergenzprojekt des IASB und des FASB, S. 345-350; LEIBFRIED, P./MEIXNER, P., Konvergenz der Rechnungslegung, S. 210-215. Vgl. ausführlich zur internationalen Harmonisierung der Rechnungslegung Abschnitt 232.32.

Im Rahmen der Fortentwicklung des Konvergenzprojektes ist im Juli 2006 die Bilanzierung von Leasingverhältnissen auf die gemeinsame Projektagenda von IASB und FASB gesetzt worden. Leasing weist als Form der Fremdfinanzierung einen hohen volkswirtschaftlichen Stellenwert auf. So hat Leasing als Finanzierungsalternative in Deutschland in den letzten Jahrzehnten kontinuierlich an Bedeutung gewonnen. Die Leasingquote, die den Anteil der Leasinginvestitionen an den gesamtwirtschaftlichen Investitionen eines Jahres angibt, ist von 5,4% (1979) auf 18,0% (2007) gestiegen. Mit einem Neugeschäftsvolumen von 57,4 Milliarden Euro im Jahr 2007 ist die Leasing-Branche der größte Investor in Deutschland.[11] Die Entwicklung der Leasing-Investitionen im Verhältnis zu den gesamtwirtschaftlichen Investitionen wird durch die folgende Abbildung deutlich:

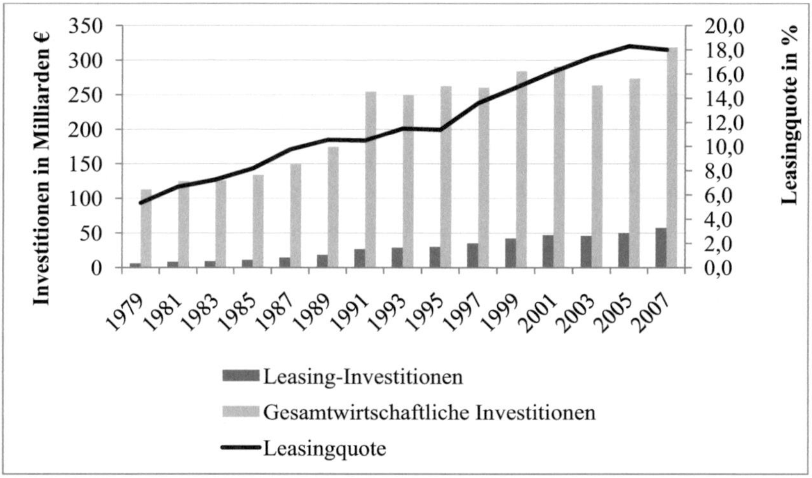

Abbildung 1: Entwicklung der Leasing-Investitionen in Deutschland[12]

---

[11] Vgl. SCHUR, H., Leasing als attraktivste Investitionsform, S. 53.

[12] Abbildung auf Basis der Daten vom Ifo-Institut für Wirtschaftsforschung. Vgl. STÄDTLER, A., Leasing 2008, S. 23; STÄDTLER, A., Leasing 1996, S. 10; STÄDTLER, A., Leasing 1992, S. 11; STÄDTLER, A., Leasing 1989, S. 7; STÄDTLER, A., Leasing 1984, S. 17. Die gesamtwirtschaftlichen Investitionen umfassen die Brutto-Anlageinvestitionen ohne Wohnungsbau (ab 1991 einschließlich der Neuen Bundesländer).

Die Motive für die Nutzung der Finanzierungsalternative Leasing aus Sicht der Unternehmen – und damit die Gründe für die vorstehende Entwicklung – sind laut einer aktuellen Marktstudie:[13]

- Planungssicherheit auf Grund der fest vereinbarten Leasingzahlungen und der damit verbundenen sicheren Kalkulationsgrundlage,
- Verringerung des Überalterungsrisikos von Investitionsgütern,
- Liquiditätsschonung,
- Flexibilität der Leasingvertragsbedingungen,
- steuerliche Vorteilhaftigkeit von Leasingvereinbarungen,
- Schonung der Bankkreditlinie infolge der möglichen Nichtbilanzierung von Leasingverhältnissen.

Auch wenn die vorstehenden, aus Sicht der Leasingnehmer bestehenden Argumente für den Abschluss von Leasingvereinbarungen im Detail durchaus umstritten sind,[14] ist festzustellen, dass die Investitionsform Leasing eine höhere gesamtwirtschaftliche Bedeutung als die Kreditaufnahme bei Banken aufweist.[15] Hieraus resultiert ein hoher Stellenwert der Leasingbilanzierung.

Die geltenden Regelungen zur Bilanzierung von Leasingverhältnissen nach IFRS und US-GAAP basieren mit dem sog. *risk and reward approach* auf der identischen Grundkonzeption.[16] Zum Zwecke der Bilanzierung sind sämtliche Leasingvereinbarungen nach den jeweils zentralen Rechnungslegungsstandards IAS 17 *Leases*[17] sowie SFAS 13

---

[13] Vgl. zu den Ergebnissen der vom Marktforschungsinstitut TNS Infratest Finanzforschung durchgeführten Studie „Leasing in Deutschland 2007“ SCHUR, H., Leasing als attraktivste Investitionsform, S. 53-58.

[14] Vgl. zur Diskussion um die Vorteilhaftigkeit der Finanzierungsalternative Leasing gegenüber dem kreditfinanzierten Erwerb bspw. RICHTER, L., Kreditfinanzierter Kauf versus Leasing, S. 249-266; WILHELM, J., Vorteilhaftigkeit des Leasing, S. 488-489; BÜSCHGEN, H. E., Leasing, S. 256-260; BITZ, M./NIEHOFF, K., Analyse des Leasing, S. 349-371; DIETZ, A., Leasing-Anwendung, S. 1018-1024; MELLWIG, W., Vorteilhafte Leasingverträge, S. 2261-2266; BÜSCHGEN, H. E., Finanzierungsalternative, S. 1029-1040; HARTMANN-WENDELS, T., Leasing-Forschung, S. 171-174.

[15] Vgl. o. V., Leasing überholt Bankkredit, S. 14.

[16] Vgl. bspw. COENENBERG, A. G., Jahresabschluss und Jahresabschlussanalyse, S. 186; PFERDEHIRT, H., Leasingbilanzierung nach IFRS, S. 107-108; KÜTING, K./HELLEN, H.-H./BRAKENSIEK, S., Bilanzierung von Leasinggeschäften, S. 40.

[17] Der bereits 1982 beschlossene Standard wurde zuletzt im Jahr 2003 überarbeitet. Die konzeptionellen Grundlagen von IAS 17 sind indes seit 1982 nicht verändert worden. In der weiteren Untersuchung

Accounting for Leases[18] – auf Basis der Verteilung der mit dem Leasingobjekt verbundenen Chancen und Risiken zwischen den Vertragsparteien – als Finanzierungs- bzw. Capital- oder als Operating-Leasingverhältnisse zu klassifizieren. Mit dieser Vertragskategorisierung ist die bilanzielle Zurechnung des Leasingobjektes verbunden. Beide Rechnungslegungssysteme folgen dem *all or nothing approach*, nach dem im Fall eines Finanzierungs- bzw. Capital-Leasingverhältnisses das Leasingobjekt sowie die aus der Leasingvereinbarung resultierende Verpflichtung beim Leasingnehmer auszuweisen sind, während ein Operating-Leasingverhältnis bei diesem grundsätzlich nicht bilanziell zu erfassen ist. Die Bilanzneutralität bestimmter Leasingvereinbarungen sowie die Gestaltungsanfälligkeit der vorzunehmenden Vertragsklassifizierung sind die in der Literatur diskutierten Hauptkritikpunkte an den bestehenden Bilanzierungsregelungen.[19]

Nicht zuletzt infolge dieser Kritik streben IASB und FASB im Rahmen des aktuellen gemeinsamen Leasingprojektes eine grundlegende Reform der Leasingbilanzierung an, deren Grundlage die Diskussionspapiere der sogenannten *G4+1 Working Group* bilden.[20] Kernelement der Reformbestrebungen ist die Abschaffung der vorstehend skizzierten Zweiteilung innerhalb der geltenden Leasingbilanzierung zu Gunsten einer bilanzwirksamen Gleichbehandlung sämtlicher Leasingvereinbarungen. Als erstes vorläufiges Ergebnis der bisherigen Diskussionen haben die beiden Standardsetter am 19. März 2009 ein Diskussionspapier veröffentlicht, das im Wesentlichen konzeptionelle Grundlagen einer möglichen zukünftigen Leasingbilanzierung enthält. Der somit möglicherweise bevorstehende Paradigmenwechsel innerhalb der Leasingbilanzierung ist aus Sicht der Kapitalgeber vor dem Hintergrund der oben erläuterten Verbreitung des Leasings von immenser Bedeutung.

---

wird nur noch die Kurzschreibweise "IAS 17" verwendet, die stets die 2003 überarbeitete Fassung bezeichnet, sofern keine anderslautenden Ergänzungen erfolgen.

18 Die Grundkonzeption der 1976 verabschiedeten Regelung ist ebenfalls seit der Inkraftsetzung nicht verändert worden. Im Folgenden wird nur noch die Kurzschreibweise "SFAS 13" verwendet.

19 Vgl. stellvertretend KIRSCH, H.-J., in: Baetge et al., Rechnungslegung nach IAS, IAS 17, Rn. 121; McGREGOR, W., Accounting for Leases, S. 3-4; FÜLBIER, R. U./PFERDEHIRT, H., Leasingbilanzierung, S. 275-276.

20 Vgl. McGREGOR, W., Accounting for Leases; IASC (Hrsg.), G4+1 Position Paper.

Vor diesem Hintergrund besteht die Zielsetzung der vorliegenden Arbeit darin, die **Entscheidungsnützlichkeit der Unternehmensberichterstattung nach IFRS und US-GAAP über Leasingverhältnisse** zu analysieren. In diesem Zusammenhang ist sowohl die Reformbedürftigkeit der geltenden Leasingbilanzierung zu untersuchen als auch der aktuelle Stand des IASB/FASB-Leasingprojektes zu würdigen. Dabei werden – analog zur Ausrichtung des Reformprojektes – insbesondere die konzeptionellen Grundlagen der derzeitigen Leasingbilanzierung nach IFRS und US-GAAP sowie die bislang alternativ diskutierten Konzeptionen im Mittelpunkt der Untersuchung stehen. Auf Basis der verschiedenen konzeptionellen Ansätze sind zudem die konkreten Reformschritte zu diskutieren. Da somit weniger die anwendungsorientierte Konkretisierung der Leasingbilanzierung für den Einzelfall analysiert wird, werden Besonderheiten im Zusammenhang mit Immobilienleasingtransaktionen[21], Sale-and-leaseback-Geschäften[22] sowie Leasingobjektgesellschaften[23] nicht explizit diskutiert.

Die Beantwortung obiger Grundfragestellung erfolgt im Wesentlichen in drei Schritten. In einem ersten Schritt ist ein Maßstab für die Beurteilung der geltenden Regelungen sowie der Reformvorschläge zur Leasingbilanzierung zu entwickeln. Hierbei ist insbesondere der Begriff der Entscheidungsnützlichkeit zu konkretisieren. Im zweiten Schritt sind die geltenden Bilanzierungsregelungen für Leasingverhältnisse nach IFRS und US-GAAP auf Basis des entwickelten Beurteilungsmaßstabes zu analysieren. Somit wird die Reformbedürftigkeit der aktuellen Leasingbilanzierung untersucht. Im dritten Schritt ist – ebenfalls anhand des im ersten Schritt konkretisierten Würdigungsmaßstabes – der aktuelle Stand des IASB/FASB-Leasingprojektes zu würdigen. Zudem werden konkrete Handlungsempfehlungen für den weiteren Projektverlauf entwickelt. Die vorstehend skizzierten Schritte werden in den Kapiteln 2, 3 und 4 dieser Arbeit umgesetzt.

In **Kapitel 2** sind somit als Basis für die spätere Untersuchung die Anforderungen an eine kapitalmarktorientierte Berichterstattung herauszuarbeiten. Hierzu ist zunächst die

---

21 Vgl. hierzu diesbezüglich KÜMPEL, T./BECKER, M., Immobilien-Leasingverhältnisse, S. 83-86.

22 Vgl. hierzu KIRSCH, H.-J., in: Baetge et al., Rechnungslegung nach IAS, IAS 17, Rn. 64-74; FELD, K.-P., IAS und US-GAAP, S. 1030-1031; KIRSCH, H., Sale-and-Leaseback, S. 220-226.

23 Vgl. hierzu stellvertretend SCHIMMELSCHMIDT, U./HAPPE, P., Bilanzierung von Leasingverträgen, S. 1-12; SCHRUFF, W./ROTHENBURGER, M., Konsolidierung von Special Purpose Entities, S. 755-765.

Typisierung der in dieser Arbeit betrachteten Kapitalgeber als Adressaten der Kapitalmarktkommunikation erforderlich. Auf Basis der Informationsanforderungen dieser Adressaten werden Kriterien für eine entscheidungsnützliche Informationsvermittlung entwickelt. Der für die weitere Analyse zentrale Beurteilungsmaßstab der Entscheidungsnützlichkeit wird dabei über die Kombination von Entscheidungsrelevanz und Verlässlichkeit konkretisiert. Anschließend wird – unter Rückgriff auf die Neue Institutionenökonomik – analysiert, ob die externe Rechnungslegung grundsätzlich als Instrument der Kapitalmarktkommunikation zur Bereitstellung von entscheidungsnützlichen Informationen beitragen und ob die Normierung bzw. Harmonisierung der Rechnungslegung die Entscheidungssituation der Kapitalgeber weiter verbessern kann. Da im weiteren Verlauf der Untersuchung auf die Informationsvermittlung über Leasingverhältnisse fokussiert wird, werden die Leasingvereinbarungen als der im Weiteren zu analysierende Untersuchungsgegenstand abgegrenzt.

Vor dem Hintergrund des somit entwickelten theoretischen Bezugsrahmens werden in **Kapitel 3** die geltenden Regelungen zur Leasingbilanzierung nach IFRS und US-GAAP hinsichtlich ihrer Entscheidungsnützlichkeit für die Adressaten der Kapitalmarktkommunikation analysiert. Dabei ist entsprechend dem konzeptionellen Charakter der vorliegenden Untersuchung mit dem *risk and reward approach* zunächst die konzeptionelle Grundlage der aktuellen Leasingbilanzierung zu beleuchten. Hierauf aufbauend wird die mit der Grundkonzeption zusammenhängende Bilanzierung bei Leasingnehmer und Leasinggeber diskutiert. Die Ausführungen münden in der Analyse der Entscheidungsnützlichkeit der geltenden Leasingbilanzierung. Insofern wird die Frage beantwortet, ob die geltenden Regelungen zur Leasingbilanzierung die Vermittlung von entscheidungsnützlichen Informationen sicherstellen oder ob diese tatsächlich reformbedürftig sind.

Die Analyse der geltenden Leasingbilanzierung bildet den Ausgangspunkt für die Diskussion des aktuellen IASB/FASB-Leasingprojektes in **Kapitel 4**. In diesem Zusammenhang sind mit dem *Right-of-use*-Modell und dem *Whole-Asset*-Modell zunächst die als Grundlage für das aktuelle Projekt dienenden, bereits vorher entwickelten Vorschläge für eine zukünftige Leasingbilanzierung zu untersuchen. Hierbei dient erneut die Entscheidungsnützlichkeit der auf Basis der Bilanzierungskonzeptionen vermittelten Informationen als Beurteilungsmaßstab. Im Anschluss sind die Weiterentwicklung dieser Bilanzierungskonzepte im Rahmen des IASB/FASB-Leasingprojektes sowie der aktuelle Zwischenstand des Reformprojektes zu würdigen. Hierbei ist zu untersuchen, ob mit der im Diskussionspapier enthaltenen Konzeption der zukünftigen Leasingbilanzierung eine entscheidungsnützliche Informationsvermittlung erreicht werden kann. Zudem werden Vorschläge zur Erhöhung der Entscheidungsnützlichkeit der zukünftigen Leasingbilanzierung entwickelt.

Kapitel 5 fasst die Erkenntnisse dieser Arbeit abschließend zusammen.

2 Bezugsrahmen für die Analyse von Leasingverhältnissen innerhalb der Kapitalmarktkommunikation

21 Vorbemerkungen

Die zunehmende Finanzierung von Unternehmen über die internationalen Kapitalmärkte erfordert eine verstärkte Orientierung der Unternehmen an den Bedürfnissen der Kapitalmarktteilnehmer. Aus dieser Entwicklung, die durch den intensiven Wettbewerb der kapitalnachfragenden Unternehmen auf den Kapitalmärkten verstärkt wird, resultiert auch eine zunehmende Bedeutung der Kapitalmarktkommunikation. Die Ausgestaltung der kapitalmarktorientierten Unternehmensberichterstattung und deren Verhältnis zu den Informationsanforderungen der Kapitalmarktteilnehmer ist zentraler Untersuchungsgegenstand dieser Arbeit. Vor diesem Hintergrund wird zunächst der für die konkrete Analyse der Kapitalmarktkommunikation erforderliche Bezugsrahmen entwickelt.

Hierzu erfolgt zunächst in Abschnitt 22 nach der Abgrenzung des zu analysierenden Kapitalmarktes und der Erläuterung der Kapitalmarktfunktionen eine Untersuchung der auf diesem Markt agierenden Kapitalmarktteilnehmer. Dabei werden die Kapitalmarktakteure präzisiert, die als **Adressaten der Kapitalmarktkommunikation** im Fokus der weiteren Ausführungen stehen werden.

Aufbauend auf den von den Adressaten verfolgten finanziellen Zielen sowie deren Entscheidungssituation werden in Abschnitt 23 die **Anforderungen an entscheidungsnützliche Informationen** aus Sicht der typisierten Anspruchsgruppe hergeleitet. Diese Informationsbedürfnisse bilden die adressatenorientierte Sollkonzeption einer effizienten Kapitalmarktkommunikation. Anschließend wird analysiert, ob die externe Rechnungslegung grundsätzlich als **Instrument der Kapitalmarktkommunikation** geeignet ist und somit als Vergleichsmaßstab für die entwickelte Sollkonzeption fungieren kann. Zudem wird untersucht, inwiefern eine normierte Informationsvermittlung der Entscheidungsunterstützung der Adressaten dienlich sein kann. Da Leasingvereinbarungen wie eingangs hergeleitet eine zunehmende gesamtwirtschaftliche Bedeutung haben, werden diese abschließend als der in der weiteren Untersuchung zu analysierende **Inhalt der Kapitalmarktkommunikation** abgegrenzt.

22 Adressaten der Kapitalmarktkommunikation

221. Abgrenzung des Kapitalmarktes

Ein Markt kann als ökonomischer Ort definiert werden, der durch das Aufeinandertreffen von Angebot und Nachfrage gekennzeichnet ist.[24] Um einen bestimmten Teilmarkt eindeutig zu determinieren, ist eine sachliche, räumliche und zeitliche Abgrenzung von anderen Märkten erforderlich.[25]

Die sachliche Abgrenzung des Kapitalmarktes als ein solcher Teilmarkt erfolgt zumeist mit Hilfe der gehandelten Güter. Der Kapitalmarkt ist dabei durch das Aufeinandertreffen von Angebot und Nachfrage nach mittel- und langfristigem Finanzkapital gekennzeichnet und unterscheidet sich somit vom Geldmarkt durch die längeren Rückzahlungsfristen der gehandelten Mittel.[26] Der Kapitalmarkt wird häufig als **Markt für Wertpapiere** bezeichnet, auf dem sowohl festverzinsliche Wertpapiere als auch Aktien gehandelt werden.[27]

---

[24] Für das Zusammentreffen der Anbieter und Nachfrager ist die Existenz eines realen geographischen Ortes dabei nicht erforderlich. Vgl. OTT, A. E., Marktformen, S. 105; TUCHTFELDT, E., Kapitalmarkt, S. 433.

[25] Vgl. MÖLLER, H. P./HÜFNER, B., Kapitalmarktforschung, Sp. 1275-1276. Die Abgrenzung erfolgt hierbei stets in Abhängigkeit des Analysezwecks. Vgl. HILKE, W., Markt, Sp. 2770-2771. Unter Marktabgrenzung ist in diesem Zusammenhang eine um eine Grenzziehung erweiterte Marktstrukturierung zu verstehen. Vgl. BAUER, H. H., Marktabgrenzung, S. 20.

[26] Vgl. SCHNEIDER, D., Kapitalmarkteffizienz, S. 20. SCHNEIDER konkretisiert die auf dem Kapitalmarkt aufeinandertreffenden Marktteilnehmer, indem er den Kapitalmarkt als Sammelbegriff für Märkte umschreibt, auf denen Nachfrager nach Geld heute mit Nachfragern nach zukünftigen Einnahmeansprüchen sowie Anbieter von Geld heute mit Anbietern zukünftiger Auszahlungsansprüche zusammentreffen. Vgl. SCHNEIDER, D., Investition, S. 12. Kapital- und Geldmärkte sind dabei Teilmärkte des Finanzmarktes, die neben dem Kriterium der Fristigkeit auch nach den Kriterien Marktteilnehmer, Marktfunktionen, Marktorganisation sowie Handelsobjekt differenzierbar sind. Vgl. hierzu ausführlich CHRISTIANS, F. W., Geld- und Kapitalmärkte, Sp. 1363-1371. Eine Vielzahl alternativer Geldmarktdefinitionen findet sich bei HASEWINKEL, V., Geldmarkt, S. 52-58.

[27] Vgl. BÜSCHGEN, H. E., Kapitalmarkt, S. 508; FRANZ, A., Regulierung, S. 248. HÄUSER bezeichnet den Wertpapiermarkt auch als Kapitalmarkt im engeren Sinne. Vgl. HÄUSER, K., Kapitalmarkt, Sp. 1059.

In der weiteren Untersuchung wird unter Kapitalmarkt der Markt für Wertpapiere verstanden, der folglich Eigen- sowie Fremdkapitaltitel umfasst.[28] Auf Grund der vorgenommenen Beschränkung des Kapitalmarktbegriffes auf den Wertpapiermarkt kann sich die Betrachtung auf einen **organisierten Markt** konzentrieren, womit ein durch Gesetz oder Gewohnheit institutionalisierter sowie durch Publizität und dauerhafte Organisation charakterisierter Markt bezeichnet wird.[29] Die staatlich regulierte Börse ist der gängigste Typus dieses Marktes.[30]

Neben der auf die gehandelten Wertpapiere abstellenden sachlichen Marktabgrenzung ist der Kapitalmarkt auch nach räumlichen und zeitlichen Kriterien abzugrenzen. Im Rahmen der räumlichen Marktabgrenzung stellt sich die Frage nach den geographischen Grenzen des zu untersuchenden Kapitalmarktes.[31] Die zeitliche Marktabgrenzung determiniert den Betrachtungszeitpunkt oder -zeitraum der Untersuchung. Hierbei kann das Abgrenzungskriterium Zeit abstrakt formuliert werden.[32] In der vorliegenden Arbeit erfolgt mit Ausnahme von historischen Rückblenden eine Gegenwartsbetrachtung. Eine räumliche Eingrenzung des Kapitalmarktes ist nicht erforderlich, wenngleich der deutsche Wertpapiermarkt als Referenzsystem dienen soll.[33]

---

28 Diese Abgrenzung schließt somit sowohl den Primär- als auch den Sekundärmarkt ein, die die beiden Hauptsegmente des Kapitalmarktes bilden. Gegenstand des Primärmarktes sind dabei Neuemissionen von Wertpapieren, wogegen auf dem Sekundärmarkt bereits emittierte Wertpapiere gehandelt werden. Vgl. hierzu KÜMPEL, S., Kapitalmarktrecht, S. 71-75; THOMMEN, J.-P./ACHLEITNER, A.-K., Betriebswirtschaftslehre, S. 489-490; TUCHTFELDT, E., Kapitalmarkt, S. 433. Insofern ist der Primärmarkt die Voraussetzung für einen funktionsfähigen Sekundärmarkt, da der Wertpapiertitel erst durch die Primärmarkttransaktion entsteht. Vgl. FRANKE, G./HAX, H., Finanzwirtschaft, S. 30-31.

29 Vgl. HÄUSER, K., Kapitalmarkt, Sp. 1059; WOLL, A., Marktordnung, S. 130-131. Demgegenüber zeichnen sich nicht-organisierte Märkte durch individuelle Verbindungen zwischen Anbietern und Nachfragern aus. Vgl. HILKE, W., Markt, Sp. 2775; FÜLBIER, R. U., Ad-hoc-Publizität, S. 27. BUCK-HEEB unterscheidet dagegen zwischen dem organisierten Kapitalmarkt und dem grauen Kapitalmarkt. Vgl. BUCK-HEEB, P., Kapitalmarktrecht, S. 24-26.

30 Die Börse zeichnet sich neben der staatlichen Regulierung insbesondere durch die Minimierung der Such-, Verhandlungs- und Prüfungskosten infolge des hohen Organisationsgrades aus. Vgl. KRESS, S. L., Kapitalmarktregulierung, S. 31-32. Vgl. zum Börsenbegriff BRUNS, G., Börse, Sp. 207; HIELSCHER, U., Börsen, Sp. 571; LUTZ, S., Börse, S. 229.

31 Dabei orientiert sich die räumliche Marktabgrenzung vielfach an Staatsgrenzen. Vgl. HILKE, W., Markt, Sp. 2771. Vgl. ausführlich zu den unterschiedlichen Konzepten einer räumlichen Marktabgrenzung SCHENGBER, R. A., Marktabgrenzung, S. 138-150.

32 Vgl. zur zeitlichen Marktabgrenzung FÜLBIER, R. U., Ad-hoc-Publizität, S. 28; SCHENGBER, R. A., Marktabgrenzung, S. 150-152. Grundsätzlich ist hierbei zu berücksichtigen, dass mit der Länge des gewählten Betrachtungszeitraums die Wahrscheinlichkeit von Marktveränderungen steigt. Vgl. HILKE, W., Markt, Sp. 2772.

33 Die strikte Fokussierung auf einen nationalen Kapitalmarkt erscheint auf Grund der zunehmend verringerten Segmentierungserscheinungen auf dem globalen Kapitalmarkt für die folgende Untersu-

222. Funktionen des Kapitalmarktes

Der im vorherigen Abschnitt abgegrenzte Kapitalmarkt stellt die Verbindung zwischen Realwirtschaft und Finanzwirtschaft her. Die dem Kapitalmarkt hierbei zukommenden Funktionen werden in der Literatur nicht einheitlich diskutiert, wobei festzustellen ist, dass sich diese unterschiedlichen Beschreibungen mehr in ihrer Terminologie als in ihrem Aussagegehalt unterscheiden.[34] Nach überwiegender Literaturmeinung ist dabei der Ausgleich von Angebot und Nachfrage nach Wertpapieren die Basisfunktion des Kapitalmarktes.[35] Zur Erfüllung dieser **Marktfunktion** sind Einzelverhandlungen zwischen Kapitalanbietern und Kapitalnachfragern nicht erforderlich.[36]

Darüber hinaus soll das investierte Kapital der rentabelsten Verwendung im Sinne einer gesamtwirtschaftlichen Wohlfahrtsmaximierung zugeführt werden.[37] Hierbei können zumindest langfristig die Unternehmen die attraktivste Rendite für Investoren bieten, die auch die größten Erfolge auf den Gütermärkten erzielen.[38] Diese Funktion wird als **Allokationsfunktion** bezeichnet. Dabei richtet sich die Attraktivität der Kapitalverwen-

---

chung entbehrlich. So ist bspw. auf dem Gebiet des Kapitalmarktrechtes die europäische Rechtsvereinheitlichung soweit wie in keinem anderen Rechtsgebiet fortgeschritten. Vgl. HEINZE, S., Europäisches Kapitalmarktrecht, S. 395-405; ELSTER, N., Europäisches Kapitalmarktrecht, S. 6 sowie S. 9-11. Grundsätzlich können bspw. Regulierungen, Währungsrisiken oder politische Risiken ursächlich für segmentierte Kapitalmärkte sein. Vgl. hierzu KNOP, O.-C., Unternehmensakquisition, S. 108-119.

34 Vgl. FÜLBIER, R. U., Ad-hoc-Publizität, S. 142. TUCHTFELDT unterscheidet bspw. zwischen der Markt-, der Allokations- und der Distributionsfunktion sowie der Interdependenz von Geld- und Kapitalmarkt. Vgl. TUCHTFELDT, E., Kapitalmarkt, S. 434-436. KAHLE differenziert dagegen zwischen der Kapitallenkungs- und der Kapitalaufbringungsfunktion. Vgl. KAHLE, H., Informationsversorgung, S. 96. Vgl. ebenso KOCH, H.-D./SCHMIDT, R. H., Anlegerschutz, S. 236. WEICHERT grenzt die Finanzierungs-, die Liquidisierungs- sowie die Selektionsfunktion voneinander ab. Vgl. hierzu WEICHERT, R., Erleichterung des Börsenzugangs, S. 2.

35 Vgl. bspw. SCHMIDT, H., Capital Market Functions, S. 339; LÜTHJE, B., Funktionsfähigkeit, S. 58-59; TUCHTFELDT, E., Kapitalmarkt, S. 434-435 m. w. N.

36 Vgl. SCHNEIDER, D., Kapitalmarkteffizienz, S. 7. Indem der Kapitalmarkt die Verbindung zwischen Anbietern und Nachfragern herstellt, fungiert er als Koordinationsstelle. Vgl. HÄUSER, K., Kapitalmarkt, Sp. 1061.

37 Vgl. SCHALEK, E., Eigenkapitalbeschaffung, S. 25; STREIM, H., Internationalisierung, S. 326. Hierbei ist zu berücksichtigen, dass der Sekundärmarkt nicht direkt der Lenkung neuen Kapitals dient, sondern durch die jederzeitige Veräußerbarkeit der auf ihm handelbaren Wertpapiere sowie durch die Preisbildung entscheidende Voraussetzungen für die optimale Allokation von Ressourcen auf dem Primärmarkt schafft. Vgl. KRESS, S. L., Kapitalmarktregulierung, S. 34.

38 Vgl. FRANKE, G./HAX, H., Finanzwirtschaft, S. 358; BECK, H./SEITZ, J., Kapitalmarkt und Börse, S. 34.

dung nach dem Erwartungswert der Rendite sowie dem Investitionsrisiko.[39] Damit die Kurse und Zinssätze als Signale für die Ertragserwartungen dienen können, benötigen die Kapitalmarktteilnehmer geeignete Informationen.[40] Als weitere Funktion des Kapitalmarktes ist die **Distributionsfunktion** anzuführen. Diese besteht darin, die Höhe des Kapitaleinkommens in Abhängigkeit des eingegangenen Investitionsrisikos zu verteilen.[41] Infolge ihrer besonderen Bedeutung für den Kapitalmarkt soll die Allokationsfunktion in das Zentrum der folgenden Ausführungen gestellt werden.

Die Voraussetzung für die Erfüllung dieser Allokationsfunktion ist der **Funktionenschutz** des Kapitalmarktes.[42] Unter Funktionenschutz soll hier die Bereitstellung von zur Kapitalanlageentscheidung geeigneten Informationen an die Marktteilnehmer verstanden werden.[43] Ein Instrument des Funktionenschutzes ist dabei auch der **Individualschutz**, unter dem der Schutz einzelner Kapitalmarktakteure vor Benachteiligung durch die Ausnutzung von Macht- und Informationsvorsprüngen anderer Marktteilnehmer zu verstehen ist.[44] Aus derartigen Informationsasymmetrien können sich Störungen

---

39 Vgl. FRANKE, G./HAX, H., Finanzwirtschaft, S. 358. Damit wird für die Allokation der knappen Ressource Kapital auf rationale Entscheidungen der Kapitalmarktteilnehmer abgestellt. Vgl. KOHL, H./WALZ, R., Kapitalmarktrecht, S. 32. Unter Rendite ist in diesem Zusammenhang der interne Zinsfuß der Zahlungsreihe zu verstehen, die sich aus sämtlichen Zahlungen ergibt, die die Investoren im Rahmen des Kapitalüberlassungsverhältnisses leisten und erhalten. Vgl. FÜLBIER, R. U., Ad-hoc-Publizität, S. 142.

40 Vgl. bspw. WERLEN, T., Kapitalmarktrecht, S. 271; KÜBLER, F., Transparenz, S. 89.

41 Vgl. TUCHTFELDT, E., Kapitalmarkt, S. 435. Somit haben Zinssätze und Kurse auf dem Kapitalmarkt Einfluss auf die gesamtwirtschaftliche Einkommensverteilung. Vgl. SCHALEK, E., Eigenkapitalbeschaffung, S. 25.

42 Vgl. KOCH, H.-D./SCHMIDT, R. H., Anlegerschutz, S. 235. Als Beurteilungsmaßstab wird in diesem Zusammenhang häufig die Funktionsfähigkeit des Kapitalmarktes verwendet. Dabei wird dieser Beurteilungsmaßstab als skalierbar angesehen. Der Kapitalmarkt kann folglich mehr oder weniger funktionsfähig sein. Vgl. BÜSCHGEN, H. E., Rahmenbedingungen, S. 1.

43 Vgl. ASSMANN, H.-D., Grundlagen des Anlegerschutzes, S. 61; KÜBLER, F., Transparenz, S. 89; Teichmann, C., Informationen am Kapitalmarkt, S. 954. Neben der Bereitstellung von geeigneten Informationen trägt das Kapitalmarktrecht mit weiteren Regelungen zum Funktionenschutz des Kapitalmarktes bei, die nicht Gegenstand der weiteren Untersuchung sind. Innerhalb des Kapitalmarktrechtes dienen bspw. das BörsG und das WpHG zur Schaffung der rechtlichen Organisation einzelner Marktsegmente sowie zur Festlegung der rechtlichen Rahmenbedingungen für den dort stattfindenden Wertpapierhandel. Vgl. KÜMPEL, S., Kapitalmarktrecht, S. 19-22. Das Kapitalmarktrecht ist grundsätzlich als Gesamtheit der Grundsätze und Normen zu verstehen, die sich mit dem öffentlichen Vertrieb und Umlauf von Wertpapieren befassen. Vgl. HOPT, K. J., Kapitalmarktrecht, S. 431.

44 Vgl. KOCH, H.-D./SCHMIDT, R. H., Anlegerschutz, S. 235; HOPT, K. J., Publizität von Kapitalgesellschaften, S. 235. Vgl. zum Verhältnis von Individual- und Funktionenschutz MERKT, H., Unternehmenspublizität, S. 301-306.

des Kapitalsmarktes ergeben, die durch Informations- und Publizitätspflichten ausgeglichen werden können.[45]

Bei unzureichender Informationsversorgung der Kapitalmarktteilnehmer kann es zum Problem der nachteiligen Auslese (*adverse selection*) kommen, da sich weniger informierte Marktteilnehmer entweder aus dem Markt zurückziehen oder versuchen werden, Misstrauenszuschläge zu ihren Renditeerwartungen durchzusetzen.[46] Der unzureichende Individualschutz der Marktteilnehmer kann folglich zu einer Gefährdung der Funktionsfähigkeit des Kapitalmarktes führen.[47]

223. Kapitalmarktteilnehmer

Die auf dem Kapitalmarkt agierenden Akteure können unterschiedlichen makroökonomischen Gruppen zugeordnet werden. Hierbei wird zwischen den privaten Haushalten, dem Finanzsektor, dem Unternehmenssektor sowie dem Staat differenziert,[48] die jeweils als Kapitalanbieter (Nachfrager nach Wertpapieren) in Erscheinung treten. Mit Ausnahme der privaten Haushalte können die Vertreter sämtlicher vorgenannter Gruppen grundsätzlich ebenfalls Kapitalnachfrager (Anbieter von Wertpapieren) sein.[49]

Die Kapitalmarktteilnehmer haben dabei **heterogene Informationsbedürfnisse**, so dass eine Typisierung der Adressaten als Voraussetzung für eine sinnvolle Kapitalmarkt-

[45] Vgl. PELLENS, B./FÜLBIER, R. U., Rechnungslegungsregulierung, S. 580-581. Entscheidend für die Verhinderung solcher Informationsasymmetrien ist dabei die Chancengleichheit beim Informationszugang und nicht die Gleichheit des Informationsstands der Marktteilnehmer. Vgl. EKKENGA, J., Ad hoc-Publizität, S. 188-189; HOPT, K. J., Insiderwissen und Interessenkonflikte, S. 290.

[46] Vgl. FÜLBIER, R. U., Ad-hoc-Publizität, S. 146-149; SIEGEL, T./BAREIS, P./RÜCKLE, D./SCHNEIDER, D./SIGLOCH, J./STREIM, H./WAGNER, F. W., Informationspflichten, S. 2078.

[47] Vgl. KAHLE, H., Informationsversorgung, S. 97.

[48] TUCHTFELDT unterteilt den Finanzsektor darüber hinaus in Bankensystem und Nichtbank-Finanzunternehmen. Zusätzlich führt er das Ausland als eigenständigen Kapitalmarktteilnehmer auf. Vgl. TUCHTFELDT, E., Kapitalmarkt, S. 434. Auf Grund der zunehmenden Integration bspw. von Banken und Versicherungen innerhalb des Finanzsektors sowie der Internationalisierung der Kapitalmärkte und Marktteilnehmer soll auf diese weitere Differenzierung verzichtet werden. Bzgl. der über die Kapitalmarkteilnehmer hinausgehenden – an dieser Stelle infolge der Konzentration auf den Kapitalmarkt nicht betrachteten – potentiellen Informationsempfänger vgl. bspw. CYERT, R. M./MARCH, J. G., Theory of the Firm, S. 31.

[49] Vgl. TUCHTFELDT, E., Kapitalmarkt, S. 434.

kommunikation zwingend erforderlich wird.[50] Diese Typisierung bewirkt eine Orientierung an der Entscheidungssituation sowie den hiervon abhängigen Informationsbedürfnissen einer ausgewählten Adressatengruppe, für die angenommen wird, dass deren Informationsbedürfnisse die größtmögliche Schnittmenge mit den Informationsbedürfnissen der übrigen Adressaten aufweisen.[51]

In einem ersten Schritt soll für die weitere Untersuchung eine Konzentration auf die Gruppe der Kapitalgeber als Adressat der Kapitalmarktkommunikation vorgenommen werden, der von den Wertpapiere anbietenden Marktteilnehmern mit entsprechenden Informationen versorgt wird.[52]

224. Charakterisierung der Investoren als Adressaten der Kapitalmarktkommunikation

Die Kapitalgeber zeichnen sich durch eine direkte Kapitalanlagebeziehung mit einem kapitalnachfragenden Unternehmen aus und unterliegen somit einem direkten Anlagerisiko. Innerhalb der Gruppe der Kapitalgeber ist dabei zwischen den Fremdkapital- und den Eigenkapitalgebern zu differenzieren, die sich insbesondere durch die unterschiedliche Risikoposition voneinander unterscheiden.[53]

So verfügt der **Fremdkapitalgeber** über vertraglich fixierte, vom Unternehmenserfolg grundsätzlich unabhängige Zahlungsansprüche.[54] Zur Absicherung ihrer Zahlungsan-

---

[50] Vgl. MOXTER, A., Fundamentalgrundsätze, S. 94-95; BALLWIESER, W., Informations-GoB, S. 115; MUJKANOVIC, R., Fair Value, S. 24. Unter Adressaten sind dabei im Gegensatz zu Interessenten berechtigte Informationsempfänger zu verstehen. Vgl. MOXTER, A., Bilanzlehre, S. 418-419; MOXTER, A., GoB, Sp. 1049-1050; SPRENGER, R., Grundsätze, S. 41-42. Bzgl. der unterschiedlichen Informationsbedürfnisse der über die Kapitalmarktakteure hinausgehenden potentiellen Adressatengruppen vgl. EIERLE, B., Differenzierung der Unternehmensberichterstattung, S. 18-21; HARTUNG, S., Anhang und Lagebericht, S. 14-16.

[51] Vgl. HEPERS, L., Entscheidungsnützlichkeit, S. 13.

[52] LEFFSON bezeichnet in diesem Zusammenhang den Kapitalgeber „als Prototyp des Rechenschaftsberechtigten". Vgl. LEFFSON, U., Grundsätze ordnungsmäßiger Buchführung, S. 57.

[53] Vgl. GRÄFER, H./BEIKE, R./SCHELD G. A., Finanzierung, S. 66-67; SPREMANN, K., Investition und Finanzierung, S. 110.

[54] Diese Zahlungsansprüche setzen sich dabei aus der Verzinsung sowie der Tilgung bzw. der Rückzahlung des Kreditbetrages zusammen. Die Rückerstattung des Fremdkapitals als zwingende Hauptpflicht des Fremdkapitalnehmers ist dabei Ausdruck des dem Darlehensvertrag immanenten und damit typusbildenden Geschäftszwecks der zeitlich begrenzten Verschaffung von Kapital. Vgl. BERGER,

sprüche verlangen Fremdkapitalgeber ferner zumeist Zugriffsrechte auf bestimmte Vermögensgegenstände des Schuldners.[55] Zudem sind im Insolvenzfall die Gläubiger vorrangig zu befriedigen.[56] Demgegenüber erhalten die Eigenkapitalgeber unmittelbar vom Unternehmenserfolg abhängige und damit mit höheren Risiken belastete Zahlungen.[57] Somit sind die **Eigenkapitalgeber** Träger des originären unternehmerischen Risikos.

Auf Grund ihres höheren Anlagerisikos sowie der Nachrangigkeit ihrer Zahlungsansprüche sind Eigenkapitalgeber besonders schutzbedürftig. Daher erfolgt im weiteren Verlauf der Untersuchung eine Konzentration auf die aktuellen und potenziellen **Eigenkapitalgeber als Adressaten der Kapitalmarktkommunikation**, denen von börsennotierten Aktiengesellschaften Informationen zur Verfügung gestellt werden.[58] Mit die-

K. P., in: Münchener Komm. BGB, § 488, Rn. 42. Sofern die vom haftungsbeschränkten Schuldnerunternehmen erwirtschafteten Zahlungsüberschüsse und das vorhandene Eigenkapital nicht ausreichen, um Zins- und Tilgungsleistungen zu erbringen, müssen auch die Gläubiger Kapitalverluste tragen. Auf Grund dieses Ausfallsrisikos sind in diesem Fall auch die Zahlungsansprüche der Fremdkapitalgeber ertragsabhängig. Vgl. hierzu HARTMANN-WENDELS, T., Rechnungslegung der Unternehmen, S. 142; BAUER, M., Gläubigerschutz, S. 93-94.

55 Vgl. BALLWIESER, W., Kapitalmarkt, S. 351; BÖCKING, H.-J., IAS, S. 1437; FRANKEN, L., Gläubigerschutz, S. 66-71. International sind neben diesen klassischen Kreditsicherheiten auch Covenants gebräuchlich, die den Schuldner zu bestimmten Handlungen bzw. Unterlassungen (Affirmative/Negative Covenants) oder zur Erreichung bestimmter Vorgaben, z. B. bilanzielle Größen (Accounting Covenants) verpflichten, die die Zahlungsansprüche der Fremdkapitalgeber ebenfalls absichern. Vgl. hierzu LARISCH, S., Kreditsicherheiten, S. 7; ZIMMERMANN, J., Qualität der US-GAAP, S. 581; KAHLE, H., Bilanzieller Gläubigerschutz, S. 701; HALLER, A., Positive Accounting Theory, S. 599-600.

56 Vgl. KRÖNERT, B., Grundsätze informationsorientierter Rechnungslegung, S. 17; WENTLAND, N., Bilanz der wirtschaftlichen Einheit, S. 39-40. Bzgl. der auch im Gesellschaftsrecht kodifizierten Verankerung des Gläubigerschutzes vgl. KAHLE, H., Internationale Rechnungslegung, S. 143-147.

57 Diese Zahlungen setzen sich dabei vor allem aus Ausschüttungen und Verkaufserlösen zusammen. Vgl. BALLWIESER, W., Kapitalmarkt und Informationsversorgung, S. 164; FRANKE, G./HAX, H., Finanzwirtschaft, S. 4. Da die Eigenkapitalgeber nur einen Anspruch auf den über die Tilgung und Verzinsung des Fremdkapitals hinausgehenden Restbetrag haben, bezeichnet HARTUNG die Eigenkapitalgeber in diesem Zusammenhang zutreffend als Restbetragsbeteiligte. Vgl. HARTUNG, S., Anhang und Lagebericht, S. 18. Ferner haben die betrachteten Eigenkapitalgeber im Gegensatz zu den Fremdkapitalgebern keine Möglichkeit der Risikobegrenzung durch Vertragsklauseln. Vgl. hierzu KUBIN, K. W., Aktionär als Aktienkunde, S. 532.

58 Diese Fokussierung auf den Eigenkapitalgeber erscheint trotz der zunehmenden Annäherung von Fremd- und Eigenkapital angezeigt. Vgl. ebenso RUHWEDEL, F., Eigentümerstruktur, S. 39; HEPERS, L., Entscheidungsnützlichkeit, S. 14. Die Annäherung von Anleihe und Aktie wird insbesondere durch die weitgehende Gestaltungsfreiheit bei der Anleihenemission erleichtert. Demgegenüber ist der wesentliche Inhalt der durch die Aktie verbrieften Rechte des Aktionärs gesetzlich vorgegeben. Vgl. zur Flexibilität von Anleihen HOOPS, S., Lösung der Schuldenprobleme, S. 48; WEIAND, N. L./SCHLITT, M./BEHRENDS, O. H., Finanzierung börsennotierter Gesellschaften, S. 257-260. Bzgl. der Annäherung von Fremd- und Eigenkapitalgeber sowie ihrer Interessen vgl.

ser Fokussierung soll zudem die implizite Berücksichtigung der Informationsinteressen der übrigen Kapitalmarktteilnehmer erreicht werden,[59] da die Eigenkapitalgeber einen mit der fehlenden vertraglichen Fixierung der unternehmenserfolgsabhängigen Zahlungen verbundenen, besonders umfassenden Bedarf an Informationen haben.[60]

Innerhalb der Gruppe der Eigenkapitalgeber kann zwischen Kleinaktionären und Großaktionären differenziert werden, die mit Hilfe des konstituierenden Merkmals der Einflussmöglichkeit auf die Unternehmenspolitik voneinander abgegrenzt werden können.[61] Diesen mit ihrem Stimmrechtsanteil verbundenen Einfluss können die Großaktionäre z. B. über den direkten Kontakt zur Unternehmensleitung in Einzelgesprächen oder in Analystenpräsentationen ausüben.[62] Zudem verfügen sie regelmäßig über ein Aufsichtsratsmandat. Auf Grund dieser Zugangsmöglichkeiten zu unternehmensinternen Informationsquellen sind die Großaktionäre weniger auf die Kapitalmarktkommunikation angewiesen, woraus sich ein besonderes Bedürfnis nach Individualschutz durch öffentlich zugängliche Informationen der Kleinaktionäre ableiten lässt.[63]

---

bspw. KLEIN, G., Internationale Rechnungslegung, S. 75-76; SCHILDBACH, T., Jahresabschluss und Markt, S. 63-64.

59 So ist für die Fremdkapitalgeber die Rentabilität der Kapitalnutzung im Unternehmen nur von untergeordneter Bedeutung, da sie von Wertänderungen des Eigenkapitals grundsätzlich nicht betroffen sind. Entscheidend für die Gläubiger ist es vielmehr, die Gefährdung ihrer Ansprüche rechtzeitig zu erkennen. Vgl. EKKENGA, J., Anlegerschutz, S. 33; STREIM, H., Vermittlung von entscheidungsnützlichen Informationen, S. 120; KAMPMANN, H., Kapitalstruktur der Unternehmung, S. 45; LEFFSON, U., Bilanzanalyse, S. 27.

60 BÖCKING, H.-J./WESNER, P. gehen ebenfalls von einem signifikanten Deckungsgrad mit den Informationsinteressen der übrigen Kapitalmarktteilnehmer aus. Vgl. BÖCKING, H.-J./WESNER, P., Value Reporting, S. 99. Ebenso HEPERS, L., Entscheidungsnützlichkeit, S. 14-15.

61 RUHWEDEL unterscheidet zutreffend zusätzlich innerhalb der Gruppe der Großaktionäre zwischen institutionellen Eigenkapitalgebern wie bspw. Fondsgesellschaften, die ihre Beteiligungsentscheidungen vorrangig unter Renditegesichtspunkten treffen, sowie nicht-institutionellen Eigenkapitalgebern wie bspw. Industrieunternehmen oder öffentliche Haushalte, die mit der Beteiligung strategische Ziele verbinden. Vgl. RUHWEDEL, F., Eigentümerstruktur, S. 39-43. Dieser weiteren Differenzierung soll allerdings nicht gefolgt werden, da sich diese beiden Gruppen nicht in der Einflussmöglichkeit auf die Unternehmenspolitik unterscheiden. Bzgl. der zunehmenden Institutionalisierung der Kapitalmarktanlage auf Grund der Vorteilhaftigkeit diversifizierter Anlageportefeuilles sowie der hohen Transaktionskosten der Kleinaktionäre vgl. bspw. RUDOLPH, B./RÖHRL, H., Börsenorganisation aus ökonomischer Sicht. S. 148-152; SCHIERECK, D., Institutionelle Anleger, S. 59-66.

62 Vgl. STRENGER, C., Corporate Governance und Anteilseigner, S. 709; GODE, W., Anleger und ihre Erwartungen, S. 316; LINDEMANN, J., Rechnungslegung und Kapitalmarkt, S. 48; ACHLEITNER, A.-K./BASSEN, A./PIETZSCH, L., Investor Relations, S. 45-46.

63 Vgl. SIEGEL, T./BAREIS, P./RÜCKLE, D./SCHNEIDER, D./SIGLOCH, J./STREIM, H./Wagner, F. W., Informationspflichten, S. 2083; ACHLEITNER, A.-K., Normierung der Rechnungslegung, S. 39; BEERMANN, K./FÜLLING, F./SPERL, A., Zusatzinformationen, S. 195. Der von JANSCH befürworteten Subsumierung der Kleinaktionäre unter die Fremdkapitalgeber kann dagegen auf Grund de-

Diese Kleinaktionäre unterscheiden sich hinsichtlich ihrer Interpretations- und Analysefähigkeiten der mittels der Kapitalmarktkommunikation zur Verfügung gestellten Informationen. Im Folgenden soll daher eine Konzentration auf einen durchschnittlich fachkundigen, rationalen Kleinaktionär erfolgen, der mit ausreichender Sachkenntnis, ohne spezielle Präferenzen und Risikoneigungen, die öffentlich verfügbaren Informationen auswertet.[64]

23 Bedeutung der Rechnungslegung von Leasingverhältnissen für Investoren

231. Vorbemerkungen

Nachdem im vorangegangenen Abschnitt die Investoren als Adressaten öffentlicher Informationen definiert worden sind,[65] sollen im Folgenden zunächst die finanziellen und nicht finanziellen Ziele der Investoren konkretisiert sowie deren Entscheidungssituation analysiert werden. Hierauf aufbauend werden **Anforderungen an Kapitalmarktinformationen** entwickelt, die die Investoren bei den von ihnen zu treffenden Entscheidungen unterstützen können. Bei der anschließenden Überprüfung der grundsätzlichen Eignung der **externen Rechnungslegung** als der Übermittlung von entscheidungsnützlichen Informationen dienliches Instrument der Kapitalmarktkommunikation wird auf die *Principal-Agent*-Theorie als einem zentralen Ansatz der Neuen Institutionenökonomie zurückgegriffen. Hierbei steht insbesondere die Analyse der Informationsverteilung zwischen den Eigenkapitalgebern und dem Management im Mittelpunkt der Untersuchung. Um eine spätere detaillierte Analyse der Entscheidungsnützlichkeit der investorenorientierten Kapitalmarktkommunikation zu ermöglichen, erfolgt abschließend mittels der *Property-Rights*-Theorie als einem weiteren Ansatz der Neuen

ren höheren Anlagerisikos nicht zugestimmt werden. Vgl. hierzu JANSCH, T. A., Aktionäre in Publikumsgesellschaften, S. 67.

[64] Dieser derartig konkretisierte Kapitalgeber wird häufig auch als *average prudent investor* (API) bezeichnet. Vgl. hierzu JUNG, U., API, S. 68; HEPERS, L., Entscheidungsnützlichkeit, S. 17; BEAVER, W. H., Perspectives on Recent Capital Market Research, S. 464. Vgl. zu den begrenzten kognitiven Fähigkeiten sowie des eingeschränkten Interesses von weiten Teilen des Kapitalmarktpublikums SCHNEIDER, D., Informationseffizienz, S. 1430.

[65] Aus Vereinfachungsgründen werden in den folgenden Ausführungen die Begriffe „Investor", „Eigenkapitalgeber" sowie „Kleinaktionär" synonym zu dem nach den Differenzierungskriterien des vorherigen Abschnitts typisierten Eigenkapitalgeber benutzt.

Institutionenökonomie die Abgrenzung eines hierfür geeigneten konkreten Untersuchungsgegenstands.

232. Informationsanforderungen der Investoren und Informationsvermittlung durch Rechnungslegung

232.1 Zielsystem der Investoren

Zur Herleitung der Anforderungen der Investoren an die mittels der Kapitalmarktkommunikation zur Verfügung gestellten Informationen müssen zunächst die Ziele dieser Adressaten konkretisiert werden, da die Informationen zur Messung des Realisierungsgrades eben dieser Zielvorstellungen dienen sollen.[66] Folglich ist in einem ersten Schritt das Zielsystem der Investoren zu analysieren.

Grundsätzlich lassen sich die von den Investoren angestrebten Ziele in **finanzielle und nicht finanzielle Ziele** unterscheiden. Bei den nicht finanziellen Zielen handelt es sich um individuelle Ziele des Investors als konkretes Individuum, die sich für den typisierten Kleinaktionär in Streben nach Prestige sowie in altruistischen Motiven konkretisieren lassen.[67] Die Schwierigkeiten bei der Quantifizierung der nicht finanziellen Ziele führen indes zu Problemen bei der Bewertung des individuellen Nutzens aus der Realisierung dieser nicht finanziellen Ziele.[68] Diese Bewertungsproblematik wird durch die Heterogenität der nicht finanziellen Ziele weiter verstärkt.[69] Daher wird im Rahmen von Investitionskalkülen in der Regel von den nicht finanziellen Zielen abstrahiert.[70] Im

---

66 Darüber hinaus weist MOXTER in diesem Zusammenhang darauf hin, dass für den Fall der Vernachlässigung dieser individuellen Ziele die vermittelten adressatenunspezifischen Informationen in der Regel keine Bedeutung für die Adressaten haben können. Vgl. MOXTER, A., Grundsätze ordnungsmäßiger Bilanzierung, S. 37-38.

67 Für den im Weiteren nicht betrachteten Großaktionär können die nicht finanziellen Zielen bspw. um die Ausübung von unternehmerischer Macht und dem Streben nach unternehmerischer Unabhängigkeit erweitert werden. Vgl. hierzu SIEBEN, G., Bewertung von Unternehmen, S. 74; MATSCHKE, M. J./BRÖSEL, G., Unternehmensbewertung, S. 119; MOXTER, A., Präferenzstruktur, S. 10.

68 Vgl. BALLWIESER, W./COENENBERG, A. G./SCHULTZE, W., Unternehmensbewertung, Sp. 2413.

69 Vgl. hierzu MOXTER, A., Grundsätze ordnungsmäßiger Unternehmensbewertung, S. 75; COENENBERG, A. G., Beurteilungskriterien unternehmungsexterner Informationssysteme, S. 737.

70 Vgl. JACOBS, O. H., Entnahmefähiger Gewinn und Unternehmensbewertung, S. 388; SCHULTZE, W., Methoden der Unternehmensbewertung, S. 23. MOXTER weist darauf hin, dass auf die Berücksichtigung der nicht finanziellen Ziele nicht grundsätzlich verzichtet werden darf. Vielmehr sollten in einem ersten Schritt ausschließlich die finanziellen Ziele die Kalkulationsgrundlage bilden und die

Verlauf der weiteren Ausführungen soll ebenfalls auf die finanziellen Ziele fokussiert werden.

Unter der finanziellen Zielsetzung der betrachteten Investoren ist ihr Streben nach **Optimierung der an sie fließenden, künftigen Zahlungsströme** entsprechend ihrer individuellen Konsumvorstellung zu verstehen.[71] Diese Zahlungsströme können ihnen bspw. aus den getätigten Investitionen zufließen.[72] Hierbei resultiert der Zahlungsstrom zwischen Unternehmen und Investoren aus dem Nettoauszahlungsstrom sowie dem Wiederveräußerungserlös.[73] Die Investoren verfolgen somit durch ihren Kapitaleinsatz das Ziel, den Zahlungsstrom aus einem Investitionsobjekt zur **Deckung der individuellen Konsumausgaben** zu optimieren. Folglich sind sie an solchen Informationen interessiert, die Aussagen bezüglich der zeitlichen Struktur, des Ausmaßes dieser künftigen und somit unsicheren Zahlungsströme sowie deren jeweiliger Eintrittswahrscheinlichkeit ermöglichen.[74] Allein diese Informationen können die Investoren bei interessengerechten Entscheidungen unterstützen.

entsprechenden Ergebnisse dann unter Berücksichtigung der nicht finanziellen Ziele in einem zweiten Schritt korrigiert werden. Zumindest sollte der Entscheidungsträger der Vernachlässigung der nicht finanziellen Ziele Rechnung tragen. Vgl. MOXTER, A., Grundsätze ordnungsmäßiger Unternehmensbewertung, S. 75-76. Vgl. hierzu auch COENENBERG, A. G./SIEBEN, G., Unternehmensbewertung, Sp. 4070.

71 Vgl. MOXTER, A., Präferenzstruktur, S. 11; HINZ, M., Informationsvermittlung, S. 53; MOXTER, A., Gewinnermittlung, S. 5-9; EICHINGER, M., Ökonomische Analyse, S. 78. Durch die Optimierung der zukünftigen Einzahlungsströme erfolgt dabei implizit eine Maximierung des individuellen Nutzens. Vgl. BAETGE, J., Gesellschafterorientierung, S. 108.

72 Nur durch den tatsächlichen Zufluss können die Konsumausgaben des Investors alimentiert und damit seine Bedürfnisbefriedigungsmöglichkeiten erhöht werden. Vgl. hierzu MOXTER, A., Grundsätze ordnungsmäßiger Unternehmensbewertung, S. 79-80.

73 Vgl. MOXTER, A., Überlegenheit des deutschen Rechnungslegungsrechts, S. 35. Aus Sicht der Investoren sollte grundsätzlich immer dann eine Ausschüttung erfolgen, wenn die entsprechenden finanziellen Mittel bei weiterer Investition im Unternehmen weniger vorteilhaft angelegt wären, als die Investoren sie außerhalb des Unternehmens verwenden könnten. Vgl. DRUKARCZYK, J., Finanzierung, S. 70.

74 MOXTER bezeichnet diesen zukünftigen Zahlungsstrom treffend als „Zielstrom" der Adressaten. Vgl. MOXTER, A., Grundsätze ordnungsgemäßer Rechnungslegung, S. 251. Bzgl. der drei Dimensionen dieses Zielstroms vgl. bspw. STREIM, H., Generalnorm, S. 399; FUCHS, M., Kapitalmarktorientierte Rechnungslegung, S. 7; KAHLE, H., Internationale Rechnungslegung, S. 21; STREIM, H./BIEKER, M./LEIPPE, B., Theoretische Fundierung der Rechnungslegung, S. 181. Bei den betrachteten Eigenkapitalgebern ist keine dieser drei Dimensionen des Zielstroms a priori determiniert.

232.2 Grundsätzliche Informationsanforderungen der Investoren

232.21 Entscheidungssituation der Investoren

Da die Informationsinteressen der Investoren durch deren zu treffenden Kapitalmarktentscheidungen determiniert werden, bedarf es zunächst der Analyse der Entscheidungssituation dieser Investoren.[75]

Die wichtigste Entscheidung der Investoren ist die Entscheidung über den Kauf, den Verkauf oder das Halten von Wertpapieren.[76] Allein durch diese ***buy-hold-sell*-Entscheidungen** können die Investoren die ihnen zukünftig zufließenden Zahlungsströme beeinflussen (*control by exit*).[77] Auf dem Kapitalmarkt stehen ihnen dabei vielfältige Möglichkeiten der Kapitaldisposition zur Verfügung. Zur Vorbereitung ihrer Investitionsentscheidung versuchen die Eigenkapitalgeber, den Zielzahlungsstrom aus dem Investitionsobjekt hinsichtlich der oben beschriebenen drei Dimensionen zu prognostizieren, um diesen im Anschluss mit alternativen künftigen Zahlungsströmen aus anderweitigen Verwendungsmöglichkeiten zu vergleichen. Die potentiellen künftigen Zahlungsströme dienen hierbei als Indikatoren für alternativ erreichbare Konsumniveaus.[78]

Der Vergleich dieser alternativ erreichbaren Zahlungsströme, die sich hinsichtlich der drei Determinanten **Zeit, Ausmaß und Eintrittswahrscheinlichkeit** voneinander un-

---

[75] Vgl. MOXTER, A., Grundsätze ordnungsgemäßer Rechnungslegung, S. 223. Vor diesem Hintergrund werden Informationen in der Entscheidungstheorie zumeist als „zweckorientiertes Wissen" verstanden. Dabei ist dieses Wissen weitgehend zukunftsorientiert und somit ungewiss. Vgl. hierzu grundlegend WITTMANN, W., Unternehmung und unvollkommene Information, S. 14; ebenso MAG, W., Risiko und Ungewissheit, S. 478; PELLENS, B., Informationswert, S. 33. Vgl. dagegen kritisch SCHNEIDER, D., Betriebswirtschaftslehre, S. 80-82. Für einen Diskussionsüberblick vgl. BODE, J., Informationsbegriff, S. 454-458.

[76] Vgl. KUBIN, K. W., Aktionär als Aktienkunde, S. 533; COENENBERG, A. G., Jahresabschluss und Jahresabschlussanalyse, S. 1179.

[77] Für die weitgehend einflusslosen typisierten Eigenkapitalgeber spielen dagegen ihre Verwaltungsrechte (bspw. Stimmrechte und Auskunftsrechte auf der Hauptversammlung) und damit ihre grundsätzlichen Einflussmöglichkeiten auf die Geschäftsleitung sowie auf die künftige Entwicklung des Unternehmens (*control by voice*) faktisch eine vernachlässigbare Rolle. Vgl. hierzu WENGER, E., Managementanreize, S. 223; WAGNER, F. W., Informations- und Ausschüttungsbemessungsfunktion, S. 753; SCHMIDT, M., Kapitalmarktorientierte Rechnungslegung, S. 18-19; NIEMEYER, K., Bilanzierung von Finanzinstrumenten, S.19.

[78] Vgl. LANGE, C., Jahresabschlussinformationen und Unternehmensbeurteilung, S. 76; SCHILDBACH, T., Rechnungslegungsideale, S. 2636.

terscheiden können, wird durch die Transformation in eine einwertige Größe ermöglicht.[79] Hierzu erfolgt die Diskontierung der geschätzten zukünftigen Zahlungsströme mit dem individuellen risikoadäquaten Zinssatz.[80] Diese Barwertbetrachtung der geschätzten künftigen Cashflows macht die verschiedenen Investitionsalternativen für den Eigenkapitalgeber vergleichbar und ermöglicht eine zielkonforme Rangordnung.[81] Für den betrachteten Aktionär ist somit der Fundamentalwert, definiert als der **Barwert der zukünftigen Cashflows**, der entscheidende Parameter.[82]

Insofern benötigt der Investor Informationen über die drei Dimensionen des künftigen Zahlungsstroms aus seinem (potentiellen) Kapitalengagement oder zumindest Informationen, die eine **Prognose dieser unsicheren Zahlungsströme** ermöglichen.[83] Zur Schätzung dieser zukünftigen Zahlungsströme sind Informationen erforderlich, die die Unsicherheit der zukünftigen Entwicklung des Investitionsobjektes reduzieren.[84] Darüber hinaus benötigen die Entscheidungsträger Informationen über vergangene Perioden, die insbesondere der Beurteilung früher vermittelter, damals zukunftsorientierter Informationen sowie als Basis für die Prognose künftiger Entwicklungen dienen.[85]

---

[79] Vgl. BALLWIESER, W., Unternehmensbewertung, S. 798; BÜSCHGEN, H. E., Wertpapieranalyse, S. 8.

[80] Auf Grund der individuellen Erwartungshaltung sowie Risikoneigung ergibt sich somit für den einzelnen Investor ein subjektiver Barwert. Vgl. hierzu BIGUS, J., Heterogeneous beliefs, S. 136.

[81] Vgl. MYERS, Interactions of corporate financing, S. 7; WAGNER, F. W., Periodenabgrenzung als Prognoseverfahren, S. 1180; ORDELHEIDE, D., Rechnungslegungssysteme, S. 23; SCHULTE, J., Rechnungslegung und Aktienkursentwicklung, S. 79. Mit dem Einbezug des i. d. R. sekundärmarktinduzierten Zahlungsstroms (Erwerb der Anteile von Dritten sowie ihr Verkauf an Dritte) erfolgt die Berücksichtigung des aktuellen Marktpreises des Investitionsobjektes als Einschätzung des Kapitalmarktes als objektivierte, aber im Hinblick auf zukünftige Zahlungsströme ebenfalls geschätzte Größe. Vgl. hierzu BUSSE VON COLBE, W., Shareholder Value aus betriebswirtschaftlicher Sicht, S. 274.

[82] Vgl. KRÖNERT, B., Grundsätze informationsorientierter Rechnungslegung, S. 51; SCHMIDT, R., Fundamentalanalyse, Sp. 915-916; HÜFNER, B., Fundamentale Aktienbewertung, S. 18-19; ABARBANELL, J. S./BUSHEE, B. J., Fundamental Analysis, S. 22; BRACKLO, M./BILSTEIN, A., Value Reporting, S. 220.

[83] Vgl. WAGENHOFER, A., Fair Value-Bewertung, S. 187; BALLWIESER, W., IFRS, S. 26. Zur Problematik der Prognose von Zukunftserfolgen siehe bspw. BRETZKE, W.-R., Prognoseproblem, S. 116-209; MATSCHKE, J. M./BRÖSEL, G., Unternehmensbewertung, S. 147-150; POPP, M., Vergangenheits- und Lageanalyse, S. 101-133.

[84] Vgl. PFAFF, D./BÄRTL, O., Externe Rechnungslegung, S. 758; BAETGE, J./NOELLE, J., Shareholder-Value-Reporting, S. 178; BALLWIESER, W., Shareholder Value-Ansatz, S. 1385; KIRCHNER, C., Entscheidungsnützlichkeit von Rechnungslegungsinformationen, S. 55; FÜLBIER, R. U., International Financial Reporting Standards, S. 235.

[85] Vgl. MUJKANOVIC, R., Fair Value, S. 28-29. Ähnlich dazu DIRRIGL, H., Wertorientierung, S. 542, der hierbei die Überprüfung der in der Vergangenheit erzielten Rendite in den Vordergrund stellt.

232.22 Kerngrundsatz der Entscheidungsnützlichkeit von Informationen

Ausgehend von der im vorangegangenen Abschnitt diskutierten Entscheidungssituation des Investors soll nunmehr herausgearbeitet werden, welche Art von Informationen die Investoren bei interessengerechten Kapitalmarktdispositionen unterstützen können und für diese somit als entscheidungsnützlich zu qualifizieren sind.

Grundsätzlich kann hierzu konstatiert werden, dass Informationen **entscheidungsnützlich** sind, sofern sie den Entscheidungsträger befähigen, zielgerichtete Entscheidungen zu treffen.[86] Dabei sind dem Informationsnutzen der Investoren die Informationskosten gegenüberzustellen, worunter einerseits die Kosten für die Generierung und Veröffentlichung der Informationen sowie andererseits die Kosten aus der möglichen Reduktion von komparativen Wettbewerbsvorteilen durch Verbreitung von sensiblen Unternehmensdaten zu verstehen sind.[87] Darüber hinaus sind aus Sicht des einzelnen Investors die individuellen Kosten zu berücksichtigen, die aus der Verwertung der Informationen resultieren.

Die Operationalisierung des Begriffes der **Entscheidungsnützlichkeit von Informationen** für Kapitalmarktdispositionen ist allerdings problematisch, da bis heute keine wissenschaftlich eindeutig gesicherten Erkenntnisse über die Preisbildungsmechanismen auf Kapitalmärkten sowie über den Einfluss von Informationen auf die Preisbildung an Kapitalmärkten existieren.[88] Dementsprechend konnten bislang auch keine eindeutigen

---

[86] Vgl. COENENBERG, A. G., Gestaltung der Unternehmenspublizität, S. 75-76; STAUBUS, G. J., Decision-Usefulness Theory, S. 333; RUHWEDEL, F./SCHULTZE, W., Value Reporting, S. 605. Zum Begriff der Entscheidungsnützlichkeit vgl. bspw. FÜLBIER, R. U., Ad-hoc-Publizität, S. 108.

[87] Vgl. HEUMANN, R., Value Reporting, S. 74; BALLWIESER, W., Informationsökonomie, S. 51; BERNDLMAIER, A. F./KLEIN, G. A., Kundenorientierung in der Rechnungslegung, S. 1091; LABHART, P. A., Value reporting, S. 226-228. Vgl. zum Informationswertkalkül bspw. MARSCHAK, J., Economic theory, S. 200-205; LAUX, H., Entscheidungstheorie, S. 356-360; CHRISTENSEN, J. A./DEMSKI, J. S., Accounting theory, S. 113-115.

[88] Vgl. hierzu GÜNTHER, T./BEYER, D., Value Based Reporting, S. 1624; HEPERS, L., Entscheidungsnützlichkeit, S. 95. Vgl. überblicksartig zu den fehlenden Erkenntnissen hinsichtlich der Preisbildungsmechanismen auf den Kapitalmärkten die Ergebnisse verschiedener empirischer Untersuchungen bei MAY, A., Informationsverarbeitung am Aktienmarkt, S. 314-319; FOSTER, G., Financial Statement Analysis, S. 336-361; MÖLLER, H. P., Informationseffizienz, S. 504-516.

Anforderungen an tatsächlich entscheidungsnützliche Informationsinhalte entwickelt werden.[89]

Als wesentliche Determinanten der Entscheidungsnützlichkeit von Informationen werden allerdings im Schrifttum **Entscheidungsrelevanz** sowie **Verlässlichkeit**[90] hervorgehoben.[91] Während die Entscheidungsrelevanz dabei als Grundvoraussetzung für die Entscheidungsnützlichkeit direkt auf den für die Unterstützung des Entscheidungsträgers erforderlichen Informationsinhalt gerichtet ist, konkretisiert die Komponente der Verlässlichkeit die Anforderungen an die Informationsqualität.[92] Entscheidungsnützliche Informationen resultieren daher aus der **Kombination von Entscheidungsrelevanz und Verlässlichkeit**.[93]

Um eine Vermischung der beiden notwendigen, indes jeweils einzeln nicht hinreichenden Anforderungen an entscheidungsnützliche Informationen zu vermeiden, werden die beiden Komponenten im folgenden Abschnitt separat erläutert und zudem mit Nebenbedingungen präzisiert.

Im Rahmen der Erörterung dieser beiden Determinanten sowie derer Nebenbedingungen erscheint dabei der Bezug auf die externe Rechnungslegung als Mittel der Kapitalmarktkommunikation zur Ermöglichung der Herleitung eines möglichst präzisen An-

---

89 Vgl. MOXTER, A., Rechnungslegungsmythen, S. 2147; BALLWIESER, W., Anforderungen des Kapitalmarkts, S. 164. Dabei sind insbesondere auch die Erwartungsbildung und die Informationsauswertung der in dieser Arbeit betrachteten Eigenkapitalgeber weitgehend unerforscht. Vgl. BÖCKING, H.-J., Rechnungslegung und Kapitalmarkt, S. 27; BALLWIESER, W., Kapitalmarkt und Informationsversorgung, S. 164.

90 Die Begriffe „Verlässlichkeit" und „Zuverlässigkeit" werden in der vorliegenden Untersuchung synonym verwendet.

91 Vgl. stellvertretend BAETGE, J./KÜMMEL, J., Unternehmensbewertung, S. 3; BALLWIESER, W., Theorie der Rechnungslegung, S. 112; KUHLEWIND, A.-M., Bilanzrechtstheorie in den USA, S. 103; BUSSE VON COLBE, W., Informationsinstrument, S. 20. Für die Konkretisierung dieser Determinanten wird im Schrifttum zumeist auf eine deduktive Methode zurückgegriffen, mit der ausgehend vom Informationszweck der Kapitalmarktkommunikation Anforderungen aus den Informationsbedürfnissen der typisierten Adressaten abgeleitet werden. Vgl. grundlegend zur Deduktion DÖLLERER, G., Grundsätze ordnungsmäßiger Bilanzierung, S. 653-658; LEFFSON, U., Grundsätze ordnungsmäßiger Buchführung, S. 39-31. Vgl. beispielsweise zur Anwendung jüngst ZÜLCH, H., Investment Properties, S. 204-236; DOHRN, M., Entscheidungsrelevanz, S. 71-87.

92 Vgl. MUJKANOVIC, R., Fair Value, S. 84-85.

93 Vgl. KRÖNERT, B., Grundsätze informationsorientierter Rechnungslegung, S. 57-58; BAETGE, J., Neue Vermögensdarstellung, S. 484.

forderungskonzeptes aus Sicht der Eigenkapitalgeber angezeigt.[94] Auf die detaillierte Diskussion der externen Rechnungslegung als Mittel der Kapitalmarktkommunikation soll allerdings an dieser Stelle noch verzichtet werden.[95]

232.23 Komponenten der Entscheidungsnützlichkeit

232.231. Präzisierung der Entscheidungsrelevanz zur Konkretisierung von entscheidungsnützlichen Informationsinhalten

Die **Entscheidungsrelevanz** von mittels der externen Rechnungslegung veröffentlichten Kapitalmarktinformationen steigt grundsätzlich mit dem Deckungsgrad von vermittelten Informationsinhalten und dem Zielobjekt der Investoren.[96] Dieses Zielobjekt wird dabei durch das Erfolgspotential des Investitionsobjektes als Indikator für den Zielstrom der Investoren verkörpert. Dementsprechend ist das Informationsinteresse der Entscheidungsträger insbesondere auf die künftigen Unternehmenserfolge ausgerichtet.[97] Die auf Grundlage der zur Verfügung gestellten Informationen gebildeten Erwartungen der Investoren stellen dann die Basis für deren Alternativenreihenfolge sowie der hieraus resultierenden Investitionsentscheidungen dar.[98] Informationen sind somit entscheidungsrelevant, sofern sie zu einer **Verbesserung der Entscheidungssituation** führen.[99] Eine solche Entscheidungsunterstützung der Investoren kann durch Informationen erreicht werden, die dazu geeignet sind, die subjektive Wahrscheinlichkeitsverteilung über mög-

---

94 Da im weiteren Verlauf der Untersuchung entsprechend der zu Grunde liegenden Problemstellung (vgl. hierzu Abschnitt 1) die geltende Leasingbilanzierung nach IFRS und US-GAAP sowie das aktuelle IASB/FASB-Leasingprojekt analysiert werden sollen, wird hier von den in den Rahmenkonzepten nach IFRS und US-GAAP enthaltenen qualitativen Anforderungen an eine entscheidungsnützliche Rechnungslegung abstrahiert, da diese zum gegenwärtigen Zeitpunkt im Detail voneinander abweichen. Vgl. hierzu KAMPMANN, H./SCHWEDLER, K., Rahmenkonzepte von FASB und IASB, S. 526-530. Die qualitativen Anforderungen werden zudem aktuell im Rahmen des von den beiden Standardsettern gemeinsam durchgeführten *Conceptual Framework*-Projektes überarbeitet und hierbei voraussichtlich vereinheitlicht. Vgl. hierzu GASSEN, J./FISCHKIN, M./HILL, V., Rahmenkonzept-Projekt, S. 878-879; LORSON, P./GATTUNG, A., Faithful representation, S. 556-557.

95 Vgl. hierzu ausführlich Abschnitt 232.31.

96 Vgl. HITZ, J.-M./KUHNER, C., Neuregelung zur Bilanzierung, S. 281.

97 Vgl. MOXTER, A., Auskunftsverweigerungsrecht, S. 310-311.

98 Vgl. MUJKANOVIC, R., Fair Value, S. 89.

99 BAETGE prägte in diesem Zusammenhang den Begriff der ökonomischen Brauchbarkeit entscheidungsrelevanter Informationen. Vgl. BAETGE, J., Möglichkeiten der Objektivierung, S. 168. Vgl. ferner MOXTER, A., Fundamentalgrundsätze, S. 96-97; KIENER, S., Informationsökonomische Sicht, S. 7; BÖCKING, H.-J./WESNER, P., Value Reporting, S. S103.

liche Zukunftsszenarien des Investitionsobjektes zu verändern.[100] Aus den entscheidungsrelevanten Informationen resultiert somit eine andere Kapitalanlageentscheidung bzw. eine Bestätigung der Reihenfolge der bisherigen Investitionsalternativen, die zu einer unveränderten Kapitalanlageentscheidung mit einem geringeren Grad an Unsicherheit führt.[101]

Zur Ermöglichung einer Verbesserung der Entscheidungssituation sind die hier betrachteten Eigenkapitalgeber auf möglichst **vollständige Informationen** über die einzelnen Erfolgspotentialträger des Investitionsobjektes angewiesen, um diese als Indikatoren in ihren Erwartungsbildungsprozess einzubeziehen.[102] Dementsprechend sind sämtliche, den Entscheidungsprozess beeinflussende Sachverhalte zu veröffentlichen, da andernfalls die Investoren nicht in die Lage versetzt werden, interessengerechte Kapitalanlageentscheidungen treffen zu können.[103] Dabei sind auf Grund der begrenzten kognitiven Fähigkeiten der Entscheidungsträger indes sämtliche, für die Entscheidungssituation irrelevante Nachrichten auszulassen. Die Nebenbedingung der Vollständigkeit entscheidungsrelevanter Informationen wird somit durch die **Wesentlichkeit** relativiert, und der Informationsumfang wird insofern eingeschränkt.[104] Die Nebenbedingung der Vollständigkeit erfordert infolgedessen eine auf sämtliche wesentliche Sachverhalte fokussierte Informationsvermittlung.

---

[100] Vgl. BUSSE VON COLBE, W., Informationsinstrument, S. 13; BALLWIESER, W., Informationsfunktion, S. 26; DOBLER, M., Risikoberichterstattung, S. 7-8. Nach SCHILDBACH verändern Informationen grundsätzlich die Erwartungen des Investors über die möglichen Entwicklungen von Investitionsalternativen, da sie andernfalls bloße Nachrichten sind. Vgl. SCHILDBACH, T., Jahresabschluss und Markt, S. 6-7.

[101] Vgl. BAETGE, J./ZÜLCH, H., Fair Value-Accounting, S. 545. Im letzteren Fall kann bspw. die Überführung des Investors aus einer Ungewissheitssituation in eine Risikosituation erfolgen, wodurch für diesen eine Wahrscheinlichkeitsschätzung als Entscheidungsbasis erst ermöglicht wird. Vgl. FÜLBIER, R. U., Ad-hoc-Publizität, S. 109; BONSE, A., Informationsgehalt, S. 62-63.

[102] Vgl. DOHRN, M., Entscheidungsrelevanz, S. 77.

[103] Vgl. KUBIN, K. W., Aktionär als Aktienkunde, S. 534.

[104] Vgl. BALLWIESER, W., Informations-GoB, S. 117; MOXTER, A., Fundamentalgrundsätze, S. 92-93; BAETGE, J./FISCHER, T. R./PASKERT, D., Lagebericht, S. 18-19. Dabei ist zu berücksichtigen, dass die Wesentlichkeit von Informationen grundsätzlich von den individuellen Informationsbedürfnissen der Adressaten abhängig ist und dass daher in der Regel auf die mutmaßlichen Informationsbedürfnisse eines typisierten Informationsadressaten abgestellt werden muss. Vgl. hierzu LEFFSON, U., Wesentlich, S. 437. Zur Operationalisierung der Wesentlichkeit wird in der Regel auf quantitative Grenz- oder Schwellenwerte abgestellt. Vgl. LEFFSON, U., Grundsätze ordnungsmäßiger Buchführung, S. 180-186; WÜRTELE, G., Operationalisierung der Materiality, S. 107-149.

Aus dem Interesse der Investoren an vollständigen Informationen über wesentliche Sachverhalte lässt sich als weitere Konkretisierung der Entscheidungsrelevanz die Nebenbedingung der **wirtschaftlichen Betrachtungsweise** ableiten.[105] Da die Eigenkapitalgeber unabhängig von der rechtlichen Ausgestaltung oder Zuordnung der wesentlichen Erfolgspotentialträger Informationen über diese benötigen, dürfen die formalrechtlichen Aspekte im Rahmen der Unternehmensberichterstattung ebenfalls nur eine untergeordnete Rolle spielen.[106] Dies gilt beispielsweise auch für die im weiteren Verlauf der Untersuchung zu analysierenden Leasingverhältnisse, bei denen der Leasingnehmer mit dem Leasingobjekt einen Erfolgspotentialträger – unabhängig vom juristischen Eigentum – zeitlich befristet nutzen kann.[107] Zur Entscheidungsunterstützung der Investoren ist demnach im Rahmen der Kapitalmarktkommunikation nicht allein die rechtliche Betrachtungsweise ausschlaggebend, sondern es ist vielmehr auf den wirtschaftlichen Gehalt sowie den wirtschaftlichen Gesamtzusammenhang der berichteten Sachverhalte abzustellen.[108]

Zur Unterstützung der Investitionsentscheidungen dienliche entscheidungsrelevante Informationen müssen darüber hinaus die Nebenbedingung der **Vergleichbarkeit** erfüllen. Die Eigenkapitalgeber benötigen vergleichbare Informationen über die verschiede-

[105] In weiten Teilen der Literatur wird die Nebenbedingung der wirtschaftlichen Betrachtungsweise dagegen in Anlehnung an die entsprechenden Regelungen des IASB der Komponente der Verlässlichkeit von Informationen zugeordnet. Vgl. bspw. WAGENHOFER, A., Internationale Rechnungslegungsstandards, S. 124-125; COENENBERG, A. G., Jahresabschluss und Jahresabschlussanalyse, S. 61-62. BRINKMANN begründet diese Zugehörigkeit mit dem Bestreben des IASB, den verlässlichen im Sinne von „richtigen“ Gewinn zu ermitteln. Vgl. BRINKMANN, J., Zweckadäquanz, S. 95. Dieser Argumentation kann hier indes nicht gefolgt werden, da die Abbildungsregelungen ein theoretisches Konstrukt, dessen einheitliche Messregeln sie bilden, und eben kein uneingeschränktes Bild des Unternehmens skizzieren. Vgl. ebenso BALLWIESER, W., Informations-GoB, S. 120-121; KLEIN, G., Internationale Rechnungslegung, S. 93. Auf Grund der hier vertretenden Auffassung, dass die Entscheidungsrelevanz den für die Entscheidungsunterstützung erforderlichen Informationsinhalt konkretisiert, erscheint vielmehr eine Zuordnung der wirtschaftlichen Betrachtungsweise als inhaltliche Komponente zu eben dieser Entscheidungsrelevanz angezeigt, da eine Unternehmensberichterstattung nach rein formalrechtlichen Aspekten nicht zwingend Einfluss auf die Verlässlichkeit der vermittelten Informationen haben müsste.

[106] Somit ist über gleiche ökonomische Sachverhalte trotz eventueller rechtlicher Unterschiede auch inhaltsgleich zu berichten. Vgl. DOHRN, M., Entscheidungsrelevanz, S. 85. Die wirtschaftliche Betrachtungsweise ist dabei keineswegs als eine außerrechtliche Betrachtungsweise zu interpretieren. Vielmehr ist die zivilrechtliche Struktur als Indiz für die wirtschaftliche Substanz von Sachverhalten zu berücksichtigen. Vgl. MOXTER, A., Wirtschaftliche Betrachtungsweise, S. 240.

[107] Vgl. hierzu ausführlich Abschnitt 233.32.

[108] Vgl. PELLENS, B./FÜLBIER, R. U./GASSEN, J./SELLHORN, T., Internationale Rechnungslegung, S. 116; MUJKANOVIC, R., Fair Value, S. 93.

nen Investitionsalternativen, da sie zur Vorbereitung ihrer Investitionsentscheidungen einen Vorteilhaftigkeitsvergleich auf Grund ihrer individuellen Erwartungen auf Basis der für sie verfügbaren Informationen anstellen.[109] Diese Informationen müssen neben dem Vergleich zwischen den alternativen Investitionsobjekten auch einen intertemporalen Vergleich ermöglichen und den Eigenkapitalgeber somit in die Lage versetzen, die Entwicklung der einzelnen Anlageobjekte im Zeitablauf beurteilen und eigene Prognosen sowie Prognosen der Berichterstatter überprüfen zu können.[110]

Dabei setzt die Vergleichbarkeit von entscheidungsrelevanten Informationen voraus, dass die zu vergleichenden Rechnungslegungsinformationen unter identischen Bedingungen ermittelt worden sind.[111] Diese kongruente Ermittlung bildet die Basis für die **Einheitlichkeit der Berichterstattung** über die Erfolgspotentialträger der rechnungslegenden Unternehmen, die den notwendigen Vergleich zwischen den alternativen Investitionsobjekten ermöglicht. Demnach hat die externe Unternehmensberichterstattung über vergleichbare Sachverhalte grundsätzlich analog zu erfolgen. Dieser Vergleich wird jedoch vor allem durch die unterschiedliche Nutzung von impliziten und expliziten Wahlrechten im Rahmen der Rechnungslegung erschwert.[112] Aus Sicht der Investoren verringern derartige Abbildungsspielräume die Entscheidungsrelevanz der vermittelten Informationen, da die Investoren ohne die Veröffentlichung zusätzlicher Angaben regelmäßig nicht in der Lage sein werden, entsprechende Spielräume bzw. deren Nutzung zu identifizieren, um eigenständig eine vergleichbare Datengrundlage für ihren Entscheidungsprozess zu generieren.[113] Daher ist im Sinne der Eigenkapitalgeber eine wei-

[109] Vgl. STEINHAUER, L., Value Reporting, S. 28. Bei der vom Kapitalgeber zu treffenden Investitionsentscheidung handelt es sich dabei grundsätzlich um die Auswahl aus alternativen Kapitalanlagemöglichkeiten, die nicht gleichzeitig realisiert werden können. Vgl. hierzu WITTE, E., Entscheidungsprozesse, Sp. 910.

[110] Im Schrifttum werden diese beiden Möglichkeiten des intertemporalen Vergleichs auch häufig als Ist-Ist-Vergleich bzw. als Soll-Ist-Vergleich diskutiert. Vgl. bspw. HEPERS, L., Entscheidungsnützlichkeit, S. 100-101.

[111] Vgl. BAETGE, J./COMMANDEUR, D., Vergleichbar, S. 326.

[112] Unter Wahlrechten sind dabei sämtliche Spielräume der Rechnungslegenden zu verstehen, die daraus resultieren, dass die Rechnungslegenden nicht durch explizite Vorgaben auf eine bestimmte Vorgehensweise festgelegt werden. Vgl. STREIM, H., Wahlrechte, Sp. 2152; SIEGEL, T., Wahlrecht, S. 417; PEFFEKOVEN, F. P., Wahlrechtsproblematik, S. 25.

[113] KRÖNERT betont hierbei insbesondere die Kosten einer solchen Informationsaufbereitung zur Verbesserung der Entscheidungssituation der Eigenkapitalgeber. Vgl. KRÖNERT, B., Grundsätze informationsorientierter Rechnungslegung, S. 114. Diese Kosten können dazu führen, dass Investoren von

testmögliche **Einschränkung von Abbildungsspielräumen** anzustreben, bei denen im Weiteren zwischen expliziten und impliziten Wahlrechten zu differenzieren ist.

Ein **explizites Wahlrecht** ist immer dann gegeben, sofern für die Behandlung eines gegebenen Sachverhalts in der Rechnungslegung mindestens zwei kodifizierte Alternativmöglichkeiten bestehen, die sich gegenseitig ausschließen und allein den Rechnungslegenden die Kompetenz der Alternativenwahl zusteht.[114] Diese Kompetenzverlagerung limitiert insbesondere die zwischenbetriebliche Vergleichbarkeit und ist daher vor dem Hintergrund der Informationsanforderungen der Investoren abzulehnen.[115] Vielmehr kann das Ausmaß der gewährten expliziten Wahlrechte als ein Maßstab für die Qualität eines Rechnungslegungssystems aus Sicht der Investoren betrachtet werden.[116]

Wenn den Rechnungslegungsregelungen dagegen keine eindeutigen Vorschriften entnommen werden können, entstehen auf Basis der entsprechenden Auslegungsunsicherheiten **implizite Wahlrechte**.[117] Unter diesen ungeschriebenen Wahlrechten sind Auslegungs- und Ermessensspielräume zu subsumieren, die sich im Gegensatz zu den expliziten Wahlrechten nicht vollständig eliminieren lassen.[118] **Auslegungsspielräume** resultieren dabei aus der Verwendung unbestimmter Rechtsbegriffe oder aus der unvollständigen Beschreibung von Abbildungsverfahren, die den Rechnungslegenden

dem entsprechenden Kapitalengagement Abstand nehmen. Vgl. WAGENHOFER, A./EWERT, R., Externe Unternehmensrechnung, S. 13-14.

114 Vgl. STREIM, H., Wahlrechte, Sp. 2152, der diese expliziten Wahlrechte auch als Wahlrechte im engeren Sinn bezeichnet.

115 Vgl. SCHNEIDER, D., Wahlrechte, S. 89; BAETGE, J./ROß, H.-P., Fair Presentation, S. 44; HENNRICHS, J., Wahlrechte im Bilanzrecht, S. 435; KOMMISSION RECHNUNGSWESEN, Reformvorschläge, S. 12. Demgegenüber sieht bspw. HARTMANN-WENDELS in der Eingrenzung expliziter Wahlrechte eine Handlungsbeschränkung der Unternehmensleitung, die unternehmensindividuelle und damit sachgerechte Sachverhaltsabbildungen verhindern würde. Vgl. HARTMANN-WENDELS, T., Rechnungslegung der Unternehmen, S. 330-333. Diese Argumentation vermag vor dem Hintergrund der durch die Rechnungslegung anzustrebenden Vermittlung von entscheidungsnützlichen Informationen an die Investoren sowie dem im weiteren Verlauf der Untersuchung noch näher zu beleuchtenden *Principal-Agent*-Konflikt zwischen Investoren und Unternehmensleitung indes nicht zu überzeugen. Vgl. zum *Principal-Agent*-Konflikt Abschnitt 232.31.

116 Vgl. SCHILDBACH, T., Rechnungslegung nach US-GAAP, S. 56-57; BALLWIESER, W., Übernahme amerikanischer Rechnungslegung, S. 39; HEPERS, L., Entscheidungsnützlichkeit, S. 102.

117 Vgl. HENNRICHS, J., Wahlrechte im Bilanzrecht, S. 46; KIRSCH, H., Verdeckte Bilanzierungswahlrechte, S. 1111.

118 Vgl. BALLWIESER, W., Anforderungen des Kapitalmarkts, S. 160. Eine inhaltlich vergleichbare Untergliederung der impliziten Wahlrechte findet sich auch bei PEFFEKOVEN, der allerdings Auslegungsspielräume und Individualspielräume unter den Begriff der Ermessensspielräume subsumiert. Vgl. PEFFEKOVEN, F. P., Wahlrechtsproblematik, S. 23-24.

mehrere Interpretationsmöglichkeiten gewähren.[119] Diese sich „zwangsläufig aus der praktischen Unmöglichkeit einer vollständigen Normierung der komplexen [und sich fortwährend ändernden] Wirklichkeit"[120] ergebenden Auslegungsspielräume führen daher zu einer Bandbreite grundsätzlich zulässiger Lösungen, aus denen der Rechnungslegende selbst unter Würdigung der tatsächlichen Verhältnisse eine Alternative auswählen kann.[121] Dennoch kann diese Form der impliziten Wahlrechte zumindest teilweise durch die Normierung der die Auslegungsspielräume determinierenden, überbetrieblichen Parameter bzw. durch die eindeutige Festlegung von Abbildungsverfahren direkt begrenzt werden.[122] Im Sinne der Entscheidungsnützlichkeit für Investoren ist dabei indes stets zu prüfen, ob der Vorteil der Eingrenzung der skizzierten Auslegungsspielräume den Nachteil der Missachtung der betrieblichen bzw. sachverhaltsspezifischen Besonderheiten zu kompensieren vermag.[123]

Im Gegensatz zu den Auslegungsspielräumen resultieren reine **Ermessensspielräume** aus durch die Rechnungslegenden vorzunehmenden Bewertungen, in denen die künftige und damit unsichere Entwicklung des entsprechenden Bewertungsobjektes Berücksichtigung findet.[124] Durch die Offenlegung der hierbei unterstellten Prämissen kann die Ausnutzung von Ermessensspielräumen jedoch für die Investoren transparent gemacht werden, woraus eine indirekte Eingrenzung dieser Ermessensspielräume resultiert.

Neben der diskutierten Einheitlichkeit ist die **Stetigkeit** die zweite fundamentale Voraussetzung für die Vergleichbarkeit von Rechnungslegungsinformationen als Grundlage für die Kapitalanlageentscheidungen der Investoren. Die Stetigkeit der Unterneh-

---

[119] Vgl. STREIM, H., Wahlrechte, Sp. 2152. Aus der Verwendung unbestimmter Rechtsbegriffe resultieren in der Regel Subsumtionsspielräume, da die Tatbestandsmerkmale einer Rechtsvorschrift unbestimmt und damit auslegungsbedürftig sind, so dass ein Sachverhalt nicht eindeutig unter die entsprechenden Tatbestandsmerkmale zu subsumieren ist. Demgegenüber treten Konklusionsspielräume auf, sofern die Rechtsfolge nicht eindeutig aus der Rechtsvorschrift hervorgeht. Vgl. hierzu PEFFEKOVEN, F. P., Wahlrechtsproblematik, S. 23-24; SCHMIDT, M., Rechnungslegung von Finanzinstrumenten, S. 44.

[120] STREIM, H., Wahlrechte, Sp. 2152.

[121] Vgl. STREIM, H., Wahlrechte, Sp. 2153.

[122] Vgl. BAETGE, J./HÖMBERG, R., Gewinn und Verlust, Sp. 665; HEPERS, L., Entscheidungsnützlichkeit, S. 103.

[123] Vgl. BAETGE, J./BALLWIESER, W., Bilanzpolitischer Spielraum, S. 215.

[124] Vgl. STREIM, H., Wahlrechte, Sp. 2153. BALLWIESER bezeichnet derartige Ermessensspielräume als faktische Einschätzungswahlrechte. Vgl. BALLWIESER, W., Anforderungen des Kapitalmarkts, S. 160.

mensberichterstattung ermöglicht dabei insbesondere den intertemporalen Vergleich von Informationen zur Analyse der zeitlichen Unternehmensentwicklung.[125] Damit Veränderungen der vermittelten Informationen nicht auf eine veränderte Methodenwahl innerhalb der Berichterstattung zurückzuführen sind, muss die Stetigkeit der Darstellung von Sachverhalten im Zeitablauf sichergestellt sein.[126] Dabei wird eine einheitliche formale Darstellung der Unternehmensberichterstattung durch die formelle Stetigkeit gewährleistet, während die materielle Stetigkeit auf die Beibehaltung von Abbildungsmethoden abzielt.[127] Bei nur in Ausnahmefällen zulässigen Verstößen gegen das Stetigkeitsprinzip sind umfangreiche Begründungen zu geben und insbesondere die Auswirkungen des Wechsels der Berichterstattungsmethode deutlich zu machen, da es den Investoren nur hierdurch ermöglicht wird, die veränderten Prognoseparameter im Rahmen ihrer Investitionsentscheidung zu berücksichtigen.[128] Dementsprechend wird ein Teil der oben skizzierten Wahlrechte mit der Stetigkeit auf deren erstmalige Ausübung beschränkt, an die die Bilanzierenden in den Folgeperioden gebunden sind.[129]

Nur wenn sowohl die Einheitlichkeit als Vergleichbarkeit im inhaltlichen Sinne als auch die Stetigkeit als Vergleichbarkeit im zeitlichen Sinne gewährleistet sind, ist die Nebenbedingung der Vergleichbarkeit von entscheidungsrelevanten Kapitalmarktinformationen erfüllt.

Die Entscheidungsunterstützung der Investoren ist indes nur gewährleistet, wenn der Entscheidungsträger die Entscheidungsrelevanz einschließlich der Vergleichbarkeit der vermittelten Informationen erkennen kann. Dementsprechend müssen entscheidungsnützliche Informationen aus Sicht der Investoren die **Nebenbedingung der Verständ-**

---

[125] Vgl. BITZ, M./SCHNEELOCH, D./WITTSTOCK, W., Der Jahresabschluss, S. 233; ZÜLCH, H., Investment Properties, S. 230. Vgl. hierzu sowie ausführlich zum Begriff der Stetigkeit LEFFSON, U., Grundsätze ordnungsmäßiger Buchführung, S. 432-437.

[126] Vgl. MUJKANOVIC, R., Fair Value, S. 100; WOLLMERT, P., Stetigkeit, S. 745.

[127] Vgl. zur Differenzierung von formeller sowie materieller Stetigkeit BAETGE, J./KIRSCH, H.-J./THIELE, S., Bilanzen, S. 119-120; BIEG, H., Vergleichbarkeit, S. 838-839; BAETGE, J., GoB, Sp. 865. Vgl. ausführlich zur Bewertungsstetigkeit als wesentliche Komponente der materiellen Stetigkeit KUPSCH, P., Stetigkeit der Bewertung (Teil I), S. 1101-1105; KUPSCH, P., Stetigkeit der Bewertung (Teil II), S. 1157-1161.

[128] Vgl. BAETGE, J., Möglichkeiten der Objektivierung, S. 44; DOHRN, M., Entscheidungsrelevanz, S. 78.

[129] Vgl. CLEMM, H./WENZEL, H. J., Konzernbilanzpolitik, S. 350; PEFFEKOVEN, F. P., Wahlrechtsproblematik, S. 206; SIEGEL, T., Wahlrecht, S. 424.

lichkeit erfüllen. Der Schwierigkeitsgrad der Darstellung hat sich dabei grundsätzlich an dem Adressatenkreis der Unternehmensberichterstattung zu orientieren.[130] Daher müssen die Kapitalmarktinformationen für den typisierten Eigenkapitalgeber leicht begreiflich sein.[131] Hierzu ist eine möglichst klare, präzise und unzweideutige Informationsdarstellung erforderlich, die nur ein unvermeidliches Minimum an Interpretationsspielraum bietet.[132] Auf Grund dieser Art der Informationsdarstellung werden die Transaktionskosten der Investoren reduziert, weil diese die für sie verständlichen Informationen direkt zur Entscheidungsvorbereitung benutzen können.[133]

Vor dem Hintergrund der beschränkten Informationsverarbeitungskapazitäten der Investoren ist auf Grund der anzustrebenden Verständlichkeit zudem eine Begrenzung des Umfangs der bereitgestellten Informationen erforderlich, da ansonsten die Gefahr eines sog. *information overload* besteht.[134] Ein solcher *information overload* würde zu einer Überforderung der Investoren führen, da für diese angesichts der Informationsflut eine Selektion sowie Nutzung der entscheidungsrelevanten Informationen nicht mehr möglich wäre.[135] Die geforderte Eigenschaft der Verständlichkeit der Unternehmensberichterstattung darf jedoch keine Rechtfertigung dafür sein, auf die Abbildung komplexer und für die Entscheidungsfindung der Investoren wesentlicher Sachverhalte zu verzichten. Die Nebenbedingung der Verständlichkeit führt daher nicht zu einer Einschränkung

---

[130] Vgl. SNAVELY, H. J., Accounting Information Criteria, S. 229; MOXTER, A., Fundamentalgrundsätze, S. 93; KRÖNERT, B., Grundsätze informationsorientierter Rechnungslegung, S. 56.

[131] Bzgl. der in dieser Arbeit vorgenommenen Typisierung der Kleinaktionäre als Adressaten der Kapitalmarktkommunikation vgl. Abschnitt 224.

[132] Vgl. MOXTER, A., Fundamentalgrundsätze, S. 93; BALLWIESER, W., Informations-GoB, S. 118; EBENROTH, C. T., Klar und übersichtlich, S. 265 m. w. N. Die Investoren sind somit an Informationen interessiert, die möglichst eindeutige Rückschlüsse auf die ihnen unbekannten Umweltzustände ermöglichen. Der Grad dieser Eindeutigkeit wird in der Literatur häufig auch mit Feinheit (eines Informationssystems) bezeichnet. Vgl. BALLWIESER, W., Vergleich von Rechnungslegungssystemen, S. 377; DEMSKI, J. S., Information Analysis, S. 37.

[133] Vgl. hierzu DOHRN, M., Entscheidungsrelevanz, S. 82-83.

[134] Zum Begriff des sog. information overload und den Auswirkungen auf den Entscheidungsprozess vgl. bspw. KELLER, K. L./STAELIN, R., Quantity of Information, S. 200-213; JACOBY, J., Information Overload, S. 434-435; HERBIG, P. A./KRAMER, H., Effect of Information Overload, S. 45-46. Einen Überblick über verschiedene Studien zum *information overload*-Effekt bietet MALHOTRA, N. K., Information Load, S. 419.

[135] Vgl. KÜTING, K./REUTER, M., Bilanzierung im Spannungsfeld, S. 232; HEPERS, L., Entscheidungsnützlichkeit, S. 108.

der Vollständigkeit der Informationsvermittlung, sondern begründet vielmehr einen Qualitätsanspruch an die Form der Darstellung.[136]

Die Entscheidungsrelevanz der vermittelten Kapitalmarktinformationen lässt sich somit durch die Nebenbedingungen der Vollständigkeit, der wirtschaftlichen Betrachtungsweise, der Vergleichbarkeit sowie der Verständlichkeit dieser Informationen konkretisieren. Wie bereits oben diskutiert, ist die Entscheidungsrelevanz als Grundvoraussetzung für eine entscheidungsnützliche Kapitalmarktkommunikation auf den für die Unterstützung der Eigenkapitalgeber erforderlichen Informationsinhalt gerichtet. Da die Investoren zur Entscheidungsvorbereitung eine Prognose der zukünftigen Zahlungsströme aus dem (potentiellen) Investitionsobjekt vornehmen, sind sie hierfür insbesondere an Informationen über die zukünftige Unternehmensentwicklung interessiert. Mit der Erfüllung der identifizierten Nebenbedingungen wird grundsätzlich die Entscheidungsunterstützung der Investoren sichergestellt. Die alleinige Entscheidungsrelevanz ist für die Vermittlung von entscheidungsnützlichen Informationen indes nicht hinreichend, da diese außerdem zuverlässig ermittelt sein müssen und somit zusätzlichen Anforderungen an die Informationsqualität unterliegen. Die Bedingungen für diese ebenfalls elementare Verlässlichkeitskomponente werden im folgenden Abschnitt konkretisiert.

232.232. Präzisierung der Verlässlichkeit als qualitative Anforderung an entscheidungsnützliche Informationen

Zur Vorbereitung ihrer Investitionsentscheidungen benötigen die Eigenkapitalgeber **verlässliche Informationen** als Basis für ihre individuelle Erwartungsbildung, da diese das notwendige Vertrauen der Investoren in die zur Verfügung gestellten Unternehmensdaten gewährleisten.[137] Diese **Qualitätsanforderung** erfüllen die Informationen,

[136] Vgl. WOLLMERT, P./ACHLEITNER, A.-K., Konzeptionelle Grundlagen, S. 222; JACOBI, A., Analyse bilanztheoretischer Grundlagen, S. 58.

[137] Vgl. CHAMBERS, R. J., Accounting, S. 157; BAETGE, J./ZÜLCH, H./MATENA, S., Paradigmenwechsel durch Fair Value-Accounting, S. 366.

wenn sie frei von wesentlichen Fehlern und subjektiven Verzerrungen sind.[138] Die Forderung nach Verlässlichkeit der vermittelten Daten impliziert jedoch nicht den Ausschluss jeglicher subjektiver Schätzungen. Vielmehr sind im Rahmen der Berichterstattung auf Grund der Unsicherheit der zukünftigen Unternehmensentwicklung sowie deren ungewissen Auswirkung auf die abzubildenden Sachverhalte stets Annahmen und Einschätzungen durch die Rechnungslegenden erforderlich. Zur Generierung verlässlicher Kapitalmarktinformationen ist dementsprechend die Berücksichtigung subjektiver Schätzungen durchaus zulässig, allerdings ist hierbei die Nachvollziehbarkeit der Schätzgrundlagen und die Plausibilität der Ergebnisse erforderlich.[139]

Unverlässliche Informationen können dagegen zu fehlerhaften Prognosen der unsicheren künftigen Zahlungsströme aus dem Investitionsobjekt und somit zu Kapitalmarktdispositionen führen, die den Interessen der Investoren nicht gerecht werden.[140] Bereits bei Vorhandensein von Zweifeln an der Verlässlichkeit der zur Verfügung gestellten Unternehmensdaten werden die Eigenkapitalgeber beträchtliche Risikoabschläge berücksichtigen oder sich sogar vollständig vom Kapitalmarkt zurückziehen.[141]

Vor dem Hintergrund der geforderten Verlässlichkeit der Unternehmensberichterstattung sind daher ausschließlich zutreffende bzw. richtige Informationen zu veröffentlichen, unter denen solche Informationen zu verstehen sind, die nach den von der Rechnungslegung vorgegebenen Abbildungsregelungen bereitgestellt werden.[142] **Richtigkeit** darf dabei keineswegs mit Wahrheit gleichgesetzt werden, da eine Übereinstimmung der der Rechnungslegung inhärenten Schätzungen mit später tatsächlich eintretenden Entwicklungen realistischerweise nicht verlangt werden und es somit auch keine

---

[138] Vgl. BAETGE, J./KIRSCH, H.-J./THIELE, S., Bilanzen, S. 148; ZÜLCH, H., Investment Properties, S. 219. LEFFSON konkretisiert diesen Qualitätsanspruch durch den sachbezogenen Grundsatz der Richtigkeit sowie den personenbezogenen Grundsatz der Willkürfreiheit. Vgl. LEFFSON, U., Grundsätze ordnungsmäßiger Buchführung, S. 200.

[139] Vgl. KRÖNERT, B., Grundsätze informationsorientierter Rechnungslegung, S. 53.

[140] Vgl. KAHLE, H., Informationsversorgung, S. 104; DOHRN, M., Entscheidungsrelevanz, S. 79.

[141] Vgl. SCHILDBACH, T., Rechnungslegung im Spannungsfeld, S. 161; HEPERS, L., Entscheidungsnützlichkeit, S. 108. SCHNEIDER führt in diesem Zusammenhang aus, dass bereits die Möglichkeit der vorsätzlich falschen Information beim Informationsadressaten nicht für zusätzliches Wissen, sondern für zusätzliche Unsicherheit sorgt. Vgl. SCHNEIDER, D., Gewinnermittlung oder ökonomische Analyse, S. 1057.

[142] Vgl. LEFFSON, U., Grundsätze ordnungsmäßiger Buchführung, S. 200.

absolut wahre Rechnungslegung geben kann.[143] Unter der für die Vermittlung von verlässlichen Informationen erforderlichen Nebenbedingung der Richtigkeit ist somit eine regelkonforme Datenbereitstellung zu verstehen, die keine wesentlichen Fehler enthält.[144]

Sofern aus Mangel von expliziten Regelungen im Rahmen der Berichterstattung subjektive Schätzungen vorzunehmen sind, sind die sich hieraus ergebenden Spielräume willkürfrei zu füllen, da die Investoren Informationen benötigen, die nicht durch sachfremde Erwägungen seitens der Rechnungslegenden beeinflusst sind.[145] Im Gegensatz zur Nebenbedingung der Richtigkeit des Datenmaterials stellt die Nebenbedingung der **Neutralität** der Informationsvermittlung damit direkt auf das Verhalten der Rechnungslegenden ab. Neutralität setzt hierbei eine systematische und unverzerrte Füllung etwaiger Spielräume voraus, bei der die berücksichtigten Annahmen stets den tatsächlichen Vorstellungen der Rechnungslegenden entsprechen müssen.[146] Die bewusste, ergebnisgesteuerte Beeinflussung von Annahmen oder auf diesen basierenden Schätzungen würde dagegen die ergebnisoffene Prognose künftiger Zahlungsströme aus dem (potentiellen) Investitionsobjekt und somit eine neutrale Kapitalanlageentscheidung seitens der Investoren verhindern.[147]

Zur Erhöhung der Verlässlichkeit von Unternehmensinformationen und somit zur weiteren Stärkung des Vertrauens der Investoren in die zur Verfügung gestellten Unterneh-

---

[143] Der Sicherheitsgrad der vorzunehmenden Schätzungen könnte grundsätzlich durch deren Verschiebung bis zum Eintritt einer gewissen Mindestsicherheit deutlich reduziert werden, was allerdings die Aussagekraft erheblich beeinträchtigen würde. Vgl. hierzu MOXTER, A., Einfluss von Publizitätsvorschriften, S. 181; BAETGE, J., Möglichkeiten der Objektivierung, S. 21. Vgl. zum Problem der Wahrheit in der Rechnungslegung sowie der grundsätzlichen Diskrepanz zwischen Wahrheit und Wahrscheinlichkeit LEFFSON, U., Grundsätze ordnungsmäßiger Buchführung, S. 193-200; HOFFMANN, W.-D./LÜDENBACH, N., Zur Offenlegung der Ermessenspielräume, S. 1965-1966.

[144] Dies führt auch zu einer Erhöhung der weiter oben diskutierten zwischenbetrieblichen Vergleichbarkeit sowie der Verständlichkeit als Nebenbedingungen der Entscheidungsrelevanz. Vgl. ebenso DOHRN, M., Entscheidungsrelevanz, S. 84.

[145] Vgl. LEFFSON, U., Bild der tatsächlichen Verhältnisse, S. 99; KRÖNERT, B., Grundsätze informationsorientierter Rechnungslegung, S. 55; MOXTER, A., Fundamentalgrundsätze, S. 91.

[146] Vgl. HITZ, J.-M., Rechnungslegung zum Fair Value, S. 161-162; LEFFSON, U., Grundsätze ordnungsmäßiger Buchführung, S. 203; MUJKANOVIC, R., Fair Value, S. 98.

[147] Vgl. BALLWIESER, W., Informations-GoB, S. 117; ZÜLCH, H., Investment Properties, S. 221; COENENBERG, M., Internationalisierung der Rechnungslegung, S. 58.

mensdaten bedarf es ferner der **Nachprüfbarkeit** der abgebildeten Sachverhalte.[148] Neben der mit ausreichender Sicherheit erfolgenden Datenermittlung ist hierfür die Überprüfbarkeit der Kongruenz von Rechnungslegungsinformationen und den diesen zu Grunde liegenden Sachverhalten unter Berücksichtigung der entsprechenden Abbildungsregelungen durch die Eigenkapitalgeber als unabhängige Dritte erforderlich.[149] Auf Grund dieser Objektivierungsnotwendigkeit hat die Nebenbedingung der Nachprüfbarkeit bei auf subjektiven Wertermittlungen basierenden Unternehmensdaten daher eine besondere Bedeutung.[150] Zur Ermöglichung der Kontrolle ist hierbei die ergänzende Offenlegung und Erläuterung der berücksichtigten Prämissen unerlässlich, da nur durch deren Veröffentlichung die Darstellungen in der Rechnungslegung für Dritte nachvollziehbar werden und somit bei deren Investitionsentscheidungen Berücksichtigung finden.[151]

Zusammenfassend ist zu betonen, dass die **Verlässlichkeit** von Rechnungslegungsinformationen als elementare Voraussetzung für eine entscheidungsnützliche Kapitalmarktkommunikation auf die Informationsqualität fokussiert ist und somit der Vertrauensbildung seitens der Investoren dient. Dabei lässt sie sich durch die Nebenbedingungen der Richtigkeit des Datenmaterials, der Neutralität der Datengrundlage und der Informationsvermittlung sowie der Nachprüfbarkeit der abgebildeten Sachverhalte konkretisieren.

Aufbauend auf den vorherigen Erläuterungen zur Verlässlichkeit und zur Entscheidungsrelevanz sowie deren Nebenbedingungen soll nunmehr im folgenden Abschnitt zusammenfassend das Verhältnis dieser beiden zentralen Komponenten der Entscheidungsnützlichkeit analysiert werden.

---

148 Vgl. LEFFSON, U., Grundsätze ordnungsmäßiger Buchführung, S. 81; KUPSCH, P./ACHTERT, F., Bewertungseinheitlichkeit, S. 1403; SCHNEIDER, D., Gewinnermittlung oder ökonomische Analyse, S. 1057; HOMMEL, M., Bilanzrechtskonzeptionen, S. 350.

149 Vgl. KLEIN, G., Internationale Rechnungslegung, S. 91; ERNSTBERGER, J., Erfolgs- und Vermögensmessung, S. 67.

150 Vgl. ausführlich zum Zusammenhang zwischen den diesen Wertermittlungen zu Grunde liegenden Informationsquellen und dem Sicherheitsgrad der Erwartungen über die künftigen Zahlungsströme HEPERS, L., Entscheidungsnützlichkeit, S. 110-115.

151 Vgl. KAHLE, H., Informationsversorgung, S. 104.

232.24 Spannungsverhältnis zwischen Entscheidungsrelevanz und Verlässlichkeit

Zur Vorbereitung ihrer Investitionsentscheidungen benötigen die Aktionäre Unternehmensinformationen, die die Unsicherheit bezüglich der zukünftigen Entwicklung des (potentiellen) Kapitalanlageengagements reduzieren und somit den Investoren die Prognose des entwicklungsabhängigen Zielzahlungsstroms als Entscheidungsgrundlage ermöglichen. Auf der einen Seite sind somit **entscheidungsrelevante** Informationen erforderlich, die über den Eintritt künftiger Ereignisse und deren Konsequenzen in Form künftiger Zahlungsströme berichten und somit grundsätzlich zukunftsorientiert sein müssen.[152] Auf der anderen Seite werden als Voraussetzung für die Nutzbarkeit im Rahmen des Entscheidungsprozesses **verlässliche** und damit vertrauenschaffende Informationen benötigt.[153]

Auf Grund der Unsicherheit der zukünftigen Entwicklung ist im Rahmen einer zukunftsorientierten und damit grundsätzlich entscheidungsrelevanten Unternehmensberichterstattung seitens der Rechnungslegenden verstärkt auf subjektive Schätzungen zurückzugreifen.[154] Die hieraus resultierenden Informationen über künftige Zahlungsströme sind dabei allerdings auf Grund der eingeschränkten Nachprüfbarkeit regelmäßig unsicher. Dagegen zeichnen sich vergangenheitsorientierte Daten grundsätzlich durch eine hohe Verlässlichkeit aus, da die Nachprüfbarkeit von determinierten Vorgängen zumeist gewährleistet ist. Allerdings ist die Relevanz dieser Daten für die zukunftsorientierten Investitionsentscheidungen eingeschränkt.[155]

Aus diesem Gegensatz zwischen dem Bedarf an zukunftsorientierten und daher zumeist auf Schätzungen basierenden Informationen sowie dem Bedarf an verlässlichen Informationen, die die höchste Sicherheit nur im Fall ausschließlich vergangenheitsorientier-

[152] Vgl. zur Entscheidungsrelevanz sowie derer Nebenbedingungen Abschnitt 232.231.
[153] Vgl. zur Verlässlichkeit von Informationen sowie derer Nebenbedingungen Abschnitt 232.232.
[154] Vgl. bspw. COENENBERG, A. G./STRAUB, B., Harmonie oder Disharmonie der Rechnungszwecke?, S. 20.
[155] Vgl. stellvertretend STREIM, H., Vermittlung von entscheidungsnützlichen Informationen, S. 125.

ter Zahlungsströme aufweisen, resultiert ein **Zielkonflikt** für die Erfüllung der Informationsanforderungen der Investoren.[156]

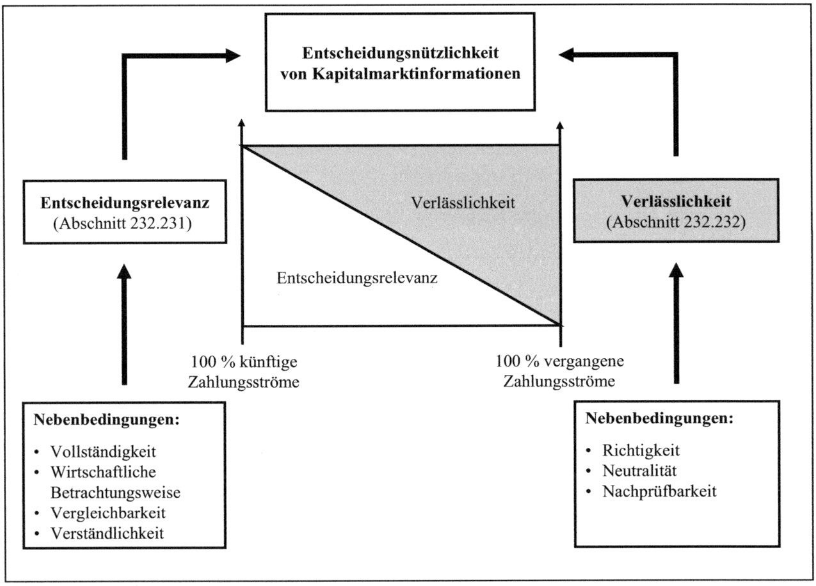

Abbildung 2: Spannungsverhältnis zwischen Verlässlichkeit und Entscheidungsrelevanz als Determinanten der Entscheidungsnützlichkeit von Kapitalmarktinformationen[157]

Somit stehen die in den vorangegangenen Abschnitten konkretisierten Komponenten der Entscheidungsrelevanz und der Verlässlichkeit als elementare Voraussetzungen für die Entscheidungsnützlichkeit von Kapitalmarktinformationen in einem immanenten **Spannungsverhältnis**, das durch vorstende Abbildung 2 verdeutlicht werden soll:[158]

---

[156] Vgl. stellvertretend HOMMEL, M., Bilanzierung immaterieller Anlagewerte, S. 21-25; WAGENHOFER, A., Fair Value-Bewertung, S. 187; SCHILDBACH, T., Prinzipienorientierung, S. 249-253, BUSSE VON COLBE, W., Informationsinstrument, S. 20; COENENBERG, A. G./STRAUB, B., Harmonie oder Disharmonie der Rechnungszwecke?, S. 22-24.

[157] Abbildung im Anlehnung an BAETGE, J., Möglichkeiten der Objektivierung, S. 169; HEPERS, L., Entscheidungsnützlichkeit, S. 97.

[158] Vgl. BAETGE, J./ZÜLCH, H., Fair Value-Accounting, S. 559; KUHNER, C., Spannungsverhältnis, S. 523-542; KAISER, T., Investorensicht, S. 141; MERSCHMEYER, M., Kapitalschutzfunktion, S. 159. BAETGE spricht in diesem Zusammenhang von einem Zielkonflikt zwischen ökonomischer Brauchbarkeit und Objektivität. Vgl. BAETGE, J., Möglichkeiten der Objektivierung, S. 168-169.

Bevor dieses aus den Informationsanforderungen der Investoren resultierende Spannungsverhältnis im weiteren Verlauf dieser Arbeit auf die konkrete Abbildung im Rahmen der Unternehmensberichterstattung übertragen wird und die zumeist sachverhaltsindividuelle Lösung analysiert werden kann, wird im folgenden Abschnitt zunächst kurz die externe Rechnungslegung als normierte Form der Kapitalmarktkommunikation eingeführt.

232.3 Ökonomische Begründung für die Normierung der externen Rechnungslegung

232.31 Informationsvermittlung durch die externe Rechnungslegung

Nachdem im vorangegangenen Abschnitt die grundsätzlichen Anforderungen der Eigenkapitalgeber für die Unterstützung ihrer Investitionsentscheidungen analysiert wurden, soll nun untersucht werden, inwiefern die externe Rechnungslegung grundsätzlich entscheidungsnützliche Informationen vermitteln und somit die Entscheidungssituation der Investoren verbessern kann.

Zur ökonomischen Begründung der Notwendigkeit von externer Rechnungslegung soll dazu auf die **Neue Institutionenökonomik** zurückgegriffen werden, die die Funktionen und Wirkungsweisen von Institutionen analysiert.[159] Im Mittelpunkt dieser volkswirtschaftlichen Theorie stehen die nach Maximierung ihres persönlichen Nutzens strebenden Individuen (methodologischer Individualismus), die eine eingeschränkte Rationalität aufweisen und auf Grund ihrer begrenzten kognitiven Fähigkeiten nur über eine limitierte Informationsverarbeitungskapazität verfügen.[160] Aus der individuellen Informati-

---

[159] Institutionen im Sinne der Neuen Institutionenökonomik sind Systeme von verhaltenssteuernden Regelungen einschließlich der Mechanismen ihrer Durchsetzung, die menschliche Interaktion gemäß einer Leitidee ordnen. Sie dienen insbesondere der Koordination ökonomischer Aktivitäten. Vgl. zum Begriff sowie zur Funktion von Institutionen bspw. GÖBEL, E., Neue Institutionenökonomik, S. 1-8; BLUM, U./DUDLEY, L./LEIBBRAND, F./WEISKE, A., Institutionenökonomik, S. 44; ERLEI, M./LESCHKE, M./SAUERLAND, D., Neue Institutionenökonomik, S. 23-27.

[160] Vgl. RICHTER, R./FURUBOTN, E. G., Neue Institutionenökonomik, S. 3-5; RICHTER, R./BINDSEIL, U., Neue Institutionenökonomik, S. 132; KIRCHNER, C., Bilanzrecht und neue Institutionenökonomik, S. 269-272. Der Bezug auf die Neue Institutionenökonomik scheint insbesondere vor dem Hintergrund dieser realitätsnahen Annahmen angezeigt, die zudem bereits bei der Herleitung der Informationsanforderungen der typisierten Investoren berücksichtigt worden sind. Vgl. hierzu Abschnitt 232.2.

onsbeschaffung und -auswertung resultieren dabei **Transaktionskosten**, die eine vollständige Information der Individuen verhindern.[161]

Vor dem Hintergrund der im Rahmen dieser Arbeit zu analysierenden Kapitalmarktkommunikation sollen zunächst unter Institutionen die kapitalnachfragenden Unternehmen verstanden werden. Aus der Existenz von Transaktionskosten resultiert grundsätzlich eine **asymmetrische Verteilung von Unternehmensinformationen** unter den mit einem Unternehmen durch vielfältige Vertragsbeziehungen verbundenen Individuen.[162] Auf Grund der Kapitalmarktorientierung der betrachteten Unternehmen ist von einer Vielzahl von Eigenkapitalgebern auszugehen, die die mit der Unternehmensleitung verbundenen Aufgaben in der Regel an das Management delegieren. Das Management verfügt damit insbesondere im Vergleich zu den typisierten Kleinaktionären infolge der umfangreicheren Kenntnisse bezüglich der selbst getroffenen unternehmensbezogenen Entscheidungen und den hieraus zu erwartenden zukünftigen Entwicklungen über einen Informationsvorsprung.[163] Diese **Informationsasymmetrien** können durch die Einführung einer normierten externen Rechnungslegung und der damit verbundenen Verpflichtung zur Bereitstellung von entscheidungsnützlichen Informationen an die Investoren zumindest reduziert werden.[164] Aus dieser Informationsbereitstellung resultieren zusätzliche Kosten, die allerdings durch die mit der **Normierung der externen Rechnungslegung** verbundene Verringerung der Transaktionskosten für die Informationsbeschaffung und -auswertung relativiert werden.[165]

161 Vgl. RICHTER, R., Institutionenökonomische Aspekte, S. 408.

162 Vgl. SPREMANN, K., Asymmetrische Information, S. 562.

163 Vgl. BUSSE VON COLBE, W., Unternehmenskontrolle durch Rechnungslegung, S. 43; KÖTZLE, A./NIGGEMANN, M., Value Reporting, S. 637.

164 Vgl. KIENER, S., Informationsökonomische Sicht, S. 25-30; BALLWIESER, W., Informationsfunktion, S. 24-28; ADAMEK, C., Jahresabschlussinformation, S. 9-11; DASKE, H., Internationale Rechnungslegung, S. 459-460; HALLER, A., Positive Accounting Theory, S. 599. Der empirische Nachweis für die Kapitalmarktrelevanz von Rechnungslegung konnte bislang allerdings noch nicht endgültig erbracht werden. Vgl. überblicksartig zum Stand der diesbezüglichen empirischen Forschung LINDEMANN, J., Kapitalmarktrelevanz und Rechnungslegung, S. 967-989; MÖLLER, H. P./HÜFNER, B., Bedeutung der Rechnungslegung, S. 412-457; MÖLLS, S. H./STRAUß, M., Bewertungsrelevanz der Rechnungslegung, S. 955-981.

165 Vgl. EIERLE, B., Differenzierung der Unternehmensberichterstattung, S. 31; GASSEN, J., Rechnungslegung, S. 409; HAX, H., Rechnungslegungsvorschriften, S. 198; KÜBLER, F., Kapitalmarktinformation, S. 367-368. Die Transaktionskostenverringerung resultiert aus Sicht der Investoren insbesondere aus der erleichterten Informationsauswertung infolge der grundsätzlich erhöhten Vergleichbarkeit sowie Verständlichkeit. Zudem wird durch die Normierung die Richtigkeit der Unternehmensberichterstattung im Sinne einer regelkonformen Datenbereitstellung erst ermöglicht. Zur Begründung

Da der neoinstitutionalistische Akteur im vorgegebenen institutionellen Rahmen seine individuellen Ziele verfolgt, können neben den beschriebenen Informationsasymmetrien auch **Interessenkonflikte zwischen den Individuen** entstehen.[166] Aus dem Zusammenspiel von asymmetrischer Informationsverteilung und Interessenkonflikten resultiert grundsätzlich die Gefahr von **Kooperationskonflikten**. Dabei kann die umfassender informierte Vertragspartei ihr Mehrwissen gezielt zu Lasten der schlechter informierten Vertragspartei einsetzen und diese hierdurch schädigen.[167] Die Gefahr von Kooperationskonflikten wird tendenziell erhöht, sofern die Verteilung der Entscheidungsbefugnis nicht mit derjenigen des Risikos aus den getroffenen Entscheidungen übereinstimmt.[168]

Die oben thematisierten Informationsasymmetrien sowie die Interessenkonflikte als kumulative Voraussetzungen für das Auftreten von Kooperationskonflikten sind charakteristisch für ***Principal-Agent*-Verhältnisse**.[169] Im Rahmen einer sogenannten *Principal-Agent*-Beziehung betraut ein Auftraggeber (*Principal*) einen Beauftragten (*Agent*) mit der Ausführung bestimmter Leistungen. Zur Erleichterung dieser Aktivitäten wird dem Agenten dabei ein gewisser Entscheidungsspielraum übertragen. Demgegenüber trägt der *Principal* die wirtschaftlichen Konsequenzen aus den Entscheidungen des beauftragten Agenten. Bei Vorliegen einer asymmetrischen Informationsverteilung zwischen den beiden Vertragsparteien können daher *Principal-Agent*-Konflikte entstehen.[170]

---

der Normierung der Rechnungslegung vgl. überblicksartig ACHLEITNER, A.-K., Normierung der Rechnungslegung, S. 42-45.

166 Vgl. BANNIER, C. E., Vertragstheorie, S. 13. Diese Interessengegensätze können auch mit der *Property-Rights*-Theorie als weiterer zentraler Ansatz der Neuen Institutionenökonomie erläutert werden, da die individuellen Interessen auf Grund der unterschiedlichen Verfügungsrechtpositionen kollidieren. Vgl. hierzu GÖBEL, E., Neue Institutionenökonomik, S. 66-97.

167 Vgl. HARTMANN-WENDELS, T., Agency-Theorie, S. 413; FELDMANN, H., Aspekte der Institutionenökonomik, S. 133; HAX, H., Theorie der Unternehmung, S. 58-59; TERBERGER, E., Neue Institutionenökonomik, S. 107.

168 Vgl. ähnlich HOMMEL, M., Bilanzierung immaterieller Anlagewerte, S. 19; EWERT, R., Rechnungslegung und Agency-Probleme, S. 1.

169 Vgl. zur *Principal-Agent*-Theorie bspw. RICHTER, R./FURUBOTN, E. G., Neue Institutionenökonomik, S. 173-182; GÖBEL, E., Neue Institutionenökonomik, S. 98-128. Vgl. zur Kritik am *Principal-Agent*-Ansatz MEINHÖVEL, H., Principal-Agent-Theorie, S. 107-174 m. w. N.

170 In der Diskussion der *Principal-Agent*-Konflikte wird dabei grundsätzlich zwischen dem Problem der negativen Auslese (*Adverse selection*) und dem Problem des moralischen Risikos (*Moral hazard*) differenziert. Dabei ist das Problem der Negativauslese vor einem Vertragsabschluss relevant und kann auf Grund der mit der asymmetrischen Informationsverteilung verbundenen Qualitätsunsicherheiten systematisch zu unerwünschten Ergebnissen führen und sogar den grundsätzlich von den Parteien ge-

Im Fall der dieser Untersuchung zu Grunde liegenden kapitalmarktorientierten Unternehmen ist von einer Unternehmensführung durch externe Dritte und somit von einer *Principal-Agent*-Beziehung zwischen dem beauftragten Management und den Eigenkapitalgebern auszugehen. Daher verfügen die Investoren nicht über sämtliche aus ihrer Sicht entscheidungsnützliche Informationen, da sie regelmäßig keinen Einblick in die Entscheidungen der Unternehmensführung haben. Aus diesem Grund können die Investoren die Handlungen des Managements auch nicht unmittelbar beurteilen oder in einen eindeutigen Zusammenhang mit der Unternehmensentwicklung bringen. Demzufolge hat das Management im Rahmen der *Principal-Agent*-Beziehung grundsätzlich ein Interesse, aus Sicht des Eigenkapitalgebers entscheidungsnützliche Informationen zurückzuhalten.[171] Auf Grund des Fehlens von entscheidungsnützlichen Informationen wird der Entscheidungsprozess der Investoren beeinträchtigt.[172] Da Rechnungslegungsinformationen[173] – wie oben festgestellt – zu einer **Verringerung von Informationsasymmetrien** führen können, vermindern sie gleichermaßen die hieraus resultierenden Kooperationskonflikte.[174]

232.32 Internationale Harmonisierung der Rechnungslegung

Vor dem Hintergrund der bereits dargelegten **Transaktionskostenverringerung** durch die Normierung der Rechnungslegung ist aus Sicht der Investoren überdies die Reduzierung der nationalen Rechnungslegungsvielfalt und somit die internationale Harmonisie-

wünschten Vertragsabschluss verhindern. Demgegenüber wird das moralische Risiko nach Vertragsabschluss zu einem Problem, sofern die Handlungen des Agenten nicht mehr beobachtet werden können und die Agenten durch Eigennutz maximierendes Verhalten die Auftraggeber somit schädigen können. Vgl. hierzu ausführlicher ARROW, K. J., Economics of Agency, S. 38-42; MACHO-STADLER, I./PEREZ-CASTRILLO, J. D., Economics of Information, S. 9-14; WIRTH, J., Ad-hoc-Publizität, S. 25-28; VOIGT, S., Institutionenökonomik, S. 102-104.

171 Vgl. MOXTER, A., Einfluss von Publizitätsvorschriften, S. 86-97.

172 Vgl. hierzu Abschnitt 232.22.

173 Sofern nicht anders bezeichnet, wird in den folgenden Ausführungen unter Rechnungslegung stets die normierte externe Rechnungslegung verstanden.

174 Vgl. EIERLE, B., Differenzierung der Unternehmensberichterstattung, S. 31; BUSSE VON COLBE, W., Unternehmenskontrolle durch Rechnungslegung, S. 39; WATRIN, C., Internationale Rechnungslegung, S. 33. Somit dient Rechnungslegung auch zum Individualschutz sowie zum Funktionenschutz des Kapitalmarktes. Vgl. BAETGE, J./THIELE, S., Gesellschafterschutz versus Gläubigerschutz, S. 16.

rung der Rechnungslegung grundsätzlich zu befürworten.[175] Die Harmonisierung von Rechnungslegungsvorschriften ist dabei keineswegs mit der Vereinheitlichung von Normen gleichzusetzen.[176] Die **Harmonisierung der Rechnungslegung**, die zu einer verbesserten Vergleichbarkeit der vermittelten Informationen führen soll, kann vielmehr mit unterschiedlichen Strategien verfolgt werden.[177] Dabei ist insbesondere zwischen dem Konzept der Vereinheitlichung und dem Konzept der gegenseitigen Anerkennung zu differenzieren.[178] Die gegenseitige Anerkennung, mit der keine absolute Vereinheitlichung verbunden ist, setzt eine Einigung "über eine Reihe von gemeinsamen Mindestvorschriften"[179] und somit eine inhaltliche Annäherung voraus.[180]

Im Rahmen der aktuellen Harmonisierungsentwicklung innerhalb der internationalen Rechnungslegung werden beide vorstehenden Strategien von unterschiedlichen Institutionen verfolgt. Mit der am 19. Juli 2002 verabschiedeten IAS-Verordnung und der damit verbundenen Pflicht zur Aufstellung eines Konzernabschlusses nach IFRS für sämtliche kapitalmarktorientierte Unternehmen erfolgte die **Vereinheitlichung der kapitalmarktorientierten Konzernrechnungslegung innerhalb der EU**.[181] Dabei ist indes zu berücksichtigen, dass die vom IASB verabschiedeten Standards und Interpretationen sowie deren Änderungen erst nach erfolgter Übernahme im Rahmen des Endorsement-Verfahrens verbindliches EU-Recht werden.[182] Durch die Auslegung der von der EU

---

[175] Vgl. BALLWIESER, W., Rechnungslegung im Umbruch, S. 296; WAGENHOFER, A., Internationalisierung der Rechnungslegung, S. 232-233. Die Heterogenität der verschiedenen Rechnungslegungssysteme beruht vor allem auf den länderspezifischen geschichtlichen, wirtschaftlichen und sozialen Gegebenheiten. Dabei sind insbesondere die Kapitalmarktorganisation und das Rechts- und Besteuerungssystem einflussreiche Bestimmungsgrößen. Vgl. hierzu WÄHRISCH, M., International Accounting Systems, S. 35-38; GLAUM, M./MANDLER, U., Rechnungslegung auf globalen Kapitalmärkten, S. 25-30; STUBENRATH, M., Internationale Kapitalmärkte, S. 100-102; ROST, P., Harmonisierungsprozeß, S. 79-107.

[176] Vgl. HAVERMANN, H., Entwicklungen in der Rechnungslegung, S. 665. Vgl. ausführlich zum Begriff der Harmonisierung KITTNER, W. A., Rechnungslegungsharmonisierung, S. 48-56.

[177] Vgl. ROST, P., Harmonisierungsprozeß, S. 39; KLEEKÄMPER, H., Rechnungslegung, S. 44.

[178] Vgl. AUER, K. V., Rechnungslegungsstandards, S. 27.

[179] HULLE, K. V., Angleichung und Anerkennung, S. 204.

[180] Vgl. GRÄFER, H./DEMMING, C., Harmonisierung, S. 10.

[181] Vgl. ausführlich zur IAS-Verordnung Abschnitt 1.

[182] Vgl. grundsätzlich zum Endorsement-Prozess OVERSBERG, T., Übernahme der IFRS in Europa, S. 1597-1602; INWINKL, P., Verfahren zur Anerkennung der IFRS, S. 289-295; BUCHHEIM, R., KNORR, L./SCHMIDT, M., Das neue Endorsement-Verfahren, S. 334-341. Vgl. kritisch zu den fehlenden gestalterischen Einflussmöglichkeiten innerhalb des Endorsement-Verfahrens ZEITLER, F.-C., Rechnungslegung und Rechtsstaat, S. 1529-1530. Auf Grund dieses Verfahrens ist grundsätzlich zwischen den vom IASB veröffentlichten IFRS sowie den von der EU übernommenen IFRS zu diffe-

übernommenen IFRS als Gemeinschaftsrecht wird die Tendenz zu einer autonomen europäischen Interpretation weiter verstärkt.[183]

Bislang waren europäische kapitalmarktorientierte Unternehmen mit der Zielsetzung der Kapitalaufnahme oder der Teilnahme am US-amerikanischen Kapitalmarkt dazu verpflichtet, neben dem nach IFRS aufzustellenden Konzernabschluss entweder einen separaten US-GAAP-Konzernabschluss oder eine Überleitungsrechnung (sog. *reconciliation*) zu erstellen.[184] Die US-amerikanische *Securities and Exchange Commission* (SEC) hat jedoch am 21. Dezember 2007 die endgültige Verlautbarung zur **Abschaffung dieser Überleitungsrechnung** veröffentlicht. Demnach dürfen gelistete ausländische Unternehmen (*foreign private issuer*) für Geschäftsjahre, die nach dem 15. November 2007 enden, ihre Abschlüsse auf Basis der IFRS, wie sie vom IASB herausgegeben wurden, im Rahmen der regulären Unternehmensberichterstattung ohne Überleitung auf US-GAAP bei der SEC einreichen.[185] Diese Anerkennung der IFRS durch die SEC wurde insbesondere durch das fortschreitende **Konvergenzprojekt von IASB und FASB** ermöglicht. Zielsetzung dieses bereits am 18. September 2002 beschlossenen Konvergenzprojektes ist die Annäherung der beiden Rechnungslegungssysteme IFRS und US-GAAP sowie die Koordination der zukünftigen Arbeitsprogramme der beiden Standardsetter.[186] Am 27. Februar 2006 haben das IASB und das FASB ei-

renzieren. Unterschiede können dabei vor allem aus einer vollständigen oder teilweisen Ablehnung einer vom IASB verabschiedeten IFRS-Norm sowie temporär aus den mit der Vielzahl der an diesem Verfahren beteiligten Institutionen verbundenen zeitintensiven Abstimmungsprozessen resultieren. Vgl. BUCHHEIM, R./KNORR, L./SCHMIDT, M., Auswirkungen des neuen Endorsement-Verfahrens, S. 373-379; LANFERMANN, G./RÖHRICHT, V., IFRS-Endorsement-Prozess, S. 826-830.

[183] Vgl. hierzu SCHÖN, W., Auslegung von IAS/IFRS, S. 763-768; KÜTING, K./RANKER, D., Tendenzen zur Auslegung der endorsed IFRS, S. 2510-2515.

[184] Vgl. hierzu und zu den weiteren Erleichterungen für US-gelistete ausländische Unternehmen (*foreign private issuer*) ausführlich KPMG (Hrsg.), US-GAAP, S. 396-414.

[185] Vgl. SEC (Hrsg.), Finale Rule; AAA FARS, IFRS without Reconciliation to U.S. GAAP, S. 223-240. Darüber hinaus gibt es erste öffentliche Überlegungen der SEC, auch US-Emittenten ein Wahlrecht einzuräumen, nach US-GAAP oder IFRS zu bilanzieren. Vgl. hierzu AAA FASC, IFRS without Reconciliation to U.S. GAAP, S. 241-248; VATER, H., IFRS auch für US-Bilanzierer, S. 427-429.

[186] Das sogenannte Norwalk Agreement am 18. September 2002 wurde im Rahmen eines *joint meetings* zwischen IASB und FASB in Norwalk (USA) ausgehandelt und am 29. Oktober 2002 in Form eines *Memorandum of Understanding* veröffentlicht. Vgl. FASB/IASB (Hrsg.), The Norwalk Agreement; BERNDT, T./HOMMEL, M., Konvergenz und Wettbewerb, S. 408-409; WAGENHOFER, A., IFRS als Global GAAP, S. 51-52. In die Konvergenzbestrebungen werden dabei die vom IASB veröffentlichten IFRS, jedoch nicht die von der EU übernommenen IFRS, einbezogen. Aus diesem Grund werden in der folgenden Untersuchung unter IFRS stets die vom IASB verabschiedeten Standards gefasst.

nen konkreten Fahrplan zur Konvergenz der IFRS und US-GAAP beschlossen, nach dem ausgewählte Bilanzierungsprobleme in einer Reihe von einzelnen Projekten – wie beispielsweise das später zu analysierende Projekt zur Leasingbilanzierung – diskutiert werden sollen.[187] Dieser Harmonisierungsprozess soll die Transparenz und Vergleichbarkeit von Rechnungslegungsinformationen weiter stärken.[188]

Zusammenfassend ist zu konstatieren, dass die Bereitstellung von Informationen durch eine normierte externe Rechnungslegung die asymmetrische Informationsverteilung sowie die aufgezeigten Kooperationskonflikte grundsätzlich verringern kann. Die Normierung der Rechnungslegung sowie die fortschreitende internationale Harmonisierung der verschiedenen Rechnungslegungssysteme können dabei prinzipiell – unabhängig von der detaillierten Ausgestaltung der Regelungen – die Entscheidungsnützlichkeit der vermittelten Kapitalmarktinformationen weiter erhöhen.

232.4 Zwischenfazit

Die Erkenntnisse aus den bisherigen Ausführungen bilden die Legitimationsgrundlage für die weitergehende Analyse der investorenorientierten Informationsvermittlung durch die normierte externe Rechnungslegung.

Auf Grund der angestrebten Zahlungsstromoptimierung benötigen die Investoren Informationen zur Einschätzung der zukünftigen Zahlungsströme aus den (potentiellen) Investitionsobjekten. Entscheidungsnützlich sind Informationen, sofern sie die Investoren befähigen, interessengerechte *buy-hold-sell*-Entscheidungen zu treffen. **Entscheidungsnützliche Informationen** resultieren dabei aus der Kombination der die ent-

---

[187] Vgl. FASB/IASB (Hrsg.), Roadmap for Convergence. Für einen Überblick über das Konvergenzprojekt vgl. bspw. KOBISCH, S./HUNDT, I./NEITZ, B., Konvergenzprojekt des IASB und des FASB, S. 345-350; LEIBFRIED, P./MEIXNER, P., Konvergenz der Rechnungslegung, S. 210-215; ERCHINGER, H./MELCHER, W., Anerkennung der IFRS durch die SEC, S. 247-254; SCHMUCK, M./ULBRICH, P. R., Roadmap, S. 532-535. Der gemeinsame Projektplan wird kontinuierlich fortentwickelt. So wurde der im weiteren Verlauf der Arbeit zu diskutierende Themenkomplex Leasing im Jahr 2006 von der aktiven Forschungsagenda (*research project*) auf die aktuelle Projektagenda gesetzt und somit offiziell zu einem jointed project von IASB und FASB. Vgl. hierzu ausführlich Abschnitt 45.

[188] Vgl. zum aktuellen Stand des Konvergenzprojektes IASB (Hrsg.), Work Plan.

scheidungsunterstützenden Informationsinhalte konkretisierenden **Entscheidungsrelevanz** und der auf die Informationsqualität gerichteten **Verlässlichkeit**.

Auf Grund des festgestellten Potentials zur Reduzierung von Informationsasymmetrien im Rahmen von *Principal-Agenten*-Beziehungen durch die Vermittlung von entscheidungsnützlichen Informationen erscheint im Weiteren die Fokussierung auf die **Rechnungslegung als Instrument der Kapitalmarktkommunikation** angezeigt.

Vor dem Hintergrund der skizzierten Harmonisierungsbestrebungen von IASB und FASB soll in der nachfolgenden Untersuchung – unter Fokussierung auf die anzustrebende Entscheidungsnützlichkeit der Unternehmensberichterstattung – die Reformbedürftigkeit der geltenden Rechnungslegung bezogen auf Leasingverhältnisse analysiert werden. Die Leasingbilanzierung nach IFRS und US-GAAP wird dabei vor allem wegen ihrer – mit dem einleitend erläuterten hohen volkswirtschaftlichen Stellenwert der Finanzierungsalternative Leasing zusammenhängenden[189] – immensen Bedeutung für die Investoren im Zentrum der vorliegenden Arbeit stehen. Hierfür ist zunächst die Präzisierung des ausgewählten Untersuchungsgegenstands erforderlich.

233. Zivilrechtliche und ökonomische Analyse der Leasingvertragskonstellation

233.1 Allgemeine Charakterisierung von Leasingvereinbarungen

Unter einem Leasingvertrag ist eine längerfristige Vereinbarung zu verstehen, in der sich der Leasinggeber verpflichtet, dem Leasingnehmer das Leasingobjekt entgeltlich für einen bestimmten Zeitraum zur Nutzung zu überlassen.[190] Das juristische Eigentum am Leasingobjekt verbleibt dabei stets beim Leasinggeber. Das Leasingverhältnis ist

[189] Vgl. hierzu ausführlich Abschnitt 1.

[190] Regelmäßig handelt es sich beim Leasinggeber um eine Finanzierungsgesellschaft, die die vom Leasingnehmer ausgewählten Leasingobjekte vom Hersteller/Lieferanten zu Eigentum erwirbt und dem Leasingnehmer zur Nutzung überlässt. Das Leasingverhältnis spaltet sich somit auf in den Kaufvertrag zwischen dem Hersteller/Lieferanten und dem Leasinggeber sowie den Leasingvertrag zwischen Leasinggeber und Leasingnehmer, woraus das leasingtypische Dreiecksverhältnis resultiert. Vgl. OECHSLER, J., Vertragliche Schuldverhältnisse, S. 377-381; TACKE, H. R., Leasing, S. 75-90; BECKMANN, H., Finanzierungsleasinggeschäfte, S. 1186. Beim sog. Herstellerleasing sind Hersteller/Lieferant und Leasinggeber dagegen personengleich. Vgl. KRATZER, J./KREUZMAIR, B., Leasing in Theorie und Praxis, S. 21-23; BECKMANN, H., Finanzierungsleasing, S. 2.

über eine feste Grundmietzeit beiderseits unkündbar.[191] Typischerweise schließt der Leasinggeber jegliche Gewährleistung hinsichtlich der Funktionsfähigkeit des Leasingobjektes aus.[192] Hiervon bleibt die Verpflichtung des Leasingnehmers zur Zahlung der Leasingraten unberührt. Wartung, Reparatur und Versicherung obliegen ebenfalls regelmäßig dem Leasingnehmer.[193] Im Anschluss an die Grundmietzeit hat der Leasingnehmer häufig die Möglichkeit, das Leasingobjekt zu einem schon bei Vertragsabschluss festgelegten Preis zu erwerben oder zu einer bereits bei Vertragsabschluss vereinbarten Miete weiter zu nutzen.[194] Andernfalls ist der Leasingnehmer nach Ablauf der Vertragsdauer zur Herausgabe des Leasingobjektes verpflichtet.

Um das vorstehend skizzierte Analyseobjekt möglichst exakt zu erfassen, soll das Leasingverhältnis nachfolgend in einem ersten Schritt aus zivilrechtlicher Perspektive genauer untersucht werden. Diese Vorgehensweise erscheint zweckmäßig, da das Zivilrecht die gängigsten Vertragstypen systematisiert und das jeweilige rechtliche Regelungsprogramm kodifiziert.

233.2 Zivilrechtliche Einordnung des Leasingvertrages

Der **zivilrechtliche Vertragskatalog** dient nicht der Schaffung neuer Vertragstypen, sondern regelt die bereits existierenden häufigsten Vertragsverbindungen.[195] Da bei der

---

[191] Vgl. BFH, Urteil vom 26.1.1970 – IV R 144/66, S. 267. Das außerordentliche Kündigungsrecht beider Parteien bei Vertragsverletzungen sowie die Möglichkeit der Vertragsauflösung in beiderseitigem Einvernehmen bleiben von der Vereinbarung einer unkündbaren Grundmietzeit indes unberührt. Vgl. hierzu BÄHR, G./WEIGELL, L. K.-E., Kündigung eines Leasingvertrages, S. 1633.

[192] In der Regel werden dem Leasingnehmer die dem Leasinggeber gegenüber dem Hersteller/Lieferanten zustehenden Gewährleistungsansprüche abgetreten. Vgl. GITTER, W., Gebrauchsüberlassungsverträge, S. 292; EMMERICH, V., Grundprobleme des Leasings, S. 2.

[193] Vgl. HASTEDT, U.-P./MELLWIG, W., Leasing, S. 16; SANNWALD, R., Finanzierungsleasingvertrag, S. 82.

[194] Vgl. BAETGE, J./KIRSCH, H.-J./THIELE, S., Bilanzen, S. 693; BERNINGHAUS, J., in: Leasinghandbuch, § 12, Rn. 80-85. Darüber hinaus kann ein Andienungsrecht des Leasinggebers vereinbart werden. Hierdurch erhält der Leasinggeber die Möglichkeit, dem Leasingnehmer das Leasingobjekt nach Ablauf der Grundmietzeit bzw. am Vertragsende durch einen Kaufvertrag anzudienen. Der Kaufpreis wird regelmäßig bereits im Leasingvertrag fest vereinbart. Vgl. BECKMANN, H., in: Leasinghandbuch, § 7, Rn. 8-16. Zur Erläuterung leasingspezifischer Fachbegriffe vgl. KREUZMAIR, B., Leasing-Begriffe, S. 36-38.

[195] Vgl. LIEB, M., Finanzierungs-Leasing im Spannungsfeld, S. 946. Dabei ist der Katalog der gesetzlich geregelten Vertragstypen des BGB keineswegs abgeschlossen, sondern wird vom Prinzip der Vertragsfreiheit geprägt, das sowohl die grundsätzliche Abdingbarkeit der gesetzlichen Regelungen als

Kodifizierung die ökonomischen Hintergründe der unterschiedlichen Geschäftspraktiken berücksichtigt worden sind, impliziert die zivilrechtliche Einordnung eines Vertrages die Bestimmung der wesentlichen wirtschaftlichen Komponenten.[196]

Der deutsche Gesetzgeber hat bisher von einer Legaldefinition des Leasingbegriffes abgesehen.[197] Somit kann es sich beim Leasingvertrag grundsätzlich um eine atypische Ausprägung eines bereits gesetzlich geregelten Vertrages, um eine Mischung verschiedener bekannter Verträge oder um einen Vertrag handeln, der keinem der geregelten Typen entspricht.[198] Um im Rahmen der Rechtsfindung zu einer Einordnung zu gelangen, wird an dieser Stelle auf die **Methode der typologischen Gesamtbetrachtungsweise** zurückgegriffen, nach der nicht auf die Analyse einzelner Vertragsmerkmale, sondern auf die Ähnlichkeit im Gesamtbild abgestellt wird.[199] Dem Grundgedanken dieser Methode folgend sollen bei der zivilrechtlichen Vertragseinordnung angesichts der vielfältigen Erscheinungsformen des Leasings die das Leitbild prägenden Grundzüge des Leasingverhältnisses hervorgehoben werden.[200]

---

auch die Herausbildung neuer Vertragstypen ermöglicht. Vgl. ausführlich OETKER, H./MAULTZSCH, F., Vertragliche Schuldverhältnisse, S. 718-720.

[196] Darüber hinaus hat die zivilrechtliche Einordnung eines Vertrages grundlegende Bedeutung für die anzuwendenden dispositiven Normen, sofern der Vertrag selbst keine entsprechenden Regelungen enthält, für die zu beachtenden zwingenden Normen sowie für die ergänzende Auslegung des Vertrages. Vgl. hierzu SEEGER, S., Zivilrechtliche Behandlung, S. 8; MARTINEK, M., in: Leasinghandbuch, § 4, Rn. 1; SONNENBERGER, H. J., Rechtsfragen beim Leasing, S. 2218.

[197] Unter einer Legaldefinition ist die vom Gesetzgeber in ein Gesetz eingefügte inhaltliche Bestimmung eines Rechtsbegriffes zu verstehen. Vgl. CREIFELDS, C. (Begr.), Rechtswörterbuch, S. 735-736; WEBER-LEJEUNE, S., Legaldefinitionen, S. 23-24. Auf Grund der fehlenden Legaldefinition wurde das Leasingrecht somit im Wege des Richterrechtes aus- und fortgebildet. Vgl. BECKMANN, H., Aktuelle Rechtsfragen, S. 157. Obwohl selbst höchstrichterliche Entscheidungen nur den entschiedenen Rechtsfall binden, haben Gerichtsentscheidungen eine Leitbildfunktion. Das Richterrecht trägt zur Einheitlichkeit und Kontinuität der Rechtsprechung und somit letztlich zur Rechtssicherheit bei. Vgl. zum Begriff des Richterrechtes KOHLER-GEHRIG, ELEONORA, Einführung in das Recht, S. 26-29.

[198] Vgl. LIEB, M., Finanzierungs-Leasing im Spannungsfeld, S. 947.

[199] Vgl. PAPAPOSTOLOU, N., Finanzierungsleasingvertrag, S. 33-35; WESTERMANN, H. P., Typengesetzlichkeit, S. 98-102; HASTEDT, U.-P., Finanzierungs-Leasing, S. 50-52. Demgegenüber stellt die alternative Methode der begrifflichen Vertragseinordnung auf die Identität zwischen konkreten Vertragsmerkmalen und der entsprechenden zivilrechtlichen Normierung des Vertragstyps ab, nach der jedoch insbesondere Mischtypen regelmäßig nicht exakt entsprechend ihrer Eigenarten erfasst werden können. Vgl. hierzu LARENZ, K., Methodenlehre, S. 444-445; LEENEN, D., Typus und Rechtsfindung, S. 49-50. Die Bezeichnung eines Vertrages ist für die Einordnung unerheblich. Vgl. SEIFERT, P., Leasing, S. 39.

[200] Ausgehend vom Verpflichtungscharakter des Leasingvertrages wird in Deutschland zivilrechtlich grundsätzlich zwischen Finanzierungs-Leasing und Operating-Leasing differenziert. Unter Operating-Leasing ist dabei eine entgeltliche Nutzungsüberlassung ohne fest vereinbarte Grundmietzeit zu ver-

Die zivilrechtliche Einordnung des durch die skizzierten Grundzüge geprägten Leasingvertrages erfolgt in Literatur und Rechtsprechung uneinheitlich. Von einem Teil der Literatur wird der **Leasingvertrag als Kaufvertrag** bei gleichzeitiger Kreditierung angesehen.[201] Diese Charakterisierung wird damit begründet, dass die leasingvertraglichen Regelungen über die Risikoverteilung und die Leistungspflichten der Vertragspartner weitgehend den zivilrechtlichen kaufvertraglichen Regelungen entsprächen.[202] Die wirtschaftliche Stellung des Leasingnehmers entspricht infolge der Übernahme der Gefahrtragungs- und Gewährleistungsrisiken tatsächlich der eines Abzahlungskäufers und das Interesse des Leasinggebers ist ebenfalls entsprechend dem eines Verkäufers auf den Umsatz gerichtet. Allerdings unterscheiden sich Leasingvertrag und Kaufvertrag in der Hauptzielrichtung, da die Übertragung des juristischen Eigentums gerade nicht im Interesse der Vertragsparteien liegt.[203] Folglich sind Leasingverträge nicht als Kaufverträge einzuordnen.

---

stehen, die durch eine jederzeitige Kündigungsmöglichkeit beider Vertragsparteien gekennzeichnet ist. Das volle Investitionsrisiko verbleibt beim unveränderten juristischen Eigentümer, der regelmäßig auch für die Wartung und die Instandhaltung des Leasingobjektes verantwortlich ist. Damit entspricht das Operating-Leasing in Gestaltung und Interessenlage der Vertragsparteien dem Leitbild der Miete und die entsprechende schuldrechtliche Einordnung ist unproblematisch. Trotz der unumstrittenen Qualifizierung als Mietvertrag wird das Operating-Leasing in der Regel unter den Begriff des Leasings im weiteren Sinne gefasst. Vgl. zum Operating-Leasing AK NEUE FINANZIERUNGSFORMEN, Kriterien des Leasing, S. 356-358; BITZ, M./NIEHOFF, K., Analyse des Leasing, S. 344-345. Unter Leasing im engeren Sinne wird demgegenüber in der Literatur zumeist nur das Finanzierungs-Leasing verstanden. Vgl. MARTINEK, M., Moderne Vertragstypen, S. 53. Dieser Abgrenzung folgend soll im Rahmen der zivilrechtlichen Einordnung unter dem Begriff Leasing ausschließlich die in Deutschland als Finanzierungs-Leasing bezeichnete Form verstanden werden. Dieser Terminologie wird allerdings im weiteren Verlauf der Untersuchung im Zusammenhang mit den internationalen Rechnungslegungsvorschriften nach IFRS und US-GAAP eine andere Bedeutung zukommen. In Deutschland dagegen wird mit den Begriffen Finanzierungs-Leasing und Operating-Leasing keine unmittelbare Aussage über die Bilanzierung des Leasingobjektes getroffen. Vgl. HASTEDT, U.-P./MELLWIG, W., Leasing, S. 14. Die in der vorliegenden Untersuchung nicht thematisierte handelsrechtliche Bilanzierung folgt den sog. Leasing-Erlassen des Bundesministeriums der Finanzen (BMF), die sich allerdings nur auf Finanzierungs-Leasingverhältnisse beziehen. Vgl. hierzu ausführlich HELMSCHROTT, H., Leasinggeschäfte, S. 62-92; ENGEL, J., Leasingerlasse, S. 1478-1482.

201 Dabei wird die Qualifizierung des Leasings als Sachkauf (vgl. LITTMANN, E., Leasing in der Steuerbilanz, S. 263), Rechtskauf (vgl. PLATHE, P., Beurteilung des Leasing-Geschäfts, S. 605), oder Ratenkaufvertrag (vgl. EBENROTH, C. T., Finanzierungs-Leasing-Vertrag, S. 593) erwogen.

202 Vgl. PLATHE, P., Beurteilung des Leasing-Geschäfts, S. 605.

203 Vgl. GRAF VON WESTPHALEN, F., Qualifizierung des Leasing, S. 1829; KÖHLERTZ, K., Bilanzierung von Leasing, S. 23; SANNWALD, R., Finanzierungsleasingvertrag, S. 86-87. Zudem werden die Leasingzahlungen für die Nutzungsmöglichkeit geleistet, wohingegen die Zahlungen des Käufers für einen Gegenstand entrichtet werden. Verträge, die ein entgeltliches Recht zur Nutzung begründen, sind zivilrechtlich nicht als eine besondere Art des Kaufs, sondern als eigener Vertragstyp Miete zu qualifizieren. Vgl. hierzu COESTER-WALTJEN, D., Grundstruktur des Leasing-Vertrages, S. 126; FLUME, W., Rechtsverhältnis des Leasing, S. 3-4.

Daneben wird das Leasingverhältnis auch als gemischt-typischer **Vertrag mit Elementen des Kredit- und Geschäftsbesorgungsrechtes** qualifiziert.[204] Nach diesem Ansatz wird die Finanzierungsfunktion des Leasingvertrages in den Vordergrund gestellt, da der Leasinggeber kein eigenes Interesse am Leasingobjekt habe und dessen charakteristische Leistung somit die Beschaffung und Finanzierung des Leasingobjektes sei.[205] Nach dieser Auffassung sind die zu leistenden Leasingraten keine Gegenleistung für die Nutzungsüberlassung, sondern dienen grundsätzlich der Amortisation der Investitionskosten, während die in den Leasingraten enthaltene Gewinnmarge des Leasinggebers eine Gegenleistung für die Beschaffungstätigkeit und für die Kreditierung der Investitionskosten durch die Ratenzahlungen darstellen.[206] Sofern der Leasinggeber mit der Beschaffung des Leasingobjektes tatsächlich eine Geschäftsbesorgung tätigen würde, hätte er eine Herausgabepflicht gegenüber dem Leasingnehmer, die auch die Übertragung des juristischen Eigentums beinhalten würde.[207] Dieses würde wiederum nicht den Interessen der Vertragsparteien entsprechen. Darüber hinaus ist der Beschaffungsvorgang nicht als der eigentliche Vertragszweck, sondern lediglich als vorbereitende Tätigkeit der Nutzungsüberlassung anzusehen.[208] Somit ist eine Einordnung des Leasings als gemischt-typischer Vertrag mit geschäftsbesorgungs- und darlehensrechtlichen Elementen ebenfalls abzulehnen.

Die herrschende Meinung sowie die ständige Rechtsprechung des Bundesgerichtshofs bewerten den Leasingvertrag als einen **atypischen Mietvertrag**, der in erster Linie den mietrechtlichen Regelungen unterliegt.[209] Hierbei wird auf die **Nutzungsüberlassung**

---

[204] Vgl. grundlegend CANARIS, C.-W., Rechtsnatur des Finanzierungsleasing, S. 452-453; ULMER, P., Umstrittene Fragen im Recht, S. 1173.

[205] Vgl. ULMER, P./SCHMIDT, H., Leasingverträge, S. 2559; CANARIS, C.-W., Finanzierungsleasing, S. 305.

[206] Vgl. CANARIS, C.-W., Finanzierungsleasing, S. 306.

[207] Vgl. KOCH, E.-G., Störungen beim Finanzierungs-Leasing, S. 92-93; TIEDTKE, K., Leasinggeber, S. 908.

[208] Der Leasingnehmer sucht sich zudem regelmäßig selbst das Leasingobjekt sowie den Hersteller/Lieferanten aus und verhandelt mit diesem über die wesentlichen vertraglichen Regelungen. Vgl. ausführlich zur Vertragsanbahnung BECKMANN, H., Finanzierungsleasing, S. 12-16. Dementsprechend ist der eigentliche Beschaffungsvorgang durch den Leasinggeber von untergeordneter Bedeutung und für eine Qualifizierung als Geschäftsbesorgung nicht ausreichend. Vgl. WOLF, J., Rechtsnatur des Finanzierungsleasings, S. 336.

[209] Vgl. stellvertretend GRAF VON WESTPHALEN, F., Qualifizierung des Leasing, S. 1832; MÖMKEN, T., Finanzierungsleasingvertrag, S. 5; BECKMANN, H., Finanzierungsleasing, S. 8-9; EMMERICH, V., Grundprobleme des Leasings, S. 3-4; GEBHARD, J., Finanzierungsleasing, S. 279-

als Hauptfunktion des Leasingvertrages analog zum Mietvertrag abgestellt. Danach schuldet der Leasinggeber dem Leasingnehmer für die Laufzeit des Vertrages die entgeltliche Gebrauchsverschaffung und -belassung des Leasingobjektes.[210] Als atypische Elemente des Leasingvertrages, die diesen von einem typischen Mietvertrag entsprechend dem schuldrechtlichen Vertragskatalog unterscheiden, sind dessen Finanzierungsfunktion und die Abwälzung der Instandhaltungspflicht auf den Leasingnehmer zu sehen.[211] Im Sinne der Methode der typologischen Gesamtbetrachtungsweise wird hierbei zutreffend auf die Ähnlichkeit im Gesamtbild zum Vertragstypus Miete abgestellt, da allein die Gebrauchsverschaffung und -belassung an sich typusprägende Merkmale des Mietvertrages sind.[212]

Die eigentliche Funktion der vorstehenden Ausführungen ist nicht die Einordnung des Leasingvertrages in den schuldrechtlichen Vertragskatalog des deutschen Zivilrechtes, sondern vielmehr die Bestimmung der wesentlichen wirtschaftlichen Komponenten dieser Vertragskonstellation gewesen. Neben der Funktion der Nutzungsüberlassung steht somit die Finanzierungsfunktion im Mittelpunkt eines Leasingverhältnisses. In Abhängigkeit vom Willen der Vertragsparteien und von der konkreten Ausgestaltung des Leasingvertrages kann die anteilige Bedeutung von **Nutzungsüberlassungsfunktion** und **Finanzierungsfunktion** allerdings variieren. Im Zuge der Vertragsgestaltung kann es ebenfalls zu unterschiedlichen Risikoverteilungen zwischen Leasingnehmer und Leasinggeber, der weiterhin die Position des juristischen Eigentümers einnimmt, kommen.

---

281. Bzgl. der ständigen BGH-Rechtsprechung vgl. z. B. BGH, Urteil vom 8.10.1975 – VIII ZR 81/74, S. 196; BGH, Urteil vom 23.2.1977 – VIII ZR 124/75, S. 848; BGH, Urteil vom 5.4.1978 – VIII ZR 42/77, S. 1384; BGH, Urteil vom 14.12.1989 – IX ZR 283/88, S. 1114; BGH, Urteil vom 11.1.1995, S. 1020. Vgl. hierzu überblicksartig GRAF VON WESTPHALEN, F., Rechtliche Qualifizierung, S. 114-116 m. w. N. Hieran hat sich auch durch die im Rahmen der Schuldrechtsreform vom 1. Januar 2002 erfolgte Neufassung des § 500 BGB für Leasingverträge, an denen Verbraucher oder Existenzgründer beteiligt sind, nichts geändert. Vgl. bspw. TIEDTKE, K./MÖLLMANN, P., Auswirkungen der Schuldrechtsreform, S. 585-588.

[210] Vgl. KOCH, E.-G., Störungen beim Finanzierungs-Leasing, S. 101; COESTER-WALTJEN, D., Grundstruktur des Leasing-Vertrages, S. 126; PRINZ, A., Finanzierungsleasing, S. 76.

[211] Vgl. KRAUSE, D., Grundlagen des Leasing-Verfahrens, S. 84; GRAF VON WESTPHALEN, F., Rechtliche Qualifizierung, S. 121; SANNWALD, R., Finanzierungsleasingvertrag, S. 89.

[212] Vgl. WOLF, J., Rechtsnatur des Finanzierungsleasings, S. 336; KOCH, E.-G., Störungen beim Finanzierungs-Leasing, S. 101.

Auch nach internationalem zivilrechtlichem Verständnis ist das kennzeichnende Merkmal des Leasingvertrages die entgeltliche Nutzungsüberlassung. Von dieser grundlegenden Gemeinsamkeit abgesehen wird der **Leasingbegriff** innerhalb der verschiedenen nationalen Rechtsordnungen allerdings **international uneinheitlich** verwendet. So wird beispielsweise in Frankreich eine Vereinbarung nur als Leasingvertrag qualifiziert, wenn diese eine Option zum Erwerb durch den Leasingnehmer umfasst.[213] Demgegenüber führt nach dem in England vorherrschenden Verständnis der wahrscheinliche Übergang des juristischen Eigentums auf den Leasingnehmer – beispielsweise durch die Vereinbarung einer Kaufoption – dazu, dass der Vertrag gerade nicht mehr als Leasing bezeichnet wird.[214] Das entscheidende Charakteristikum eines Leasingvertrages ist hier vielmehr die dauerhafte Trennung von Eigentum und Nutzung.[215] Auch nach US-amerikanischem Verständnis bleibt der Leasinggeber stets der zivilrechtliche Eigentümer, der auf Grundlage eines Leasingvertrages für einen bestimmten Zeitraum einen Teil seiner Rechte am Leasingobjekt auf den Leasingnehmer überträgt.[216] Der Leasingnehmer ist zur Leistung von Leasingraten und insbesondere zur Rückgabe des Leasingobjektes an den Leasinggeber verpflichtet.[217] Dabei ist der US-amerikanische Leasingbegriff vergleichsweise umfangreich, da keine sprachliche Differenzierung zwischen Leasing und Miete vorgenommen wird.[218]

Zusammenfassend ist somit festzuhalten, dass die Nutzungsüberlassung eines Leasingobjektes und die hieraus resultierende vom zivilrechtlichen Eigentum unabhängige Nutzung grundsätzlich im Mittelpunkt von Leasingvereinbarungen stehen. Infolge der fehlenden Legaldefinition im deutschen Zivilrecht sowie der **international uneinheitli-**

---

213 Vgl. FINK, A., Leasing in Frankreich, S. 452-453; EBENROTH, C. T., Internationalprivatrechtliche Aspekte des Leasing, S. 116; LICARI, F.-X., in: Leasinghandbuch, § 92, Rn. 1; KRONKE, H., Finanzierungsleasing in rechtsvergleichender Sicht, S. 388. Nach dem französischen Leasingverständnis müssen zudem in ein Leasingverhältnis stets drei Parteien involviert sein. Der Hersteller kann somit nicht die Funktion des Leasinggebers übernehmen. Vgl. MÖMKEN, T., Finanzierungsleasingvertrag, S. 32-33. In Italien muss als Voraussetzung für die Qualifizierung als Leasingvertrag ebenfalls eine Erwerbsoption zu Gunsten des Leasingnehmers vereinbart werden. Vgl. MÖMKEN, T., Finanzierungsleasingvertrag, S. 77; MARTINEK, M., in: Leasinghandbuch, § 93, Rn. 7.

214 Vgl. KRONKE, H., Finanzierungsleasing in rechtsvergleichender Sicht, S. 391; MÖMKEN, T., Finanzierungsleasingvertrag, S. 12-13; EBENROTH, C. T., Internationalprivatrechtliche Aspekte des Leasing, S. 115; GOODE, R. M., Leasing in England, S. 68.

215 Vgl. BISPING, C., in: Leasinghandbuch, § 91, Rn. 14.

216 Vgl. ZWICKER, D. G., Leasing in den USA, S. 524-525.

217 Vgl. DEMBERG, G., Finanzierungsleasing, S. 3.

218 Vgl. bspw. LENZ, P., Bilanzierung von Mobilien-Leasingverträgen, S. 2-3.

chen Verwendung des Leasingbegriffes ist die Ableitung eines über diese Grundkonstellation hinausgehenden, homogenen zivilrechtlichen Verständnisses nicht möglich. Aus diesem Grund soll nachfolgend eine Loslösung von den nationalen Rechtsordnungen stattfinden und ein Wechsel von der zivilrechtlichen zur ökonomischen Perspektive vorgenommen werden.

233.3 Ökonomische Analyse von Leasingverhältnissen

233.31 Systematisierung der Verfügungsrechte als Teilrechte des Eigentums

Aufbauend auf den im vorherigen Abschnitt erzielten Ergebnissen soll nachfolgend eine Systematisierung typischer Konstellationen im Bereich von Leasingverträgen erfolgen. Da im weiteren Verlauf der Untersuchung die rechtsordnungsübergreifenden, internationalen Rechnungslegungssysteme IFRS und US-GAAP analysiert werden, wird für die Systematisierung auf die losgelöst von nationalen Rechtsordnungen entwickelte ***Property-Rights*-Theorie** zurückgegriffen.[219]

Im Zentrum der *Property-Rights*-Theorie stehen Verfügungsrechte über knappe Ressourcen, die für deren Inhaber einen gesellschaftlich sanktionierten Anspruch auf bestimmte Handlungsmöglichkeiten an diesen Ressourcen begründen.[220] Der juristische Eigentümer kann von seinem Eigentum, das grundsätzlich sämtliche dieser Handlungsmöglichkeiten umfasst, einzelne oder mehrere Verfügungsrechte abspalten und an Dritte übertragen.[221] Die Inhaber dieser vom Eigentum abgespaltenen Teilrechte dürfen dann

---

[219] Die *Property-Rights*-Theorie bildet neben der *Principal-Agent*-Theorie und der Transaktionskosten-Theorie einen zentralen Ansatz der Neuen Institutionenökonomie. Vgl. zur Neuen Institutionenökonomik Abschnitt 232.31 m. w. N. Die *Property-Rights*-Theorie untersucht die Auswirkungen verschiedener Verfügungsrechtpositionen an knappen wirtschaftlichen Ressourcen auf das Verhalten der Individuen und somit auf die Verteilung und Nutzung dieser Ressourcen. Vgl. hierzu grundlegend COASE, R. H., Social Cost, S. 1-44; DEMSETZ, H., Property Rights, S. 11-26; DEMSETZ, H., Theory of Property Rights, S. 347-359; ALCHIAN, A. A./DEMSETZ, H., Property Right Paradigm, S. 16-27.

[220] Vgl. WENGER, E., Verfügungsrechte, Sp. 4495; EBERS, M./GOTSCH, W., Institutionenökonomische Theorien, S. 248; LEIPOLD, H., Theorie der Verfügungsrechte, S. 518. Die Verfügungsrechte der Rechteinhaber sind dabei verbunden mit der Handlungsbeschränkung aller anderen Personen und sind gesellschaftlich vor Einwirkungen Dritter geschützt. Vgl. BUHBE, M., Ökonomische Analyse, S. 3; DEMSETZ, H., Aspects of Property Rights, S. 62.

[221] Vgl. FURUBOTN, E. G./PEJOVICH, S., Property Rights and Economic Theory, S. 1139; JUHNKE, R., Trennung von Eigentum und Verfügungsgewalt, S. 120; TERBERGER, E., Neoinstitutionalistische Ansätze, S. 48-49. Die Verfügungsrechte werden im Rahmen der *Property-*

nur innerhalb des mit dem Teilrecht verbundenen Handlungsrahmens über die Ressourcen verfügen.[222] Von der Möglichkeit der Ressourcenverteilung wird der juristische Eigentümer stets Gebrauch machen, sofern ein Dritter einen höheren Nutzen mit den übertragenen Verfügungsrechten erwirtschaften kann, da dessen Zahlungsbereitschaft den Ertrag aus der Nutzung der Ressource im betrieblichen Produktionsprozess des juristischen Eigentümers übersteigen wird.[223] Nachfolgend sollen das Nutzungsrecht, das Verwertungsrecht sowie das Erwerbsrecht als wesentliche Teilrechte des Eigentums differenziert betrachtet werden.[224]

Das **Nutzungsrecht** umfasst das Recht auf Gebrauch sowie das Recht zur Vereinnahmung der Erträge aus einer Ressource.[225] Der Teilrechtsinhaber ist grundsätzlich zur Durchführung sämtlicher Nutzungsmöglichkeiten an der Ressource berechtigt.[226] Im Falle eines unbeschränkten Nutzungsrechtes ist der Teilrechtsinhaber somit berechtigt,

---

Rights-Theory folglich nicht als Datum, sondern als Variable verstanden. Vgl. DEMSETZ, H., Theory of Property Rights, S. 347.

222 Vgl. ALCHIAN, A. A., Economic Forces, S. 132-133. Der im Rahmen der Übertragung festgelegte Handlungsrahmen kann nicht nur funktional, sondern auch zeitlich begrenzt sein. Nach Ablauf einer vereinbarten Laufzeit oder infolge einer Kündigung fällt das Teilrecht automatisch an den Eigentümer zurück. Vgl. MATENA, S., Bilanzielle Vermögenszurechnung, S. 16.

223 Vgl. KUßMAUL, H., Nutzungsrechte, S. 154; POSNER, R. A., Economic Analysis of Law, S. 33. Entscheidend für den Nutzen ist die Ausprägung der einzelnen Verfügungsrechte bzw. die mit diesen verbundenen Handlungsmöglichkeiten. Das juristische Eigentum an einer Ressource an sich stiftet dagegen keinen finanziellen Nutzen. Vgl. PICOT, A., Theorie der Verfügungsrechte, S. 156-157; COASE, R. H., Social Cost, S. 43-44; RENNER, W., Markt- und Anreizstrukturen, S. 20. Demgegenüber ist die die Verfügungsrechte übernehmende Partei nur an einzelnen (beschränkten) Teilrechten und nicht am juristischen Eigentum interessiert. Vgl. MATENA, S., Bilanzielle Vermögenszurechnung, S. 44.

224 Ähnliche Systematisierungen finden sich bspw. bei ERLEI, M./LESCHKE, M./SAUERLAND, D. Neue Institutionenökonomik, S. 272; RICHTER, R./FURUBOTN, E. G., Neue Institutionenökonomik, S. 90; FURUBOTN, E. G./PEJOVICH, S., Property Rights and Economic Theory, S. 1140; LÖCKE, J., Property-Rights-Theorie, S. 124.

225 Im Schrifttum werden das Recht auf Gebrauch der Ressource (usus) und das Recht auf die entsprechenden Erträge (usus fructus) häufig separat dargestellt. Vgl. bspw. GÖBEL, E., Neue Institutionenökonomik, S. 66; EBERS, M./GOTSCH, W., Institutionenökonomische Theorien, S. 249. Für die weitere Untersuchung ist diese dezidierte Trennung indes nicht erforderlich. Zudem kann die im Rahmen der zivilrechtlichen Einordnung genutzte juristische Terminologie beibehalten werden (Vgl. hierzu Abschnitt 233.2), da der juristische Terminus der Nutzung ebenfalls den Gebrauch einer Ressource sowie die Fruchtziehung beinhaltet. Vgl. hierzu FABRI, S., Bilanzierung entgeltlicher Nutzungsverhältnisse, S. 6-7; BABEL, M., Nutzungsrechte, S. 11-12; KUßMAUL, H., Nutzungsrechte, S. 10-12.

226 Vgl. BÖBEL, I., Eigentumsrechte, S. 87. Die Nutzungsmöglichkeiten einer Ressource sind im Allgemeinen unbegrenzt, allerdings von dem Wissen und von den Fähigkeiten des Nutzungsberechtigten abhängig. Vgl. MEYER, W., Bedeutung des Property Rights-Ansatzes, S. 20.

sämtliche Nutzungsmöglichkeiten selbst und ohne zeitliche Restriktionen auszuüben.[227] Damit kann er auch über die Erträge aus der Nutzung der Ressource verfügen.[228] Regelmäßig werden Nutzungsrechte für einen begrenzten Zeitraum vereinbart oder der Umfang des Nutzungsrechtes wird auf einzelne Nutzungsmöglichkeiten beschränkt.[229] Nutzungsrechte können zudem danach differenziert werden, ob die Nutzungsberechtigten ausschließlich ein Recht auf Gebrauch der Ressource und auf die entsprechenden Erträge haben oder ob diese Erträge durch die Verpflichtung zur Beteiligung an den aus der Ressourcennutzung resultierenden Lasten gemindert werden.[230]

Mit dem **Verwertungsrecht** hat der Teilrechtsinhaber das Recht, die äußere Form und die Substanz einer Ressource zu verändern sowie die Verfügungsrechte an dieser Ressource einzeln oder in ihrer Gesamtheit zu veräußern.[231] Der Eigentümer kann das Verwertungsrecht an jeder Ressource vergeben, die zu direkten oder indirekten Zahlungsmitteln oder Zahlungsmitteläquivalenten verwertet werden kann.[232] Die Vergabe des Verwertungsrechtes führt dazu, dass die mit dem Verwertungsrecht belastete Ressource der uneingeschränkten Verfügungsmacht des Eigentümers entzogen ist, da dieser die Ressource selber nicht mehr verwerten darf.[233] Das Recht zur Verwertung ist dabei unbedingt, sofern der Teilrechtsinhaber die Ressource jederzeit unabhängig von dem Eintritt eines bestimmten Ereignisses verwerten kann. Demgegenüber verfügt der Teil-

[227] Neben den gesetzlichen Beschränkungen hat der Teilrechtsinhaber bei der Nutzung allerdings die wirtschaftliche Bestimmung der Ressource zu berücksichtigen, die mit dem juristischen Eigentümer zu Beginn des Nutzungsverhältnisses vereinbart worden ist. In Abhängigkeit von dieser Vereinbarung ist auch die Weitergabe dieses Nutzungsrechtes an einen Dritten möglich. Vgl. MATENA, S., Bilanzielle Vermögenszurechnung, S. 19-20.

[228] Vgl. DE ALESSI, L., Economics of Property Rights, S. 3.

[229] Vgl. MEYER, W., Bedeutung des Property Rights-Ansatzes, S. 20; MATENA, S., Bilanzielle Vermögenszurechnung, S. 20-22. Grundsätzlich kann das Nutzungsrecht auch zwischen mehreren Nutzungsberechtigten aufgeteilt werden, was eine entsprechende Schlüsselung des mit der Ressource erwirtschafteten Nutzens bedingt. Vgl. ALCHIAN, A. A., Economic Forces, S. 135.

[230] Vgl. MATENA, S., Bilanzielle Vermögenszurechnung, S. 23-25.

[231] Das Recht zur formalen und materiellen Änderung einer Ressource (abusus) sowie das Recht auf Übertragung einzelner oder aller Verfügungsrechte (ius abutendi) werden im Schrifttum regelmäßig als separate Verfügungsrechte diskutiert. Vgl. bspw. BLUM, U./DUDLEY, L./LEIBBRAND, F./WEISKE, A., Angewandte Institutionenökonomik, S. 46; RICHTER, R./FURUBOTN, E. G., Neue Institutionenökonomik, S. 90. Da im Rahmen von Leasingverhältnissen in der Regel keine Verwertungsrechte übertragen werden, ist die zusätzliche Aufspaltung dieser Form der Verfügungsrechte für die weitere Untersuchung entbehrlich.

[232] Unter Verwertung ist grundsätzlich die Umwandlung von Ressourcen in Zahlungsmittel zu verstehen. Vgl. KNAPP, L., Vermögensgegenstände, S. 1123.

[233] Vgl. BECHTLOFF, J., Gesetzliche Verwertungsrechte, S. 35; ADAMS, M., Ökonomische Analyse, S. 110.

rechtsinhaber über ein bedingtes Verwertungsrecht, wenn er dieses Recht erst zu einem Zeitpunkt ausüben kann, an dem im Rahmen der Rechtsübertragung festgelegte Bedingungen eingetreten sind.[234]

Das **Erwerbsrecht** an einer Ressource verleiht dem Teilrechtsinhaber das Recht, das sämtliche Verfügungsrechte umfassende Eigentum oder ein anderes Verfügungsrecht an dieser Ressource zu erwerben.[235] Der Teilrechtsinhaber wird damit grundsätzlich in die Lage versetzt, den eigentlichen Erwerb durch eine einseitige Willenserklärung zu verwirklichen.[236] Die Ausübung des Erwerbsrechts kann allerdings auch vom Eintritt bestimmter Bedingungen abhängig sein, die entweder durch Handlungen des potentiellen Erwerbers selbst oder durch ein nicht von ihm beeinflussbares Ereignis erfüllt werden können. Durch die Vergabe eines Erwerbsrechtes wird somit zudem das Verwertungsrecht des rechtlichen Eigentümers beschränkt.

In den vorhergehenden Ausführungen wurden die wesentlichen, mit den einzelnen Verfügungsrechten verbundenen wirtschaftlichen Handlungsmöglichkeiten der Teilrechtsinhaber analysiert. Die Ausprägungen einzelner Teilrechte sowie die möglichen Kombinationen von Teilrechten, die im Rahmen von Leasingverhältnissen vom rechtlichen Eigentümer abgespalten und übertragen werden können, sollen im folgenden Abschnitt diskutiert werden.

233.32 Leasingverhältnisse als Ergebnis der Übertragung von Verfügungsrechten

Unter Leasingverträgen sind längerfristige Vereinbarungen zu verstehen, in denen sich der Leasinggeber verpflichtet, dem Leasingnehmer die Ressource Leasingobjekt entgeltlich für einen festgelegten Zeitraum zur Nutzung zu überlassen.[237] Der Leasinggeber, der als juristischer Eigentümer vor Abschluss der Leasingvereinbarung grundsätz-

[234] Vgl. zum bedingten Verwertungsrecht MATENA, S., Bilanzielle Vermögenszurechnung, S. 27-35.

[235] Das Recht, ein Erwerbsrecht an einer Ressource zu vergeben, erhält der Eigentümer aus seinem Verwertungsrecht. Vgl. MATENA, S., Bilanzielle Vermögenszurechnung, S. 18.

[236] Der Teilrechtsinhaber ist somit nicht auf eine nochmalige Willenserklärung des Eigentümers angewiesen. Vgl. EINEM, H. V., Rechtsnatur der Option, S. 24; CASPER, M., Optionsvertrag, S. 86-87.

[237] Vgl. zu den wesentlichen leasingvertraglichen Grundlagen Abschnitt 233.2.

lich über sämtliche Verfügungsrechte verfügt hat, überträgt dem Leasingnehmer somit stets ein **Nutzungsrecht**. Infolge der regelmäßig vereinbarten Grundmietzeit des Leasingvertrages, die kürzer als die voraussichtliche wirtschaftliche Nutzungsdauer des Leasingobjektes ist, verfügt der Leasingnehmer über ein entsprechend zeitlich beschränktes Recht auf den Gebrauch des Leasingobjektes sowie über ein Recht zur Vereinnahmung der gesamten Erträge aus der Nutzung des Leasingobjektes.[238] Dieses beschränkte Nutzungsrecht kann durch eine im Rahmen des Vertragsabschlusses vereinbarte Verlängerungsoption erweitert werden.[239] In Abhängigkeit vom Umfang dieser potentiellen Erweiterung kann somit aus dem beschränkten ein unbeschränktes Nutzungsrecht werden. Sofern der Leasingnehmer nur über ein beschränktes Nutzungsrecht verfügt, besitzt der Leasinggeber ein anteiliges Nutzungsrecht, das auf den Zeitraum der Restnutzungsdauer des Leasingobjektes nach dem Ende der Vertragslaufzeit begrenzt ist, sowie ein nachvertragliches Verwertungsrecht.[240]

Im Fall der Übertragung eines unbeschränkten Nutzungsrechtes durch den Leasinggeber ist der Leasingnehmer dagegen berechtigt, das Leasingobjekt zeitlich unbegrenzt auf jede mögliche Verwendungsart zu nutzen. Hierbei verfügt der Leasinggeber ausschließlich über das Restverwertungsrecht nach Ende der Vertragslaufzeit, die im Fall der unbeschränkten Nutzung im Wesentlichen der wirtschaftlichen Nutzungsdauer des Leasingobjektes entspricht.

Dem Leasingnehmer wird ferner häufig die Möglichkeit eingeräumt, das Leasingobjekt im Anschluss an die Grundmietzeit zu einem bereits bei Vertragsabschluss festgelegten

[238] Vgl. MARTINEK, M., Moderne Vertragstypen, S. 67; FEINEN, K., Leasinggeschäft, S. 25. Zudem sind im Rahmen von Leasingverhältnissen auch Beschränkungen auf einzelne Nutzungsmöglichkeiten oder quantitative Beschränkungen (z. B. Vereinbarung einer Kilometerbegrenzung beim Kraftfahrzeug-Leasing) möglich. Vgl. TACKE, H. R., Leasing, S. 166-167. Den Erträgen aus der Nutzung des Leasingobjektes stehen die grundsätzlich vom Leasingnehmer zu tragenden Aufwendungen für Wartung, Reparatur und Versicherung des Leasingobjektes gegenüber. HASTEDT, U.-P./MELLWIG, W., Leasing, S. 16-17.

[239] Vgl. hierzu COESTER-WALTJEN, D., Grundstruktur des Leasing-Vertrages, S. 123; PRINZ, A., Finanzierungsleasing, S. 18; RUNGE, B./BREMSER, H./ZÖLLER, G., Leasing, S. 56.

[240] Da der Leasinggeber selbst das anteilige Nutzungsrecht nicht wirtschaftlich sinnvoll nutzen kann, wird dieser sich um einen Anschluss-Leasingvertrag bemühen oder das Leasingobjekt und sämtliche, damit verbundene Verfügungsrechte verkaufen. Vgl. ERGENZINGER, T./ESPENHAHN, R., Mobilien-Leasing, S. 60; BERNINGHAUS, J., in: Leasinghandbuch, § 37, Rn. 34-43.

Preis zu erwerben.[241] Der Leasingnehmer besitzt somit neben dem Nutzungsrecht ein **Erwerbsrecht**, das diesen zum Erwerb des Verwertungsrechtes sowie des unbeschränkten Nutzungsrechtes berechtigt. Im Fall der Ausübung der Kaufoption wird somit der dann ehemalige Leasingnehmer zum juristischen Eigentümer des Leasingobjektes. Andernfalls ist der Leasingnehmer zur Rückgabe an den Leasinggeber verpflichtet, der weiterhin über ein von der Ausübung des Erwerbsrechtes durch den Leasingnehmer bedingtes Verwertungsrecht verfügt.

Im Rahmen eines Leasingverhältnisses wird dem Leasingnehmer somit zumindest ein beschränktes Nutzugsrecht am Leasingobjekt übertragen, während der Leasinggeber mindestens ein bedingtes Verwertungsrecht zurückbehält.

Infolge der unterschiedlichen Gestaltungsmöglichkeiten können aus Leasingverträgen somit verschiedene Verfügungsrechtskonstellationen zwischen Leasingnehmer und Leasinggeber resultieren, die durch die folgende Übersicht verdeutlicht werden sollen:

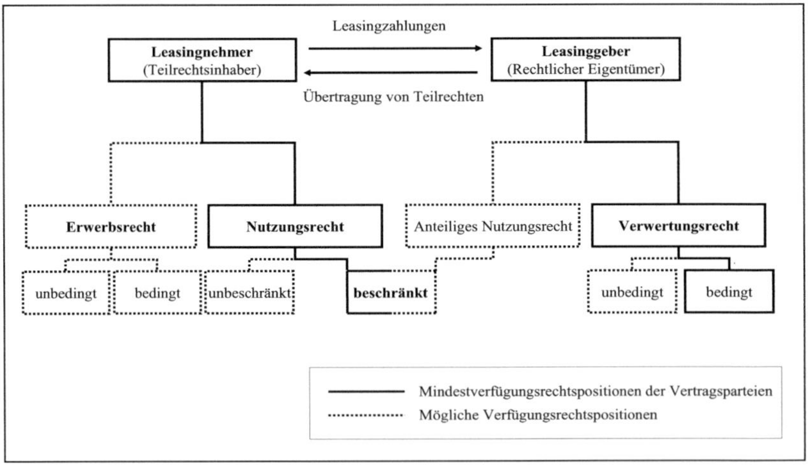

Abbildung 3: Verfügungsrechtskonstellationen bei Leasingverhältnissen[242]

[241] Vgl. zur Kaufoption des Leasingnehmers BECKMANN, H., Finanzierungsleasing, S. 161-162; PRINZ, A., Finanzierungsleasing, S. 17-18; GRAF VON WESTPHALEN, F., Beendigung des Leasingvertrages, S. 548-549, Rn. 125; BÜSCHGEN, H. E., in: Praxishandbuch Leasing, § 3, Rn. 11.

[242] Abbildung mit wesentlichen Erweiterungen angelehnt an MATENA, S., Bilanzielle Vermögenszurechnung, S. 93.

Im weiteren Verlauf der Untersuchung soll unter einer Leasingvereinbarung eine **entgeltliche, zeitlich begrenzte Übertragung von Verfügungsrechten** verstanden werden, die zumindest mit einer **Abspaltung eines Nutzungsrechtes vom Eigentum** verbunden ist. Die identifizierten möglichen Verfügungsrechtskonstellationen werden im Rahmen der Analyse der Bilanzierung von Leasingverhältnissen zu berücksichtigen sein.

24 Zwischenfazit

Die Zielsetzung dieses Kapitels war die Entwicklung eines Bezugsrahmens für die Analyse von Leasingverhältnissen innerhalb der **Kapitalmarktkommunikation**. Hierfür wurden zunächst in Abschnitt 22 die **Investoren** als Hauptanspruchsgruppe der Kapitalmarktkommunikation identifiziert, unter denen durchschnittlich sachkundige Kleinaktionäre zu verstehen sind. Deren Ziele bilden die Grundlage zur späteren Konkretisierung der Anforderungen an die kapitalmarktorientierte Unternehmensberichterstattung.

Das Ziel der im Fokus der weiteren Analyse stehenden Investoren ist die Optimierung der ihnen zufließenden, künftigen Zahlungsströme aus (potentiellen) Investitionsobjekten entsprechend ihrer individuellen Konsumvorstellung. Hierzu benötigen sie für die von ihnen zu treffenden Investitionsentscheidungen – die Entscheidung über den Kauf, den Verkauf oder das Halten von Anteilen an Investitionsobjekten – Informationen, die ihnen eine bessere Einschätzung dieser unsicheren Zahlungsströme ermöglichen. Wie in Abschnitt 232.22 festgestellt wurde, sind Kapitalmarktinformationen dann als entscheidungsnützlich anzusehen, wenn sie die Investoren befähigen, interessengerechte Entscheidungen zu treffen. Dabei resultieren **entscheidungsnützliche Informationen** aus einer Kombination von Entscheidungsrelevanz und Verlässlichkeit. Während die **Entscheidungsrelevanz** direkt auf den für die Entscheidungsunterstützung der Investoren erforderlichen Informationsinhalt gerichtet ist und somit die fundamentale Beurteilung des Unternehmenswertes erleichtert, konkretisiert die Komponente der **Verlässlichkeit** die Anforderungen an die Informationsqualität. Die inhaltlichen Anforderungen an die Entscheidungsrelevanz wurden in Abschnitt 232.231 durch die Nebenbedingungen der Vollständigkeit, der wirtschaftlichen Betrachtungsweise, der Vergleichbarkeit sowie der

Verständlichkeit präzisiert. Die Konkretisierung der für die Gewährleistung des notwendigen Vertrauens der Investoren in die vermittelten Informationen unerlässlichen Verlässlichkeit erfolgte in Abschnitt 232.232 durch die Nebenbedingungen der Richtigkeit, der Neutralität sowie der Nachprüfbarkeit.

Aufbauend auf den aus den Informationsbedürfnissen der Investoren abgeleiteten Anforderungen an eine entscheidungsnützliche Kapitalmarktkommunikation wurde in Abschnitt 232.3 untersucht, ob die **externe Rechnungslegung** als normierte Form der Unternehmensberichterstattung grundsätzlich entscheidungsnützliche Informationen vermitteln und somit die Entscheidungssituation der Investoren verbessern kann. Dabei konnte festgestellt werden, dass die Einführung einer normierten externen Rechnungslegung grundsätzlich zu einer **Verringerung der transaktionskostenbedingten Informationsasymmetrien** sowie der ***Principal-Agent*-Konflikte** zwischen den Eigenkapitalgebern und dem von diesen beauftragten Management führen kann. Die externe Rechnungslegung ist somit grundsätzlich als geeignetes Instrument der Kapitalmarktkommunikation anzusehen. Vor dem Hintergrund der Transaktionskostenverringerung infolge der Normierung der Rechnungslegung sind überdies eine internationale Harmonisierung der Rechnungslegungssysteme und somit auch die aktuellen **Konvergenzbestrebungen zwischen IASB und FASB** prinzipiell zu befürworten. Für die im weiteren Verlauf der Untersuchung vorzunehmende konkrete Analyse der Entscheidungsnützlichkeit der mit der Rechnungslegung vermittelten Informationen wurde mit der Leasingbilanzierung ein im Rahmen des Konvergenzprojektes adressiertes Bilanzierungsproblem ausgewählt.

Zur Präzisierung des Untersuchungsgegenstands erfolgte in Abschnitt 233.2 mittels der Methode der typologischen Gesamtbetrachtungsweise eine **zivilrechtliche Analyse** von Leasingverhältnissen. Trotz der fehlenden Legaldefinition im deutschen Zivilrecht und der international uneinheitlichen Verwendung des Leasingbegriffes konnte dabei die Nutzungsüberlassung als Hauptfunktion von Leasingverhältnissen identifiziert werden. Losgelöst von den nationalen Rechtsordnungen wurde anschließend in Abschnitt 233.3 aus ökonomischer Perspektive auf Basis der ***Property-Rights*-Theorie** das für die weitere Untersuchung zu Grunde liegende Verständnis von Leasingvereinbarungen entwickelt. Danach ist unter einem Leasingverhältnis eine entgeltliche, zeitlich begrenzte Übertragung von Verfügungsrechten zu verstehen, die zumindest mit einer Abspaltung eines Nutzungsrechtes vom Eigentum verbunden ist.

Aufbauend auf dem somit entwickelten Bezugsrahmen wird – entsprechend der Grundfragestellung dieser Arbeit – in Kapitel 3 zu analysieren sein, inwieweit durch die geltenden Bilanzierungsregelungen für Leasingverhältnisse nach IFRS und US-GAAP die Bereitstellung von entscheidungsnützlichen Informationen für die Investoren bereits gewährleistet ist.

3 Verhältnis der aktuellen Leasingbilanzierung nach IFRS und US-GAAP zu den Informationsanforderungen der Investoren

31 Vorbemerkungen

Vor dem Hintergrund des im vorherigen Kapitel entwickelten Bezugsrahmens sollen nachfolgend die geltenden Regelungen zur **Leasingbilanzierung nach IFRS und US-GAAP** analysiert werden.

Hierzu stehen in Abschnitt 32 zunächst die konzeptionellen Grundlagen der aktuellen Leasingbilanzierung nach **IFRS** im Mittelpunkt der Untersuchung. Darauf aufbauend werden die mit der Grundkonzeption verbundenen, konkreten Regelungen für die bilanzielle Berichterstattung durch Leasingnehmer und Leasinggeber analysiert. Der Zusammenhang zwischen diesen Bilanzierungsregelungen und der ihnen zu Grunde liegenden Konzeption soll zudem anhand einer konkreten Leasingvertragskonstellation verdeutlicht werden.

Auf Basis der Erkenntnisse zur Leasingbilanzierung nach IFRS wird in Abschnitt 33 die geltende Leasingbilanzierung nach **US-GAAP** analysiert. Hierbei werden zunächst die Unterschiede innerhalb der konzeptionellen Grundlagen herausgearbeitet. Im Anschluss wird die konkrete Leasingbilanzierung nach US-GAAP diskutiert, bei der der Fokus ebenfalls auf den Unterschieden zu den korrespondierenden IFRS-Regelungen liegt.

Abschließend werden in Abschnitt 34 die geltenden Regelungen zur Leasingbilanzierung nach IFRS und US-GAAP – erneut unter Fokussierung auf die Grundkonzeption – vor dem Hintergrund der **Entscheidungsnützlichkeit** gewürdigt. Damit soll die Frage beantwortet werden, ob durch die aktuelle Leasingbilanzierung die Vermittlung von entscheidungsnützlichen Informationen an die Investoren sichergestellt ist.

32 Regelungen zur Bilanzierung von Leasingverhältnissen nach IFRS – Darstellung und kritische Würdigung

321. Vorbemerkungen

Grundlage für die Bilanzierung von Leasingverhältnissen nach IFRS bildet das dreistufige Regelsystem des IASB, bei dem zwischen dem Framework, den einzelnen Standards sowie den Interpretationen zu differenzieren ist.[243]

Das ***Framework*** bildet den konzeptionellen Bezugsrahmen der IFRS-Rechnungslegung und dient nach IAS 8.11 (b) primär als Auslegungs- und Orientierungshilfe. Zudem fungiert es als Grundlage für die Neu- und Weiterentwicklung konsistenter Standards.[244] Hinsichtlich des Verpflichtungscharakters wird im *Framework* selbst explizit herausgestellt (F. 2), dass dieses nicht mit einem Standard gleichzusetzen ist und dessen Inhalte auch nicht als *overriding principle* aufzufassen sind. Bei Konflikten zwischen den Inhalten des erst 1989 verabschiedeten *Framework* und den einzelnen Standards haben gemäß F. 3 vielmehr stets die spezifischen Regelungen der Standards Vorrang.[245] Dem *Framework* ist somit lediglich Empfehlungscharakter beizumessen.[246]

Die einzelnen **Standards** befassen sich dagegen mit Einzelfragen der Rechnungslegung.[247] Die Bilanzierung von Leasingverhältnissen ist innerhalb der IFRS primär in

[243] An anderer Stelle werden dagegen fünf Gruppen von Rechnungslegungsnormen unterschieden und die drei vorstehenden Elemente des IASB-Rechnungslegungssystems um das Vorwort sowie um die Anwendungshilfen zu den einzelnen Standards ergänzt. Vgl. ZÜLCH, H., Rechnungslegungsnormen des IASB, S. 1. Da das Vorwort für die Anwendung und Auslegung der IFRS-Rechnungslegung indes keine Bedeutung hat und sich die Anwendungshilfen im Zusammenhang mit der Bilanzierung von Leasingverhältnissen lediglich auf den in der weiteren Untersuchung nicht explizit behandelten Sonderfall der Sale-and-leaseback-Transaktionen beschränken, erscheint diese erweiterte Differenzierung an dieser Stelle entbehrlich.

[244] Vgl. COENENBERG, A. G., Jahresabschluss und Jahresabschlussanalyse, S. 54.

[245] Vgl. PELLENS, B./FÜLBIER, R. U./GASSEN, J./SELLHORN, T., Internationale Rechnungslegung, S. 109.

[246] Vgl. BAETGE, J./KIRSCH, H.-J./THIELE, S., Bilanzen, S. 54.

[247] Die seit der Neuorganisation des IASC vom IASB entwickelten und verabschiedeten Rechnungslegungsstandards werden dabei als IFRS (im engeren Sinne) tituliert. Die in der Vergangenheit vom IASC verabschiedeten und nunmehr vom IASB übernommenen Standards werden unverändert als IAS bezeichnet, fallen aber nach IAS 1.11 unter den Oberbegriff der IFRS. Vgl. zur IASC-Restrukturierung BAETGE, J./THIELE, S./PLOCK, M., Restrukturierung, S. 1033-1038. Dabei folgen die einzelnen Standards keiner einheitlichen Systematik, sondern thematisieren einzelne Bilanzpositionen (z. B. IAS 16 Sachanlagen), Problembereiche der Rechnungslegung (z. B. IAS 17 Leasing-

IAS 17 geregelt. Dieser bereits 1982 beschlossene Standard wurde zuletzt im Jahr 2003 überarbeitet.[248] In den Anwendungsbereich von IAS 17 fallen grundsätzlich sämtliche Vereinbarungen über die Übertragung eines Rechtes auf Nutzung eines Vermögenswertes gegen eine Zahlung oder eine Reihe von Zahlungen über einen vereinbarten Zeitraum.[249] Unter den Begriff des Leasingverhältnisses sind somit prinzipiell sämtliche Nutzungsüberlassungsverträge zu subsumieren, zu denen dem wirtschaftlichen Gehalt nach auch Miet- und Pachtverträge gehören.[250]

Sofern bei der Anwendung oder Auslegung einzelner Standards wesentliche Schwierigkeiten bestehen, werden im Fall international bedeutsamer Aspekte hierzu **Interpretationen** vom IFRIC erarbeitet und vom IASB verabschiedet, deren Verpflichtungscharakter dem der Standards entspricht.[251] Im Zusammenhang mit der Bilanzierung von Leasingverhältnissen wurden insbesondere zwei Interpretationen mit Auswirkungen auf den Anwendungsbereich des IAS 17 erlassen.[252] Nach IFRIC 4 sind die Regelungen des IAS 17 unter bestimmten Voraussetzungen auch auf indirekte Nutzungsrechte auszu-

verhältnisse) oder den Aufbau von Rechnungslegungsinstrumenten (z. B. IAS 7 Kapitalflussrechnungen). Vgl. WOLLMERT, P./ACHLEITNER, A.-K., Konzeptionelle Grundlagen, S. 210.

[248] Vor den im Rahmen des *Improvements Projects* in 2003 vorgenommenen Änderungen erfolgten bereits in 1994 sowie in 1997 Anpassungen und Ergänzungen des ursprünglichen Standards. Die konzeptionellen Grundlagen von IAS 17 sind indes seit 1982 nicht verändert worden. Vgl. WAGENHOFER, A., Internationale Rechnungslegungsstandards, S. 282; BEINE, F./NARDMANN, H., in: Wiley-Kommentar, S. 692, Rn. 6; CAIRNS, D., Applying IAS, S. 807-808; FEINEN, K., Leasingverhältnisse, S. 16. In der folgenden Untersuchung wird mit IAS 17 stets die 2003 überarbeitete Fassung des Standards bezeichnet, sofern hierzu keine anderslautenden, ergänzenden Erläuterungen erfolgen.

[249] Zur Definition von Leasingverhältnissen vgl. IAS 17.4. Aus dem Anwendungsbereich von IAS 17 sind dagegen gemäß IAS 17.2 Leasingvereinbarungen in Bezug auf die Entdeckung und Verarbeitung von natürlichen Ressourcen sowie Lizenzvereinbarungen ausgeschlossen. Darüber hinaus ist IAS 17 nicht als Bewertungsgrundlage für als Finanzinvestition gehaltene Grundstücke und Bauten sowie auf biologische Vermögenswerte heranzuziehen, die als Leasingobjekt fungieren. Deren Bewertung richtet sich nach IAS 40 bzw. nach IAS 41. Vgl. hierzu bspw. HELMSCHROTT, H., Anwendung von IAS 40, S. 2457-2459.

[250] Vgl. KÜTING, K./HELLEN, H.-H./BRAKENSIEK, S., Leasing, S. 1465; SABEL, E., Leasingverträge, S. 55; ADS International, Leasingverhältnisse, Rn. 11.

[251] Das *International Financial Reporting Interpretations Committee* (IFRIC) wurde im Zuge der Neuorganisation des IASC als Nachfolgeorganisation des *Standing Interpretations Committee* (SIC) gegründet. Die Interpretationen des IFRIC bzw. des früheren SIC werden als IFRIC-Interpretationen bzw. SIC-Interpretationen bezeichnet. Vgl. BAETGE, J./KIRSCH, H.-J./THIELE, S., Bilanzen, S. 55-56.

[252] Daneben ist mit SIC 15 eine Interpretation bezüglich der bilanziellen Berücksichtigung von Anreizvereinbarungen verabschiedet worden, die dem Leasingnehmer im Rahmen von Leasingvertragsverhandlungen offeriert werden. Vgl. zur Bilanzierung solcher Anreizvereinbarungen beim Leasingnehmer und Leasinggeber Abschnitt 323. Nicht weiter thematisiert werden im Folgenden die Regelungen von SIC 12 zur Konsolidierung von Zweckgesellschaften, zu denen auch Leasingobjektgesellschaften gehören. Vgl. hierzu WEBER, C.-P., in: Wiley-Kommentar, S. 597-598, Rn. 121-128.

weiten.[253] Demgegenüber wird in SIC 27 einschränkend klargestellt, dass IAS 17 nur Anwendung findet, sofern die zu beurteilenden Vereinbarungen bei wirtschaftlicher Gesamtbetrachtung zu tatsächlich veränderten Nutzungsverhältnissen führen.[254]

Im Rahmen der folgenden Analyse der geltenden Leasingbilanzierung nach IFRS wird nicht die anwendungsorientierte Konkretisierung für den Einzelfall, sondern vielmehr deren Grundkonzeption im Vordergrund stehen. Zur Veranschaulichung dieser konzeptionellen Grundlagen sind deren Auswirkungen auf die konkrete bilanzielle Abbildung von Leasingverhältnissen nach IAS 17 indes nicht zu vernachlässigen. Nachfolgend soll zunächst die Konzeption der Leasingbilanzierung untersucht werden.

322. Der *all or nothing approach* als konzeptionelle Grundlage der IFRS-Leasingbilanzierung

322.1 Grundunterscheidung zwischen Finanzierungs- und Operating-Leasingverhältnissen

IAS 17 differenziert als grundlegender Standard die zu betrachtenden Nutzungsüberlassungsverträge zum Zwecke der Bilanzierung in Finanzierungs- und Operating-Leasingverhältnisse.[255] Ein **Finanzierungs-Leasingverhältnis** wird in IAS 17.4 als Leasingverhältnis definiert, bei dem im Wesentlichen alle mit dem Leasingobjekt ver-

---

[253] Nach IFRIC 4.6 ist ein Vertrag oder Vertragsbestandteil als Leasingverhältnis im Sinne von IAS 17 anzusehen, wenn die Erfüllung der Vereinbarung von der Nutzung eines spezifizierten Vermögenswertes abhängig ist und durch den Vertrag ein indirektes Nutzungsrecht am Vermögenswert auf den Erwerber des Outputs übertragen wird. Hierbei kann es sich bspw. um langfristige Lieferverträge oder um Outsourcing-Vereinbarungen handeln. Vgl. hierzu ausführlich GÖTZ, J./SPANHEIMER, J., Inhalt und Auswirkungen von IFRIC 4, S. 260-265; ZÜLCH, H./WILLMS, J., Identifizierung von Leasingverhältnissen, S. 315-317; KÜMPEL, T./BECKER, M., Verdeckte Leasingkomponenten, S. 2-7; ALVAREZ, M./BÜTTNER, M., Verdeckte Leasingverhältnisse, S. 45-52; KÜTING, K./HELLEN, H.-H./KOCH, C., Begriffsabgrenzung, S. 649-657.

[254] Vgl. BEINE, F./NARDMANN, H., in: Wiley-Kommentar, S. 724-726, Rn. 104-111. SIC 27 verdeutlicht somit, dass IAS 17 nicht zwangsläufig auf Vereinbarungen anzuwenden ist, deren Bezeichnung oder deren juristische Ausgestaltung ein Leasingverhältnis vermuten lässt. Ein Beispiel hierfür sind nach SIC 27.5 *Lease-and-leaseback*-Vereinbarungen mit einem (US-amerikanischen) Investor, die auf die Erzielung eines Steuervorteils und nicht auf die Übertragung des Rechtes auf Nutzung eines Vermögenswertes abzielen. Vgl. ausführlich zu diesen sogenannten US-Leasingtransaktionen VÖLKER, A., US-Leasingtransaktionen und ihre bilanzielle Darstellung, S. 669-673; BÜHNER, A./SHELDON, C., US-Leasingtransaktionen, S. 315-318.

[255] Die Bezeichnungen dieser beiden Bilanzierungsmethoden sind dabei nicht mit den in der deutschen Terminologie verwendeten Begriffen Operating- und Finanzierungsleasing zu verwechseln. Vgl. hierzu Abschnitt 233.2.

bundenen Chancen und Risiken auf den Leasingnehmer übertragen werden (*risk and reward approach*). Der Übergang des juristischen Eigentums an dem Vermögenswert auf den Leasingnehmer ist hierfür nicht erforderlich. **Operating-Leasingverhältnisse** werden demgegenüber nach IAS 17.4 von Finanzierungs-Leasingverhältnissen lediglich negativ abgegrenzt. Sie umfassen somit sämtliche Leasingverhältnisse, die nicht als Finanzierungs-Leasingverhältnis einzuordnen sind.

Die Klassifizierung von Leasingverhältnissen erfolgt nach dem **wirtschaftlichen Gehalt der Transaktion** und stellt auf das **wirtschaftliche Eigentum am Leasingobjekt** ab.[256] Dabei impliziert die Charakterisierung eines Leasingvertrages als Finanzierungs-Leasingverhältnis die Übertragung des wirtschaftlichen Eigentums auf den Leasingnehmer, der wirtschaftlich in die Position eines Teilzahlungskäufers versetzt wird und das Leasingobjekt folglich in seinem Jahresabschluss zu aktivieren hat.[257] Bei einem Operating-Leasingverhältnis verbleibt dagegen neben dem juristischen auch das wirtschaftliche Eigentum am Leasingobjekt beim Leasinggeber. Das Leasingverhältnis entspricht dabei tendenziell einem reinen Mietverhältnis und das Leasingobjekt ist beim Leasinggeber auszuweisen.[258] Demgegenüber resultieren aus dem Operating-Leasingverhältnis beim Leasingnehmer – im Gegensatz zum Finanzierungsleasing – keine bilanziellen Auswirkungen (***all or nothing approach***).[259]

Die Klassifizierung als Finanzierungs- oder Operating-Leasingverhältnis hat nach IAS 17.13 grundsätzlich zu Beginn des Leasingverhältnisses zu erfolgen.[260] Dies ist

---

[256] Vgl. ADS International, Leasingverhältnisse, Rn. 22; DOLL, R.-P., in: Beck IFRS HB, § 22, Rn. 19; FEINEN, K., Behandlung von Leasingverträgen, S. 2; GELHAUSEN, H. F./WEIBLEN, S., in: HdJ, Abt. I/5, Rn. 218. Diese Vorgehensweise entspricht dem im IFRS-Framework verankerten Grundsatz *substance over form* (F. 35). Vgl. KIRSCH, H.-J., in: Baetge et al., Rechnungslegung nach IAS, IAS 17, Rn. 23; WEINSTOCK, M., Bilanzierung von Leasingverträgen, S. 98; PFERDEHIRT, H., Leasingbilanzierung nach IFRS, S. 88; FUCHS, M., Leasingverhältnisse, S. 1833.

[257] Vgl. SABEL, E., Leasingverträge, S. 56; KÜMPEL, T./BECKER, M., Leasing nach IFRS, S. 16; MELLWIG, W., Leasing im internationalen Handelsrecht, S. 74; SCHULZ, S., Leasingbilanzierung nach IFRS, S. 181; MELLWIG, W., Darstellung von Leasingverträgen, S. 3.

[258] Vgl. KIRSCH, H.-J., in: Baetge et al., Rechnungslegung nach IAS, IAS 17, Rn. 20; KÜMPEL, T./BECKER, M., Zurechnung von Leasingobjekten, S. 1472.

[259] Vgl. FÜLBIER, R. U./PFERDEHIRT, H., Leasingbilanzierung, S. 275.

[260] Dieser Klassifizierungszeitpunkt gilt auch dann, wenn das Leasingobjekt zum Zeitpunkt des Beginns des Leasingverhältnisses noch (ggf. über einen längeren Zeitraum) hergestellt oder erworben werden muss. Vgl. ADS International, Leasingverhältnisse, Rn. 26. Vgl. hierzu a. A. FINDEISEN, K.-D., Leasing-Geschäft, S. 63-64. Bei nachträglichen Änderungen von Vertragskonditionen kann es wirt-

nach IAS 17.4 der frühere der beiden Zeitpunkte Abschluss der Leasingvereinbarung oder der Tag, an dem sich die beiden Vertragsparteien über die wesentlichen Bestimmungen des Leasingvertrages geeinigt haben. Zu diesen wesentlichen Vertragselementen gehören zumindest das Leasingobjekt, die vom Leasingnehmer zu erbringende Gegenleistung sowie die Laufzeit des Leasingverhältnisses.[261]

Die Klassifizierung von Leasingverhältnissen ist durch beide Vertragsparteien unabhängig voneinander auf Basis der jeweils verfügbaren Informationen vorzunehmen. Damit kann es in Einzelfällen dazu kommen, dass ein Leasingvertrag im Rahmen der Beurteilung durch Leasinggeber und Leasingnehmer unterschiedlich eingeordnet wird.[262] Dies kann zur Folge haben, dass das Leasingobjekt bei beiden Vertragspartnern oder gar nicht bilanziert wird.[263]

Von entscheidender Bedeutung für die Identifizierung des wirtschaftlichen Eigentümers aus Sicht der jeweiligen Vertragspartei ist die **Verteilung der wesentlichen mit dem Leasingobjekt verbundenen Chancen und Risiken**. Zu den relevanten Risiken, die im Rahmen eines Finanzierungs-Leasingverhältnisses auf den Leasingnehmer übertragen werden können, gehören nach IAS 17.7 vor allem die Verlustmöglichkeiten infolge ungenutzter Kapazitäten oder technischer Überholung sowie Renditeabweichungen auf

schaftlich zu einem neuen Leasingverhältnis kommen, das dann unter Berücksichtigung der veränderten Parameter gemäß IAS 17.13 erneut zu klassifizieren ist. Schätzungsänderungen oder Änderungen der Rahmenbedingungen geben indes keinen Anlass für eine erneute Klassifizierung des Leasingverhältnisses, da hierdurch das bestehende Vertragsverhältnis nicht verändert wird. Vgl. hierzu KÜMPEL, T./BECKER, M., Bilanzierung nachträglicher Änderungen, S. 243-250.

261 Ebenfalls zählen etwaige die Klassifizierung des Leasingvertrages beeinflussende Bestimmungen wie Kaufoptionen, Andienungsrechte oder ähnliche Rechte bzw. Pflichten der Vertragsparteien zu diesen wesentlichen Vertragsbestandteilen. Vgl. ADS International, Leasingverhältnisse, Rn. 26. Durch eine solche Erweiterung der Vertragsvereinbarungen kann das sämtlichen Leasingverhältnissen immanente beschränkte Nutzungsrecht des Leasingnehmers um zusätzliche Verfügungsrechte erweitert werden. Vgl. hierzu Abschnitt 233.32.

262 Vgl. GELHAUSEN, H. F./WEIBLEN, S., in: HdJ, Abt. I/5, Rn. 220. Auf diese Möglichkeit wird explizit in IAS 17.9 hingewiesen. Beispielsweise kann eine abweichende Klassifizierung aus der unterschiedlichen Definition der Mindestleasingzahlungen bei Leasinggeber und Leasingnehmer sowie deren Auswirkung auf den Barwerttest resultieren. Vgl. ausführlich zum Kriterium des Barwerttestes Abschnitt 322.24.

263 Vgl. LORENZ, K., Leasingverhältnisse, S. 698; BERATENDES FORUM FÜR RECHNUNGSLEGUNG, Behandlung von Leasingverträgen, S. 12; FINDEISEN, K.-D., Bilanzierung von Leasingverträgen, S. 840.

Grund geänderter wirtschaftlicher Rahmenbedingungen.[264] Demgegenüber können Chancen sowohl aus Gewinnerwartungen aus der Nutzung des Leasingobjektes als auch aus möglichen Wertsteigerungen oder aus der Realisation des Restwertes des Leasingobjektes resultieren. Die maßgeblichen Chancen und Risiken beziehen sich damit auf die Nutzung des Leasingobjektes während der Vertragslaufzeit sowie auf den Restwert nach Ablauf der Leasingdauer.

Zur Konkretisierung der oben erläuterten, abstrakten Definition eines Finanzierungs-Leasingverhältnisses werden in IAS 17.10 Beispiele und in IAS 17.11 Indikatoren für Situationen, die zu einem Finanzierungs-Leasingverhältnis führen können, aufgeführt.[265] Dabei wurden diese Kriterien bewusst ausschließlich **qualitativ** formuliert.[266]

IAS 17.10 nennt fünf **Beispiele für Situationen**, die einzeln oder in Kombination „normalerweise zur Klassifizierung eines Leasingverhältnisses als Finanzierungsleasing führen“:

- Am Ende der Laufzeit des Leasingverhältnisses wird dem Leasingnehmer das juristische Eigentum am Leasingobjekt übertragen (IAS 17.10 (a));
- dem Leasingnehmer wird eine Kaufoption zu einem Preis eingeräumt, der erwartungsgemäß so weit unter dem beizulegenden Zeitwert des Leasingobjektes zum Zeitpunkt der möglichen Optionsausübung liegt, dass bereits zu Vertragsbeginn von der Optionsausübung ausgegangen werden kann (IAS 17.10 (b));
- die Laufzeit des Leasingverhältnisses umfasst den überwiegenden Teil der wirtschaftlichen Nutzungsdauer des Leasingobjektes (IAS 17.10 (c));

---

264 Trotz der fehlenden expliziten Nennung ist davon auszugehen, dass Risiken aus Wertminderungen und dem Untergang des Leasingobjektes ebenfalls zu den für die Klassifizierung wesentlichen Risiken gehören. Vgl. ADS International, Leasingverhältnisse, Rn. 28; PABST, H./SCHMIDT, A./BACHER, A., Bilanzierung von Mobilien-Leasingverträgen, S. 1197.

265 Hierbei ist festzuhalten, dass das in IAS 17.10 (e) aufgeführte Beispiel sowie die in IAS 17.11 enthaltenen Indikatoren erst im Rahmen der 1997 erfolgten Überarbeitung des Standards angefügt worden sind. Das damalige IASC beschränkte sich auf die Ergänzung einiger Klassifizierungskriterien, obwohl die IOSCO eine vollständige Überarbeitung des IAS 17 präferiert hätte. Vgl. IOSCO (Hrsg.), IASC Standards – Assessment Report, Appendix B.

266 In der korrespondierenden US-GAAP-Regelung, SFAS 13, sind demgegenüber z. T. quantitative Grenzwerte formuliert. Vgl. zu den Klassifizierungskriterien nach US-GAAP ausführlich Abschnitt 332.2. Vgl. zur Diskussion um die Vorteilhaftigkeit von qualitativen oder quantitativen Grenzwerten ausführlich Abschnitt 342.

- der Barwert der Mindestleasingzahlungen entspricht zu Beginn des Leasingverhältnisses im Wesentlichen mindestens dem beizulegenden Zeitwert des Leasingobjektes (IAS 17.10 (d));
- das Leasingobjekt ist von derart spezieller Beschaffenheit, dass es ohne wesentliche Veränderungen nur vom Leasingnehmer genutzt werden kann (IAS 17.10 (e)).

Ferner werden in IAS 17.11 drei **Indikatoren für Situationen** aufgeführt, die einzeln oder in Kombination „auch zu einem Leasingverhältnis führen könnten", das als Finanzierungsleasing zu klassifizieren ist:

- Wenn der Leasingnehmer den Vertrag kündigen kann, muss dieser die dem Leasinggeber aus der Auflösung resultierenden Verluste übernehmen (IAS 17.11 (a));
- Gewinne oder Verluste, die durch Schwankungen des beizulegenden Restzeitwertes entstehen, fallen dem Leasingnehmer zu (IAS 17.11 (b));
- der Leasingnehmer hat die Möglichkeit, das Leasingverhältnis zu einer wesentlich unter der marktüblichen Miete liegenden Leasingrate zu verlängern (IAS 17.11 (c)).

Die begriffliche Differenzierung zwischen Beispielen und Indikatoren sowie die unterschiedlich strengen Formulierungen verdeutlichen, dass den Indikatoren im Vergleich zu den Beispielen eine geringere Indizwirkung zur Klassifizierung von Leasingverträgen beizumessen ist.[267] Somit dürfte das Vorliegen einer der aufgeführten Beispielsituationen eher zu einer Klassifizierung als Finanzierungs-Leasingverhältnis führen als die Erfüllung einer der Indikatoren.[268]

---

[267] Vgl. ebenso KIRSCH, H.-J., in: Baetge et al., Rechnungslegung nach IAS, IAS 17, Rn. 24; DOLL, R.-P., in: Beck IFRS HB, § 22, Rn. 26; KÜTING, K./HELLEN, H.-H./BRAKENSIEK, S., Bilanzierung von Leasinggeschäften, S. 41; SCHRÖER, T., Leasing, S. 5. WEINSTOCK stuft demgegenüber sämtliche Kriterien als gleichwertig ein. Vgl. WEINSTOCK, M., Bilanzierung von Leasingverträgen, S. 98.

[268] Vgl. LÜDENBACH, N./FREIBERG, J., Wirtschaftliches Eigentum nach IAS 17, S. 259; SABEL, E., Leasingverträge, S. 59.

Von einem Automatismus der Vertragsklassifizierung als Finanzierungs-Leasingverhältnis bei Vorliegen einer der Beispielsituationen ist allerdings nicht auszugehen.[269] Vielmehr ist die Leasingvereinbarung stets im Rahmen einer wirtschaftlichen Gesamtbetrachtung zu würdigen, und die vorgenannten Beispiele und Indikatoren dienen als **Orientierungshilfen** für die Vertragsqualifizierung.[270]

Sofern aus anderen Merkmalen des Leasingvertrages hervorgeht, dass der Leasinggeber nicht im Wesentlichen alle mit dem Leasingobjekt verbundenen Chancen und Risiken auf den Leasingnehmer überträgt, ist der Leasingvertrag als Operating-Leasingverhältnis zu klassifizieren. Auf Grund der erforderlichen wirtschaftlichen Gesamtbetrachtung kann dies auch dazu führen, dass ein Leasingvertrag als Finanzierungs-Leasingverhältnis einzuordnen ist, obwohl keine der Beispiel- oder Indikatorsituationen vorliegt.[271] Nachfolgend sollen daher die einzelnen Beispiele und Indikatoren genauer analysiert werden.

322.2 Die qualitativen Zurechnungskriterien des IAS 17 als Konkretisierung der Generalnorm

322.21 Übertragung des juristischen Eigentums

Leasingvereinbarungen, die am Ende der Laufzeit eine **Übertragung des juristischen Eigentums** auf den Leasingnehmer vorsehen, sind nach IAS 17.10 (a) grundsätzlich als Finanzierungs-Leasingverhältnis zu klassifizieren. Dabei ist ausschließlich ein bereits zu Vertragsbeginn fixierter Eigentumsübergang zu prüfen, da die Vereinbarung einer

---

[269] Vgl. bspw. KÜMPEL, T./BECKER, M., Leasing nach IFRS, S. 19; BARTH, C., Zurechnung von Leasingobjekten, S. 229; LORENZ, K., Leasingverhältnisse, S. 697; HEYD, R., Leasing im Bilanzrecht, S. 38; MELLWIG, W., Leasing im internationalen Handelsrecht, S. 74. Im Rahmen der 1997 vorgenommenen Überarbeitung des IAS 17 stellte das damalige IASC durch die Entfernung des im Anhang von IAS 17 (rev. 1994) noch enthaltenen Klassifikationsschemas klar, dass die Vertragseinordnung nach IFRS keinem Automatismus unterliegt. Diese Verdeutlichung des Klassifizierungsprozesses wurde mit der zeitgleichen Erweiterung der Zurechnungsregelungen begründet. Vgl. IAS 17 (rev. 1997), Introduction, No. 9.

[270] Vgl. WEINSTOCK, M., Bilanzierung von Leasingverträgen, S. 98; ESSER, M., Leasingverhältnisse in der IFRS-Rechnungslegung, S. 432; ALVAREZ, M./WOTSCHOFSKY, S./MIETHIG, M., Leasingverhältnisse nach IAS 17, S. 936.

[271] Vgl. GELHAUSEN, H. F./WEIBLEN, S., in: HdJ, Abt. I/5, Rn. 223; BEINE, F./NARDMANN, H., in: Wiley-Kommentar, S. 699, Rn. 23; FUCHS, M., Leasingverhältnisse, S. 1833.

Kaufoption gemäß IAS 17.10 (b) gesondert zu würdigen ist.[272] Der Leasinggeber überträgt dauerhaft das mit dem Leasingobjekt verbundene ökonomische Nutzenpotential an den Leasingnehmer, ohne dass es einer gesonderten Vertragsabrede am Ende der Vertragslaufzeit bedarf.[273] Auf Grund dieses automatischen Eigentumsübergangs ist der Leasinggeber nach Vertragsabschluss von jeglicher Einwirkung auf das Leasingobjekt ausgeschlossen.

Sofern jedoch vereinbart ist, dass der Leasingnehmer das Leasingobjekt am Ende des Leasingverhältnisses zu dem dann beizulegenden Zeitwert erwirbt, liegt nach IAS 17.12 regelmäßig kein Finanzierungsleasing vor, da auf Grund der Restwertschwankungen nicht im Wesentlichen alle mit dem Leasingobjekt verbundenen Chancen und Risiken auf den Leasingnehmer übertragen werden.[274] Die bloße Vereinbarung der Übertragung des juristischen Eigentums auf den Leasingnehmer – ohne dessen Partizipation an den Restwertschwankungen – ist somit für die Vertragsklassifizierung allein nicht ausschlaggebend. Wird dagegen der Kaufpreis bereits zu Beginn des Leasingverhältnisses festgelegt, werden sämtliche Chancen und Risiken aus den Restwertschwankungen an den Leasingnehmer übertragen. Da dem Leasingnehmer zudem die Chancen und Risiken aus der Nutzung des Leasingobjektes während der Vertragslaufzeit zufallen, ist eine Klassifizierung als Finanzierungsleasing zwingend, sofern der spätere Übergang des juristischen Eigentums hinreichend sicher ist und keine Rückkaufoptionen des Leasinggebers oder Kündigungsmöglichkeiten diesen Übergang in Frage stellt.[275]

---

[272] Vgl. ADS International, Leasingverhältnisse, Rn. 35; ESSER, M., Leasingverhältnisse in der IFRS-Rechnungslegung, S. 432.

[273] Vgl. ALVAREZ, M./WOTSCHOFSKY, S./MIETHIG, M., Leasingverhältnisse nach IAS 17, S. 936; MELLWIG, W., Leasing im internationalen Handelsrecht, S. 75. Der Fall des automatischen Eigentumsübergangs ist nach deutschem Verständnis nicht als Leasingvertrag, sondern als Ratenkaufvertrag einzustufen, woraus jedoch prinzipiell die gleichen bilanziellen Konsequenzen resultieren. Vgl. WEINSTOCK, M., Bilanzierung von Leasingverträgen, S. 100.

[274] In dieser Vertragskonstellation ist der Leasinggeber so gestellt, als ob dieser das Leasingobjekt am Ende der Vertragslaufzeit am Markt verkaufen würde. Vgl. SABEL, E., Leasingverträge, S. 60.

[275] Vgl. LORENZ, K., Leasingverhältnisse, S. 698; KÜMPEL, T./BECKER, M., Zurechnung von Leasingobjekten, S. 1472.

322.22 Einräumung einer günstigen Kaufoption

In Ergänzung zur direkten Übertragung des juristischen Eigentums liegt normalerweise ein Finanzierungs-Leasingverhältnis gemäß IAS 17.10 (b) vor, sofern dem Leasingnehmer eine günstige Kaufoption auf das Leasingobjekt übertragen wird. Im Sinne der in Abschnitt 233.22 entwickelten Terminologie bedeutet dies, dass dem Leasingnehmer neben dem (zunächst) zeitlich beschränkten Nutzungsrecht ein – in der Regel unbedingtes – Erwerbsrecht überlassen worden ist, das dem Leasingnehmer den Erwerb des Verwertungsrechtes sowie des unbeschränkten Nutzungsrechtes ermöglicht. Dabei hat der Leasingnehmer das Recht, das Leasingobjekt zu einem Preis zu erwerben, der erwartungsgemäß deutlich niedriger als der zum möglichen Optionsausübungszeitpunkt beizulegende Zeitwert des entsprechenden Vermögenswertes ist.[276] Somit kann bereits zu Beginn des Leasingverhältnisses mit hinreichender Sicherheit von der Optionsausübung durch den Leasingnehmer und damit von der späteren Übertragung des juristischen Eigentums ausgegangen werden, mit dem sämtliche Verfügungsrechte verbunden sind.

Bei der erforderlichen Beurteilung der Ausübungswahrscheinlichkeit der vereinbarten Kaufoption ist dabei stets eine wirtschaftliche Gesamtbetrachtung erforderlich, bei der auch von der eigentlichen Kaufoption unabhängige Faktoren – wie beispielsweise Kosten aus dem Abbau oder dem Rücktransport des Leasingobjektes – zu berücksichtigen sind.[277]

---

[276] Das vereinbarte Erwerbsrecht des Leasingnehmers kann sich auch auf Anteile einer als Leasinggeber fungierenden Zweckgesellschaft, in der nur das Leasingobjekt enthalten ist, beziehen. Diese indirekte Kaufoption ist der direkten Kaufoption, die sich unmittelbar auf das Leasingobjekt richtet, wirtschaftlich gleichzustellen. Vgl. KÜMPEL, T./BECKER, M., Leasing nach IFRS, S. 23; KÖHLER, A. G./GEBHARDT, R., in: Thiele/von Keitz/Brücks, Internationales Bilanzrecht, IAS 17, Rn. 127.

[277] Vgl. bspw. LORENZ, K., Leasingverhältnisse, S. 699; GELHAUSEN, H. F./WEIBLEN, S., in: HdJ, Abt. I/5, Rn. 230. Nach WEINSTOCK richtet sich dagegen die Wahrscheinlichkeit der Optionsausübung ausschließlich nach dem Ausübungsvorteil in Abhängigkeit von der Höhe des vereinbarten Kaufpreises. Vgl. WEINSTOCK, M., Bilanzierung von Leasingverträgen, S. 102. Nach der hier vertretenden Auffassung ist dagegen stets eine ökonomische Gesamtwürdigung erforderlich, da die Ausübungswahrscheinlichkeit durchaus von obigen Faktoren beeinflusst werden kann. Bzgl. weiterer Beispiele vgl. ADS International, Leasingverhältnisse, Rn. 42.

Von vorgenannten, den Beurteilungsprozess beeinflussenden Faktoren abstrahiert, ist die erforderliche hinreichende Sicherheit der Optionsausübung grundsätzlich dann anzunehmen, wenn der im Leasingvertrag vereinbarte Kaufpreis deutlich unter dem voraussichtlichen beizulegenden Zeitwert zum Zeitpunkt der möglichen Optionsausübung liegt und hieraus für den Leasingnehmer ein absehbarer **ökonomischer Ausübungszwang** resultiert.[278] Folglich ist bereits zu Beginn des Leasingverhältnisses vom späteren Erwerb des juristischen Eigentums am Leasingobjekt auszugehen, da sich der Leasingnehmer zu vergleichsweise günstigen Konditionen den weiteren produktiven Einsatz bzw. den Verwertungserlös sichern kann, ohne dass der Leasinggeber eine Möglichkeit der Einflussnahme auf diese Optionsausübung hat.[279] Somit gehen bei wirtschaftlicher Betrachtungsweise im Wesentlichen alle Chancen und Risiken aus dem Leasingobjekt bereits zu Vertragsbeginn – vergleichbar dem sofortigen vertraglichen juristischen Eigentumsübergang – auf den Leasingnehmer über, was zu einer Qualifizierung des Leasingverhältnisses als Finanzierungsleasing führt.[280] Zudem ist grundsätzlich davon auszugehen, dass der Leasinggeber die Vereinbarung einer günstigen Kaufoption bei der Kalkulation der dann entsprechend höheren laufenden Leasingzahlungen berücksichtigt.

Bei der Beurteilung der Vorteilhaftigkeit der vereinbarten Kaufoption ist zunächst der potentielle Ausübungsvorteil des Leasingnehmers zu ermitteln, der sich aus der Differenz zwischen dem vereinbarten Optionspreis sowie dem im Ausübungszeitpunkt geltenden beizulegenden Zeitwert ergibt.[281] Hierbei sind etwaige Kompensationsleistungen des Leasingnehmers – wie beispielsweise Vertragsstrafen für den Fall der Nicht-

[278] Vgl. MEYER, M., Berichterstattung auf Basis der IFRS, S. 350; MELLWIG, W., Leasing im internationalen Handelsrecht, S. 75; SABEL, E., Leasingverträge, S. 60.

[279] Vgl. BARTH, C., Zurechnung von Leasingobjekten, S. 231; FINDEISEN, K.-D., Die günstige Kaufoption, S. 28; ALVAREZ, M./WOTSCHOFSKY, S./MIETHIG, M., Leasingverhältnisse nach IAS 17, S. 936.

[280] Vgl. GELHAUSEN, H. F./WEIBLEN, S., in: HdJ, Abt. I/5, Rn. 231; MELLWIG, W., Darstellung von Leasingverträgen, S. 4; WEINSTOCK, M., Bilanzierung von Leasingverträgen, S. 102.

[281] Vgl. KÜMPEL, T./BECKER, M., Leasing nach IFRS, S. 24-25; MEYER, M., Berichterstattung auf Basis der IFRS, S. 350.

Ausübung der Kaufoption – zu berücksichtigen, die den Ausübungsvorteil des Leasingnehmers erhöhen.[282]

Die den potentiellen Ausübungsvorteil beeinflussenden Faktoren Optionspreis und Kompensationszahlungen sind üblicherweise im Leasingvertrag festgeschrieben. Demgegenüber ergeben sich für den Bilanzierenden im Rahmen der Ermittlung des beizulegenden Zeitwertes zum Zeitpunkt der möglichen Optionsausübung insbesondere infolge der Unsicherheit der künftigen Wertentwicklung des Leasingobjektes erhebliche **Ermessensspielräume.**[283] Der beizulegende Zeitwert eines Leasingobjektes ist gemäß IAS 17.4 der Betrag, zu dem der Vermögenswert zwischen sachverständigen, vertragswilligen und voneinander unabhängigen Geschäftspartnern getauscht werden könnte.[284] Der beizulegende Zeitwert ist innerhalb der IFRS-Rechnungslegung dabei grundsätzlich als marktorientierter Wertmaßstab zu interpretieren.[285] Da indes regelmäßig keine unmittelbaren Marktpreise für die zu bewertenden Vermögenswerte verfügbar sind, wurde für die Ermittlung des beizulegenden Zeitwertes das sogenannte Stufenkonzept[286] abgeleitet, das die Berücksichtigung des Wertes gewährleisten soll, der dem Marktwert am nächsten kommt.[287] Auch für die hier betrachteten Leasingobjekte kann der beizulegende Zeitwert für den potentiellen Ausübungszeitpunkt der Kaufoption nicht direkt auf Basis eines Marktpreises bestimmt werden, da für gebrauchte Leasingobjekte in der Re-

[282] Vgl. ADS International, Leasingverhältnisse, Rn. 41; KÜMPEL, T./BECKER, M., Zurechnung von Leasingobjekten, S. 1472.

[283] Vgl. bspw. VATER, H., Bilanzierung von Leasingverhältnissen, S. 2095; ESSER, M., Leasingverhältnisse in der IFRS-Rechnungslegung, S. 432; RIEDEL-STEGNER, A., Bilanzierung von Leasingverhältnissen, S. 102-103; BENDER, H. J., Vergleich der Leasing Standards, S. 23; KÜTING, K./HELLEN, H.-H./BRAKENSIEK, S., Leasing, S. 1469.

[284] Damit wird der Definition des beizulegenden Zeitwertes in anderen IFRS-Standards gefolgt (vgl. bspw. IAS 16.6, IAS 32.11 oder IAS 38.8).

[285] Vgl. stellvertretend HITZ, J.-M., Fair Value, S. 1014.

[286] Innerhalb dieses hierarchischen, dreistufigen Bewertungskonzeptes hängt die Ermittlung des beizulegenden Zeitwertes von der Möglichkeit zur Datenbeschaffung ab. Sofern ein aktiver Markt für das Leasingobjekt existiert, wird auf der ersten Stufe der Marktpreis direkt als beizulegender Zeitwert verwendet. Ist ein unmittelbarer Marktpreis nicht vorhanden, ist auf Marktpreise wirtschaftlich nahezu identischer Vermögenswerte abzustellen. Falls dies auch nicht möglich ist, ist auf der dritten Stufe eine Schätzung des beizulegenden Zeitwertes auf Basis anerkannter Bewertungsverfahren vorzunehmen. Vgl. allgemein zu dem Stufenkonzept BAETGE, J./ZÜLCH, H., Fair Value-Accounting, S. 547; DOHRN, M., Entscheidungsrelevanz, S. 128-131; METH, D., Grundlage der Rechnungslegung, S. 79. Vgl. zur Stufenkonzeption im Zusammenhang mit dem Beurteilungskriterium der günstigen Kaufoption KÜMPEL, T./BECKER, M., Leasing nach IFRS, S. 25-28.

[287] Vgl. METH, D., Grundlage der Rechnungslegung, S. 79; JÄGER, R./HIMMEL, H., Fair Value-Bewertung, S. 426.

gel kein Terminmarkt existiert. Dementsprechend ist der künftige beizulegende Zeitwert aus dem beizulegenden Zeitwert des Leasingobjektes zu Beginn des Leasingverhältnisses abzuleiten.[288] Dazu ist der anfängliche beizulegende Zeitwert um die bis zum Zeitpunkt der möglichen Optionsausübung fiktiv anfallenden planmäßigen Abschreibungen zu mindern.[289] Darüber hinaus sind die allgemeine Preissteigerung sowie der Einfluss der technischen Weiterentwicklung auf die zukünftige Wertentwicklung des Leasingobjektes durch angemessene Zu- bzw. Abschläge zu berücksichtigen.[290]

Nach Ermittlung des erwarteten beizulegenden Zeitwertes lässt sich nunmehr der **potentielle Ausübungsvorteil** aus der Kaufoption des Leasingnehmers als Differenz zum vereinbarten Optionspreis unter Berücksichtigung etwaiger Kompensationszahlungen ableiten. Es bleibt indes unklar, was in IAS 17.10 (b) unter einem „deutlich niedrigeren" Ausübungspreis zu verstehen ist und wann der hieraus resultierende Ausübungsvorteil ausreichend hoch ist, um die beschriebene ökonomische Zwangssituation auszulösen.[291] Wie weit der Optionspreis hierfür unter dem Vergleichswert liegen muss, ist letztlich im Einzelfall mittels einer wirtschaftlichen Gesamtbetrachtung des Leasingverhältnisses zu entscheiden, da keine quantitativen Grenzwerte vorgegeben werden.[292] Insofern resultie-

---

[288] Alternativ zu dieser Bestimmung des erwarteten beizulegenden Zeitwertes auf Basis des beizulegenden Zeitwertes zu Beginn des Leasingverhältnisses (fortgeführte Wiederbeschaffungskosten) wird in der Literatur auch die Ermittlung des künftigen beizulegenden Zeitwertes unter Zuhilfenahme eines Barwertverfahrens diskutiert. Hierbei wird somit direkt auf den Zeitpunkt der potentiellen Optionsausübung abgestellt. Vgl. KÜMPEL, T./BECKER, M., Leasing nach IFRS, S. 30. Eine derartige Ermittlung des künftigen beizulegenden Zeitwertes ist allerdings abzulehnen, da Leasingobjekte regelmäßig alternativ zum Verkauf angeboten werden und somit nur in Ausnahmefällen für Leasingobjekte oder für wirtschaftlich vergleichbare Vermögenswerte keine Marktpreise vorhanden sein dürften. Die Ableitung eines zukünftigen beizulegenden Zeitwertes aus diesen aktuellen Marktpreisen ist somit im Vergleich zur Wertermittlung mittels Barwertverfahren als verlässlicher einzuschätzen. Der Sonderfall des Spezial-Leasings ist dagegen ohnehin gesondert zu würdigen. Vgl. hierzu Abschnitt 322.25.

[289] Vgl. MELLWIG, W./WEINSTOCK, M., Zurechnung von mobilen Leasingobjekten, S. 2352; FINDEISEN, K.-D., Bilanzierung von Leasingverträgen, S. 841.

[290] Vgl. ADS International, Leasingverhältnisse, Rn. 40. Vorliegende branchenspezifische Teuerungsraten sind indes vorzuziehen. Vgl. KÜMPEL, T./BECKER, M., Leasing nach IFRS, S. 28.

[291] Vgl. WEINSTOCK, M., Bilanzierung von Leasingverträgen, S. 102-103; BARTH, C., Zurechnung von Leasingobjekten, S. 231.

[292] Vgl. ADS International, Leasingverhältnisse, Rn. 39. In Teilen der Literatur werden dagegen quantitative Grenzwerte diskutiert. Dabei ist DOLL der Auffassung, dass eine günstige Kaufoption ab einem Ausübungsvorteil von 10% vorliegen würde. Vgl. DOLL, R.-P., in: Beck IFRS HB, § 22, Rn. 26. Dagegen schlagen KÜMPEL/BECKER einen Ausübungsvorteil von mindestens 20% vor, die jedoch zu bedenken geben, dass bei hohen absoluten Restwerten des Leasingobjektes auch niedrigere Schwellenwerte zu rechtfertigen seien. Vgl. KÜMPEL, T./BECKER, M., Leasing nach IFRS, S. 31.

ren aus der Unbestimmtheit des Begriffes des „deutlich niedrigeren“ Ausübungspreises beachtliche **Auslegungsspielräume** für die Bilanzierenden.

Für die Qualifizierung der Leasingvereinbarung als Finanzierungs-Leasingverhältnis ist es somit entscheidend, dass für den Leasingnehmer – auf Basis der ihm zu Beginn des Leasingverhältnisses vorliegenden Informationen – die **Ausübung der Kaufoption** gegenüber der Nichtausübung **ökonomisch deutlich vorteilhafter** ist.[293] Sofern nach der Berücksichtigung sämtlicher beurteilungsrelevanter Faktoren keine günstige Kaufoption im Sinne des IAS 17.10 (b) vorliegt, ist die Kaufoption allerdings im Zusammenhang mit dem Indikator in IAS 17.11 (b) zu würdigen, der auf die Zuordnung von Verwertungsgewinnen oder -verlusten abstellt.[294]

322.23 Laufzeittest der Leasingvereinbarung

Neben der sofortigen oder späteren Übertragung des juristischen Eigentums ist nach IAS 17.10 (c) zudem regelmäßig von einem Finanzierungs-Leasingverhältnis auszugehen, wenn die Laufzeit des Leasingverhältnisses den überwiegenden Teil der wirtschaftlichen Nutzungsdauer des Leasingobjektes umfasst. Dieser Indikator knüpft somit ebenfalls an die Dauer der Nutzung des Leasingobjektes durch den Leasingnehmer an, die Übertragung des juristischen Eigentums ist hier indes nicht erforderlich.

In diesem Fall sichert sich der Leasingnehmer das wirtschaftliche Nutzenpotential des Leasingobjektes über einen derartig langen Zeitraum, dass sich für den Leasinggeber vor dem Hintergrund der regelmäßig begrenzten wirtschaftlichen Nutzungsdauer von Vermögenswerten nach Rückgabe des Objektes keine nennenswerten Chancen und Risiken mehr ergeben.[295] Hierbei verdeutlicht das Verhältnis zwischen Vertragslaufzeit

293 Subjektive Willensbekundungen des Managements sind dagegen unerheblich. Vgl. KÜMPEL, T./BECKER, M., Leasing nach IFRS, S. 31.

294 Vgl. SABEL, E., Leasingverträge, S. 61. Vgl. ausführlich zur Zuordnung von Restwertschwankungen Abschnitt 322.27.

295 Vgl. HEYD, R., Leasing im Bilanzrecht, S. 41. In diesem Zusammenhang kritisiert MEYER die hierbei unterstellte Verwertungsneutralität, da sich seiner Meinung nach der geplante Verwertungserlös und die hiermit verbundenen Kosten nur ausnahmsweise ausgleichen würden. Vgl. MEYER, M., Berichterstattung auf Basis der IFRS, S. 351. Dem ist zwar grundsätzlich zuzustimmen, allerdings sind Leasingverhältnisse nach IFRS stets nach dem Gesamtbild der wirtschaftlichen Verhältnisse zu wür-

und wirtschaftlicher Nutzungsdauer – nach der in Abschnitt 233.22 entwickelten Terminologie die Relation zwischen dem übertragenen zeitlich beschränkten und einem unbeschränkten Nutzungsrecht – den **Anteil am gesamten wirtschaftlichen Nutzenpotential des Leasingobjektes**, den sich der Leasingnehmer im Rahmen des Leasingverhältnisses sichert.[296] Zur Beurteilung des Chancen- und Risikotransfers sind zunächst die Parameter Vertragslaufzeit und wirtschaftliche Nutzungsdauer zu bestimmen.

Gemäß IAS 17.4 umfasst die **Laufzeit** des Leasingverhältnisses die unkündbare Leasingdauer, für die sich der Leasingnehmer vertraglich verpflichtet hat, den Vermögenswert zu leasen.[297] Hierbei sind auch Zeiträume einzubeziehen, in denen der Leasingnehmer das Leasingobjekt mit oder ohne weitere Zahlungen optional nutzen kann, wenn zu Beginn des Leasingverhältnisses die Inanspruchnahme einer solchen Vertragsverlängerungsoption durch den Leasingnehmer hinreichend sicher ist.[298] Somit ist unter der Laufzeit des Leasingverhältnisses die unter wirtschaftlicher Betrachtungsweise zu erwartende Dauer des Leasingvertrages zu verstehen.[299]

Die Bestimmung der **wirtschaftlichen Nutzungsdauer** des Leasingobjektes erfolgt nach IAS 17.4 entweder nach dem Zeitraum, in dem der Vermögenswert voraussichtlich

digen, weshalb ein Leasingvertrag durchaus auch bei Erfüllung des Laufzeittestes infolge eines hohen zu erwartenden Verwertungsgewinns des Leasinggebers als Operating-Leasingverhältnis einzustufen sein kann. Vgl. zu den Chancen und Risiken aus der Verwertung auch Abschnitt 322.27.

[296] Vgl. KÜMPEL, T./BECKER, M., Zurechnung von Leasingobjekten, S. 1473; ADS International, Leasingverhältnisse, Rn. 58; LÜDENBACH, N./FREIBERG, J., Wirtschaftliches Eigentum nach IAS 17, S. 260.

[297] Ein Leasingverhältnis ist dabei nach IAS 17.4 als unkündbar einzustufen, wenn eine Auflösung des Leasingvertrages nur erfolgen kann, sofern ein unwahrscheinliches Ereignis eintritt, der Leasinggeber der Auflösung zustimmt, der Leasingnehmer mit demselben Leasinggeber ein neues Leasingverhältnis über denselben oder einen vergleichbaren Vermögenswert eingeht oder durch den Leasingnehmer ein zusätzlicher Betrag in einer derartigen Höhe zu zahlen ist, dass bereits bei Vertragsbeginn die Fortführung des Leasingverhältnisses hinreichend sicher ist. Vgl. ausführlich zu diesen für die grundsätzliche Unkündbarkeit eines Leasingvertrages unschädlichen Kündigungsmöglichkeiten KÜMPEL, T./BECKER, M., Leasing nach IFRS, S. 33-35.

[298] Die Beurteilung der Ausübung einer Verlängerungsoption sollte analog der in Abschnitt 322.22 diskutierten günstigen Kaufoption (IAS 17.10 (b)) nach dem Kriterium des ökonomischen Ausübungszwangs erfolgen. Dabei sind neben günstigen Vertragsverlängerungsoptionen auch etwaige Vertragsstrafen bei Nichtverlängerung des Leasingvertrages zu berücksichtigen. Vgl. HEYD, R., Leasing im Bilanzrecht, S. 41-42; NELLES, M./STROMBERG, F., Leasing-Konzeptionen, S. 29. Vgl. ausführlicher zur günstigen Vertragsverlängerungsoption, die als Indikator für das Vorliegen eines Finanzierungs-Leasingverhältnisses gemäß IAS 17.11 (c) separat zu würdigen ist, Abschnitt 322.28.

[299] Vgl. LORENZ, K., Leasingverhältnisse, S. 700; PFERDEHIRT, H., Leasingbilanzierung nach IFRS, S. 89; WEINSTOCK, M., Bilanzierung von Leasingverträgen, S. 104-107.

von einem oder mehreren Nutzern wirtschaftlich nutzbar ist oder anhand der voraussichtlich durch den Vermögenswert von einem oder mehreren Nutzern zu erzielenden Anzahl von Produktionseinheiten oder ähnlichen Outputgrößen.[300] Die relevante wirtschaftliche Nutzungsdauer des Leasingobjektes ist somit unabhängig vom konkreten Einsatz durch den Leasingnehmer, sondern umfasst vielmehr diejenige Nutzungsdauer, die bei normaler Reparatur und Wartung gerade noch ökonomisch sinnvoll ist.[301] Die in der Regel kürzere unternehmensindividuelle Nutzungsdauer als derjenige Zeitraum, in dem der Vermögenswert vom Leasingnehmer genutzt werden kann, ist für die Beurteilung des Chancen- und Risikotransfers dagegen grundsätzlich unbeachtlich.[302]

Nach Ermittlung der Laufzeit des Leasingverhältnisses sowie der wirtschaftlichen Nutzungsdauer, die infolge der Unbestimmtheit der Begrifflichkeiten nicht frei von **Abbildungsspielräumen** sind,[303] verbleibt die Interpretation des in IAS 17.10 (c) benutzten, unbestimmten Begriffes des „überwiegenden Teils" der wirtschaftlichen Nutzungsdauer. Infolge dieses qualitativen Grenzwertes ist es unklar, ab wann sich der Leasingnehmer einen derartig gewichtigen Anteil am gesamten wirtschaftlichen Nutzenpotential des Leasingobjektes gesichert hat und somit durch die Übertragung im Wesentlichen aller Chancen und Risiken wirtschaftlicher Eigentümer wird.[304] Da Vermögenswerte zu Beginn der Nutzungsdauer infolge der Abnutzung und späteren technischen Überholung regelmäßig einen höheren Erfolgsbeitrag als am Ende ihrer Nutzungsdauer leisten, erscheint der hierfür ausreichende Chancen- und Risikotransfer durch eine den

[300] Sofern gebrauchte Vermögenswerte Gegenstand einer Leasingvereinbarung werden, erscheint es entgegen dem Wortlaut von IAS 17.10 (c) zweckmäßig, auf die verbleibende wirtschaftliche Restnutzungsdauer und nicht auf die gesamte wirtschaftliche Nutzungsdauer abzustellen, da für die Beurteilung des Chancen- und Risikotransfers durch den Leasingvertrag nur das wirtschaftliche Nutzenpotential zu Beginn des Leasingverhältnisses und nicht das gesamte, teilweise bereits verbrauchte Nutzenpotential herangezogen werden darf. Vgl. ebenso KÜMPEL, T./BECKER, M., Leasing nach IFRS, S. 39.

[301] Vgl. MEYER, M., Berichterstattung auf Basis der IFRS, S. 351; WEINSTOCK, M., Bilanzierung von Leasingverträgen, S. 108; VATER, H., Bilanzierung von Leasingverhältnissen, S. 2095.

[302] Vgl. BARTH, C., Zurechnung von Leasingobjekten, S. 225-226; BENDER, H. J., Vergleich der Leasing Standards, S. 23; SABEL, E., Leasingverträge, S. 632.

[303] Da bei der Bestimmung der Laufzeit des Leasingverhältnisses – im Falle der Vereinbarung einer günstigen Verlängerungsoption – auch die optionalen Zeiträume einzubeziehen sind, wirken sich die entsprechenden Abbildungsspielräume, die denen bei der Wahrscheinlichkeitsbeurteilung der Ausübung der in Abschnitt 322.22 diskutierten Kaufoption entsprechen, auch auf den Laufzeittest aus. Bzgl. der Spielräume bei der Bestimmung der wirtschaftlichen Nutzungsdauer vgl. bspw. TANSKI, J. S., Sachanlagen nach IFRS, S. 65-68.

[304] Vgl. ADS International, Leasingverhältnisse, Rn. 60; FINDEISEN, K.-D., Leasing-Geschäft, S. 64.

größten Teil der wirtschaftlichen Nutzungsdauer umfassende Vertragslaufzeit grundsätzlich gewährleistet.[305]

Die in der Literatur diskutierten Vorschläge für einen quantitativen Grenzwert, die von einer 50%+1-Grenze[306] über eine 75%-Grenze[307] bis hin zu einer 90%-Grenze[308] reichen, sind allerdings kritisch zu sehen, da der Übergang des wirtschaftlichen Eigentums letztlich nur nach dem Gesamtbild der wirtschaftlichen Verhältnisse des einzelnen Leasingvertrages beurteilt werden kann.[309] Die vorgeschlagenen exakten **Grenzwerte** sind für die Gesamtwürdigung **lediglich als Orientierungshilfen** heranzuziehen, weil aus der Vernachlässigung anderer Aspekte eine unzutreffende Klassifizierungsentscheidung resultieren kann.[310]

Allerdings ergeben sich aus der Beurteilung des Chancen- und Risikotransfers mittels des Laufzeittestes somit **Auslegungsspielräume** für die Bilanzierenden. Die Widerlegung dieses Indikators für das Vorliegen eines Finanzierungs-Leasingverhältnis wird indes umso schwieriger sein, je höher der Anteil der Vertragslaufzeit an der wirtschaftlichen Nutzungsdauer des Leasingobjektes ist.

322.24 Barwerttest der Mindestleasingzahlungen

Neben der Beurteilung der Verteilung der mit dem Leasingobjekt verbundenen Chancen und Risiken mittels der oben diskutierten zeitlichen Komponente kann auch eine

---

[305] Vgl. ebenso ESSER, M., Leasingverhältnisse in der IFRS-Rechnungslegung, S. 432; KÜTING, K./HELLEN, H.-H./BRAKENSIEK, S., Leasing, S. 1468.

[306] HELMSCHROTT leitet eine 50%+1-Grenze aus der üblichen Auslegung des Begriffes „Mehrheit" in SIC 12.10 ab und ist der Auffassung, dass beide Begriffe in gleiche quantitative Werte umzurechnen seien. Vgl. HELMSCHROTT, H., Einfluss von SIC 12, S. 426-429. Vgl. ebenso ALVAREZ, M./WOTSCHOFSKY, S./MIETHIG, M., Leasingverhältnisse nach IAS 17, S. 937.

[307] Hierbei erfolgt ein Rückgriff auf die 75%-Grenze der korrespondierenden US-GAAP-Regelung SFAS 13.7 (c). Vgl. bspw. DOLL, R.-P., in: Beck IFRS HB, § 22, Rn. 23; KIRSCH, H.-J., in: Baetge et al., Rechnungslegung nach IAS, IAS 17, Rn. 27; SCHIMMELSCHMIDT, U./HAPPE, P., Bilanzierung von Leasingverträgen, S. 5. Vgl. zu SFAS 13.7 (c) ausführlich Abschnitt 332.2.

[308] Anstelle der Übernahme der 75%-Grenze aus der US-GAAP-Regelung befürwortet FINDEISEN die Anwendung der 90%-Schwelle aus den deutschen Leasing-Erlassen des BMF. Vgl. FINDEISEN, K.-D., Bilanzierung von Leasingverträgen, S. 841.

[309] Vgl. SABEL, E., Leasingverträge, S. 63; ADS International, Leasingverhältnisse, Rn. 60.

[310] Vgl. KÜMPEL, T./BECKER, M., Zurechnung von Leasingobjekten, S. 1474; GELHAUSEN, H. F./WEIBLEN, S., in: HdJ, Abt. I/5, Rn. 233.

gleichgerichtete wertmäßige Beurteilung relevant sein. Das Vorliegen eines Finanzierungs-Leasingverhältnisses ist dabei nach IAS 17.10 (d) auch dann regelmäßig anzunehmen, wenn der Barwert der Mindestleasingzahlungen zu Vertragsbeginn im Wesentlichen dem beizulegenden Zeitwert des Leasingobjektes zum selben Zeitpunkt entspricht oder diesen übersteigt.

Der ökonomische Grundgedanke des sogenannten Barwerttestes besteht in der Prüfung der **Übertragung des Investitionsrisikos** auf den Leasingnehmer, da ermittelt wird, welchen Anteil der ursprünglichen Investitionssumme der Leasinggeber durch den Leasingvertrag garantiert zurückerhält.[311] Je höher der Anteil des investitionsrisikofreien Betrages am beizulegenden Zeitwert des Leasingobjektes aus Sicht des Leasinggebers ist, desto eher ist der Leasingvertrag infolge der Risikoübertragung somit als Finanzierungs-Leasingverhältnis zu klassifizieren. Beim Barwerttest dienen somit die vereinbarten Mindestleasingzahlungen als Basis für die Schätzung der auf den Leasingnehmer übertragenen Chancen und Risiken aus dem Leasingobjekt.

Dabei sind die im Rahmen des Barwerttestes zu berücksichtigenden Mindestleasingzahlungen sowie der anzuwendende Diskontierungssatz für Leasinggeber und Leasingnehmer nach IAS 17 unterschiedlich definiert, so dass der Barwerttest bei den beiden Vertragsparteien zu abweichenden Ergebnissen führen kann.[312] Unter den Begriff der Mindestleasingzahlungen sind nach IAS 17.4 diejenigen Zahlungen zu subsumieren, die der Leasinggeber vom Leasingnehmer oder von einer dem Leasingnehmer nahestehenden Partei während der Vertragslaufzeit und mit dem Zeitpunkt der Vertragsbeendigung einfordern kann.[313] Neben den vertraglich vereinbarten Leasingraten zählen hierzu auch

---

311 Der Barwert der Mindestleasingzahlungen spiegelt somit den Teil der gesamten Investitionssumme wider, der lediglich noch mit Bonitätsrisiken behaftet ist. Vgl. MELLWIG, W., Leasing im internationalen Handelsrecht, S. 77; ESSER, M., Leasingverhältnisse in der IFRS-Rechnungslegung, S. 432; FIGGE, H., Bilanzierung von Leasinggeschäften, S. 165.

312 Vgl. KIRSCH, H.-J., in: Baetge et al., Rechnungslegung nach IAS, IAS 17, Rn. 29; BARTH, C., Zurechnung von Leasingobjekten, S. 235; MELLWIG, W., Darstellung von Leasingverträgen, S. 6.

313 Vgl. MELLWIG, W., Leasing im internationalen Handelsrecht, S. 76; BENDER, H. J., Vergleich der Leasing Standards, S. 23; LÜDENBACH, N./FREIBERG, J., in: Haufe IFRS-Kommentar, § 15, Rn. 41. Parteien gelten in diesem Zusammenhang unter Einbeziehung der Auslegungsregel IAS 8.11 (a) nach IAS 24.9 als nahestehend, wenn eine der Parteien über die Möglichkeit verfügt, die andere zu beherrschen oder einen maßgeblichen Einfluss auf deren Finanz- und Geschäftspolitik auszuüben oder

vom Leasingnehmer oder einer diesem nahestehenden Partei garantierte Restwerte.[314] Die Mindestleasingzahlungen enthalten überdies auch den Ausübungspreis einer als günstig zu qualifizierenden Kaufoption sowie die Leasingzahlungen, die sich auf den optionalen Zeitraum einer Vertragsverlängerungsoption beziehen, sofern deren Ausübung hinreichend wahrscheinlich ist.[315]

Kein Bestandteil der Mindestleasingzahlungen sind dagegen nach IAS 17.4 grundsätzlich **bedingte Leasingzahlungen**, die den Teil der Leasingzahlungen umfassen, der betraglich nicht fixiert ist und von einem anderen Faktor als allein dem Zeitablauf abhängt.[316] Aus dem Nichteinbezug dieser bedingten Leasingraten ergeben sich somit **Gestaltungsspielräume** hinsichtlich der Konditionsvereinbarung für die beiden Vertragsparteien.[317] Aufwendungen für Dienstleistungen und Steuern, die der Leasinggeber zu zahlen hat und die vom Leasingnehmer erstattet werden, sowie Aufwendungen für Leistungen des Leasinggebers, die keine Gegenleistung für die eigentliche Nutzungsüberlas-

infolge vertraglicher Regelungen eine gemeinschaftliche Beherrschung vorliegt. Vgl. hierzu ausführlich WEBER, C.-P., in: Wiley-Kommentar, S. 1064, Rn. 7.

314 Dabei ist nach IAS 17.4 stets der Höchstbetrag des garantierten Restwertes in den Mindestleasingzahlungen zu berücksichtigen. Sofern ein Andienungsrecht des Leasinggebers vereinbart worden ist, ist dieses unter wirtschaftlicher Betrachtungsweise mit einer Restwertgarantie gleichzusetzen und der festgelegte Andienungspreis ist somit ebenfalls in die Mindestleasingzahlungen einzubeziehen. Vgl. KÜMPEL, T./BECKER, M., Leasing nach IFRS, S. 49-50. Diese Einbeziehung darf indes zu keiner Doppelberücksichtigung führen. Ferner sind Zahlungen zum sukzessiven Aufbau eines Mieterdarlehens, bei dem der Leasingnehmer als Darlehensgeber fungiert, um dem Leasinggeber die erforderliche Liquidität für die Bedienung einer etwaigen Fremdfinanzierung des Leasingobjektes zu sichern, unter bestimmten Voraussetzungen als verdeckte Restwertgarantien als Teil der Mindestleasingzahlungen zu berücksichtigen. Vgl. hierzu FREIBERG, J., Bedeutung von Mieterdarlehen, S. 92-93.

315 Vgl. HEYD, R., Leasing im Bilanzrecht, S. 45; FUCHS, M., Leasingverhältnisse, S. 1834. Erforderliche Annahmen sind dabei stets in gleicher Weise wie bei der Beurteilung der anderen Zurechnungskriterien nach IAS 17.10 und IAS 17.11 zu treffen. Vgl. ADS International, Leasingverhältnisse, Rn. 63. Vgl. zur Beurteilung einer günstigen Kaufoption bzw. einer günstigen Vertragsverlängerungsoption Abschnitt 322.22 bzw. 322.28.

316 Kennzeichnend für bedingte Leasingzahlungen ist somit die Vereinbarung einer die Zahlungspflicht des Leasingnehmers auslösenden Bedingung. Hierunter sind gemäß IAS 17.4 bspw. Leasingraten zu fassen, deren Höhe von der zukünftigen Nutzungsintensität, von zukünftigen Verkaufsquoten, von der Entwicklung von Preisindizes oder von zukünftigen Marktzinssätzen abhängig ist. Leasingzahlungen, die hingegen mit Bedingungen verbunden sind, deren Erfüllung faktisch sicher ist, stellen indes bei wirtschaftlicher Betrachtungsweise keine bedingten Leasingzahlungen dar und sind somit in die Mindestleasingzahlungen einzubeziehen. Vgl. hierzu ausführlich ADS International, Leasingverhältnisse, Rn. 73-77.

317 Vgl. hierzu MELLWIG, W., Leasing im internationalen Handelsrecht, S. 78; VATER, H., Bilanzierung von Leasingverhältnissen, S. 2096; MEYER, M., Berichterstattung auf Basis der IFRS, S. 354.

sung darstellen, sind ebenfalls nicht einzubeziehen.[318] Hierunter fallen beispielsweise vom Leasingnehmer zu erstattende Versicherungsprämien oder Entgelte für Wartungs- oder Instandhaltungsleistungen des Leasinggebers. Sofern die betreffenden Beträge im Leasingvertrag nicht gesondert ausgewiesen werden, sind diese künftigen Zahlungen durch Schätzungen zu ermitteln und aus den Leasingzahlungen herauszurechnen, woraus sich **Ermessensspielräume** ergeben können.[319]

Aus Sicht des Leasinggebers gehört zu den Mindestleasingzahlungen zusätzlich der von einer dritten Partei, also nicht vom Leasingnehmer oder von einer dem Leasingnehmer nahestehenden Partei, garantierte Restwert.[320] Bei Vorliegen einer solchen Restwertgarantie ergibt sich somit ein **unterschiedlicher Umfang der Mindestleasingzahlungen** bei Leasingnehmer und Leasinggeber:

Leasinggeber	Leasingnehmer
▪ Unbedingte Leasingzahlungen	▪ Unbedingte Leasingzahlungen
▪ Ausübungspreis einer günstigen Kaufoption	▪ Ausübungspreis einer günstigen Kaufoption
▪ Leasingzahlungen im optionalen Zeitraum einer günstigen Verlängerungsoption	▪ Leasingzahlungen im optionalen Zeitraum einer günstigen Verlängerungsoption
▪ Höchstbetrag des Restwertes, der durch den Leasingnehmer oder einer diesem nahestehenden Partei garantiert ist	▪ Höchstbetrag des Restwertes, der durch den Leasingnehmer oder einer diesem nahestehenden Partei garantiert ist
▪ Höchstbetrag des Restwertes, der durch eine dritte Partei garantiert wird	

Abbildung 4: Zusammensetzung der Mindestleasingzahlungen nach IAS 17

Da nach IAS 17.10 (d) der Barwert der vorstehend erläuterten Mindestleasingzahlungen zu Beginn des Leasingverhältnisses mit dem beizulegenden Zeitwert des Leasingobjektes zu vergleichen ist, sind die identifizierten Mindestleasingzahlungen abzuzinsen.

[318] Vgl. DOLL, R.-P., in: Beck IFRS HB, § 22, Rn. 25; ALVAREZ, M./WOTSCHOFSKY, S./MIETHIG, M., Leasingverhältnisse nach IAS 17, S. 938.

[319] Vgl. HEYD, R., Leasing im Bilanzrecht, S. 45; VATER, H., Bilanzierung von Leasingverhältnissen, S. 2095.

[320] Voraussetzung für die Einbeziehung der Restgarantien fremder Dritter ist nach IAS 17.4 deren Werthaltigkeit. Hierbei kann es sich bspw. um Rücknahmeverpflichtungen seitens des Herstellers oder Händlers oder um abgeschlossene Restwertversicherungen handeln.

Hierfür hat der Leasinggeber den dem Leasingverhältnis zu Grunde liegenden Zinssatz heranzuziehen.[321] Dieser Zinssatz ist nach IAS 17.4 definiert als derjenige Zinssatz, bei dem zu Beginn des Leasingverhältnisses die Summe der Barwerte der Mindestleasingzahlungen und des erwarteten, nicht garantierten Restwertes dem beizulegenden Zeitwert des Leasingobjektes zuzüglich anfänglicher direkter Kosten des Leasinggebers entspricht.[322] Es handelt sich hierbei somit im Wesentlichen um den **Kalkulationszinssatz des Leasinggebers**.[323]

Der Leasingnehmer hat zur Diskontierung der Mindestleasingzahlungen, die wie vorstehend erläutert von den Mindestleasingzahlungen aus Sicht des Leasinggebers abweichen können, ebenfalls den dem Leasingverhältnis zu Grunde liegenden Zinssatz zu verwenden, sofern dieser in praktikabler Weise ermittelt werden oder aus dem Leasingvertrag abgeleitet werden kann.[324] Da der Leasingnehmer indes regelmäßig über keine Kenntnisse bezüglich der einzelnen Bestimmungsgrößen des dem Leasingverhältnis zu Grunde liegenden Zinssatzes – wie den nicht von ihm garantierten Restwert sowie die beim Leasinggeber anfallenden anfänglichen direkten Kosten – verfügt, hat der Leasingnehmer nach IAS 17.20 seinen **Grenzfremdkapitalzinssatz** zu berücksichtigen.[325]

---

[321] Da der zu verwendende Diskontierungssatz aus dem Abschnitt über die Klassifizierung von Leasingverhältnissen (IAS 17.7 bis 17.19) nicht explizit hervorgeht, ist auf den bei der Bewertung des beim Leasinggeber aus einem Finanzierungs-Leasingverhältnis resultierenden Vermögenswertes anzuwendenden Zinssatz (IAS 17.36 i. V. m. IAS 17.4) abzustellen.

[322] Unter die anfänglichen direkten Kosten fallen nach IAS 17.4 die Kosten des Leasinggebers, die diesem im direkten Zusammenhang mit den Vertragsverhandlungen und dem Abschluss des Leasingvertrages entstanden sind. Zu diesen zählen bspw. Rechts- und Beratungskosten oder Kosten der Bestellung und Eintragung von Sicherheiten. Es ist sachgerecht, den beizulegenden Zeitwert des Leasingobjektes für Zwecke der Zinsbestimmung und des Vergleichs mit den diskontierten Mindestleasingzahlungen um etwaige staatliche Zuwendungen und Steuergutschriften zu vermindern, da diese den risikobehafteten Anteil reduzieren. Vgl. KÜMPEL, T./BECKER, M., Leasing nach IFRS, S. 52; ALVAREZ, M./WOTSCHOFSKY, S./MIETHIG, M., Leasingverhältnisse nach IAS 17, S. 938.

[323] Vgl. ADS International, Leasingverhältnisse, Rn. 82. Abweichungen zwischen dem Kalkulationszinssatz des Leasinggebers und dem dem Leasingverhältnis zu Grunde liegenden Zinssatz können insbesondere aus bedingten Leasingzahlungen resultieren, die zwar nicht Bestandteil der Mindestleasingzahlungen sind, deren Erwartungswert der Leasinggeber jedoch regelmäßig bei der Ermittlung seines Kalkulationszinssatzes einbeziehen wird. Vgl. ebenso KÜMPEL, T./BECKER, M., Leasing nach IFRS, S. 53-54.

[324] Da der zu verwendende Diskontierungssatz aus dem Abschnitt über die Klassifizierung von Leasingverhältnissen (IAS 17.7 bis 17.19) nicht explizit hervorgeht, ist der bei der Bewertung der beim Leasingnehmer aus einem Finanzierungs-Leasingverhältnis resultierenden Vermögenswerte und Schulden anzuwendende Zinssatz (IAS 17.20 i. V. m. IAS 17.4) zu benutzen.

[325] Vgl. MELLWIG, W., Leasing im internationalen Handelsrecht, S. 77; HOMMEL, M./WÜSTEMANN, J., Synopse der Rechnungslegung, S. 85; LÜDENBACH, N./FREIBERG, J., in: Haufe IFRS-Kommentar, § 15, Rn. 58-59.

Dieser Grenzfremdkapitalzinssatz ist nach IAS 17.4 definiert als derjenige Zinssatz, den der Leasingnehmer bei einem vergleichbaren Leasingverhältnis zahlen müsste. Wenn dieser nicht ermittelt werden kann, hat der Leasingnehmer den Zinssatz zu berücksichtigen, zu dem er zu Beginn des Leasingverhältnisses Fremdkapital für die gleiche Laufzeit und mit der gleichen Sicherheit aufnehmen könnte, um den Kauf des Leasingobjektes zu finanzieren.[326]

Der beizulegende Zeitwert des Leasingobjektes, der im Rahmen des Barwerttestes den diskontierten Mindestleasingzahlungen gegenüberzustellen ist, wird in IAS 17.4 als der Betrag definiert, den sachkundige, vertragswillige Parteien bei einer Transaktion unter fremden Dritten vereinbaren würden.[327] Sofern der Erwerb des Leasingobjektes durch den Leasinggeber zeitnah zum Beginn des Leasingverhältnisses erfolgt ist, entspricht der beizulegende Zeitwert regelmäßig dem Kaufpreis.[328]

Für das aus dem grundsätzlich zu Beginn des Leasingverhältnisses vorzunehmenden Vergleich zwischen dem Barwert der Mindestleasingzahlungen und dem beizulegenden Zeitwert resultierende Verhältnis gibt IAS 17.10 (d) **keinen quantitativen Grenzwert** vor, ab dem der Leasingvertrag normalerweise als Finanzierungs-Leasingverhältnis zu klassifizieren ist.[329] Da zur Erfüllung des Klassifizierungskriteriums der „Barwert der Mindestleasingzahlungen im Wesentlichen mindestens dem beizulegenden Zeitwert" entsprechen soll, ist indes davon auszugehen, dass das erforderliche Ausmaß nicht 100% des beizulegenden Zeitwertes des Leasingobjektes erreichen muss.[330] Die disku-

---

[326] Vgl. WEINSTOCK, M., Bilanzierung von Leasingverträgen, S. 113.

[327] Vgl. insbesondere zu den verschiedenen Ermittlungsmöglichkeiten des beizulegenden Zeitwertes des Leasingobjektes die Ausführungen in Abschnitt 322.22.

[328] Vgl. SABEL, E., Leasingverträge, S. 66; ANDREJEWSKI, K. C., Risikobestimmung, S. 50. Ist der Leasinggeber dagegen Hersteller oder Händler des Leasingobjektes, ist der übliche Verkaufspreis des Leasingobjektes zu berücksichtigen. Der beizulegende Zeitwert enthält somit einen angemessenen Gewinnaufschlag des Leasinggebers. Vgl. hierzu ausführlich ADS International, Leasingverhältnisse, Rn. 90.

[329] Sofern der Beginn des Leasingverhältnisses und der Beginn der Laufzeit des Leasingverhältnisses erheblich voneinander abweichen, kann dagegen nur ein Vergleich der auf den voraussichtlichen Beginn der Laufzeit des Leasingverhältnisses diskontierten Mindestleasingzahlungen mit dem geschätzten beizulegenden Zeitwert zu diesem Zeitpunkt zu einer sachgerechten Beurteilung führen. Vgl. ADS International, Leasingverhältnisse, Rn. 92; LORENZ, K., Leasingverhältnisse, S. 704. Vgl. zur Abgrenzung der beiden Zeitpunkte Abschnitt 322.1.

[330] Vgl. GELHAUSEN, H. F./WEIBLEN, S., in: HdJ, Abt. I/5, Rn. 240; ANDREJEWSKI, K. C., Risikobestimmung, S. 51; ADS International, Leasingverhältnisse, Rn. 93.

tierten Grenzwerte, die von einer 90%-Grenze bis zu einer 99%-Grenze reichen,[331] sind im Rahmen der erforderlichen Würdigung nach dem Gesamtbild der wirtschaftlichen Verhältnisse lediglich als Orientierungshilfen zu berücksichtigen.[332] Hieraus ergeben sich zwangsläufig gewisse **Ermessensspielräume** für die beiden Vertragspartner, die allerdings durch die notwendige Gesamtbetrachtung des Leasingvertrages relativiert werden.

Dabei stellt der Laufzeittest primär auf die mit der Relation zwischen diskontierten Mindestleasingzahlungen und beizulegenden Zeitwert des Leasingobjektes verbundene **Übernahme des Investitionsrisikos durch den Leasingnehmer** ab.[333] Die analoge Übertragung der im Wesentlichen sämtlichen am Leasingobjekt haftenden Chancen wird nicht explizit in die Prüfung einbezogen, jedoch kann grundsätzlich unterstellt werden, dass ein rational handelnder Leasingnehmer nur dann das Investitionsrisiko übernehmen wird, sofern er sich zugleich auch im Wesentlichen alle Chancen sichern kann.[334]

Da die Erlöszurechnung aus der Verwertung des Leasingobjektes am Ende der Vertragslaufzeit nicht explizit in den Barwerttest einbezogen wird – entsprechende Vertragsabreden werden in der Regel jedoch Auswirkungen auf die vereinbarten Mindestleasingzahlungen haben – sind im Rahmen der grundsätzlich zusätzlich erforderlichen

---

331 Als untersten Grenzwert, der die Erfüllung des Barwerttestes gerade noch zu rechtfertigen scheint, wird an unterschiedlicher Stelle die aus der vergleichbaren US-GAAP-Regelung SFAS 13.7 (d) übernommene 90%-Grenze vorgeschlagen. Vgl. SCHIMMELSCHMIDT, U./HAPPE, P., Bilanzierung von Leasingverträgen, S. 5; HEITMÜLLER, H.-M., IFRS aus Sicht einer Leasinggesellschaft, S. 100-101. DOLL plädiert ebenfalls für eine Orientierung an SFAS 13.7 (d), betont jedoch die Notwendigkeit einer Gesamtwürdigung jeder einzelnen Leasingvereinbarung. Vgl. DOLL, R.-P., in: Beck IFRS HB, § 22, Rn. 25. Demgegenüber hält FINDEISEN einen Schwellenwert von mindestens 95 % für sachgerecht. Vgl. FINDEISEN, K.-D., Bilanzierung von Leasingverträgen, S. 842. Vgl. ebenso MEYER, M., Berichterstattung auf Basis der IFRS, S. 353; ALVAREZ, M./WOTSCHOFSKY, S./MIETHIG, M., Leasingverhältnisse nach IAS 17, S. 938. MELLWIG hält gar einen Grenzwert von unter 100% für kaum ableitbar. Vgl. MELLWIG, W., Darstellung von Leasingverträgen, S. 9.

332 Vgl. ebenso SABEL, E., Leasingverträge, S. 64; ADS International, Leasingverhältnisse, Rn. 93; KÜMPEL, T./BECKER, M., Leasing nach IFRS, S. 52.

333 Vgl. GELHAUSEN, H. F./WEIBLEN, S., in: HdJ, Abt. I/5, Rn. 240; MELLWIG, W., Darstellung von Leasingverträgen, S. 6; ALVAREZ, M./WOTSCHOFSKY, S./MIETHIG, M., Leasingverhältnisse nach IAS 17, S. 938; ANDREJEWSKI, K. C., Risikobestimmung, S. 46.

334 Vgl. BENDER, H. J., Vergleich der Leasing Standards, S. 24; KÜMPEL, T./BECKER, M., Zurechnung von Leasingobjekten, S. 1475; MELLWIG, W./WEINSTOCK, M., Zurechnung von mobilen Leasingobjekten, S. 2352; ADS International, Leasingverhältnisse, Rn. 94.

wirtschaftlichen Gesamtbetrachtung insbesondere die vertraglichen Regelungen über den Chancen- oder Risikotransfer zum Ende des Leasingverhältnisses zu würdigen.[335]

322.25 Spezial-Leasing als Sonderfall

Zusätzlich zu den bislang diskutierten allgemeinen Kriterien ist nach IAS 17.10 (e) normalerweise von einem Finanzierungs-Leasingverhältnis auszugehen, sofern das **Leasingobjekt** von derartig **spezieller Beschaffenheit** ist, dass es ohne wesentliche Veränderungen nur vom Leasingnehmer genutzt werden kann.

Hintergrund dieses Klassifizierungskriteriums ist die Überlegung, dass der Leasinggeber aus dem Leasingvertrag die Erstattung sämtlicher Investitionskosten und eine angemessene Verzinsung erreichen muss, da eine anderweitige Verwendung des Leasingobjektes wirtschaftlich nicht sinnvoll erscheint.[336] Da somit das gesamte Investitionsrisiko auf den Leasingnehmer übertragen wird, ist der Leasinggeber regelmäßig auch von der Partizipation an den Chancen aus dem Leasingobjekt ausgeschlossen.[337] Daher wird der Leasingvertrag, sofern die Vertragslaufzeit nicht bereits die wirtschaftliche Nutzungsdauer des Leasingobjektes umfasst bzw. der Barwert der Mindestleasingzahlungen nicht bereits dem beizulegenden Zeitwert des Leasingobjektes entspricht, für den Leasingnehmer regelmäßig günstige Kauf- oder Verlängerungsoptionen einschließen, von deren Ausübung bereits zu Beginn des Leasingverhältnisses auszugehen ist.[338] Nach der in Abschnitt 233.22 entwickelten Terminologie wird der Leasinggeber ein vom ihm zurückbehaltenes, anteiliges beschränktes Nutzungsrecht am spezifischen Leasingobjekt somit zumeist im Zeitablauf ebenfalls auf den Leasingnehmer übertragen.

[335] Vgl. KÜMPEL, T./BECKER, M., Zurechnung von Leasingobjekten, S. 1475; SABEL, E., Leasingverträge, S. 67.

[336] Vgl. LÜDENBACH, N./FREIBERG, J., Wirtschaftliches Eigentum nach IAS 17, S. 261; PELLENS, B./FÜLBIER, R. U./GASSEN, J./SELLHRON, T., Internationale Rechnungslegung, S. 621; ALVAREZ, M./WOTSCHOFSKY, S./MIETHIG, M., Leasingverhältnisse nach IAS 17, S. 939.

[337] Vgl. GELHAUSEN, H. F./WEIBLEN, S., in: HdJ, Abt. I/5, Rn. 231; KÜMPEL, T./BECKER, M., Leasing nach IFRS, S. 64.

[338] Vgl. WEINSTOCK, M., Bilanzierung von Leasingverträgen, S. 115.

Diese Überlegung korrespondiert mit der Definition eines Finanzierungs-Leasingverhältnisses, nach der die Übertragung im Wesentlichen aller Chancen und Risiken aus dem Leasingobjekt auf den Leasingnehmer erforderlich ist.[339] Der Vertrag über ein derartig spezifisches Leasingobjekt wird regelmäßig zur Gewährleistung des notwendigen Chancen- und Risikotransfers vertragliche Regelungen enthalten, die bereits die oben diskutierten Beurteilungshilfen (IAS 17.10 (a) – (d)) erfüllen.[340] Dementsprechend hat das Kriterium des **Spezial-Leasings** vor allem klarstellenden Charakter.[341]

Neben den hier zunächst diskutierten, in IAS 17.10 angeführten Beispielen soll nachfolgend noch auf die in IAS 17.11 genannten Indikatoren für Situationen, die auch zu einem Finanzierungs-Leasingverhältnis führen können, genauer eingegangen werden.

322.26 Verlustübernahme bei Kündigung durch den Leasingnehmer

Gemäß IAS 17.11 (a) liegt ein Indikator für ein Finanzierungs-Leasingverhältnis vor, sofern dem Leasingnehmer die Möglichkeit eingeräumt wird, das Leasingverhältnis aufzulösen und er in diesem Fall zur Kompensation der aus der Kündigung resultierenden Verluste des Leasinggebers verpflichtet ist.

Dabei führt die Vereinbarung einer bloßen Kündigungsentschädigung indes nicht ohne weiteres zur Klassifizierung eines Leasingvertrages als Finanzierungsleasing.[342] Vielmehr ist davon auszugehen, dass unter IAS 17.11 (a) ausschließlich Fälle zu fassen sind, in denen der Leasingnehmer den gesamten entgangenen Gewinn des Leasinggebers zu

---

339 Vgl. ADS International, Leasingverhältnisse, Rn. 95; LORENZ, K., Leasingverhältnisse, S. 704.

340 Vgl. SABEL, E., Leasingverträge, S. 73. Besondere Bedeutung erlangen die spezifischen Besonderheiten des Leasingobjektes bei der Beurteilung der Wahrscheinlichkeit der Ausübung von Kauf- oder Vertragsverlängerungsoptionen. Vgl. ADS International, Leasingverhältnisse, Rn. 95.

341 Vgl. bspw. BENDER, H. J., Vergleich der Leasing Standards, S. 24; KÜMPEL, T./BECKER, M., Zurechnung von Leasingobjekten, S. 1476. Vor dem Hintergrund des lediglich klarstellenden Charakters erscheint eine exakte Definition des unbestimmten Begriffes der gemäß IAS 17.10 (e) für eine Nutzung durch Dritte notwendigen „wesentlichen Veränderungen" entbehrlich. DOLL plädiert dagegen – ohne weitere Begründung – für eine 10%-Grenze, nach der die erforderlichen Umbaukosten dann als wesentlich gelten sollen, wenn diese 10% der ursprünglichen Anschaffungskosten übersteigen. Vgl. DOLL, R.-P., in: Beck IFRS HB, § 22, Rn. 27.

342 Vgl. ebenso ADS International, Leasingverhältnisse, Rn. 97; SABEL, E., Leasingverträge, S. 74; KÜMPEL, T./BECKER, M., Leasing nach IFRS, S. 67.

ersetzen hat.[343] Nur mittels Vereinbarung einer solchen Verlustübernahme wird das **gesamte Investitionsrisiko** grundsätzlich **auf den Leasingnehmer übertragen**.[344] Inwieweit der Leasingnehmer darüber hinaus an den Chancen einer Wertsteigerung des Leasingobjektes beteiligt wird, hängt von der individuellen Vertragsgestaltung ab.[345]

Die vereinbarte Kompensationsleistung ist als Bestandteil der Mindestleasingzahlungen in den Barwerttest nach IAS 17.10 (d) einzubeziehen, sofern die Wahrscheinlichkeit der Ausübung der Kündigungsmöglichkeit durch den Leasingnehmer ausreichend hoch ist.[346] Dementsprechend wird infolge der Verlustübernahme im Kündigungsfall regelmäßig auch der Barwerttest eine Klassifizierung als Finanzierungs-Leasingverhältnis stützen. Ist die zugesicherte Kündigungsentschädigung dagegen der Höhe nach geeignet, die Kündigung des Vertrages zu verhindern, ist in den Laufzeittest gemäß IAS 17.10 (c) der prinzipiell kündbare Zeitraum einzubeziehen, wodurch sich die zu berücksichtigende Vertragsdauer entsprechend verlängert.[347]

Die durch die Vereinbarung der Kompensationsleistung bedingten **Auswirkungen auf den Barwert- sowie den Laufzeittest** führen indes nicht zwangsläufig zu einer Klassifizierung als Finanzierungs-Leasingverhältnis. Die Vertragslaufzeit kann beispielsweise trotz der Berücksichtigung des prinzipiell kündbaren Zeitraumes – die Höhe der vereinbarten Kompensationsleistung verhindert voraussichtlich die Ausübung der Kündigungsoption – immer noch weniger als den überwiegenden Teil der wirtschaftlichen Nutzungsdauer des Leasingobjektes umfassen. Somit ist auch bei der Vereinbarung einer Verlustübernahme durch den Leasingnehmer weiterhin nach dem **Gesamtbild der wirtschaftlichen Verhältnisse** zu beurteilen, ob das wirtschaftliche Eigentum tatsäch-

---

343 Vgl. DOLL, R.-P., in: Beck IFRS HB, § 22, Rn. 30.

344 Vgl. BARTH, C., Zurechnung von Leasingobjekten, S. 238.

345 Vgl. SABEL, E., Leasingverträge, S. 74; GELHAUSEN, H. F./WEIBLEN, S., in: HdJ, Abt. I/5, Rn. 231.

346 Vgl. HEYD, R., Leasing im Bilanzrecht, S. 47; ESSER, M., Leasingverhältnisse in der IFRS-Rechnungslegung, S. 432; FINDEISEN, K.-D., Bilanzierung von Leasingverträgen, S. 843. Vgl. ausführlich zum Barwerttest Abschnitt 322.24.

347 Vgl. LORENZ, K., Leasingverhältnisse, S. 705; WEINSTOCK, M., Bilanzierung von Leasingverträgen, S. 117. Somit wird ein grundsätzlich kündbarer Leasingvertrag, der für den Fall der Kündigung die beiden Vertragsparteien infolge der Entschädigungsleistung so stellt, als wäre der Vertrag nicht gekündigt worden, bei wirtschaftlicher Betrachtungswiese zutreffend wie ein unkündbarer Vertrag behandelt. Vgl. MELLWIG, W., Darstellung von Leasingverträgen, S. 5; BENDER, H. J., Vergleich der Leasing Standards, S. 24. Vgl. zum Laufzeittest Abschnitt 322.23.

lich auf den Leasingnehmer übertragen wurde und der Vertrag somit als Finanzierungsleasing einzustufen ist.[348]

322.27 Zurechnung der Gewinne oder Verluste aus Restwertschwankungen

Ein zweiter Indikator für das Vorliegen eines Finanzierungs-Leasingverhältnisses liegt gemäß IAS 17.11 (b) vor, wenn dem Leasingnehmer die aus Restwertschwankungen des Leasingobjektes resultierenden Gewinne oder Verluste zufallen.

Bei der Klassifizierung von Leasingverträgen ist somit nicht nur auf die mit dem Leasingobjekt während der Vertragsdauer verbundenen Chancen und Risiken abzustellen, sondern es ist ebenfalls die **Verteilung von Chancen und Risiken zum Ende der Vertragslaufzeit** zu analysieren.[349] Sofern dem Leasingnehmer auch die zum Vertragsende noch bestehenden Restwertchancen und -risiken vollständig zuzuordnen sind, ist die Klassifizierung als Finanzierungsleasing zwingend.[350]

Nach dem Wortlaut von IAS 17.11 (b) ist die gemeinsame Zuweisung von Gewinnen und Verlusten aus Restwertschwankungen an den Leasingnehmer allerdings nicht erforderlich.[351] Vielmehr ist – auch wegen der Vielfalt der möglichen vertraglichen Regelungen – eine Gesamtbetrachtung des wirtschaftlichen Gehalts der Leasingvereinbarung unerlässlich. Bereits die sehr unterschiedlich regelbare, alleinige Zuordnung von Verwertungsgewinnen oder -verlusten zum Leasingnehmer kann in ausreichendem Maße

---

[348] Vgl. bspw. DOLL, R.-P., in: Beck IFRS HB, § 22, Rn. 30; KÜMPEL, T./BECKER, M., Leasing nach IFRS, S. 66-67.

[349] Vgl. LORENZ, K., Leasingverhältnisse, S. 706. Die Anwendung dieser Regelung setzt somit die Existenz von wesentlichen Restwertchancen und -risiken voraus. Vgl. SABEL, E., Leasingverträge, S. 75.

[350] Vgl. MELLWIG, W., Darstellung von Leasingverträgen, S. 7; ESSER, M., Leasingverhältnisse in der IFRS-Rechnungslegung, S. 433. Ein solcher vollständiger Chancen- und Risikotransfer ergibt sich bspw. bei der Vereinbarung einer Kaufoption für den Leasingnehmer sowie eines Andienungsrechtes für den Leasinggeber, deren Ausübungspreise jeweils dem erwarteten beizulegenden Zeitwert entsprechen. Vgl. ADS International, Leasingverhältnisse, Rn. 101.

[351] Vgl. ADS International, Leasingverhältnisse, Rn. 99. WEINSTOCK vertritt dagegen die Auffassung, dass die Zuweisung nur von Chancen oder nur von Risiken zum Leasingnehmer nicht für eine Klassifizierung als Finanzierungs-Leasingverhältnis ausreiche. Vgl. WEINSTOCK, M., Bilanzierung von Leasingverträgen, S. 119.

auf eine Klassifizierung als Finanzierungs-Leasingverhältnis hindeuten.[352] Erhält der Leasingnehmer beispielsweise vereinbarungsgemäß den gesamten über den erwarteten Restwert hinausgehenden Mehrerlös aus der Verwertung des Leasingobjektes am Ende der Vertragslaufzeit, deutet dies somit auf das Vorliegen eines Finanzierungs-Leasingverhältnisses hin, da die **Restwertchancen** vollständig dem Leasingnehmer zuzuordnen sind.[353] Wird der Leasingnehmer nur zu einem Teil an diesem Mehrerlös aus der Verwertung beteiligt, ist die Indizwirkung des Indikators für ein Finanzierungsleasing entsprechend geringer zu gewichten.[354] Der Indikator umfasst auch die hierzu konträre ausschließliche Übertragung von **Restwertrisiken** durch die Vereinbarung einer Restwertgarantie des Leasingnehmers.[355] Im Rahmen der Gesamtwürdigung solcher den Restwert betreffenden Vereinbarungen ist somit stets der Einfluss der nach Vertragsende verbleibenden Chancen und Risiken in Relation zum beizulegenden Zeitwert des Leasingobjektes zu Beginn des Leasingverhältnisses zu berücksichtigen.[356]

322.28 Vereinbarung einer günstigen Vertragsverlängerungsoption

Ein Indikator für das Vorliegen eines Finanzierungs-Leasingverhältnisses liegt weiterhin gemäß IAS 17.11 (c) vor, wenn dem Leasingnehmer die Möglichkeit eingeräumt wird, den Leasingvertrag im Anschluss an die Grundmietzeit zu Leasingraten zu verlängern, die wesentlich unter den marktüblichen Konditionen liegen.

Hierbei wird angenommen, dass die Ausübung der Vertragsverlängerungsoption auf Grund der bereits zu Beginn des Leasingverhältnisses vereinbarten vergleichsweise günstigen Anschlusskonditionen wahrscheinlich ist. Infolge der nicht eindeutigen An-

---

[352] Vgl. DOLL, R.-P., in: Beck IFRS HB, § 22, Rn. 30; KÜMPEL, T./BECKER, M., Leasing nach IFRS, S. 70.

[353] Hierbei ist es unerheblich, ob die Weitergabe des zu erwartenden Mehrerlöses an den Leasingnehmer am Ende der Vertragslaufzeit oder bereits während der Laufzeit in Form reduzierter Leasingraten erfolgt. Vgl. FINDEISEN, K.-D., Bilanzierung von Leasingverträgen, S. 843; ALVAREZ, M./WOTSCHOFSKY, S./MIETHIG, M., Leasingverhältnisse nach IAS 17, S. 940.

[354] Vgl. SABEL, E., Leasingverträge, S. 75.

[355] Vgl. HEYD, R., Leasing im Bilanzrecht, S. 47; HENNEBERGER, M./KEINE, S., Internationalisierung der Rechnungslegung, S. 176. Eine vom Leasingnehmer eingeräumte Restwertgarantie ist zudem als Bestandteil der Mindestleasingzahlungen in den Barwerttest einzubeziehen. Vgl. hierzu Abschnitt 322.24.

[356] Vgl. GELHAUSEN, H. F./WEIBLEN, S., in: HdJ, Abt. I/5, Rn. 244; LORENZ, K., Leasingverhältnisse, S. 706.

forderung an die Verlängerungskonditionen, die gemäß IAS 17.11 (c) „wesentlich niedriger als die marktübliche Miete“ sein sollen, verbleiben die gleichen **Auslegungsspielräume** wie bei der Wahrscheinlichkeitsbeurteilung der Ausübung einer Kaufoption.[357]

Die Ausübung einer Verlängerungsoption führt indes nicht zwingend dazu, dass sich die Laufzeit über den Großteil der wirtschaftlichen Nutzungsdauer erstreckt und somit regelmäßig im Wesentlichen alle mit dem Leasingobjekt verbundenen Chancen und Risiken auf den Leasingnehmer übertragen werden.[358] Vielmehr sind die Verlängerungszeiträume bei der Laufzeit des Leasingverhältnisses zu berücksichtigen, sofern die Verlängerung bereits zu Beginn des Leasingverhältnisses hinreichend sicher erscheint.[359] Zudem sind die entsprechenden Leasingzahlungen bei der Bestimmung der Mindestleasingzahlungen zu berücksichtigen.[360]

Die alleinige Vereinbarung einer günstigen Vertragsverlängerungsoption kann folglich nicht zu einer Klassifizierung als Finanzierungs-Leasingverhältnis führen, sondern erhöht lediglich die Wahrscheinlichkeit der Erfüllung der Anforderungen von Mietzeit- und Barwerttest.[361] Die eigentliche Einstufung als Finanzierungs- oder Operatingleasing erfolgt somit weiterhin unter Berücksichtigung des Gesamtbildes der wirtschaftlichen Verhältnisse.

---

[357] Vgl. SABEL, E., Leasingverträge, S. 76. Hierbei ist es erforderlich, die vereinbarte Vertragsverlängerungsoption im Rahmen einer wirtschaftlichen Gesamtbetrachtung zu würdigen, in die neben den Verlängerungskonditionen auch andere Faktoren einzubeziehen sind, die die Ausübungswahrscheinlichkeit beeinflussen können. Vgl. zu den verbleibenden Auslegungsspielräumen die Erläuterungen zum Kriterium der günstigen Kaufoption Abschnitt 322.22.

[358] Vgl. KÜMPEL, T./BECKER, M., Leasing nach IFRS, S. 72-73; MELLWIG, W., Darstellung von Leasingverträgen, S. 7.

[359] Vgl. WEINSTOCK, M., Bilanzierung von Leasingverträgen, S. 119; BENDER, H. J., Vergleich der Leasing Standards, S. 24; ALVAREZ, M./WOTSCHOFSKY, S./MIETHIG, M., Leasingverhältnisse nach IAS 17, S. 940. IAS 17 stellt somit auf die wirtschaftlich wahrscheinliche Laufzeit des Leasingverhältnisses ab. Vgl. KIRSCH, H.-J., in: Baetge et al., Rechnungslegung nach IAS, IAS 17, Rn. 9. Dementsprechend erfolgt im Rahmen des Mietzeittestes die Berücksichtigung des Verlängerungszeitraums, sofern die Optionsausübung zum Leasingbeginn hinreichend sicher ist. Vgl. zum Laufzeittest Abschnitt 322.23.

[360] Vgl. LORENZ, K., Leasingverhältnisse, S. 707. Vgl. zum Barwerttest Abschnitt 322.24.

[361] Vgl. HEYD, R., Leasing im Bilanzrecht, S. 47; GELHAUSEN, H. F./WEIBLEN, S., in: HdJ, Abt. I/5, Rn. 245. Im Ergebnis ebenso ADS International, Leasingverhältnisse, Rn. 108.

322.29 Zwischenfazit zur Kategorisierung von Leasingverhältnissen

Zusammenfassend zur vorstehenden Analyse der einzelnen Beispiele und Indikatoren für Finanzierungs-Leasingverhältnisse ist festzuhalten, dass zur Klassifizierung von Leasingverhältnissen grundsätzlich auf den wirtschaftlichen Gehalt der einzelnen Leasingvereinbarung abzustellen ist. Im Rahmen eines Finanzierungs-Leasingverhältnisses werden dabei im Wesentlichen sämtliche mit dem Leasingobjekt verbundenen **Chancen und Risiken** auf den Leasingnehmer übertragen, der damit wirtschaftlicher Eigentümer wird. Die Abgrenzung zwischen Finanzierungs- und Operating-Leasingverhältnissen folgt somit dem ***risk and reward approach***. Diese Grundkonzeption wird durch die IAS 17.10 und IAS 17.11 enthaltenen Kriterien konkretisiert, die auf die Leasingvertragsdauer, die vereinbarten Leasingzahlungen oder auf die spezielle Beschaffenheit des Leasingobjektes abstellen. Der wirtschaftliche Eigentümer des Leasingobjektes wird somit mittels der Analyse der zeitlichen, wirtschaftlichen und sachlichen Elemente der Leasingvereinbarung identifiziert. Die in IAS 17.10 und IAS 17.11 aufgeführten **Orientierungshilfen** sind im Rahmen des Klassifizierungsprozesses jedoch nicht isoliert zu betrachten, sondern sind stets als Bestandteil einer ganzheitlichen Betrachtung der aus dem Leasingvertrag resultierenden ökonomischen Konsequenzen heranzuziehen.

Der Zusammenhang zwischen der stets erforderlichen Würdigung nach dem Gesamtbild der wirtschaftlichen Verhältnisse sowie den diese unterstützenden Zurechnungskriterien wird in der nachfolgenden Abbildung (Vgl. Abbildung 5) veranschaulicht.

Die analysierte Klassifizierungsentscheidung ist außerordentlich bedeutsam, da mit ihr insofern unmittelbare **Auswirkungen auf die bilanzielle Behandlung** des Leasingverhältnisses bei Leasingnehmer und Leasinggeber verbunden sind, als das das Leasingobjekt entweder vollständig dem Leasinggeber oder vollständig dem Leasingnehmer zugeordnet wird ("*all or nothing*"). Die somit grundlegend voneinander abweichende Bilanzierung von Finanzierungs- und Operating-Leasingverhältnissen nach dem ***all or nothing approach*** soll nachfolgend diskutiert werden.

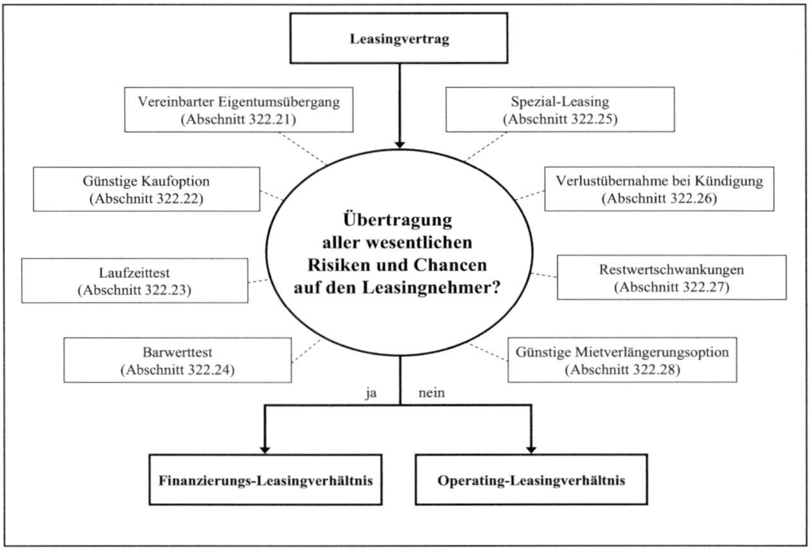

Abbildung 5: Klassifizierung von Leasingverhältnissen nach IAS 17

323. Bilanzierung von Leasingverhältnissen nach IAS 17

323.1 Vorbemerkungen

Im Rahmen der Analyse der Leasingbilanzierung nach IAS 17 wird in den folgenden Abschnitten zunächst aus Sicht des Leasingnehmers argumentiert, da sich die Bestimmungen des Leasingvertrages vorrangig an den Interessen des Leasingnehmers orientieren. Zur Ermöglichung einer übersichtlichen Untersuchung wird dabei in Abschnitt 323.21 und Abschnitt 323.22 in einem ersten Schritt die Bilanzierung von Finanzierungs-Leasingverhältnissen und Operating-Leasingverhältnissen separat diskutiert. Darauf aufbauend werden die beiden divergierenden Bilanzierungsmethoden in Abschnitt 323.23 zur Verdeutlichung d*es all or nothing approach* miteinander verglichen. Zur Veranschaulichung dient hierbei eine konkrete Leasingvertragskonstellation.

Die hieran in Abschnitt 323.3 anschließende Diskussion der Leasinggeberbilanzierung folgt der gleichen Systematik. Im Anschluss an die getrennte Analyse der Bilanzierung von Finanzierungs- und Operatingverhältnissen auf Seiten des Leasinggebers (Abschnitt 323.31 bzw. 323.32) folgt in Abschnitt 323.33 eine entsprechende Gegenüberstellung zur Verdeutlichung der unmittelbaren Verknüpfung von Vertragsklassifizierung und bilanzieller Behandlung von Leasingvereinbarungen. Zur Illustration wird auf die bereits bei der Leasingnehmerbilanzierung unterstellten Leasingvertragskonstellation zurückgegriffen.

323.2 Darstellung von Leasingverhältnissen beim Leasingnehmer

323.21 Bilanzierung von Finanzierungs-Leasingverhältnissen beim Leasingnehmer

Sofern die mit dem Leasingobjekt verbundenen Chancen und Risiken im Sinne der vorherigen Abschnitte im Wesentlichen alle auf den Leasingnehmer übertragen worden sind, ist die Leasingvereinbarung als Finanzierungs-Leasingverhältnis zu klassifizieren. Der **Leasingnehmer** wird **wirtschaftlicher Eigentümer** des Leasingobjektes, während das juristische Eigentum beim Leasinggeber verbleibt. Die Leasingvereinbarung ähnelt somit wirtschaftlich einem fremdfinanzierten (Raten-)Kauf. Dementsprechend erfolgt die Bilanzierung eines Finanzierungs-Leasingverhältnisses beim Leasingnehmer grundsätzlich in Anlehnung an die bilanzielle Abbildung einer erfolgsneutralen Anschaffung.[362] Zu Beginn der Laufzeit des Leasingverhältnisses aktiviert der Leasingnehmer gemäß IAS 17.20 folglich das Leasingobjekt und passiviert eine korrespondierende Verbindlichkeit regelmäßig in Höhe der künftigen Leasingzahlungen.[363]

Dabei hat IAS 17.20 lediglich klarstellenden Charakter, da im Rahmen eines Finanzierungs-Leasingverhältnisses aus Sicht des Leasingnehmers die allgemeinen Aktivierungsvoraussetzungen für einen Vermögenswert ohnehin erfüllt sind.[364] Die Abbildung

---

[362] Vgl. bspw. OVERSBERG, T., Bilanzierung von Leasingverhältnissen, S. 377; HEYD, R., Leasing im Bilanzrecht, S. 54-55; SCHULZ, S., Leasingbilanzierung nach IFRS, S. 181; KIRSCH, H., Leasingbilanzierung nach IAS, S. 501.

[363] Der Beginn der Laufzeit des Leasingverhältnisses ist gemäß IAS 17.4 definiert als der Tag, ab dem der Leasingnehmer Anspruch auf die Ausübung seines vertraglich vereinbarten Nutzungsrechtes am Leasingobjekt hat. Dieser Zeitpunkt ist vom für die Klassifizierung maßgeblichen Zeitpunkt des Beginns des Leasingverhältnisses zu trennen. Vgl. hierzu Abschnitt 322.1.

[364] Vgl. hierzu KIRSCH, H.-J., in: Baetge et al., Rechnungslegung nach IAS, IAS 17, Rn. 31. Vgl. zu den allgemeinen Aktivierungsvoraussetzungen F.49 (a) bzw. F.53-59. Für die Aktivierung ist dabei nicht

von Leasingverbindlichkeit und Leasingobjekt im Jahresabschluss des Leasingnehmers ist gemäß IAS 17.22 erforderlich, da andernfalls eine zutreffende Unternehmensbeurteilung auf Grund der zu geringen Wertansätze des Vermögens und der Verpflichtungen nur bedingt möglich wäre.

Analog zum kreditfinanzierten Erwerb erfolgt der erstmalige **Ansatz des Leasingobjektes in Höhe der fiktiven Anschaffungskosten,** die grundsätzlich dem beizulegenden Zeitwert des Leasingobjektes entsprechen.[365] Sofern indes der Barwert der Mindestleasingzahlungen geringer als der beizulegende Zeitwert ist, erfolgt nach IAS 17.20 ein Ansatz in Höhe der diskontierten Mindestleasingzahlungen, unter denen nach IAS 17.4 sämtliche vom Leasingnehmer vertragsgemäß zu leistende Zahlungen zu verstehen sind.[366] Der für die Diskontierung erforderliche Abzinsungsfaktor ist dabei im Regelfall der dem Leasingverhältnis zu Grunde liegende Zinssatz, sofern dieser in praktikabler Weise ermittelbar ist.[367] Regelmäßig ist dabei der Barwert der Mindestleasingzahlungen anzusetzen, da dieser den beizulegenden Zeitwert nur in den Fällen übersteigen wird, in denen der Leasingnehmer auf seinen Grenzfremdkapitalzinssatz zurückgreifen muss, wobei dieser Diskontierungsfaktor dann niedriger als der dem Leasingverhältnis zu Grunde liegende Zinssatz sein muss und der Leasinggeber ohne offenen Restwert kalkuliert.[368] In diesen Fällen erscheint ein fremdfinanzierter Erwerb jedoch

auf das juristische Eigentum an einem Vermögenswert, sondern vielmehr entsprechend der wirtschaftlichen Betrachtungsweise auf die Verfügungsmacht abzustellen. Finanzierungs-Leasingverhältnisse werden in F.51 dabei explizit als Beispiel für ein mögliches Auseinanderfallen von juristischem Eigentum und Verfügungsmacht aufgeführt.

365 Während der erstmalige Ansatz des Leasinggegenstandes sowie der korrespondierenden Verbindlichkeit zu Beginn der Laufzeit des Leasingverhältnisses erfolgt, sind für die Erstbewertung nach IAS 17.20 grundsätzlich die Verhältnisse zu Beginn des Leasingverhältnisses ausschlaggebend. Vgl. KÜMPEL, T./BECKER, M., Leasing nach IFRS, S. 100-101. Vgl. zu den Auswirkungen bestimmter Ereignisse zwischen diesen beiden Zeitpunkten Abschnitt 322.1.

366 Vgl. zum Umfang der Mindestleasingzahlungen beim Leasingnehmer und Gestaltungsspielräumen bei deren Bestimmung Abschnitt 322.24.

367 Andernfalls ist gemäß IAS 17.20 der Grenzfremdkapitalzinssatz des Leasingnehmers heranzuziehen. Vgl. ausführlich zu den verschiedenen möglichen Diskontierungsfaktoren und deren Ermittlung die Ausführungen zum Barwerttest in Abschnitt 322.24.

368 Sofern der Leasingnehmer dagegen den dem Leasingverhältnis zu Grunde liegenden Zinssatz kennt oder ermitteln kann, wird der Barwert der Mindestleasingzahlungen den beizulegenden Zeitwert des Leasingobjektes grundsätzlich nicht übersteigen. Wenn der Leasinggeber mit einem offenen Restwert kalkuliert, ist der Betrag der diskontierten Mindestleasingzahlungen um den Barwert des offenen Restwertes niedriger als der beizulegende Zeitwert. Erfolgt die Kalkulation ohne offenen Restwert, entsprechen sich der Barwert der Mindestleasingzahlungen und der beizulegende Zeitwert. Vgl. ebenso WEINSTOCK, M., Bilanzierung von Leasingverträgen, S. 166-167.

zumeist gegenüber dem Abschluss eines Leasingvertrages als die günstigere Alternative.[369]

Die direkt zurechenbaren anfänglichen Kosten des Leasingnehmers sind entsprechend der **Erwerbsfiktion** als Anschaffungsnebenkosten zu qualifizieren und somit dem aktivierten Leasingobjekt hinzuzurechnen.[370] Durch die Aktivierung der Anschaffungsnebenkosten ändert sich ausschließlich der Wertansatz des Leasingobjektes.

Eine Saldierung von Leasingobjekt und korrespondierender Leasingverbindlichkeit ist nach IAS 17.23 explizit nicht zulässig. Da nach IFRS wirtschaftlich vergleichbare Sachverhalte in derselben Weise abzubilden sind, ist das Leasingobjekt regelmäßig unter den Sachanlagen oder den immateriellen Vermögenswerten im Anlagevermögen auszuweisen.[371] Die Leasingverbindlichkeit wird unter den sonstigen Verbindlichkeiten bilanziert, wobei die allgemeinen Fristigkeitsregelungen zu beachten sind.[372]

Die **Ergebniswirkung** aus dem Finanzierungs-Leasingverhältnis ist wie bei der Abschreibung eines erworbenen Vermögenswertes und dessen Finanzierung über die **Laufzeit des Leasingvertrages** zu verteilen.[373] Das aktivierte Leasingobjekt wird gemäß IAS 17.27 planmäßig nach den allgemeinen Grundsätzen von IAS 16 und IAS 38 abgeschrieben.[374] Das Abschreibungsvolumen ist dementsprechend über die Perioden

[369] Vgl. zur Diskussion um die Vorteilhaftigkeit von Leasing gegenüber dem fremdfinanzierten Erwerb Abschnitt 1 m. w. N.

[370] Vgl. GÖLLER, K. F., Leasing nach IFRS, S. 135; ALVAREZ, M./WOTSCHOFSKY, S./MIETHIG, M., Leasingverhältnisse nach IAS 17, S. 943; KÖHLER, A. G./GEBHARDT, R., in: Thiele/von Keitz/Brücks, Internationales Bilanzrecht, IAS 17, Rn. 213. Unter diesen direkt zurechenbaren Kosten sind beispielsweise Abschlussprovisionen oder Rechts- und Beratungskosten zu verstehen. Vgl. für weitere Beispiele ESSER, M., Leasingverhältnisse in der IFRS-Rechnungslegung, S. 434; LORENZ, K., Leasingverhältnisse, S. 714.

[371] Vgl. ADS International, Leasingverhältnisse, Rn. 180; LORENZ, K., Leasingverhältnisse, S. 715.

[372] Vgl. HEYD, R., Leasing im Bilanzrecht, S. 55. Nach IAS 1.51 sind kurzfristige und langfristige Vermögenswerte sowie kurzfristige und langfristige Schulden grundsätzlich als jeweils separate Gruppen in der Bilanz auszuweisen. Vgl. hierzu ausführlich BRÜCKS, M./DIEHM, S./KERKHOFF, G., in: Thiele/von Keitz/Brücks, Internationales Bilanzrecht, IAS 1, Rn. 197-203.

[373] Vgl. KIRSCH, H.-J., in: Baetge et al., Rechnungslegung nach IAS, IAS 17, Rn. 30; VATER, H., Bilanzierung von Leasingverhältnissen, S. 2097.

[374] Für die Folgebewertung des im Rahmen eines Finanzierungs-Leasingverhältnisses aktivierten Leasingobjektes ist alternativ auch grundsätzlich die Neubewertungsmethode nach IAS 16.31 bzw. IAS 38.75 zulässig. Vgl. ebenso ESSER, M., Leasingverhältnisse in der IFRS-Rechnungslegung, S. 434; KÜMPEL, T./BECKER, M., Leasing nach IFRS, S. 111. Vgl. ausführlich zur Neubewer-

der erwarteten Nutzung zu verteilen. Sofern das juristische Eigentum an dem Leasingobjekt am Ende des Leasingzeitraums auf den Leasingnehmer übergeht, ist hierbei die voraussichtlich verbleibende wirtschaftliche Nutzungsdauer des Leasingobjektes zu berücksichtigen. Ist dagegen dieser Eigentumsübergang zu Beginn des Leasingverhältnisses nicht vereinbart oder nicht hinreichend sicher, ist das Leasingobjekt nach IAS 17.27 über den kürzeren der beiden Zeiträume – Laufzeit des Leasingvertrages oder Nutzungsdauer – abzuschreiben. Zur Beurteilung einer zusätzlichen (außerplanmäßigen) Wertminderung des Leasingobjektes hat der Leasingnehmer gemäß IAS 17.30 ferner IAS 36 anzuwenden.[375] Das beim Leasingnehmer zu aktivierende Leasingobjekt ist somit in Übereinstimmung mit den Grundsätzen abzuschreiben, die auch für die übrigen von ihm aktivierten Vermögenswerte gelten.

Die **Folgebilanzierung der Leasingverbindlichkeit** folgt ebenfalls dem kreditfinanzierten (Raten-)Kauf. Zur Auflösung des Passivpostens in Form der Verbindlichkeit über die Laufzeit des Leasingverhältnisses sind die zu leistenden Leasingzahlungen nach IAS 17.25 in eine **erfolgsneutrale Tilgungskomponente** und in eine **erfolgswirksame Zinskomponente** aufzuteilen. Während der Tilgungsanteil die Leasingverbindlichkeit vermindert, ist die Zinskomponente nach den für Fremdkapitalkosten geltenden Regelungen des IAS 23 zu behandeln. Dabei umfasst die Summe der Finanzierungskosten zu Beginn der Laufzeit des Leasingverhältnisses die Differenz zwischen der Summe der nicht abgezinsten Mindestleasingzahlungen und der anfänglich angesetzten Leasingverbindlichkeit.[376] Diese Finanzierungskosten sind nach IAS 17.25 so über die Vertragslaufzeit zu verteilen, dass über die Perioden ein konstanter Zinssatz auf die jeweils verbleibende Restverbindlichkeit berücksichtigt wird.[377] Die Zinsbelastung ist somit unabhängig von den vertraglich fixierten Zahlungskonditionen abzubilden. Der interne Zinssatz der Leasingverbindlichkeit entspricht dabei dem dem Leasingverhältnis

tungsmethode TANSKI, J. S., Sachanlagen nach IFRS, S. 90-145; HEYD, R./LUTZ-INGOLD, M., Immaterielle Vermögenswerte nach IFRS, S. 77-82.

375 Eine solche Wertminderung ist nach IAS 36.59 vorzunehmen, wenn der Buchwert des Leasingobjektes den erzielbaren Betrag als höherer Wert aus Nutzungswert oder Nettoveräußerungswert übersteigt.

376 Vgl. KIRSCH, H.-J., in: Baetge et al., Rechnungslegung nach IAS, IAS 17, Rn. 35.

377 Nach IAS 17.26 ist zur Vereinfachung der Effektivzinsmethode die Anwendung von Näherungsverfahren zulässig, die im Standard jedoch nicht konkretisiert werden. Als zulässiges Verfahren ist bspw. die Zinsstaffelmethode anzusehen. Vgl. DOLL, R.-P., in: Beck IFRS HB, § 22, Rn. 77.

zu Grunde liegenden Zinssatz oder dem Grenzfremdkapitalzinssatz des Leasingnehmers, sofern die Leasingverbindlichkeit zum Barwert der Mindestleasingzahlungen angesetzt worden ist.[378]

In diesem Zusammenhang stellt IAS 17.29 klar, dass die Summe des ermittelten Finanzierungsaufwandes und der Abschreibungen für das Leasingobjekt nur in Ausnahmefällen den Leasingzahlungen für dieselbe Periode entspricht, weswegen eine undifferenzierte Erfassung der jährlichen Leasingzahlungen als Aufwand auch aus Vereinfachungsgründen nicht zulässig ist. Demzufolge entspricht der Wertansatz des aktivierten Leasingobjektes ohne die direkt zurechenbaren anfänglichen Kosten nur zu Anfang des Leasingverhältnisses der Höhe der Leasingverbindlichkeit. Die beiden Wertansätze entwickeln sich während der Leasingvertragsdauer vielmehr unterschiedlich und gleichen sich erst am Ende des Leasingverhältnisses wieder an.[379]

Neben der vorstehend diskutierten Abbildung in der Bilanz sowie in der Gewinn- und Verlustrechnung sind für Finanzierungs-Leasingverhältnisse die folgenden Angaben erforderlich (IAS 17.31):[380]

- der Nettobuchwert zum Bilanzstichtag für jede Gruppe von Vermögenswerten;[381]
- eine Überleitungsrechnung von der Summe der Mindestleasingzahlungen zum Bilanzstichtag zu deren Barwert;
- eine Aufgliederung der Summe der Mindestleasingzahlungen zum Bilanzstichtag und deren Barwert in Beträge mit einer Restlaufzeit von bis zu einem Jahr, zwischen einem und fünf Jahren sowie von mehr als fünf Jahren;
- in der Periode als Aufwand berücksichtigte bedingte Leasingzahlungen;
- die Summe der zukünftigen Leasingzahlungen, deren Erhalt am Bilanzstichtag auf Grund unkündbarer Unterleasingverhältnisse erwartet wird;

[378] Vgl. SABEL, E., Leasingverträge, S. 82; ADS International, Leasingverhältnisse, Rn. 170.

[379] Vgl. zur Fortentwicklung der Wertansätze Abschnitt 323.23.

[380] Darüber hinaus hat der Leasingnehmer für sämtliche Verbindlichkeiten aus Finanzierungs-Leasingverhältnissen die Angabepflichten nach IFRS 7 zu berücksichtigen.

[381] Unter einer Gruppe von Vermögenswerten ist dabei in Anlehnung an IAS 16.37 bzw. IAS 38.119 eine Zusammenfassung von Vermögenswerten zu verstehen, die sich ihrer Art nach ähneln und die in einem Unternehmen einem ähnlichen Verwendungszweck dienen.

- eine allgemeine Beschreibung wesentlicher Leasingvereinbarungen mindestens einschließlich der Festlegungsgrundlage bedingter Leasingzahlungen, Existenz und Bestimmungen von Verlängerungs- oder Kaufoptionen, Preisanpassungsklauseln sowie der durch Leasingvereinbarungen auferlegte Beschränkungen.

Darüber hinaus hat der Leasingnehmer nach IAS 17.32 in Abhängigkeit des zu aktivierenden Leasingobjektes den allgemeinen Angabepflichten für ähnliche Vermögenswerte nachzukommen, die sich in seinem juristischen Eigentum befinden. Die der Bilanzierung von Finanzierungs-Leasingverhältnissen zu Grunde liegende Erwerbsfiktion wird somit auch für die Erläuterungen im Anhang beibehalten. Durch die anzugebende Überleitungsrechnung von den zum jeweiligen Bilanzstichtag noch offenen Mindestleasingzahlungen zu deren Barwert sowie die Aufgliederung dieser Beträge nach Fristigkeiten sind die Leasingnehmer verpflichtet, detailliert über die vertraglich vereinbarten, künftigen Zahlungsmittelabflüsse zu berichten. Hierdurch werden die Effekte aus der Diskontierung ersichtlich, so dass die Zinsstruktur der künftigen Zahlungsverpflichtungen zumindest näherungsweise abgeleitet werden kann.[382] Demgegenüber sind hinsichtlich bedingter Leasingzahlungen keine Angaben über die vom Leasingnehmer erwarteten künftigen Zahlungsmittelabflüsse vorgeschrieben, was insbesondere vor dem Hintergrund der in Abschnitt 322.24 aufgezeigten Spielräume bei der Gestaltung der Leasingvertragskonditionen problematisch erscheint. Trotz der engen Verbindung zwischen Vertragskategorisierung und Leasingbilanzierung ist für die elementare Klassifizierungsentscheidung keine erläuternde Begründung erforderlich. Das Fehlen derartiger Erläuterungen ist insbesondere vor dem Hintergrund der deutlich voneinander abweichenden Bilanzierung von Finanzierungs- und Operating-Leasingverhältnissen kritisch zu sehen. Die bilanzielle Behandlung von Operating-Leasingverhältnissen wird im folgenden Abschnitt diskutiert.

---

[382] Vgl. ebenso KÜMPEL, T./BECKER, M., Leasing nach IFRS, S. 133.

323.22 Bilanzierung von Operating-Leasingverhältnissen beim Leasingnehmer

Sofern die mit dem Leasingobjekt verbundenen Chancen und Risiken – im Gegensatz zur im vorherigen Abschnitt unterstellten Übertragung auf den Leasingnehmer – im Wesentlichen beim Leasinggeber verbleiben, erfolgt die Klassifizierung auf Grund der Negativabgrenzung als Operating-Leasingverhältnis. Der Leasingnehmer erwirbt lediglich ein auf die Laufzeit des Leasingverhältnisses **begrenztes Nutzungsrecht** am Leasingobjekt. Das Leasingverhältnis weist somit wirtschaftlich eine **Ähnlichkeit zu gewöhnlichen Mietverträgen** auf. Dementsprechend bilanziert der Leasingnehmer weder das Leasingobjekt noch die aus dem Vertrag resultierende Verpflichtung, sondern berücksichtigt lediglich die Leasingzahlungen als Periodenaufwand.[383]

Der Leasingnehmer hat gemäß IAS 17.33 die Leasingzahlungen grundsätzlich linear als Aufwand über die Laufzeit des Leasingverhältnisses zu verteilen. Von dieser **linearen Aufwandserfassung** ist indes abzuweichen, sofern eine andere systematische Verteilung den zeitlichen Nutzenverlauf aus Sicht des Leasingnehmers besser widerspiegelt. Damit soll eine gleichmäßige und zutreffende Gegenüberstellung von den aus dem Leasingverhältnis resultierenden Aufwendungen und Erträgen erreicht werden, die gemäß IAS 17.34 unbeachtlich der im Leasingvertrag fixierten Zahlungskonditionen zu erfolgen hat.[384] Etwaige Abweichungen zwischen den in einer Periode tatsächlich geleisteten Zahlungen und den einer Periode mittels der ausgewählten Verteilungsmethode zu-

[383] Vgl. LORENZ, K., Leasingverhältnisse, S. 715; GELHAUSEN, H. F./WEIBLEN, S., in: HdJ, Abt. I/5, Rn. 248. Die zukünftigen Verpflichtungen des Leasingnehmers aus einem Operating-Leasingverhältnis als ausgeglichenes schwebendes Geschäft fallen nach IAS 37.3 grundsätzlich nicht unter die passivierungspflichtigen Schulden. Sind allerdings die unvermeidbaren Kosten zur Erfüllung dieser Verpflichtungen höher als der voraussichtlich aus dem Operating-Leasingverhältnis erzielbare Nutzen, sind gemäß IAS 37.5 (c) die Regelungen des IAS 37 zu belastenden Verträgen anzuwenden, die zu einer Verlustantizipation durch entsprechende Rückstellungsbildung führen. Vgl. KÜMPEL, T./BECKER, M., Leasing nach IFRS, S. 137.

[384] Vgl. KIRSCH, H.-J., in: Baetge et al., Rechnungslegung nach IAS, IAS 17, Rn. 59; HEYD, R., Leasing im Bilanzrecht, S. 52; WEINSTOCK, M., Bilanzierung von Leasingverträgen, S. 155. Die systematische Verteilung der Leasingzahlungen nach dem Verbrauch des Nutzens aus dem Leasingverhältnis entspricht im Grundsatz der planmäßigen Abschreibung abnutzbarer Vermögenswerte. Somit sind die unterschiedlichen Methoden planmäßiger Abschreibung auch als die relevanten Verfahren zur Verteilung der Leasingzahlungen auf die Vertragslaufzeit anzusehen. Vgl. ADS International, Leasingverhältnisse, Rn. 193.

geordneten Leasingaufwendungen hat der Leasingnehmer dabei durch die Bildung und spätere Auflösung eines Abgrenzungspostens zu berücksichtigen.[385]
Zu den systematisch zu verteilenden Leasingzahlungen zählen ausschließlich **hinreichend sichere Zahlungen des Leasingnehmers**, die dieser für die Nutzung des Leasingobjektes während der Laufzeit des Leasingverhältnisses leistet.[386] Zahlungen, die nicht unmittelbar mit dem überlassenen Nutzungsrecht in Verbindung stehen, bedingte Leasingzahlungen sowie Zahlungen, die dem Leasingnehmer im Zusammenhang mit dem Abschluss des Leasingvertrages entstanden sind, gehören dagegen nicht zu den einzubeziehenden Leasingzahlungen.[387] Diese Ausgaben sind periodengerecht und damit in der Regel in der Berichtsperiode ihrer Verursachung als Aufwand zu erfassen.

Werden dem Leasingnehmer im Rahmen der Verhandlung eines neuen oder erneuerten Operating-Leasingverhältnisses vom Leasinggeber Anreize für den Vertragsabschluss gewährt, sind diese Anreize gemäß SIC 15.3 als Bestandteil der Nettogegenleistung zu erfassen, die für die Nutzung des Leasingobjektes vereinbart worden ist.[388] Somit hat der Leasingnehmer den ihm aus solchen **Anreizvereinbarungen** zufließenden Nutzen

---

[385] Dabei sind im Fall einer linearen Nutzenverteilung beispielsweise erhöhte Erstmieten, Vormieten, zum Ende des Leasingverhältnisses mietfrei gestellte Perioden sowie degressive Leasingraten aktivisch abzugrenzen. Demgegenüber führen progressive Leasingraten, mietfreie Perioden zu Beginn des Leasingverhältnisses sowie einmalige Sonderzahlungen zum Vertragsende zu passivischen Abgrenzungen. Vgl. KÜMPEL, T./BECKER, M., Leasing nach IFRS, S. 142; MEYER, M., Berichterstattung auf Basis der IFRS, S. 355. Die gebildeten Abgrenzungen sind in der Regel über die Laufzeit des Leasingverhältnisses vollständig aufzulösen. Im Fall einer vorzeitigen Vertragsbeendigung ist ein eventuell bestehender Abgrenzungsposten hingegen ergebniswirksam auszubuchen. Vgl. ADS International, Leasingverhältnisse, Rn. 194.

[386] Demgegenüber sind Zahlungen des Leasingnehmers nach Rückgabe des Leasingobjektes grundsätzlich nicht Bestandteil der Mindestleasingzahlungen. Die Beurteilung, ob einzelne Zahlungen der Laufzeit der Leasingverhältnisses oder dem Zeitraum nach dessen Beendigung zuzuordnen sind, hat dabei stets nach wirtschaftlicher Betrachtungsweise zu erfolgen. So ist beispielsweise eine Restwertgarantie des Leasingnehmers nur dann in die systematisch zu verteilenden Leasingzahlungen einzubeziehen, wenn dieser eine Kompensationsfunktion zu unüblich niedrigen Leasingraten während der Laufzeit des Leasingverhältnisse zukommt. Hat die Garantie dagegen keine Ausgleichsfunktion, ist diese als ungewisse Schuld im Sinne von IAS 37 nach den entsprechenden allgemeinen Regelungen zu bilanzieren. Vgl. ADS International, Leasingverhältnisse, Rn. 190. Im letzteren Fall erfolgt somit auf Grund der vereinbarten Restwertgarantie die Passivierung einer Rückstellung in Höhe des Barwertes der bestmöglichen Schätzung des Ausgabenbetrages (IAS 37.36 i. V. m. IAS 37.45).

[387] Vgl. hierzu ausführlich die Erläuterungen zum Umfang der Mindestleasingzahlungen im Zusammenhang mit dem Barwerttest in Abschnitt 322.24.

[388] Als Beispiele für derartige Anreize werden in SIC 15.1 Barzahlungen an den Leasingnehmer, die Bewilligung von mietfreien oder mietreduzierten Perioden oder die Übernahme von Kosten, die dem Leasingnehmer im Zusammenhang mit dem Vertragsabschluss entstehen, aufgeführt. Vgl. für weitere Beispiele LORENZ, K., Leasingverhältnisse, S. 715.

nach SIC 15.5 als Reduktion der Mietaufwendungen linear über die Laufzeit des Leasingverhältnisses bzw. nach einer anderen, dem zeitlichen Verlauf des Nutzens des Leasingobjektes entsprechenden systematischen Verteilungsmethode zu erfassen.[389]

Neben der dargestellten erfolgswirksamen Berücksichtigung der Leasingzahlungen sind für Operating-Leasingverhältnisse folgende ergänzende Erläuterungen erforderlich (IAS 17.35):[390]

- eine Aufgliederung der Summe der künftigen Mindestleasingzahlungen aus unkündbaren Operating-Leasingverhältnissen in Beträge mit einer Restlaufzeit von bis zu einem Jahr, zwischen ein und fünf Jahren sowie von mehr als fünf Jahren;[391]
- die Summe der künftigen Mindestleasingzahlungen, die aus unkündbaren Unterleasingverhältnissen zum Bilanzstichtag erwartet wird;
- der Betrag der in der Berichtsperiode ergebniswirksam erfassten Zahlungen aus Leasingverhältnissen und Unterleasingverhältnissen, aufgeteilt in Beträge für Mindestleasingzahlungen, bedingte Mietzahlungen und Zahlungen aus Unterleasingverhältnissen;
- eine allgemeine Beschreibung wesentlicher Leasingvereinbarungen mindestens einschließlich der Festlegungsgrundlage bedingter Mietzahlungen, Existenz und Inhalte von Verlängerungs- oder Kaufoptionen, Preisanpassungsklauseln sowie der durch Leasingvereinbarungen auferlegte Beschränkungen.

Im Gegensatz zu den in Abschnitt 323.21 diskutierten Angabepflichten des Leasingnehmers im Rahmen von Finanzierungs-Leasingverhältnissen ist die Angabe des Bar-

[389] Sofern nicht monetäre Vermögenswerte als Anreiz für die Vereinbarung dienen, sind diese vom Leasingnehmer mit ihrem beizulegenden Zeitwert zu bewerten. Vgl. KÜMPEL, T./BECKER, M., Leasing nach IFRS, S. 140.

[390] Zudem sind die Angabepflichten nach IFRS 7 zu beachten, sofern Leasingraten bereits fällig, aber noch nicht vom Leasingnehmer bezahlt worden sind. Vgl. hierzu auch IAS 32 AG 9.

[391] Infolge der erforderlichen Angabe der Mindestleasingzahlungen sind hierbei auch vom Leasingnehmer gewährte Restwertgarantien zu berücksichtigen. Dadurch kann es zu einer zweifachen Angabepflicht kommen, sofern der Leasingnehmer eine Rückstellung für Restwertgarantien bilanziert, für die nach IAS 37.84 ebenfalls Angaben über diesen Sachverhalt zu machen sind. Auf diesen zweifachen Ausweis sollte der Leasingnehmer beispielsweise mittels eines „davon-Vermerks“ hinweisen.

wertes der künftigen Mindestleasingzahlungen für Operating-Leasingverhältnisse nicht erforderlich. Eine Kapitalisierung der künftigen Zahlungsmittelabflüsse kann von den Investoren somit nur auf Basis pauschaler Annahmen über den Diskontierungszinssatz und die zeitliche Verteilung der Auszahlungen vorgenommen werden.[392] Zudem ist problematisch, dass die Gründe für die Klassifizierung als Operating-Leasingverhältnis – trotz der immensen Bedeutung für die Bilanzierung nach dem ***all or northing approach*** – nicht verpflichtend zu erläutern sind.

323.23 Vergleichende Analyse der Bilanzierung beim Leasingnehmer

Die vorstehend diskutierte, grundlegend voneinander abweichende Bilanzierung von Finanzierungs- und Operating-Leasingverhältnissen beim Leasingnehmer sowie die damit verbundene Bedeutung der Vertragsklassifikation soll nachfolgend anhand einer **beispielhaften Leasingvertragskonstellation** veranschaulicht werden:[393]

Zwischen einer Leasinggesellschaft X und einem Leasingnehmer Y wird eine unkündbare Leasingvereinbarung geschlossen, nach der Y ab dem 31.12.00 einen Vermögenswert über 5 Jahre least. Der anfängliche beizulegende Zeitwert des neuen Vermögenswertes, der eine wirtschaftliche Nutzungsdauer von 10 Jahren hat, beträgt 20.000 GE und entspricht den Anschaffungskosten von X. Die jeweils am Jahresende zu entrichtenden Leasingraten betragen 3.000 GE pro Jahr. Zudem hat Y eine jährliche erfolgsabhängige Leasingrate in Höhe von 1% der mit dem Leasingobjekt erzielten und 100.000 GE übersteigenden Umsatzerlöse zu leisten. Y kann für die zukünftige objektbezogene Umsatzentwicklung auf keine Erfahrungswerte zurückgreifen. Der Leasingnehmer besitzt eine als günstig einzuschätzende Option, den Leasingvertrag am Ende des fünften Jahres um zwei weitere Jahre zu identischen Konditionen zu verlängern. Anschließend en-

[392] Vgl. hierzu ausführlich Abschnitt 342.

[393] Die in diesem Abschnitt eingeführte Leasingvertragskonstellation bildet die Basis sämtlicher in der vorliegenden Untersuchung herangezogenen Beispiele für die geltende sowie die mögliche zukünftige Leasingbilanzierung. Dabei soll in jedem der Beispiele von Steuereffekten und staatlichen Zuwendungen abstrahiert werden. Sämtliche Beispiele basieren auf der Annahme, dass die Leasingvereinbarung am 31.12.00 geschlossen wird und der Beginn der Laufzeit des Leasingverhältnisses ebenfalls an diesem Tag ist. Aus Vereinfachungsgründen sollen die Leasingzahlungen und die Aufwandsverteilung jedoch erst ab dem Folgejahr erfolgen, so dass das Leasingverhältnis zwar grundsätzlich zum 31.12.00 bilanziert werden muss, aber zu keinen Auswirkungen in der Gewinn- und Verlustrechnung führt.

det das Leasingverhältnis automatisch. Außerdem ist zwischen X und Y zum 31.12.07 eine Restwertgarantie in Höhe von 4.000 GE vereinbart. Hierbei wird ein Verwertungserlös von 2.000 GE erwartet. Der dem Leasingverhältnis zu Grunde liegende Zinssatz ist dem Leasingnehmer nicht bekannt. Der Grenzfremdkapitalzinssatz des Leasingnehmers beträgt 8,0%.

Zum Zwecke der Bilanzierung hat der Leasingnehmer – wie in den vorherigen Abschnitten diskutiert – die Leasingvereinbarung nach dem wirtschaftlichen Gehalt zu klassifizieren und dabei auf die Verteilung der mit dem Leasingobjekt verbundenen wesentlichen Chancen und Risiken abzustellen. Zur Unterstützung dieser Kategorisierung werden regelmäßig die in IAS 17.10 und IAS 17.11 enthaltenen **Orientierungshilfen** herangezogen.

Da die obige Leasingvereinbarung weder direkt noch indirekt auf die Übertragung des juristischen Eigentums am Leasingobjekt auf den Leasingnehmer abzielt, sind die entsprechenden Beispielsituationen nach IAS 17.10 (a) und IAS 17.10 (b) nicht einschlägig.[394] Die vorliegende Vereinbarung einer günstigen Verlängerungsoption führt zu einer im Rahmen des Laufzeittestes nach IAS 17.10 (c) zu berücksichtigenden Verlängerung der Laufzeit des vorliegenden Leasingverhältnisses auf insgesamt sieben Jahre. Somit umfasst die Vertragsdauer 70% der wirtschaftlichen Nutzungsdauer des Leasingobjektes. Es erscheint fraglich, ob es sich hierbei um den überwiegenden Teil der wirtschaftlichen Nutzungsdauer handelt und somit eine Übertragung des überwiegenden Teils des wirtschaftlichen Nutzenpotentials des Leasingobjektes auf den Leasingnehmer anzunehmen ist.[395] Im Rahmen der stets erforderlichen Gesamtwürdigung ist indes zu berücksichtigen, dass sich der Leasingnehmer zumindest deutlich mehr als die Hälfte des gesamten wirtschaftlichen Nutzenpotentials des Leasingobjektes gesichert hat.

[394] Vgl. zum Kriterium der Übertragung des juristischen Eigentums bzw. der indirekten Übertragung durch den mit der Vereinbarung einer günstigen Kaufoption verbundenen ökonomischen Ausübungszwang des Leasingnehmers Abschnitt 322.21 bzw. 322.22.

[395] Vgl. zum Laufzeittest und zu den mit diesem verbundenen Ermessensspielräumen Abschnitt 322.23.

Im Rahmen des Barwerttestes nach IAS 17.10 (d) wird vor allem auf die Übertragung des Investitionsrisikos vom Leasinggeber auf den Leasingnehmer abgestellt.[396] Da die im Beispiel vereinbarten erfolgsabhängigen Leasingraten nicht mit faktisch sicheren Bedingungen verbunden sind, umfassen die zu ermittelnden Mindestleasingzahlungen des Leasingnehmers gemäß IAS 17.4 ausschließlich die unbedingten Leasingraten sowie den Höchstbetrag des garantierten Restwertes. Auf Grund der Vereinbarung der günstigen Vertragsverlängerungsoption sind hierbei auch die Leasingzahlungen im optionalen Zeitraum zu berücksichtigen. Die mit dem Grenzfremdkapitalzinssatz zu erfolgende Diskontierung der ermittelten Mindestleasingzahlungen in Höhe von 25.000 GE ergibt zu Beginn des Leasingverhältnisses einen Barwert von 17.953 GE, was 89,8% des beizulegenden Zeitwertes des Leasingobjektes entspricht. Ob das Investitionsrisiko damit in ausreichendem Maße auf den Leasingnehmer übertragen worden ist, um diesen in die Position eines wirtschaftlichen Eigentümers zu versetzen, kann nicht eindeutig beantwortet werden.[397] Vielmehr hat eine Würdigung nach dem Gesamtbild der wirtschaftlichen Verhältnisse zu erfolgen.

Aus der obigen Leasingvertragskonstellation geht nicht hervor, dass das Leasingobjekt ohne wesentliche Veränderungen ausschließlich vom Leasingnehmer genutzt werden kann. Somit ist nicht von einem Spezial-Leasing nach IAS 17.10 (e) auszugehen. Die Orientierungshilfen nach IAS 17.11 sind ebenfalls nicht als einschlägig zu beurteilen, auch wenn die Vereinbarung der günstigen Vertragsverlängerungsoption zu einer Verlängerung der anzunehmenden Vertragslaufzeit und somit zu einer Erhöhung der Mindestleasingzahlungen führt.

Da im Rahmen der Klassifizierung insbesondere der wirtschaftliche Gehalt der obigen Leasingvereinbarung zu berücksichtigen ist, hat der Bilanzierende auch die vereinbarten erfolgsabhängigen Leasingzahlungen in die **Gesamtbeurteilung** einzubeziehen. Die Auswirkungen auf die Vertragseinordnung hängen dabei entscheidend von den erwarteten zukünftigen Umsatzerlösen ab. Sobald die jährlichen Umsatzerlöse 100.000 GE übersteigen, hat der Leasingnehmer zusätzliche Leasingzahlungen an den Leasinggeber

---

[396] Vgl. ausführlich zum Barwerttest Abschnitt 322.24.
[397] Vgl. zu den im Rahmen des Barwerttestes diskutierten Grenzwerten Abschnitt 322.24.

zu leisten. Somit erfolgt auch eine weitere, sukzessive Beteiligung des Leasingnehmers am Investitionsrisiko.

Sofern der Leasingnehmer beispielsweise von einem konstanten zukünftigen Jahresumsatz von 150.000 GE ausgeht, würde dies zu einer voraussichtlichen erfolgsabhängigen Leasingzahlung in Höhe von 500 GE pro Jahr führen. Unter Berücksichtigung der bedingten Leasingzahlungen würde sich ein Barwert der vom Leasingnehmer erwarteten Zahlungen in Höhe von 20.556 GE ergeben, was 102,8% des beizulegenden Zeitwertes des Leasingobjektes entspricht. Es ist grundsätzlich anzunehmen, dass der Leasingnehmer nur dann ein derartiges Investitionsrisiko übernehmen wird, wenn er zugleich auch an den wesentlichen Chancen des Leasingobjektes partizipieren kann. Zudem kann der Leasingnehmer das Leasingobjekt zumindest über 70% der wirtschaftlichen Nutzungsdauer in Anspruch nehmen, wobei davon auszugehen ist, dass Vermögenswerte zu Beginn der Nutzungsdauer regelmäßig einen höheren Erfolgsbeitrag als am Ende der Nutzungsdauer leisten. Sofern der Leasingnehmer künftige jährliche Umsatzerlöse in obiger Höhe erwartet, ist somit davon auszugehen, dass im Wesentlichen sämtliche mit dem Leasingobjekt verbundenen Chancen und Risiken auf den Leasingnehmer übertragen werden und die Leasingvereinbarung somit als Finanzierungs-Leasingverhältnis zu klassifizieren ist.

Wenn der Leasingnehmer demgegenüber in seiner Planung jährliche objektbezogene Umsatzerlöse von 100.000 GE unterstellt, würde dieser auf Grund der angenommenen Unterschreitung der Umsatzschwelle auch nicht von der späteren Fälligkeit erfolgsabhängiger Leasingzahlungen ausgehen. Somit würde ein wesentlicher Teil des Investitionsrisikos beim Leasinggeber verbleiben. Da der Leasingnehmer auch nicht an den möglichen, die Restwertgarantie übersteigenden Verwertungserlösen beteiligt ist und somit wesentliche mit dem Leasingobjekt verknüpfte Chancen und Risiken beim Leasinggeber verbleiben, erscheint in diesem Fall die Vertragskategorisierung als Operating-Leasingverhältnis durchaus als angemessen. Die Klassifizierung der obigen Leasingvereinbarung ist somit nicht frei von **Ermessensspielräumen**.

Wird das Leasingverhältnis im Rahmen der diskutierten Klassifizierung als **Operating-Leasingverhältnis** eingestuft, erfolgt beim Leasingnehmer grundsätzlich weder eine Aktivierung des Leasingobjektes noch eine Passivierung der aus dem Vertrag resultierenden Verpflichtung. In jeder Periode werden die zu entrichtenden Leasingzahlungen als Aufwand erfasst, sofern keine andere Systematik den tatsächlichen Nutzenverlauf aus Sicht von Y zutreffender widerspiegelt, wovon an dieser Stelle ausgegangen werden soll. Unter der Annahme von jährlich konstanten Umsatzerlösen in Höhe von 150.000 GE erfasst der Leasingnehmer im Beispiel jährliche Leasingaufwendungen in Höhe von 3.500 GE. Infolge der Ausübung der günstigen Verlängerungsoption resultieren aus den unbedingten und den bedingten Leasingraten somit über die gesamte Vertragsdauer Aufwendungen in Höhe von 24.500 GE. Auf Grund der vereinbarten Restwertgarantie hat der Leasingnehmer nach IAS 37 zusätzlich eine Rückstellung in Höhe von 1.167 GE als Barwert der bestmöglichen Schätzung des Ausgabenbetrages zu bilden, die bis zum Erfüllungszeitpunkt der Verpflichtung in jeder Periode aufzuzinsen ist. Zum Zeitpunkt der Fälligkeit der Restwertgarantie erfolgt der Verbrauch der Rückstellung. Die Klassifizierung als Operating-Leasingverhältnis führt somit zu den folgenden Auswirkungen auf die Bilanz und die Gewinn- und Verlustrechnung:

Jahr	0	1	2	3	4	5	6	7	Summe
Bilanz									
Liquide Mittel	26.500	23.000	19.500	16.000	12.500	9.000	5.500	0	/
Rückstellung	1.167	1.260	1.361	1.470	1.588	1.715	1.852	0	/
GuV									
sbA	1.167	3.500	3.500	3.500	3.500	3.500	3.500	3.500	25.667
Zinsaufwand	0	93	101	109	118	127	137	148	833
Periodenergebnis	-1.167	-3.593	-3.601	-3.609	-3.618	-3.627	-3.637	-3.648	-26.500

Abbildung 6: Bilanzierung eines Operating-Leasingverhältnisses beim Leasingnehmer[398]

Zusätzlich muss der Leasingnehmer insbesondere die Summe der künftigen Mindestleasingzahlungen – aufgeteilt nach Restlaufzeiten – angeben.[399]

[398] Die in den – in der vorliegenden Untersuchung zur Veranschaulichung der jeweiligen Bilanzierung dienenden – Abbildungen enthaltenen Angaben lauten stets auf volle GE und können Rundungsdifferenzen enthalten.

[399] So sind beispielsweise am 31.12.01 die Angabe der künftigen Mindestleasingzahlungen in einer Gesamthöhe von 18.000 GE sowie die Aufgliederung dieser Gesamtsumme in Beträge mit einer Restlaufzeit von bis zu einem Jahr (3.000 GE), zwischen ein und fünf Jahren (12.000 GE) sowie von mehr

Sofern der Leasingvertrag dagegen infolge der Würdigung nach dem Gesamtbild der wirtschaftlichen Verhältnisse als **Finanzierungs-Leasingverhältnis** klassifiziert wird, aktiviert der Leasingnehmer das Leasingobjekt und passiviert eine korrespondierende Verbindlichkeit in Höhe der fiktiven Anschaffungskosten. Der erstmalige Ansatz erfolgt zum niedrigeren Betrag aus dem beizulegenden Zeitwert des Leasingobjektes und dem Barwert der Mindestleasingzahlungen, die aus Sicht des Leasingnehmers nach IAS 17.4 die unbedingten jährlichen Leasingzahlungen in Höhe von 3.000 GE sowie den Höchstbetrag des von ihm garantierten Restwertes umfassen. Die bedingten Leasingraten sind dagegen nicht in die Mindestleasingzahlungen einzubeziehen. Somit sind das Leasingobjekt und die Leasingverbindlichkeit zum 31.12.00 zum Barwert der Mindestleasingzahlungen in Höhe von 17.953 GE anzusetzen, da dieser den beizulegenden Zeitwert von 20.000 GE unterschreitet.

Die Folgebewertung der beiden Bilanzpositionen weist dagegen erhebliche Unterschiede auf. Das Leasingobjekt wird analog zu erworbenen Vermögenswerten zumeist und auch im vorliegenden Beispiel planmäßig linear abgeschrieben, wobei bei der Ermittlung des Abschreibungsvolumens der voraussichtlich nicht in Anspruch genommene Teil der Restwertgarantie zu berücksichtigen ist. Die Folgebewertung der Verbindlichkeit erfolgt dagegen gemäß IAS 17.25 nach der Effektivzinsmethode. Die vom Leasingnehmer zu leistenden, unbedingten Leasingzahlungen sind in eine erfolgsneutrale Tilgungskomponente und in eine erfolgswirksame Zinskomponente so aufzuteilen, dass die jeweils verbleibende Restverbindlichkeit stets mit dem Grenzfremdkapitalzinssatz von 8% verzinst wird.

Während das Leasingobjekt somit infolge der linearen Abschreibung einer konstanten Wertminderung unterliegt, wird die Leasingverbindlichkeit analog eines Annuitätendarlehens auf Grund des stetig sinkenden Zinsanteils an der Leasingzahlung mit zunehmender Geschwindigkeit getilgt. Infolge der somit anfänglich höheren Zinsbelastung wird beim Finanzierungsleasing ein im Zeitablauf abnehmender Perioden-

als fünf Jahren (7.000 GE) erforderlich. Vgl. bzgl. der weiteren Angabepflichten nach IAS 17.35 sowie grundsätzlich zur Bilanzierung eines Operating-Leasingverhältnisses beim Leasingnehmer Abschnitt 323.22.

aufwand realisiert. Am Ende der Vertragslaufzeit gleichen sich die Wertansätze von Leasingobjekt und Verbindlichkeit wieder an, wie aus der folgenden Abbildung ersichtlich wird:

Jahr	0	1	2	3	4	5	6	7	Summe
Bilanz									
Liquide Mittel	26.500	23.000	19.500	16.000	12.500	9.000	5.500	0	
Leasingobjekt	17.953	15.674	13.395	11.116	8.837	6.558	4.279	0	
Verbindlichkeit	17.953	16.389	14.700	12.876	10.907	8.779	6.481	0	
GuV									
Abschreibung	0	2.279	2.279	2.279	2.279	2.279	2.279	2.279	15.953
sbA	0	500	500	500	500	500	500	500	3.500
Zinsaufwand	0	1.436	1.311	1.176	1.030	873	702	519	7.047
Periodenergebnis	0	-4.215	-4.090	-3.955	-3.809	-3.652	-3.481	-3.298	-26.500

Abbildung 7: Bilanzierung eines Finanzierungs-Leasingverhältnisses beim Leasingnehmer

Die erfolgsabhängigen Leasingzahlungen in Höhe von 500 GE sind in jedem Jahr periodengerecht als Aufwand zu erfassen. Am 31.12.07 hat der Leasingnehmer die Differenz zwischen der vereinbarten Restwertgarantie und dem Verwertungserlös an den Leasinggeber zu entrichten, die erwartungsgemäß 2.000 GE beträgt. Somit ist der bei der linearen Abschreibung berücksichtigte, erwartete Restwert des Leasingobjektes in Höhe von 2.000 GE erfolgsneutral gegen die korrespondierende Restverbindlichkeit auszubuchen.

Durch die Gegenüberstellung der Bilanzierung von Operating- und Finanzierungs-Leasingverhältnissen mittels der vorstehenden beispielhaften Vertragskonstellation werden die Auswirkungen des ***all or nothing approach*** beim Leasingnehmer deutlich. Aus einem Operating-Leasingverhältnis resultieren – mit Ausnahme der Rückstellung infolge einer vereinbarten Restwertgarantie – keine bilanziellen Auswirkungen. Im Rahmen der Bilanzierung eines Finanzierungs-Leasingverhältnisses weist der Leasingnehmer dagegen, in Anlehnung an einen fremdfinanzierten Erwerb, das Leasingobjekt sowie die korrespondierende Verbindlichkeit in seiner Bilanz aus. Während das Operating-Leasingverhältnis zu einer Verstetigung des Periodenaufwands führt, wird bei einem Finanzierungs-Leasingverhältnis in den ersten Perioden ein höherer Aufwand realisiert.

Da mit dem Finanzierungs-Leasingverhältnis eine **Verringerung der Eigenkapitalquote** sowie eine **Erhöhung der Anlagenintensität** verbunden ist, kann grundsätzlich davon ausgegangen werden, dass der Leasingnehmer über ein ausgeprägtes Interesse an einer Vertragseinordnung als Operating-Leasingverhältnis verfügt.[400] Die entsprechende Ausweichhandlung der Leasingnehmer und somit eine signifikante Zunahme der bilanzunwirksamen Operating-Leasingverhältnisse nach der Einführung der mit der geltenden Bilanzierungskonzeption verbundenen Bilanzwirksamkeit von Finanzierungs-Leasingverhältnissen konnte auch durch empirische Studien nachgewiesen werden.[401]

Bevor die der Vertragsklassifizierung folgende Leasingnehmerbilanzierung nach dem ***all or nothing approach*** vor dem Hintergrund der Entscheidungsnützlichkeit der vermittelten Informationen – als der zentralen Fragestellung der vorliegenden Arbeit – gewürdigt wird, soll nachfolgend zunächst die Bilanzierung beim Leasinggeber untersucht werden, die ebenfalls in Abhängigkeit von der Kategorisierung erfolgt.

323.3 Darstellung von Leasingverhältnissen beim Leasinggeber

323.31 Bilanzierung von Finanzierungs-Leasingverhältnissen beim Leasinggeber

Im Rahmen von Finanzierungs-Leasingverhältnissen werden im Wesentlichen alle mit dem Leasingobjekt verbundenen Chancen und Risiken und somit auch das für die bilanzielle Zurechnung entscheidende wirtschaftliche Eigentum vom Leasinggeber auf den

---

[400] Vgl. DAMODARAN, A., Investment valuation, S. 37; ANDERSONS, A., Bilanzierung von Leasinggeschäften, S. 139; MELLWIG, W., Leasing, S. 304; GRITTA, R. D./LIPPMAN, E./CHOW, G., Capitalization of Leases, S. 195. Vgl. überblicksartig zum Einfluss des *all or nothing approach* auf verschiedene Kennzahlen auf Seiten des Leasingnehmers GRADOW, A., Bilanzierung von Leasinggeschäften, S. 18-20. Aus dem Interesse der Leasingnehmer an einer Vertragseinordnung als Operating-Leasingverhältnis resultiert regelmäßig ein entsprechendes Interesse der Leasinggeber. Vgl. hierzu beispielhaft aus Sicht der Leasingbranche FEINEN, K. Leasing in der EU, S. 556-557.

[401] Vgl. bspw. ABDEL-KHALIK, A. R., Economic Effects on Lessees; GOODACRE, A., Impact of lease accounting reform, S. 49-50; TAYLOR, P./TURLEY, S., Accounting for Leases, S. 63-64; GODFREY, J. M./WARREN, S. M., Lessee Reactions to Regulation, S. 220-221; IMHOFF, E. A./THOMAS, J. K., Economic Consequences, S. 305. Die vorgenannten Studien untersuchen die Reaktionen der Leasingvertragsparteien auf die Einführung des SFAS 13 in den USA, des SSAP 21 in Großbritannien bzw. des AAS 17 in Australien. Da sämtliche Regelungen allerdings mit dem *all or nothing approach* der gleichen Grundkonzeption folgen, sind die Ergebnisse auf die hier analysierte Leasingbilanzierung nach IAS 17 übertragbar.

Leasingnehmer übertragen. Analog der **Annahme des Erwerbs** des Leasingobjektes durch den Leasingnehmer hat der Leasinggeber anstelle des Leasingobjektes gemäß IAS 17.36 eine **Forderung in Höhe des Nettoinvestitionswertes** aus dem Leasingverhältnis anzusetzen.[402] Dieser Nettoinvestitionswert des Leasingverhältnisses umfasst nach IAS 17.4 die mit dem dem Leasingverhältnis zu Grunde liegenden Zinssatz diskontierte Summe aus den Mindestleasingzahlungen sowie einem etwaigen dem Leasinggeber zuzurechnenden, nicht garantierten Restwert.[403]

Die Forderung über die im Zusammenhang mit dem Finanzierungs-Leasingverhältnis erwarteten Zahlungen ist erstmalig zu Beginn der Laufzeit des Leasingverhältnisses anzusetzen.[404] Anfängliche direkt zurechenbare Kosten des Leasinggebers sind nach IAS 17.38 bei der erstmaligen Bewertung der Forderung einzubeziehen und somit über die Laufzeit zu verteilen.[405] Die Einbeziehung der anfänglichen direkten Kosten in den Nettoinvestitionswert erfolgt dabei – auf Grund der Definition des dem Leasingverhältnis zu Grunde liegenden Zinssatzes – automatisch über die Anpassung des dem Leasingverhältnis zu Grunde liegenden Zinssatzes. Der durch die Berücksichtigung der direkt zurechenbaren Kosten verringerte Zinssatz führt wiederum zu einer Reduzierung der über die Vertragslaufzeit zu erfassenden Erträge.[406] Der Leasinggeber wird den durch diese anfänglichen Kosten erhöhten Nettoinvestitionswert indes im Rahmen der Vertragsverhandlungen mit dem Leasingnehmer berücksichtigen.

---

402 Grundsätzlich können aus dem erstmaligen Ansatz des Nettoinvestitionswertes und der Ausbuchung des Leasingobjektes beim Leasinggeber Veräußerungsgewinne und -verluste entstehen, die gemäß IAS 17.42 nach derselben Methode wie beim Verkauf vergleichbarer Vermögenswerte und damit sofort erfolgswirksam zu erfassen sind. Vgl. SABEL, E., Leasingverträge, S. 89-90; LORENZ, K., Leasingverhältnisse, S. 718-719. Insbesondere bei dem in dieser Arbeit nicht detailliert behandelten Hersteller- und Händlerleasing kommt es regelmäßig zu Veräußerungsgewinnen und -verlusten. Demgegenüber wird bei Leasinggebern, die weder Hersteller noch Händler des Leasingobjektes sind, der Buchwert des Leasingobjektes zumeist dessen beizulegendem Zeitwert und auch dem Nettoinvestitionswert entsprechen. Es liegt somit regelmäßig ein reines Finanzierungsgeschäft vor. Vgl. ADS International, Leasingverhältnisse, Rn. 244-248; PFERDEHIRT, H., Leasingbilanzierung nach IFRS, S. 95.

403 Vgl. zur Summe der Mindestleasingzahlungen aus Sicht des Leasinggebers Abschnitt 322.24.

404 Zahlungen des Leasingnehmers vor diesem Zeitpunkt sind vom Leasinggeber als erhaltene Anzahlungen auszuweisen. Vgl. KÜMPEL, T./BECKER, M., Leasing nach IFRS, S. 149.

405 Unter anfänglichen direkt zurechenbaren Kosten sind dabei beispielsweise Provisionen, Rechtsberatungskosten oder Kosten zur Bonitätsprüfung zu verstehen. Vgl. LORENZ, K., Leasingverhältnisse, S. 717. Gemeinkosten, die z. B. durch das Verkaufs- und Marketingpersonal entstehen, sind nach IAS 17.38 explizit vom Einbezug in die Leasingforderung ausgenommen.

406 Vgl. BEINE, F./NARDMANN, H., in: Wiley-Kommentar, S. 711, Rn. 67.

Korrespondierend zur Bilanzierung des Finanzierungs-Leasingverhältnisses beim Leasingnehmer hat auch der Leasinggeber die ihm zufließenden Mindestleasingzahlungen über die Vertragslaufzeit zu verteilen. Diese Aufteilung erfolgt nach IAS 17.39 mit dem Ziel einer konstanten periodischen Verzinsung der Nettoinvestition des Leasinggebers.[407] Hierfür ist der in den Mindestleasingzahlungen enthaltene **Zinsanteil** durch Multiplikation der jeweils noch ausstehenden Nettoinvestition mit dem dem Leasingverhältnis zu Grunde liegenden Zinssatz zu bestimmen.[408] Der somit ermittelte Zinsanteil ist erfolgswirksam zu erfassen und reduziert den zu Beginn der Laufzeit des Leasingverhältnisses noch nicht realisierten Finanzertrag als Differenz zwischen Brutto- und Nettoinvestitionswert. Der noch verbleibende Teil der Mindestleasingzahlungen vermindert als **Tilgungsanteil** die als Forderung bilanzierte verbleibende Nettoinvestition in das Leasingverhältnis.

Da die durch die konstante periodische Verzinsung der Nettoinvestition erreichte Verteilung des noch nicht realisierten Finanzertrages unabhängig von den tatsächlichen Einzahlungen erfolgt, sind gegebenenfalls Zinsabgrenzungen zum Zwecke einer periodengerechten Erfassung der Zinserträge vorzunehmen.[409]

Sofern der Leasinggeber bei der Ermittlung des Bruttoinvestitionswertes einen erwarteten nicht garantierten Restwert berücksichtigt hat, ist die Erzielbarkeit dieses Betrages nach IAS 17.41 regelmäßig zu überprüfen. Angesichts des Fehlens einer expliziten Regelung in IAS 17 erscheint es nach der hier vertretenden Auffassung zweckmäßig, sich an den Vorschriften des IAS 36 zu orientieren, da der Leasinggeber zu überprüfen hat, ob auch weiterhin von der Realisierbarkeit des anfangs von ihm geschätzten Restwertes durch die Anschlussverwertung in Form einer weiteren Vermietung oder eines Verkaufs des Leasingobjektes auszugehen ist.[410] Im Falle einer dauerhaften Wertminderung des

---

[407] Vgl. hierzu KIRSCH, H.-J., in: Baetge et al., Rechnungslegung nach IAS, IAS 17, Rn. 39; DOLL, R.-P., in: Beck IFRS HB, § 22, Rn. 71; MEYER, M., Berichterstattung auf Basis der IFRS, S. 365. Diese Vorgehensweise entspricht der Effektivzinsmethode nach IAS 39.

[408] Vgl. ADS International, Leasingverhältnisse, Rn. 253.

[409] Vgl. SABEL, E., Leasingverträge, S. 92; ADS International, Leasingverhältnisse, Rn. 254.

[410] Vgl. KÜMPEL, T./BECKER, M., Leasing nach IFRS, S. 163-164.

ursprünglich geschätzten nicht garantierten Restwertes wird der Zinsertrag unter Berücksichtigung des bislang erfassten kumulierten Zinsertrages berichtigt.[411]

Neben der periodisch vorzunehmenden **Überprüfung der Werthaltigkeit** von nicht garantierten Restwerten ist regelmäßig die Werthaltigkeit der Leasingforderungen zu überprüfen. Hierbei sind die Vorschriften des IAS 39 für Finanzinstrumente zu berücksichtigen, da Forderungen aus Leasingvereinbarungen finanzielle Vermögenswerte im Sinne von IAS 39.8 i. V. m. IAS 32.11 darstellen.[412]

Zahlungen, die der Leasingnehmer über die Mindestleasingzahlungen hinaus – wie beispielweise bedingte Leasingzahlungen – leistet, sind analog zur Bilanzierung beim Leasingnehmer periodengerecht ergebniswirksam zu erfassen.[413]

Am Ende der Vertragslaufzeit entspricht der Buchwert der in Höhe der Nettoinvestition in das Leasingverhältnis ausgewiesenen Forderung dem gegebenenfalls garantierten Restwert zuzüglich eines darüber hinaus berücksichtigten nicht garantierten Restwertes. Erhält der Leasinggeber das Leasingobjekt vom Leasingnehmer zurück, wird das Leasingobjekt grundsätzlich zum Buchwert der Leasingforderung angesetzt. Der Rückerhalt ist somit als erfolgsneutraler Aktivtausch abzubilden. Die der Rückgabe nachfolgende bilanzielle Behandlung des Leasingobjektes ist dann von der weiteren Verwertungsabsicht des Leasinggebers abhängig.[414]

---

411 Dabei wird die Ertragsverteilung nach IAS 17.41 grundsätzlich über die restliche Laufzeit des Leasingverhältnisses angepasst, während jede Verringerung in Bezug auf bereits in abgelaufenen Perioden abgegrenzte Beträge sofort zu erfassen ist. Vgl. BEINE, F./NARDMANN, H., in: Wiley-Kommentar, S. 712, Rn. 70; PELLENS, B./FÜLBIER, R. U./GASSEN, J./SELLHORN, T., Internationale Rechnungslegung, S. 634; GELHAUSEN, H. F./WEIBLEN, S., in: HdJ, Abt. I/5, Rn. 254. Darüber hinaus erscheint es sachgerecht, eine auf eine Minderung folgende Erhöhung des nicht garantierten Restwertes in Anlehnung an vergleichbare Wertaufholungsregelungen innerhalb der IFRS zu berücksichtigen. Vgl. hierzu ausführlich KÜMPEL, T./BECKER, M., Leasing nach IFRS, S. 163-166.

412 Vgl. IAS 32 AG 9. Grundsätzlich sind Rechte aus Leasingverhältnissen gemäß IAS 39.2 (b) vom Anwendungsbereich des IAS 39 ausgeschlossen. Nach IAS 39.2 (b(i)) sind jedoch insbesondere die in IAS 39.58-59 und IAS 39.63-65 enthaltenen Bestimmungen für die Identifizierung sowie die Behandlung von Wertminderungen durch den Leasinggeber zu berücksichtigen.

413 Vgl. SABEL, E., Leasingverträge, S. 92; ADS International, Leasingverhältnisse, Rn. 262.

414 Vgl. hierzu KÜMPEL, T./BECKER, M., Leasing nach IFRS, S. 170-171; HEYD, R., Leasing im Bilanzrecht, S. 63-64.

Neben der diskutierten Bilanzierung der Leasingforderung sowie der Vereinnahmung der Erträge aus dem Finanzierungs-Leasingverhältnis sind die nachfolgenden Angaben erforderlich (IAS 17.47):[415]

- eine Überleitungsrechnung von der Bruttoinvestition in das Leasingverhältnis zum Barwert der am Bilanzstichtag ausstehenden Mindestleasingzahlungen;
- eine Aufgliederung der Bruttoinvestition und des Barwertes der am Bilanzstichtag ausstehenden Mindestleasingzahlungen in Beträge mit einer Restlaufzeit von bis zu einem Jahr, zwischen einem und fünf Jahren sowie von mehr als fünf Jahren;
- noch nicht realisierte Finanzerträge als Differenz zwischen Brutto- und Nettoinvestitionswerten;
- nicht garantierte Restwerte, die zu Gunsten des Leasinggebers anfallen;
- kumulierte Wertberichtigungen für uneinbringliche ausstehende Mindestleasingzahlungen;
- im Periodenergebnis berücksichtigte bedingte Mietzahlungen;
- eine allgemeine Beschreibung der wesentlichen Leasingvereinbarungen des Leasinggebers.

Im Rahmen der vorstehenden Erläuterungspflichten hat der Leasinggeber keine Überleitung von der noch offenen Bruttoinvestition auf die in der Bilanz ausgewiesene Nettoinvestition in das Leasingverhältnis, sondern auf die noch ausstehenden Mindestleasingzahlungen offen zu legen. Folglich werden die vertraglich vereinbarten Zahlungsmittelzuflüsse aus den Leasingzahlungen und den Restwertgarantien getrennt von den nicht garantierten Restwerten, die mangels vertraglicher Zusagen mit größerer Unsicherheit behaftet sind, ausgewiesen. Den Investoren wird es hiermit – unterstützt durch die Angabe der nicht realisierten Finanzerträge und der nicht garantierten Restwerte – ermöglicht, die künftigen Einzahlungen aus den Leasingvereinbarungen und aus

[415] Zudem hat der Leasinggeber die Angabepflichten nach IFRS 7 zu erfüllen, da die Leasingforderung einen finanziellen Vermögenswert im Sinne des IAS 32 darstellt. Vgl. IAS 32 AG 9.

der regelmäßig noch nicht konkretisierten Anschlussverwertung separat zu analysieren.[416]

Darüber hinaus wird in IAS 17.48 die Angabe der Bruttoinvestition aus dem in der Berichtsperiode abgeschlossenem Neugeschäft, vermindert um die noch nicht realisierten Erträge und nach Abzug der Beträge für gekündigte Leasingverhältnisse als Wachstumsindikator empfohlen.

323.32 Bilanzierung von Operating-Leasingverhältnissen beim Leasinggeber

Bei Leasingvereinbarungen, die aus Sicht des Leasinggebers als Operating-Leasingverhältnis zu klassifizieren sind, verbleiben die wesentlichen mit dem Leasing objekt verbundenen Chancen und Risiken beim Leasinggeber. Der Leasinggeber behält somit neben dem **juristischen Eigentum** auch das für die bilanzielle Zurechnung von Vermögenswerten entscheidende **wirtschaftliche Eigentum**.[417] Dementsprechend sind diese Leasingobjekte nach IAS 17.49 beim Leasinggeber in Übereinstimmung mit den Bilanzierungs- und Bewertungsregeln für vergleichbare selbst genutzte Vermögenswerte abzubilden und regelmäßig innerhalb des Anlagevermögens auszuweisen.[418]

Die planmäßige Abschreibung abnutzbarer Leasingobjekte ist nach IAS 17.53 auf Basis der Methode vorzunehmen, die ein Leasinggeber für ähnliche Vermögenswerte berücksichtigt.[419] Die Identifikation wertgeminderter Leasingobjekte sowie deren außerplan-

---

[416] Vgl. hierzu auch KÜMPEL, T./BECKER, M., Leasing nach IFRS, S. 179-180.

[417] Vgl. KÜMPEL, T./BECKER, M., Leasing nach IFRS, S. 181; ESSER, M., Leasingverhältnisse in der IFRS-Rechnungslegung, S. 432; HEYD, R., Leasing im Bilanzrecht, S. 53.

[418] Vgl. SABEL, E., Leasingverträge, S. 95; DOLL, R.-P., in: Beck IFRS HB, § 22, Rn. 56; ALVAREZ, M./WOTSCHOFSKY, S./MIETHIG, M., Leasingverhältnisse nach IAS 17, S. 942. Der Ausweis der Leasingobjekte in einem separaten Bilanzposten ist grundsätzlich weder nach IAS 17 noch nach IAS 1.68 erforderlich. Sofern die Leasingaktivitäten indes einen wesentlichen Teil der Geschäftstätigkeit des Leasinggebers ausmachen, kann ein gesonderter Ausweis der Leasingobjekte nach IAS 1.69 erforderlich sein. Vgl. ADS International, Leasingverhältnisse, Rn. 292.

[419] Je nach Art des Vermögenswertes kommt somit IAS 16 für Sachanlagen, IAS 38 für immaterielle Vermögenswerte, IAS 40 für die als Finanzinvestitionen gehaltenen Immobilien oder IAS 41 für biologische Vermögenswerte zur Anwendung.

mäßige Abschreibung hat nach IAS 17.54 ebenfalls **analog zu entsprechenden selbst genutzten Vermögenswerten** nach IAS 36 zu erfolgen.[420]

Die Leasingerträge aus Operating-Leasingverhältnissen sind gemäß IAS 17.50 grundsätzlich linear über die Laufzeit des Leasingverhältnisses zu verteilen.[421] Bedingte Leasingzahlungen sowie Zahlungen für die Erbringung von Dienstleistungen außerhalb des eingeräumten Nutzungsrechtes sind dabei nicht in die Leasingerträge einzubeziehen.[422] Vom Grundsatz der Linearisierung der Leasingerträge ist indes abzuweichen, sofern eine andere systematische Verteilung der Erträge eher dem zeitlichen Verlauf der Abnahme des dem Leasingobjekt innewohnenden wirtschaftlichen Nutzens entspricht.[423] Die Verteilung der Leasingerträge folgt somit regelmäßig dem Abschreibungsverlauf des Leasingobjektes (*matching principle*). Gewährt der Leasinggeber dem Leasingnehmer Anreize für den Abschluss oder die Verlängerung eines Operating-Leasingvertrages, sind die Kosten für diese Anreize nach SIC 15.4 proportional zu den Leasingerträgen über die Laufzeit des Leasingverhältnisses zu verteilen.[424]

IAS 17.51 stellt darüber hinaus klar, dass die Verteilung und erfolgswirksame Erfassung der Leasingzahlungen unabhängig von den tatsächlichen Zahlungsmodalitäten ist. Sofern die tatsächlichen Zahlungen von der gewählten Verteilungssystematik abweichen, sind somit aktivische oder passivische Abgrenzungen vorzunehmen.[425]

---

420 Hierbei ist eine etwaige Restwertgarantie des Leasingnehmers zu berücksichtigen. Vgl. SABEL, E., Leasingverträge, S. 96.

421 Nach IAS 17.55 dürfen Leasinggeber, die Hersteller oder Händler des Leasingobjektes sind, im Rahmen von Operating-Leasingverhältnissen keinen Veräußerungsgewinn realisieren, da die Vereinbarung wirtschaftlich keinem Verkauf entspricht. Somit erfolgt eine von der Funktion des Leasinggebers unabhängige Bilanzierung von Operating-Leasingverhältnissen.

422 Vgl. KÜMPEL, T./BECKER, M., Leasing nach IFRS, S. 183; LORENZ, K., Leasingverhältnisse, S. 719; HEYD, R., Leasing im Bilanzrecht, S. 53-54. Die Beurteilung, welche Zahlungen in die Leasingerträge einzubeziehen sind, hat dabei stets nach der wirtschaftlichen Betrachtungsweise zu erfolgen. Vgl. hierzu die Ausführungen zur analogen Berücksichtigung von Restwertgarantien beim Leasingnehmer in Abschnitt 323.21.

423 Vgl. LÜDENBACH, N./FREIBERG, J., in: Haufe IFRS-Kommentar, § 15, Rn. 145. Wenn der Leasinggeber das Leasingobjekt fremdfinanziert hat, sind bei der Allokation der Leasingerträge zudem die Finanzierungskosten zu berücksichtigen. Vgl. KIRSCH, H.-J., in: Baetge et al., Rechnungslegung nach IAS, IAS 17, Rn. 56. Vgl. offensichtlich a. A. ADS International, Leasingverhältnisse, Rn. 286.

424 Vgl. PELLENS, B./FÜLBIER, R. U./GASSEN, J./SELLHORN, T., Internationale Rechnungslegung, S. 637; BEINE, F./NARDMANN, H., in: Wiley-Kommentar, S. 711, Rn. 62.

425 Beispielsweise sind degressive Leasingraten, erhöhte Erstmieten oder mietfreie Zeiträume am Ende der Vertragslaufzeit bei einer linearen Abschreibung des Leasingobjektes passivisch abzugrenzen,

Anfängliche direkte Kosten, die dem Leasinggeber im Zusammenhang mit den Verhandlungen und dem Abschluss des Leasingvertrages entstehen, sind nach IAS 17.52 dem Buchwert des Leasingobjektes hinzuzurechnen und über die Laufzeit des Leasingverhältnisses proportional zu den Leasingerträgen ergebniswirksam zu erfassen. Infolge der im Vergleich zur wirtschaftlichen Nutzungsdauer geringeren Vertragslaufzeit sind diese aktivierten Kosten nicht in die Abschreibungen des Leasingobjektes einzubeziehen.[426]

Neben der dargestellten Bilanzierung des Leasingobjektes sowie der Vereinnahmung der Leasingerträge ist der Leasinggeber für Operating-Leasingverhältnisse zu folgenden ergänzenden Angaben verpflichtet (IAS 17.56):[427]

- die Summe der noch nicht vereinnahmten Mindestleasingzahlungen aus unkündbaren Operating-Leasingverhältnissen sowie eine Aufgliederung dieser Summe in Beträge mit einer Restlaufzeit von bis zu einem Jahr, zwischen einem und fünf Jahren sowie von mehr als fünf Jahren;
- die Summe der in der Berichtsperiode ertragswirksam erfassten bedingten Mietzahlungen;
- eine allgemeine Beschreibung der wesentlichen Leasingvereinbarungen des Leasinggebers.

Da der Leasinggeber bei Operating-Leasingverhältnissen wirtschaftlicher Eigentümer des Leasingobjektes bleibt, sind ferner nach IAS 17.57 – in Abhängigkeit des jeweiligen Leasingobjektes – die allgemeinen Angabepflichten analog selbst genutzter Vermögenswerte verpflichtend. Da der Leasinggeber das Leasingobjekt indes regelmäßig nicht

---

während progressive Leasingraten oder mietfreie Zeiträume am Anfang der Vertragslaufzeit bei linearem Nutzungsverlauf zu einer aktivischen Abgrenzung führen. Vgl. KIRSCH, H.-J., in: Baetge et al., Rechnungslegung nach IAS, IAS 17, Rn. 55; GELHAUSEN, H. F./WEIBLEN, S., in: HdJ, Abt. I/5, Rn. 255. Die gebildeten Abgrenzungsposten sind bis zum Ende der Laufzeit des Leasingverhältnisses entweder auf Null oder auf den Betrag einer gegebenenfalls vereinbarten Mietabschlusszahlung aufzulösen. Bei vorzeitiger Vertragsbeendigung ist ein etwaiger Abgrenzungsposten zum Zwecke einer periodengerechten Erfolgsermittlung gebildeten Abgrenzungsposten erfolgswirksam auszubuchen. Vgl. ADS International, Leasingverhältnisse, Rn. 287.

[426] Vgl. SABEL, E., Leasingverträge, S. 95.

[427] Der Leasinggeber hat ferner die Angabepflichten nach IFRS 7 zu berücksichtigen, die sich indes nur auf Leasingforderungen beziehen, die aus bereits fälligen, aber noch nicht erhaltenen Leasingraten resultieren, da Operating-Leasingverhältnisse ansonsten keine Finanzinstrumente im Sinne des IAS 32 darstellen. Vgl. IAS 32 AG 9.

selbst nutzen kann, sondern am Ende der Vertragslaufzeit zwischen den Verwertungsalternativen Verkauf oder Anschlussvermietung des Leasingobjektes wählt, werden dem Buchwert des Leasingobjektes durch die obigen leasingspezifischen Erläuterungen die als hinreichend sicher geltenden künftigen Einzahlungen gegenübergestellt. Da nicht ausschließlich über die noch nicht vereinnahmten Leasingerträge, sondern über die entsprechenden Mindestleasingzahlungen zu berichten ist, sind die garantierten künftigen Zahlungsmittelflüsse aus der Anschlussverwertung hierbei einzubeziehen. Eine Angabe der entsprechenden Barwerte ist indes nicht vorgeschrieben.

323.33 Vergleichende Analyse der Bilanzierung beim Leasinggeber

Die in den vorherigen Abschnitten erläuterte Bilanzierung von Finanzierungs- und Operating-Leasingverhältnissen beim Leasinggeber soll nachfolgend anhand der bereits in Abschnitt 323.13 eingeführten **beispielhaften Leasingvertragskonstellation** verdeutlicht werden.

Der Leasinggeber hat bei der zum Zwecke der Bilanzierung – unabhängig vom Leasingnehmer – vorzunehmenden Kategorisierung der Leasingvereinbarung insbesondere die Verteilung der mit dem Leasingobjekt verbundenen wesentlichen Chancen und Risiken zu berücksichtigen. Zur Unterstützung dieser Klassifizierung werden auch vom Leasinggeber zumeist die in IAS 17.10 und IAS 17.11 enthaltenen **Orientierungshilfen** herangezogen.

Der hier angenommene Leasingvertrag ist nicht auf die (spätere) Übertragung des juristischen Eigentums am Leasingobjekt auf den Leasingnehmer ausgerichtet. Dementsprechend sind die diesbezüglichen Beispielsituationen nach IAS 17.10 (a) und IAS 17.10 (b) nicht einschlägig. Unter der Annahme, dass der Leasinggeber die vereinbarte Verlängerungsoption analog zum Leasingnehmer als günstig für diesen einschätzt und somit eine spätere Optionsausübung antizipiert, gelangt dieser im Rahmen des Laufzeittestes nach IAS 17.10 (c) ebenfalls zu einer 70% der wirtschaftlichen Nutzungsdauer des Leasingobjektes umfassenden Gesamtlaufzeit. Daher kommt es hinsichtlich der Frage der Übertragung des überwiegenden Teils des wirtschaftlichen Nutzenpotentials des Leasingobjektes auf den Leasingnehmer aus Sicht des Leasinggebers gleichermaßen zu keinem eindeutigen Ergebnis.[428]

Im Rahmen des Barwerttestes nach IAS 17.10 (d) hat der Leasinggeber die gleichen Mindestleasingzahlungen wie der Leasingnehmer zu berücksichtigen, da im vorliegenden Beispiel keine Restwertgarantie mit einer vom Leasingnehmer unabhängigen Partei vereinbart worden ist. Dementsprechend umfassen die Mindestleasingzahlungen aus Sicht des Leasinggebers ebenfalls ausschließlich die unbedingten Leasingraten unter Einbeziehung des optionalen Zeitraums sowie den Höchstbetrag des vom Leasingnehmer garantierten Restwertes. Allerdings hat der Leasinggeber nach IAS 17.36 i. V. m. IAS 17.4 zur Diskontierung der Mindestleasingzahlungen den dem Leasingverhältnis zu Grunde liegenden Zinssatz heranzuziehen, der dem Leasingnehmer annahmegemäß nicht bekannt ist. Da in der Beispielkonstellation für den Leasinggeber keine anfänglichen direkten Kosten anfallen und dieser auch keinen über den vom Leasingnehmer garantierten, hinausgehenden Restwert erwartet, entspricht der Barwert der Mindestleasingzahlungen dem beizulegenden Zeitwert des Leasingobjektes in Höhe von 20.000 GE. Das Investitionsrisiko ist somit aus Sicht des Leasinggebers in voller Höhe auf den Leasingnehmer übertragen worden. Der dem Leasingverhältnis zu Grunde liegende Zinssatz beträgt 5,25%. Auf Grund der unterschiedlichen Informationsbasis und der hieraus resultierenden abweichenden zu berücksichtigenden Zinssätze kommen Leasinggeber und Leasingnehmer somit hinsichtlich der Übertragung des Investitionsrisikos zu deutlich divergierenden Ergebnissen.[429]

Über die Mindestleasingzahlungen hinaus hat der Leasinggeber auch die vereinbarten erfolgsabhängigen Leasingzahlungen grundsätzlich in die stets erforderliche **Gesamtbeurteilung** einzubeziehen. Da indes das Investitionsrisiko bereits mit den vereinbarten Mindestleasingzahlungen auf den Leasingnehmer übertragen worden ist, hat im vorliegenden Beispiel die seitens des Leasinggebers vorzunehmende Schätzung der bedingten Leasingzahlungen, die auf Grund der Abhängigkeit von den zukünftig vom Leasing-

---

[428] Vgl. hierzu die Ausführungen in Abschnitt 323.23.

[429] Die Orientierungshilfen des IAS 17.10 (d) sowie des IAS 17.11 sind für den Leasinggeber ebenso wenig einschlägig wie für den Leasingnehmer. Vgl. hierzu die Ausführungen in Abschnitt 323.23.

nehmer erzielten Umsatzerlösen offenkundig ermessensbehaftet ist, eine untergeordnete Bedeutung. Es ist grundsätzlich davon auszugehen, dass der Leasingnehmer nur dann ein derartiges Investitionsrisiko übernehmen wird, sofern er parallel an den wesentlichen Chancen des Leasingobjektes partizipieren kann. Somit ist die Leasingvereinbarung aus Sicht des Leasinggebers als **Finanzierungs-Leasingverhältnis** zu klassifizieren, da im Wesentlichen sämtliche mit dem Leasingobjekt verbundenen Chancen und Risiken auf den Leasingnehmer übertragen worden sind. Folglich kann es bei der hier angenommenen Vertragskonstellation zu einer unterschiedlichen Klassifizierung der Leasingvereinbarung durch die beiden Vertragsparteien kommen, da der Leasingnehmer den Leasingvertrag – wie in Abschnitt 323.13 verdeutlicht – in Abhängigkeit von der Einschätzung der zukünftigen Umsatzerlöse durchaus als Operating-Leasingverhältnis kategorisieren kann. In diesem Fall würde das Leasingobjekt von keiner der beiden Vertragsparteien in der Bilanz ausgewiesen werden.

Wird die Leasingvereinbarung im Rahmen der diskutierten Kategorisierung durch den Leasinggeber als Finanzierungs-Leasingverhältnis eingestuft, erfolgt bei diesem nach IAS 17.36 die Aktivierung einer Forderung in Höhe des Nettoinvestitionswertes aus dem Leasingverhältnis. Der Nettoinvestitionswert des Leasinggebers umfasst die Differenz vom Bruttoinvestitionswert in Höhe von 25.000 GE und den nicht realisierten Finanzerträgen in Höhe von 5.000 GE. Da der Leasinggeber keinen nicht garantierten Restwert erwartet, entspricht der als Forderung auszuweisende Nettoinvestitionswert somit dem Barwert der Mindestleasingzahlungen in Höhe von 20.000 GE. Die korrespondierende Ausbuchung des Leasingobjektes beim Leasinggeber erfolgt ergebnisneutral, sofern der Buchwert des Leasingobjektes dessen beizulegenden Zeitwert entspricht, wovon im vorliegenden Beispiel auszugehen ist.[430] Auf Basis des dem Leasingverhältnis zu Grunde liegenden Zinssatzes in Höhe von 5,25% sind die nicht realisierten Finanzerträge über die Laufzeit des Leasingverhältnisses zu verteilen, um zu der nach IAS 17.39 vorgeschriebenen konstanten periodischen Verzinsung der Nettoinvestition des Leasinggebers zu gelangen. Der über den der Periode zuzurechnenden Finanzertrag hinausgehende Teil der unbedingten Leasingzahlungen vermindert als Tilgungsanteil

[430] Sofern der Leasingnehmer die Leasingvereinbarung als Operating-Leasingverhältnis klassifiziert, wird das Leasingobjekt somit weder beim Leasinggeber noch beim Leasingnehmer bilanziert.

die Leasingforderung gegenüber dem Leasingnehmer. Die jährlichen erfolgsabhängigen Leasingzahlungen in Höhe von 500 GE sind periodengerecht als Ertrag zu erfassen. Am 31.12.07 erhält der Leasinggeber sowohl aus der Verwertung des Leasingobjektes als auch aus der mit dem Leasingnehmer vereinbarten Restwertgarantie jeweils 2.000 GE. Die folgende Abbildung veranschaulicht die Verteilung der Finanzerträge in der Gewinn- und Verlustrechnung sowie die Wertentwicklung der Leasingforderung in der Bilanz:

Jahr	0	1	2	3	4	5	6	7	Summe
Bilanz									
Liquide Mittel	0	3.500	7.000	10.500	14.000	17.500	21.000	28.500	
Forderung	20.000	18.050	15.997	13.836	11.563	9.170	6.651	0	
GuV									
Umsatzerlöse	0	500	500	500	500	500	500	500	3.500
Zinsertrag	0	1.050	947	840	726	607	481	348	5.000
Periodenergebnis	0	1.550	1.447	1.340	1.226	1.107	981	848	8.500

Abbildung 8: Bilanzierung eines Finanzierungs-Leasingverhältnisses beim Leasinggeber

Zusätzlich hat der Leasinggeber den Bruttoinvestitionswert in das Leasingverhältnis und die noch nicht realisierten Finanzerträge anzugeben. Der Bruttoinvestitionswert verringert sich dabei um die in der jeweiligen Periode erhaltenen Leasingzahlungen. Die (noch) unrealisierten Finanzerträge vermindern sich um die bereits realisierten Finanzerträge. Somit ist beispielsweise zum 31.12.01 die Angabe des Bruttoinvestitionswertes in Höhe von 22.000 GE sowie die Angabe der noch nicht realisierten Finanzerträge in Höhe von 3.950 GE erforderlich.

Auch wenn die angenommene Leasingvereinbarung – wie oben gezeigt – vom Leasinggeber als Finanzierungs-Leasingverhältnis zu klassifizieren sein wird, soll die Bilanzierung eines **Operating-Leasingverhältnisses** nachfolgend zur Veranschaulichung der bilanziellen Auswirkungen der Klassifizierung durch den Leasinggeber ebenfalls anhand dieser beispielhaften Vertragskonstellation verdeutlicht werden.

Unter der Annahme eines Operating-Leasingverhältnisses bilanziert der Leasinggeber das Leasingobjekt weiterhin im Anlagevermögen und schreibt diesen wie einen vergleichbaren selbst genutzten Vermögenswert über die wirtschaftliche Nutzungsdauer ab. Die Leasingerträge in Form der vom Leasingnehmer enthaltenen Leasingraten sind vom Leasinggeber grundsätzlich linear über die Vertragslaufzeit zu verteilen, sofern keine andere systematische Verteilung eher dem zeitlichen Verlauf der Abnahme des mit dem Leasingobjekt verbundenen wirtschaftlichen Nutzens entspricht. Da an dieser Stelle von einer linearen Verteilung ausgegangen werden soll, vereinnahmt der Leasinggeber jährlich Erträge aus den unbedingten Leasingzahlungen in Höhe von 3.000 GE. Ferner sind die erfolgsabhängigen Leasingzahlungen in Höhe von 500 GE pro Jahr periodengerecht zu erfassen. Der Leasinggeber erzielt am 31.12.07 aus der Verwertung des Leasingobjektes sowie aus der vereinbarten Restwertgarantie insgesamt 4.000 GE. Auf Grund des Restbuchwertes des Leasingobjektes in Höhe 6.000 GE, realisiert der Leasinggeber somit aus der Anschlussverwertung einen Verlust von 2.000 GE.[431] Die Klassifizierung als Operating-Leasingverhältnis seitens des Leasinggebers führt zu folgenden Auswirkungen auf die Bilanz und die Gewinn- und Verlustrechnung:

Jahr	0	1	2	3	4	5	6	7	Summe
Bilanz									
Liquide Mittel	0	3.500	7.000	10.500	14.000	17.500	21.000	28.500	
Leasingobjekt	20.000	18.000	16.000	14.000	12.000	10.000	8.000	0	
GuV									
Umsatzerlöse	0	3.500	3.500	3.500	3.500	3.500	3.500	3.500	24.500
Abschreibung	0	2.000	2.000	2.000	2.000	2.000	2.000	2.000	14.000
sbA	0	0	0	0	0	0	0	2.000	2.000
Periodenergebnis	0	1.500	1.500	1.500	1.500	1.500	1.500	-500	8.500

Abbildung 9: Bilanzierung eines Operating-Leasingverhältnisses beim Leasinggeber

Durch die Gegenüberstellung der Bilanzierung von Finanzierungs- und Operating-Leasingverhältnissen mittels der obigen beispielhaften Vertragskonstellation wird deutlich, dass die aus der Vertragskategorisierung resultierenden Auswirkungen auf die Bilanzierung beim Leasinggeber weitaus geringer als beim – nach dem *all or nothing approach* bilanzierenden – Leasingnehmer sind.[432] Der Leasinggeber hat sowohl Finanzierungs- als auch Operating-Leasingverhältnisse bilanziell zu berücksichtigen. Im Rah-

[431] Die Frage einer u. U. in einer der Vorperioden vorzunehmenden Wertminderung nach IAS 36 soll an dieser Stelle nicht diskutiert werden.

[432] Vgl. zur Leasingnehmerbilanzierung nach dem *all or nothing approach* Abschnitt 323.23.

men der Bilanzierung eines Operating-Leasingverhältnisses weist der Leasinggeber weiterhin das Leasingobjekt aus, das in Übereinstimmung mit entsprechenden selbst genutzten Vermögenswerten über die wirtschaftliche Nutzungsdauer planmäßig abgeschrieben wird. Die vereinbarten Leasingzahlungen werden periodengerecht und grundsätzlich analog zum Zahlungsmittelzufluss vereinnahmt. Aus einem Finanzierungs-Leasingverhältnis resultiert dagegen – in Anlehnung an einen Verkauf des Leasingobjektes – eine Forderung, deren Verzinsung zu einer tendenziell früheren Ertragsvereinnahmung führt. Zudem ändert sich die Zusammensetzung des Periodenergebnisses, da der Leasinggeber bei Finanzierungs-Leasingverhältnissen im Gegensatz zu Operating-Leasingverhältnissen Zinserträge realisiert, woraus in Konsequenz ein verringertes betriebliches Ergebnis resultiert.

Trotz der vorstehend diskutierten Unterschiede bei der bilanziellen Behandlung von Finanzierungs- und Operating-Verhältnissen auf Seiten des Leasinggebers ist festzuhalten, dass die dem *risk and reward approach* folgende Zuordnung des Leasingobjektes beim Leasinggeber im Vergleich zum Leasingnehmer deutlich geringere Auswirkungen auf die Bilanzierung hat.

Nach der Untersuchung der Bilanzierung von Leasingverhältnissen nach IFRS soll nachfolgend zunächst die ebenfalls dem ***risk and reward approach*** folgende Leasingbilanzierung nach US-GAAP analysiert werden. Hierbei wird insbesondere auf die aus der heterogenen Umsetzung dieser gemeinsamen Grundkonzeption resultierenden Unterschiede zu IFRS fokussiert. Anschließend wird die mit der Vertragsklassifizierung verknüpfte Bilanzierung von Leasingverhältnissen nach IFRS und US-GAAP vor dem Hintergrund der Entscheidungsnützlichkeit zusammenfassend gewürdigt.

33 Regelungen zur Abbildung von Leasingverhältnissen nach US-GAAP – Darstellung und kritische Würdigung

331. Vorbemerkungen

Die US-GAAP bestehen aus einer Vielzahl einzelfallbezogener Standards, Interpretationen, Verlautbarungen verschiedener Institutionen, allgemein anerkannter Rechnungslegungspraktiken, der in der Fachliteratur zum Ausdruck kommenden herrschenden Meinung sowie generellen Prinzipien.[433]

Die grundlegenden Prinzipien der US-amerikanischen Rechnungslegung wurden vom FASB im sogenannten ***Conceptual Framework*** zusammengefasst.[434] Im Gegensatz zum IFRS-*Framework* wurde das *Conceptual Framework* nicht als eine Einheit entwickelt, sondern besteht aus sieben *Statements of Financial Accounting Concepts* (SFAC), die zwischen 1978 und 2000 verabschiedet worden sind. Das *Conceptual Framework* dient als Deduktionsbasis für zukünftige Rechungslegungsvorschriften und ist für die Lösung ungeklärter Bilanzierungssachverhalte lediglich heranzuziehen, sofern diese nicht in den übergeordneten Einzelfallvorschriften geregelt sind.[435]

Die **grundlegende Vorschrift** zur Bilanzierung von Leasingverhältnissen ist der bereits 1976 verabschiedete **SFAS 13**. In den Anwendungsbereich des Standards fallen nach SFAS 13.1 sämtliche Vereinbarungen, die das Recht auf Nutzung von Sachanlagen für

---

[433] Dabei kann die unsystematische Ansammlung verschiedenster Quellen im Gegensatz zum IFRS-Rechnungslegungssystem nicht einem geschlossenen Regelwerk entnommen werden. Zudem fehlt es an einer eindeutigen Begriffsdefinition. Vgl. hierzu KUHLEWIND, A.-M., Bilanzrechtstheorie in den USA, S. 29-32; SCHILDBACH, T., Legitimation der US-GAAP, S. 198. Zur Konkretisierung des Umfangs der US-GAAP sowie zur Klarstellung des Verpflichtungs- bzw. Empfehlungscharakters der verschiedenen Elemente des kasuistischen Rechnungslegungssystems werden die verschiedenen Quellen der US-GAAP regelmäßig in fünf Hierarchieebenen strukturiert. Bis zur Veröffentlichung von *Statement of Financial Accounting Standards* (SFAS) 162 im Mai 2008, mit dem erstmalig der US-amerikanische Standardsetter selbst eine hierarchische Einordnung der unterschiedlichen Quellen vorgenommen hat, ist das sog. *House of GAAP* insbesondere Bestandteil des vom US-Wirtschaftsprüferverband AICPA herausgegebenen Prüfungsstandards SAS Nr. 69 gewesen. Vgl. begriffsprägend RUBIN, S., House of GAAP, S. 122-129. Dabei sind bspw. die SFAS Elemente der ersten Hierarchieebene mit dem höchsten Verpflichtungscharakter. Vgl. hierzu auch SAUTER, D., House of GAAP, S. 30-37; HEINTGES, S., Bilanzkultur in den USA, S. 122-127; KÜHNE, M., Rechnungslegung nach US-GAAP, S. 88-89. Bzgl. SFAS 162 bzw. des entsprechenden, nahezu unverändert verabschiedeten Standardentwurfs vgl. VATER, H., Anatomie der Rechnungslegung nach US-amerikanischen Grundsätzen, S. 940-950. Vgl. zur ausgeprägten Verbindung zwischen Rechnungslegung und Kapitalmarktregulierung in den USA bspw. WÜSTEMANN, J., US-GAAP, S. 422-423; BÖCKEM, H., Rechnungslegungsstandards, S. 103-108;

[434] Vgl. ausführlich HALLER, A., Externe Rechnungslegung in den USA, S. 199-230; SIEBERT, H., Grundlagen der US-amerikanischen Rechnungslegung, S. 125-187.

[435] Vgl. bspw. HALLER, A., Merkmale US-amerikanischer Rechnungslegung, S. 7; PREIßLER, G., Prinzipienbasierung der Rechnungslegung, S. 148-150; BALLWIESER, W., Rahmenkonzepte der Rechnungslegung, S. 338; PELLENS, B./FÜLBIER, R. U./GASSEN, J./SELLHORN, T., Internationale Rechnungslegung, S. 134. Die zu vernachlässigende Bedeutung des *Conceptual Frameworks* für die Klärung von Bilanzierungsproblemen ist durch die jüngst erfolgte Veröffentlichung des SFAS 162 bestätigt worden. Nach SFAS 162.5 verbleiben die Bestimmungen des *Conceptual Frameworks* auf der fünften und damit untersten Hierarchieebene.

einen festgelegten Zeitraum übertragen.[436] Die in diesem Standard enthaltenen Regelungen wurden in der Folge durch weitere Standards des FASB geändert oder ergänzt, ohne die in der nachfolgenden Untersuchung im Fokus stehende Grundkonzeption des SFAS 13 zu beeinflussen. Nach *EITF-Issue* 01-8 sind neben direkten Nutzungsrechten an einem Leasingobjekt unter bestimmten Voraussetzungen auch indirekte Nutzungsrechte in den Anwendungsbereich von SFAS 13 einzubeziehen.[437] Zudem werden in einer Vielzahl von FASB *Technical Bulletins* (FTB), FASB *Interpretations* (FIN) sowie weiteren EITF-Issues einzelne Detailprobleme geregelt, die zu einer im Vergleich zu den IFRS-Regelungen erheblich höheren **Regelungsdichte** und Komplexität der US-Bestimmungen führen.[438]

Nachfolgend soll zunächst die Konzeption der Leasingbilanzierung nach SFAS 13 im Fokus der Untersuchung stehen. Dabei sollen insbesondere die Unterschiede und Gemeinsamkeiten zur Leasingbilanzierung nach IFRS diskutiert werden.

[436] Damit fallen im Unterschied zu IAS 17 Vereinbarungen über die Nutzungsüberlassung von immateriellen und biologischen Vermögenswerten grundsätzlich nicht in den Anwendungsbereich von SFAS 13. Gemäß Statement of Position (SoP) 98-1.32 des US-Wirtschaftsprüferverband AICPA, die Bestandteil der zweiten Hierarchieebene des „House of GAAP“ sind, finden die Grundsätze von SFAS 13 indes auch für Lizenzvereinbarungen über Software Anwendung. Vgl. ADS International, Leasingverhältnisse, Rn. 20.

[437] Nach EITF-Issue 01-8 muss zur Begründung eines Leasingverhältnisses ein indirektes Nutzungsrecht an einem eindeutig spezifizierten Vermögenswert in der Weise übertragen werden, dass die operationelle Verfügungsmacht, die physische Verfügungsmacht oder im Wesentlichen die Gesamtleistung dieses Vermögenswertes auf den Erwerber der Ausbringungsmenge übergeht. Vgl. ausführlich ROß, N./KUNZ, J./DRÖGEMÜLLER, S., Verdeckte Leasingverhältnisse bei Outsourcing-Maßnahmen, S. 2023-2027; GÖTZ, J./SPANHEIMER, J., Identifizierung von Leasingverhältnissen, S. 510-518. Vgl. zur korrespondierenden IFRS-Regelung Abschnitt 321 m. w. N.

[438] Bzgl. einer Zusammenstellung der für die Bilanzierung von Leasingverhältnissen relevanten US-GAAP vgl. LEIPPE, B., Bilanzierung von Leasinggeschäften, S. 349-352. Die explizite Vorstellung sämtlicher Regelungen erscheint insbesondere vor dem Hintergrund der konzeptionellen Fragestellung der vorliegenden Untersuchung nicht zielführend. Die Einführung ausgewählter relevanter Regelungen erfolgt in den nachfolgenden Abschnitten.

332. Der *all or nothing approach* als konzeptionelle Grundlage der Leasingbilanzierung nach US-GAAP

332.1 Grundunterscheidung zwischen Capital- und Operating-Leasingverhältnissen

Der Leasingbilanzierung nach US-GAAP liegt das bereits in Abschnitt 233.2 erläuterte, umfassendere US-amerikanische Leasingverständnis zu Grunde, nach dem nicht zwischen Leasing und Miete unterschieden wird. Zum Zwecke der Bilanzierung differenziert SFAS 13.6 zwischen Capital-Leasingverhältnissen und Operating-Leasingverhältnissen.[439] Unter **Capital-Leasingverhältnissen** sind dabei Leasingverhältnisse zu verstehen, bei denen im Wesentlichen sämtliche mit dem Leasingobjekt verbundenen Chancen und Risiken auf den Leasingnehmer transferiert werden.[440] Da die Differenzierung somit einer wirtschaftlichen Betrachtungsweise folgt, ist die Übertragung des juristischen Eigentums auf den Leasingnehmer nicht notwendig. Im Sinne einer Negativabgrenzung sind sämtliche anderen Leasingvereinbarungen als **Operating-Leasingverhältnisse** zu klassifizieren.

Die Kategorisierung von Leasingverhältnissen nach US-GAAP stellt somit grundsätzlich analog zur korrespondierenden IFRS-Regelung auf das wirtschaftliche Eigentum am Leasingobjekt ab (***risk and reward approach***). Die aus der Klassifizierung resultierende Bilanzierung nach US-GAAP folgt dabei ebenfalls dem ***all or nothing approach***. Im Rahmen eines Capital-Leasingverhältnisses wird der Leasingnehmer wirtschaftlicher Eigentümer, der nach SFAS 13.60 wirtschaftlich in die Position eines Teilzahlungskäufers versetzt wird und das Leasingobjekt dementsprechend in seiner Bilanz zu aktivieren hat.[441] Bei einem Operating-Leasingverhältnis verbleibt das wirtschaftliche Eigentum am Leasingobjekt dagegen beim Leasinggeber, der folglich das Leasingobjekt im Jah-

---

[439] Dieses Begriffspaar entspricht grundsätzlich der Differenzierung in Finanzierungs-Leasingverhältnisse und Operating-Leasingverhältnisse nach IAS 17.

[440] Vgl. KPMG (Hrsg.), US-GAAP, S. 237; KÜTING, K./HELLEN, H.-H./BRAKENSIEK, S., Bilanzierung von Leasinggeschäften, S. 40; SCHIMMELSCHMIDT, U./HAPPE, P., Bilanzierung von Leasingverträgen, S. 5. Dieses dem IFRS-Verständnis entsprechende Grundkonzept manifestiert sich in SFAS 13.60 als Teil der Basis for Conclusions i. V. m. SFAS 13.7.

[441] Vgl. AMMANN, H./HUCKE, A., Leasing und Bilanzierung, S. 92; MELLWIG, W., Leasing im internationalen Handelsrecht, S. 74; BENDER, H. J., Vergleich der Leasing Standards, S. 25.

resabschluss auszuweisen hat, während sich beim Leasingnehmer keine bilanziellen Auswirkungen ergeben.

Die Klassifizierung als Capital- oder Operating-Leasingverhältnis wird nach SFAS 13.7 grundsätzlich zu Beginn des Leasingverhältnisses durchgeführt. Dies ist nach SFAS 12.5 (b) der frühere der beiden Zeitpunkte Abschluss des Leasingvertrages oder der Tag, an dem sich Leasinggeber und Leasingnehmer über die wesentlichen Bestimmungen der Leasingvereinbarung geeinigt haben, und entspricht somit dem Klassifizierungszeitpunkt nach IFRS.

Im Gegensatz zu den Regelungen von IAS 17 ist im Rahmen der Klassifizierung nach US-GAAP das Ausmaß der Übertragung der mit dem Leasingobjekt verbundenen Chancen und Risiken nicht als übergeordneter Grundsatz zu verwenden.[442] Vielmehr erfolgt die Klassifizierung von Leasingvereinbarungen ausschließlich anhand der in SFAS 13.6 bis SFAS 13.8 normierten Kriterien. Hierbei handelt es sich um einen geschlossenen Kriterienkatalog, der auf Grund der nicht erforderlichen wirtschaftlichen Gesamtbetrachtung zu einer **automatischen Vertragsklassifizierung** führt.[443]

Daher sollen zunächst die Klassifizierungskriterien einer näheren Untersuchung unterzogen werden. Anschließend wird auf die der jeweiligen Kategorisierung folgende, unterschiedliche bilanzielle Abbildung von Leasingverhältnissen eingegangen.

332.2 Die quantitativen Zurechnungskriterien des SFAS 13 als verbindlicher Klassifizierungsmaßstab

Die Kategorisierung von Leasingvereinbarungen ist durch die beiden Vertragsparteien unabhängig voneinander auf Basis des jeweiligen Informationsstandes durchzuführen. Im Unterschied zur Vertragseinordnung nach IFRS sind die vorgegebenen Zurech-

---

[442] Vgl. KÜTING, K./HELLEN, H.-H./BRAKENSIEK, S., Bilanzierung von Leasinggeschäften, S. 40; ADS International, Leasingverhältnisse, Rn. 136.

[443] Vgl. KÜTING, K./HELLEN, H.-H./BRAKENSIEK, S., Leasing, S. 1468; MELLWIG, W., Leasing im internationalen Handelsrecht, S. 74; FINDEISEN, K.-D., Leasing-Geschäft, S. 63.

nungskriterien für Leasingnehmer und Leasinggeber nach US-GAAP dabei jedoch nicht deckungsgleich.

Aus Sicht des Leasingnehmers liegt gemäß SFAS 13.6 (a) ein Capital-Leasingverhältnis vor, wenn mindestens eines der folgenden Kriterien erfüllt ist:

- Am Ende des Leasingverhältnisses geht das juristische Eigentum am Leasingobjekt auf den Leasingnehmer über (SFAS 13.7 (a));
- der Leasingvertrag enthält eine günstige Kaufoption (SFAS 13.7 (b));
- die Grundmietzeit umfasst mindestens 75% der wirtschaftlichen Nutzungsdauer des Leasingobjektes (SFAS 13.7 (c));
- der Barwert der Mindestleasingraten zu Beginn der Grundmietzeit beträgt mindestens 90% des beizulegenden Zeitwertes des Leasingobjektes (SFAS 13.7 (d)).

Die beiden letzten Kriterien gelten nicht für Leasingvereinbarungen über gebrauchte Leasingobjekte, sofern der Vertragsbeginn in das letzte Viertel der gesamten wirtschaftlichen Nutzungsdauer der Leasingobjekte fällt.

Die vorstehenden vier Kriterien entsprechen mit Ausnahme der **quantitativen Grenzziehung** den in IAS 17.10 (a) bis IAS 17.10 (d) aufgeführten Beispielen für Situationen, die nach IFRS normalerweise zur Klassifizierung eines Leasingverhältnisses als Finanzierungsleasing führen. Hinsichtlich der Auslegung der Kriterien bestehen keine grundsätzlichen Unterschiede zu IAS 17.[444] Insofern wird auf die entsprechenden Ausführungen in den Abschnitten 322.21 bis 322.24 verwiesen. Im Unterschied zur IFRS-Regelung erfolgt bei Erfüllung eines der obigen Kriterien indes eine **zwingende Klassifizierung des Leasingvertrages** als Capital-Leasingverhältnis durch den Leasingnehmer.[445] Die tatsächliche Übertragung im Wesentlichen aller mit dem Leasingobjekt verbundenen Chancen und Risiken auf den Leasingnehmer ist darüber hinaus nicht gesondert zu prüfen. Sofern keines der Kriterien erfüllt ist, liegt dagegen nach SFAS 13.6 (a)

[444] Vgl. GELHAUSEN, H. F./WEIBLEN, S., in: HdJ, Abt. I/5, Rn. 271.

[445] Vgl. bspw. ADS International, Leasingverhältnisse, Rn. 137; MELLWIG, W., Leasing im internationalen Handelsrecht, S. 74; HEYD, R., Leasing im Bilanzrecht, S. 81; FELD, K.-P., IAS und US-GAAP, S. 1028.

aus dem Blickwinkel des Leasingnehmers stets ein Operating-Leasingverhältnis vor. Die Unterschiede zur Klassifizierung nach IAS 17 bestehen somit im Automatismus der Vertragsklassifizierung sowie in der Festlegung von quantitativen Grenzwerten in SFAS 13.7 (c) – (d).

Der Automatismus der Vertragskategorisierung anhand der vier vorgestellten Kriterien lässt sich wie folgt veranschaulichen:

Abbildung 10: Klassifizierung von Leasingverhältnissen nach SFAS 13[446]

Für den Leasingnehmer ist der Klassifizierungsprozess damit abgeschlossen. Aus Sicht des Leasinggebers sind dagegen **zusätzlich** zu den obigen, in SFAS 13.7 enthaltenen Kriterien, die Bedingungen des SFAS 13.8 kumulativ zu erfüllen, damit die Leasingvereinbarung als Capital-Leasingverhältnis zu qualifizieren ist:

- Die Einbringlichkeit der Mindestleasingraten muss für den Leasinggeber hinreichend vorhersehbar sein (SFAS 13.8 (a));

[446] Abbildung in Anlehnung an BRAKENSIEK, S., Bilanzneutrale Finanzierungsinstrumente, S. 190; WILLIAMS, J. R., GAAP, S. 29.17.

- es bestehen keine wesentlichen Unsicherheiten hinsichtlich zusätzlicher, nicht weiter belastbarer Kosten des Leasinggebers, die aus dem Leasingverhältnis resultieren (SFAS 13.8 (b)).

Sofern mindestens eines der Kriterien in SFAS 13.7 sowie beide Kriterien in SFAS 13.8 erfüllt sind, ist das Leasingverhältnis vom Leasinggeber zwingend als Capital-Leasingverhältnis zu klassifizieren.[447] Dabei sind aus Sicht des Leasinggebers mit *sales-type lease*, *direct financing lease* und *leveraged lease* drei verschiedene Unterkategorien für Capital-Leasingverhältnisse zu unterscheiden.

Beim *sales-type lease* handelt es sich wirtschaftlich betrachtet um einen Verkauf mit gleichzeitiger Finanzierung des Kaufpreises über das Leasingverhältnis, bei dem Hersteller oder Händler als Leasinggeber fungieren, die das Leasinggeschäft zur Förderung des Absatzes betreiben.[448] Demgegenüber handelt es sich beim *direct financing lease* um ein reines Finanzierungsgeschäft, wie es bspw. bei Verträgen mit Banken und Leasinggesellschaften auftreten wird.[449] Ein *leveraged lease* ist eine Sonderform des *direct financing lease*, bei dem mit Leasinggeber und -nehmer sowie Darlehensgeber zumindest drei Parteien beteiligt sind und bei dem durch die langfristige Finanzierung durch den Darlehensgeber ein wesentlicher Hebeleffekt für den Leasinggeber entsteht.[450]

Wie beim Leasingnehmer sind auch beim Leasinggeber sämtliche Leasingverhältnisse, die die obigen Kriterien nicht erfüllen, infolge der **Negativabgrenzung** stets als Operating-Leasingverhältnis zu klassifizieren. Mit den beiden oben erläuterten Klassifizie-

---

[447] Vgl. PABST, H./SCHMIDT, A./BACHER, A., Bilanzierung von Mobilien-Leasingverträgen, S. 1199; LEIPPE, B., Bilanzierung von Leasinggeschäften, S. 127; AMMANN, H./WULF, I., Leasingbilanzierung, S. 914; GAO, S. S., Leasing, 135-136.

[448] Vgl. ADS International, Leasingverhältnisse, Rn. 148; GRUBER, T./KÜHNBERGER, M., US-GAAP, S. 1735; KPMG (Hrsg.), US-GAAP, S. 241.

[449] Vgl. GELHAUSEN, H. F./WEIBLEN, S., in: HdJ, Abt. I/5, Rn. 275; KÖHLERTZ, K., Bilanzierung von Leasing, S. 40. Der Ertrag des Leasinggebers besteht entsprechend dem ausschließlichen Finanzierungscharakter der Leasingvereinbarung uneingeschränkt aus Zinsen. Vgl. EBERHARTINGER, E., Leasing, S. 333.

[450] Vgl. KPMG (Hrsg.), US-GAAP, S. 242-243; HEYD, R., Leasing im Bilanzrecht, S. 92. Vgl. insbesondere zur Vertragskonstellation beim *leveraged lease* COPELAND, T. E./WESTON, J. F./SHASTRI, K., Unternehmensfinanzierung, S. 884-886.

rungsschritten nach SFAS 13.7 sowie SFAS 13.8 ist die Vertragseinordnung beim Leasinggeber somit ebenfalls abgeschlossen.

Bevor die mit der Kategorisierung verknüpfte bilanzielle Behandlung der Leasingvereinbarungen nach US-GAAP diskutiert wird, soll nachfolgend zunächst die vorstehend erläuterte Klassifizierungsmethodik anhand der in Abschnitt 323.23 eingeführten beispielhaften Leasingvertragskonstellation veranschaulicht werden. Dabei sollen insbesondere die Unterschiede zwischen US-GAAP und IFRS hinsichtlich der Umsetzung des ***risk and reward approach*** verdeutlicht werden.

332.3 Zwischenfazit zur Leasingvertragsklassifizierung nach US-GAAP

Nach der in der vorliegenden Untersuchung stets betrachteten Leasingvertragskonstellation[451] geht das juristische Eigentum am Leasingobjekt am Ende der Vertragslaufzeit nicht vom Leasinggeber auf den Leasingnehmer über. Zudem ist keine Kaufoption vereinbart worden. Dementsprechend sind die Kriterien nach SFAS 13.7 (a) und SFAS 13.7 (b) nicht einschlägig. Die gemäß SFAS 13.7 (c) vorgegebene Grundmietzeit von mindestens 75% der wirtschaftlichen Nutzungsdauer wird auch unter der Annahme, dass die Vertragsparteien die vereinbarte Verlängerungsoption als günstig einschätzen, mit dann 70% der wirtschaftlichen Nutzungsdauer des Leasingobjektes unterschritten. Dementsprechend führt auch dieses Kriterium weder aus Sicht des Leasingnehmers noch aus der des Leasinggebers zu einer Klassifizierung als Capital-Leasingverhältnis.

Demgegenüber führt der gemäß SFAS 13.7 (d) vorzunehmende Barwerttest bei Leasinggeber und Leasingnehmer zu unterschiedlichen Ergebnissen, da der dem Leasingverhältnis zu Grunde liegende Zinssatz dem Leasingnehmer annahmegemäß nicht bekannt ist. Dementsprechend muss dieser zur Diskontierung der Mindestleasingzahlungen – in Übereinstimmung mit der korrespondierenden Regelung nach IFRS[452] – auf seinen Grenzfremdkapitalzinssatz in Höhe von 8,0% zurückgreifen. Die Abzinsung der Mindestleasingzahlungen, die sich aus den unbedingten Leasingzahlungen sowie dem

[451] Vgl. zur angenommenen Vertragskonstellation Abschnitt 323.23.
[452] Vgl. zur Vertragskategorisierung nach IAS 17 beim Leasingnehmer Abschnitt 323.23.

Höchstbetrag des vom Leasingnehmer garantierten Restwertes zusammensetzen, in Höhe von 25.000 GE ergibt zu Beginn des Leasingverhältnisses einen Barwert von 17.953 GE, was 89,8% des beizulegenden Zeitwertes des Leasingobjektes entspricht. Nach dem **Klassifizierungsautomatismus** nach US-GAAP ist der vorliegende Leasingvertrag aus Sicht des Leasingnehmers somit zwingend als **Operating-Leasingverhältnis** zu würdigen. Der Leasinggeber nutzt dagegen zur Diskontierung der Mindestleasingzahlungen den dem Leasingverhältnis zu Grunde liegenden Zinssatz in Höhe von 5,25%. Da für den Leasinggeber annahmegemäß keine anfänglichen direkten Kosten anfallen und dieser auch keinen über den vom Leasingnehmer garantierten, hinausgehenden Restwert des Leasingobjektes erwartet, entspricht der Barwert der Mindestleasingzahlungen somit 100% des beizulegenden Zeitwertes des Leasingobjektes. Der Leasinggeber hat die Vertragskonstellation somit zwingend als **Capital-Leasingverhältnis** zu klassifizieren.[453]

Im Beispiel gelangen die beiden Vertragsparteien infolge des Klassifizierungsautomatismus nach US-GAAP unvermeidbar zu einer gegensätzlichen Vertragseinordnung und das Leasingobjekt wird von keiner der Vertragsparteien ausgewiesen. Dieses Klassifizierungsergebnis ist nach IAS 17 – wie in Abschnitt 323.33 gezeigt – zwar grundsätzlich auch möglich, allerdings auf Grund der stets erforderlichen wirtschaftlichen Gesamtbetrachtung der Leasingvereinbarung nicht zwingend. Da eine solche Gesamtwürdigung nach US-GAAP auf Grund der von IFRS abweichenden Umsetzung des ***risk and reward approach*** nicht erfolgt, hat die Vertragseinordnung nach dem geschlossenen Kriterienkatalog gem. SFAS 13 somit zu scheinbar eindeutigen Ergebnissen geführt. Allerdings ist auf die offensichtlich für die Kategorisierung höhere Bedeutung der exakten Vertragsbestimmungen sowie des angenommenen Grenzfremdkapitalzinssatzes hinzuweisen.

Nach der Kategorisierung der Leasingverhältnisse gemäß SFAS 13 soll nun die damit verknüpfte bilanzielle Behandlung der Leasingvereinbarungen diskutiert werden. Dabei

[453] Da aus der Vertragskonstellation keine Hinweise auf die Uneinbringlichkeit der Mindestleasingzahlungen sowie auf nicht weiter belastbare Kosten des Leasinggebers hervorgehen, ist davon auszugehen, dass die aus Sicht des Leasinggebers nach SFAS 13.8 zusätzlich zu erfüllenden Kriterien ebenfalls erfüllt sind. Vgl. hierzu Abschnitt 332.2.

werden erneut insbesondere die Unterschiede zur Bilanzierung nach IAS 17 im Mittelpunkt der Untersuchung stehen. Zur Ermöglichung einer übersichtlichen Analyse wird dabei nachfolgend in Abschnitt 333.1 – korrespondierend zur Struktur der Diskussion der Bilanzierung nach IFRS – auf die Bilanzierung von Capital- und Operating-Leasingverhältnissen beim Leasingnehmer eingegangen. In Abschnitt 333.2 wird die Leasinggeberbilanzierung nach US-GAAP ebenfalls in Abhängigkeit von der Vertragskategorisierung diskutiert.

333. Bilanzierung von Leasingverhältnissen nach US-GAAP

333.1 Darstellung von Leasingverhältnissen beim Leasingnehmer

333.11 Bilanzierung von Capital-Leasingverhältnissen beim Leasingnehmer

Sofern die Anforderungen des vorgenannten Kriterienkatalogs erfüllt sind, ist die Leasingvereinbarung zwingend als Capital-Leasingverhältnis zu klassifizieren. Der Leasingnehmer wird in eine **eigentümerähnliche Stellung** versetzt und die Bilanzierung erfolgt wie beim Finanzierungs-Leasingverhältnis nach IAS 17 in Anlehnung an die bilanzielle Abbildung eines kreditfinanzierten Erwerbsvorgangs.

Somit ist das **Leasingobjekt** gemäß SFAS 13.10 zu Beginn der Vertragslaufzeit mit seinen fiktiven Anschaffungskosten zu aktivieren und eine **Verbindlichkeit** in korrespondierender Höhe zu passivieren, womit die erfolgsneutrale Behandlung des unterstellten Anschaffungsvorgangs gewährleistet wird.[454] Leasingobjekt und Leasingverbindlichkeit sind dabei in Höhe des Barwertes der Mindestleasingzahlungen anzusetzen, sofern dieser nicht über dem beizulegenden Zeitwert des Leasingobjektes liegt. Für die Ermittlung des Barwertes ist nach SFAS 13.10 i. V. m. SFAS 13.7 (d) auf den niedrigeren Zinssatz von Grenzfremdkapitalzinssatz des Leasingnehmers und dem dem Leasingverhältnis zu Grunde liegenden Zinssatz zurückzugreifen, sofern der Leasingnehmer letzteren ermitteln kann.[455]

[454] Vgl. BRAKENSIEK, S., Bilanzneutrale Finanzierungsinstrumente, S. 199.

[455] Demgegenüber richtet sich der zu berücksichtigende Zinssatz nach IAS 17.20 ausschließlich nach der Ermittelbarkeit des dem Leasingverhältnis zu Grunde liegenden Zinssatzes. Vgl. hierzu ausführlich die Ausführungen zur Bilanzierung von Finanzierungs-Leasingverhältnissen beim Leasingnehmer in Abschnitt 323.21.

Die Folgebewertung der im Anlagevermögen des Leasingnehmers aktivierten Leasingobjekte erfolgt grundsätzlich in Übereinstimmung mit vergleichbaren Vermögenswerten des Leasingnehmers.[456] Sofern der Übergang des juristischen Eigentums am Ende der Vertragslaufzeit hinreichend sicher ist, ist das Leasingobjekt über die verbleibende wirtschaftliche Nutzungsdauer abzuschreiben.[457] In allen anderen Fällen erfolgt die Abschreibung des Leasingobjektes dagegen nach SFAS 13.11 (b) über die die Nutzung begrenzende Vertragslaufzeit auf den erwarteten Restwert.[458]

Die **Aufteilung der Mindestleasingzahlungen** in einen Tilgungs- und einen Zinsanteil ist nach SFAS 13.12 dabei so vorzunehmen, dass sich ein konstanter Zinssatz auf die jeweils verbleibende Leasingverbindlichkeit ergibt.[459] Die Verbindlichkeit ist in den nachfolgenden Perioden um den **Tilgungsanteil** der Leasingraten zu vermindern, während der **Zinsanteil** als Periodenaufwand zu erfassen ist. Die Regelungen zur Bilanzierung von Capital-Leasingverhältnissen nach US-GAAP stimmen somit grundsätzlich mit den Vorgaben für Finanzierungs-Leasingverhältnisse von IAS 17 überein.

333.12 Bilanzierung von Operating-Leasingverhältnissen beim Leasingnehmer

Wenn eine Leasingvereinbarung nicht die oben diskutierten Kriterien für Capital-Leasingverhältnisse erfüllt und somit entsprechend der Negativabgrenzung als Operating-Leasingverhältnis zu klassifizieren ist, wird beim Leasingnehmer weder das Leasingobjekt noch die Leasingverbindlichkeit bilanziell erfasst. Vielmehr erfolgt korrespondierend zu IAS 17 lediglich die **Aufwandserfassung** der Leasingraten.[460]

[456] Vgl. BENDER, H. J., Vergleich der Leasing Standards, S. 26; KÖHLERTZ, K., Bilanzierung von Leasing, S. 37; EBERHARTINGER, E., Leasing, S. 333.

[457] Der hinreichend sichere Übergang des juristischen Eigentums ist dabei nicht gesondert zu überprüfen, sondern ist nach SFAS 13.11 (a) bei Erfüllung der Klassifizierungskriterien des automatischen Eigentumsübergangs sowie der günstigen Kaufoption anzunehmen.

[458] Vgl. LEIPPE, B., Bilanzierung von Leasinggeschäften, S. 133; KPMG (Hrsg.), US-GAAP, S. 240.

[459] Vgl. PABST, H./SCHMIDT, A./BACHER, A., Bilanzierung von Mobilien-Leasingverträgen, S. 1197; KÖHLERTZ, K., Bilanzierung von Leasing, S. 37; AMMANN, H./HUCKE, A., Leasing und Bilanzierung, S. 92.

[460] Eine Verbindlichkeit ist lediglich dann auszuweisen, wenn der Leasingnehmer eine bereits fällige Leasingrate noch nicht bezahlt hat. Vgl. BRAKENSIEK, S., Bilanzneutrale Finanzierungsinstrumente, S. 201.

Die gesamten Leasingzahlungen sind grundsätzlich nach SFAS 13.15 linear als Aufwand über die Laufzeit des Leasingverhältnisses zu verteilen. Nur sofern eine andere planmäßige Verteilung den Verbrauch an wirtschaftlichem Nutzen aus dem Leasingobjekt besser widerspiegelt, ist von der linearen Aufwandserfassung abzuweichen.[461]

Im Unterschied zur IFRS-Regelung sind Restwertgarantien nach FIN 45.9 (b) grundsätzlich in Höhe ihres beizulegenden Zeitwertes zu Beginn des Leasingverhältnisses zu passivieren. Nach FIN 45.11 (d) wird in gleicher Höhe eine Vorauszahlung der Leasingraten aktiviert, die gemäß SFAS 13.15 über die Laufzeit des Leasingverhältnisses zu verteilen ist.[462]

333.2 Darstellung von Leasingverhältnissen beim Leasinggeber

333.21 Bilanzierung von Capital-Leasingverhältnissen beim Leasinggeber

Nach der Abbildung von Leasingverhältnissen beim Leasingnehmer soll nachfolgend die Bilanzierung beim Leasinggeber analysiert werden. Sofern eine Leasingvereinbarung die aus Sicht des Leasinggebers erweiterten Zurechnungskriterien des SFAS 13 erfüllt, ist diese als Capital-Leasingverhältnis zu klassifizieren. Dabei ist zum Zwecke der Bilanzierung zwischen den drei Unterkategorien *sales-type lease*, *direct financing lease* sowie *leveraged lease* zu differenzieren.[463]

Bei Leasingverhältnissen, die als ***sales-type lease*** zu klassifizieren sind, bilanziert der Leasinggeber nach SFAS 13.17 (a) eine Forderung in Höhe des Nettoinvestitionswertes. Dabei ergibt sich der Nettoinvestitionswert aus der Summe der vereinbarten Mindestleasingzahlungen und dem nicht garantierten Restwert, die mit dem dem Leasingverhältnis zu Grunde liegenden Zinssatz zu diskontieren sind. Zu Beginn des Leasingverhältnisses werden Umsatzerlöse in Höhe des Barwertes der Mindestleasingzahlungen –

---

[461] Vgl. GELHAUSEN, H. F./WEIBLEN, S., in: HdJ, Abt. I/5, Rn. 281.

[462] Vgl. ADS International, Leasingverhältnisse, Rn. 230. Demgegenüber sind Garantien des Leasingnehmers nach IAS 17 nur in die zu verteilenden Leasingzahlungen einzubeziehen, sofern diesen eine Kompensationsfunktion zu unüblich niedrigen Leasingraten zukommt. Sofern die Garantie dagegen keine derartige Ausgleichsfunktion hat, ist diese nach den allgemeinen Regelungen von IAS 37 in voller Höhe zu passivieren. Vgl. hierzu die Ausführungen in Abschnitt 323.22.

[463] Vgl. zu den verschiedenen Typen von Capital-Leasingvereinbarungen Abschnitt 332.2.

als der angenommene Verkaufspreis des Leasingobjektes – vereinnahmt. Ein nicht garantierter Restwert ist demgegenüber noch nicht zu realisieren. Der Buchwert des fiktiv abgegangenen Leasingobjektes sowie die Vertragsabschlusskosten werden als Herstellungskosten des Umsatzes interpretiert. Es wird somit ein **Veräußerungsgewinn oder -verlust** in Höhe der Differenz zwischen Umsatzerlösen und dem vorstehend definierten Aufwand realisiert.[464] Die eingehenden Leasingzahlungen sind in einen Zins- und Tilgungsanteil aufzuspalten, so dass sich ein konstanter Zinssatz auf die jeweilige Nettoinvestition ergibt. Im Rahmen der zumindest jährlich durchzuführenden Überprüfung des geschätzten Restwertes ist nach SFAS 13.17 (d) nur bei nicht nur vorübergehenden Minderungen desselben eine Korrektur der Nettoinvestition in das Leasingverhältnis vorzunehmen.[465]

Die Bilanzierung eines ***direct financing lease*** erfolgt grundsätzlich analog zum *sales-type lease*. Da allerdings nur ein reines Finanzierungsgeschäft zwischen den Vertragsparteien abgeschlossen worden ist, kann kein Veräußerungsgewinn oder -verlust entstehen.[466] Direkt zurechenbare anfängliche Kosten sind gemäß SFAS 13.18 (b) als Teil des Nettoinvestitionswertes zu aktivieren, der somit umfangreicher als beim *sales-type lease* definiert ist. In den Folgeperioden sind der noch nicht realisierte Ertrag und die anfänglichen direkten Kosten ergebniswirksam über die Laufzeit des Leasingverhältnisses zu verteilen.

Bei der Bilanzierung eines ***leveraged lease*** als Sonderfall des *direct financing lease* aktiviert der Leasinggeber nach SFAS 13.43 den Bruttoinvestitionswert in das Leasingverhältnis abzüglich der von dritten Parteien bereitgestellten Darlehen.[467] Die Bestandteile eines *leveraged lease* – das *direct financing lease* sowie das Darlehensgeschäft mit einem Dritten – sind somit als geschlossene Transaktion zu bilanzieren. Das gesamte

[464] Vgl. hierzu ausführlich EBERHARTINGER, E., Leasing, S. 335-336. Diese Abbildung erfolgt in Übereinstimmung mit den korrespondierenden IFRS-Regelungen für Leasinggeber, die Hersteller oder Händler sind.

[465] Demgegenüber dürfen Erhöhungen des geschätzten Restwertes analog zur IFRS-Regelung grundsätzlich nicht berücksichtigt werden. Vgl. ADS International, Leasingverhältnisse, Rn. 303.

[466] Vgl. GELHAUSEN, H. F./WEIBLEN, S., in: HdJ, Abt. I/5, Rn. 285.

[467] Somit werden *direct financing lease* sowie das Kreditgeschäft als Bestandteile eines *leveraged leases* als eine geschlossene Transaktion bilanziert. Vgl. LEIPPE, B., Bilanzierung von Leasinggeschäften, S. 141.

Ergebnis aus dem Leasingverhältnis wird nach SFAS 13.44 so über die Laufzeit des Leasingverhältnisses ergebniswirksam erfasst, dass eine konstante Verzinsung der Nettoinvestition erzielt wird.[468]

333.22 Bilanzierung von Operating-Leasingverhältnissen beim Leasinggeber

Bei Leasingvereinbarungen, die die einschlägigen Kriterien für Capital-Leasingverhältnisse aus Sicht des Leasinggebers nicht erfüllen und somit zwingend als Operating-Leasingverhältnis zu klassifizieren sind, verbleibt das **wirtschaftliche Eigentum** am Leasingobjekt weiterhin beim Leasinggeber. Dementsprechend hat dieser das Leasingobjekt in seiner Bilanz auszuweisen.

Der Leasinggeber aktiviert gemäß SFAS 13.19 (a) das Leasingobjekt in Übereinstimmung mit den Bilanzierungs- und Bewertungsregeln für vergleichbare selbstgenutzte Vermögenswerte.[469] Die vereinnahmten Mindestleasingraten sind gemäß SFAS 13.19 (b) grundsätzlich linear über die Laufzeit des Leasingverhältnisses zu verteilen, sofern keine andere systematische Verteilung das zeitliche Muster, nach dem der Nutzenzufluss aus dem Leasingobjekt abnimmt, besser widerspiegelt. Anfängliche direkte Kosten sind nach SFAS 13.19 (c) grundsätzlich abzugrenzen und über die Laufzeit des Leasingverhältnisses proportional zu den ergebniswirksam erfassten Leasingerträgen zu erfassen. Die Bilanzierung von Operating-Leasingverhältnissen nach SFAS 13.19 entspricht somit der korrespondierenden IFRS-Regelung.[470]

334. Zwischenfazit zur Leasingbilanzierung nach US-GAAP

Da die der Kategorisierung folgende Bilanzierung nach US-GAAP grundsätzlich der bereits ausführlich diskutierten Leasingbilanzierung nach IFRS entspricht, soll zur Vermeidung von Redundanzen auf eine erneute Erläuterung der Leasingbilanzierung an-

---

[468] Vgl. ADS International, Leasingverhältnisse, Rn. 306. Vgl. ausführlich zum in dieser Arbeit nicht weiter diskutierten *leveraged lease* LEIPPE, B., Bilanzierung von Leasinggeschäften, S. 141-144.

[469] Vgl. GELHAUSEN, H. F./WEIBLEN, S., in: HdJ, Abt. I/5, Rn. 286; KPMG (Hrsg.), US-GAAP, S. 243.

[470] Vgl. ausführlich zu den entsprechenden Regelungen des IAS 17 Abschnitt 323.32.

hand der in Abschnitt 323.23 eingeführten beispielhaften Leasingvertragskonstellation verzichtet werden.[471]

Im Rückblick auf die vorangegangenen Ausführungen ist festzuhalten, dass die Leasingbilanzierung nach US-GAAP in Überstimmung mit IFRS auf dem ***risk and reward approach*** basiert. Zum Zwecke der Bilanzierung ist von den Vertragsparteien eine Differenzierung in Capital- und Operating-Leasingverhältnisse anhand der Verteilung der mit dem Leasingobjekt verbundenen wesentlichen Chancen und Risiken vorzunehmen.[472] Im Gegensatz zur korrespondierenden IFRS-Regelung erfolgt die Klassifizierung allerdings anhand eines **geschlossenen Kriterienkatalogs**, der zu einer **automatischen Vertragseinordnung** führt. Die mit der Vertragskategorisierung verknüpfte Leasingbilanzierung folgt analog zu IAS 17 ebenfalls dem ***all or nothing approach***, nach dem beim Leasingnehmer im Fall eines Capital-Leasingverhältnisses das Leasingobjekt sowie die aus der Leasingvereinbarung resultierende Verpflichtung auszuweisen sind (*all*). Demgegenüber resultieren aus einem Operating-Leasingverhältnis beim Leasingnehmer keine bilanziellen Auswirkungen (*nothing*).

Nachfolgend soll nunmehr der der geltenden Leasingbilanzierung nach IFRS und US-GAAP zu Grunde liegende ***risk and reward approach*** vor dem Hintergrund der Entscheidungsnützlichkeit – als der zentralen Fragestellung dieser Arbeit – gewürdigt werden.

34 Die derzeitige Leasingbilanzierung nach IFRS und US-GAAP im Lichte der Entscheidungsnützlichkeit

341. Vorbemerkungen

Wie die vorherigen Ausführungen gezeigt haben, basieren die geltenden Regelungen zur Bilanzierung von Leasingverhältnissen nach IFRS und US-GAAP auf der identischen Grundkonzeption. Zum Zwecke der Bilanzierung erfolgt die Kategorisierung

[471] Vgl. zur entsprechenden Bilanzierung beim Leasingnehmer sowie Leasinggeber Abschnitt 323.23 bzw. Abschnitt 323.33.

[472] Vgl. hierzu Abschnitt 332.1.

sämtlicher Leasingverträge in Finanzierungs-[473] oder Operating-Leasingverhältnisse nach dem sog. ***risk and reward approach***. Zu Beginn des Leasingverhältnisses ist dabei jeweils unabhängig vom juristischen Eigentum zu analysieren, ob im Wesentlichen alle mit dem Leasingobjekt verbundenen Chancen und Risiken durch die Leasingvereinbarung auf den Leasingnehmer übertragen worden sind.

Diese gemeinsame Grundkonzeption ist von den beiden Standardsettern allerdings unterschiedlich umgesetzt worden. Dabei ist zu berücksichtigen, dass IAS 17 im Jahr 1982 und somit deutlich später als der 1976 verabschiedete SFAS 13 beschlossen worden ist. Die geltende US-GAAP-Regelung hat somit als Grundlage für den derzeitig anzuwendenden Leasingstandard nach IFRS gedient. Nach IAS 17 muss die Verteilung der mit dem Leasingobjekt verbundenen wesentlichen Chancen und Risiken stets im Rahmen einer wirtschaftlichen Gesamtbetrachtung beurteilt werden, wobei die vorgegebenen Klassifizierungskriterien lediglich als Orientierungshilfen dienen.[474] Demgegenüber erfolgt die Vertragsklassifizierung nach SFAS 13 auf Basis eines geschlossenen Kriterienkatalogs, der mit einer automatischen Vertragskategorisierung verbunden ist.[475] Für diese Vertragseinordnung werden vom FASB überwiegend quantitative Kriterien vorgegeben, die auch Einfluss auf die Entwicklung des IAS 17 hatten. Die im 1980 verabschiedeten Entwurf des IAS 17 noch enthaltenen quantitativen Grenzwerte wurden indes nicht in den 1982 beschlossenen Standard übernommen, da keine internationale Einigkeit über die inhaltliche Bestimmung der einzelnen Parameter sowie über die Höhe der Grenzwerte selbst erreicht werden konnte.[476] Somit beinhaltet die vom IASB entschiedene Regelung ausschließlich qualitative Klassifizierungskriterien.

Mit der Klassifizierung der Leasingvereinbarung ist sowohl nach IFRS als auch nach US-GAAP die Zurechnung des Leasingobjektes verbunden. Beide Rechnungslegungssysteme folgen dem ***all or nothing approach***, nach dem im Fall eines Finanzierungs-

---

[473] Zur Erleichterung einer übersichtlichen Diskussion sollen in den weiteren Ausführungen unter einem Finanzierungs-Leasingverhältnis sowohl die nach US-GAAP als Capital-Leasingverhältnis bezeichneten als auch die gemäß IFRS als Finanzierungs-Leasingverhältnis betitelten Leasingvereinbarungen verstanden werden.

[474] Vgl. hierzu Abschnitt 322.1.

[475] Vgl. hierzu Abschnitt 332.1.

[476] Vgl. KIRSCH, H.-J., in: Baetge et al., Rechnungslegung nach IAS, IAS 17, Rn. 27.

Leasingverhältnisses das Leasingobjekt sowie die korrespondierende Leasingverbindlichkeit beim Leasingnehmer auszuwiesen sind, während ein Operating-Leasingverhältnis bei diesem grundsätzlich nicht bilanziell zu erfassen ist. Die der Vertragseinordnung folgende Bilanzierung von Leasingvereinbarungen einschließlich der regelmäßig vereinbarten zusätzlichen Leasingvertragskomponenten – wie beispielsweise Verlängerungsoptionen, Restwertgarantien oder bedingte Leasingzahlungen – wird nach IFRS und US-GAAP grundsätzlich identisch vorgenommen. Auf Grund der festgestellten weitgehenden Übereinstimmung soll nachfolgend die Entscheidungsnützlichkeit der mittels der geltenden Leasingbilanzierung zur Verfügung gestellten Informationen für beide Rechnungslegungssysteme gemeinsam beurteilt werden, ohne die skizzierten Unterschiede zu vernachlässigen.[477]

342. Entscheidungsrelevanz der geltenden Leasingbilanzierung

Als entscheidungsnützlich sind solche Rechnungslegungsinformationen anzusehen, die die Investoren bei interessengerechten Entscheidungen unterstützen können.[478] Die Entscheidungsnützlichkeit resultiert dabei aus der Kombination der die Informationsinhalte konkretisierenden Entscheidungsrelevanz und der auf die Informationsqualität gerichteten Verlässlichkeit. Nachfolgend soll zunächst die **Entscheidungsrelevanz** der mittels der geltenden Regelungen für die Leasingbilanzierung vermittelten Informationen analysiert werden. Hierzu ist die Erfüllung der die Entscheidungsrelevanz konkretisierenden Nebenbedingungen der Vollständigkeit, der wirtschaftlichen Betrachtungsweise, der Vergleichbarkeit sowie der Verständlichkeit zu untersuchen.

Aus Sicht der Nebenbedingung der **Vollständigkeit** muss gewährleistet sein, dass den Investoren mittels der Rechnungslegung sämtliche Informationen zur Verfügung gestellt werden, die diese für die Einschätzung künftiger Zahlungsströme aus einem abge-

---

477 Aus Gründen der Übersichtlichkeit sollen in den folgenden Ausführungen unter der geltenden Leasingbilanzierung stets die derzeit verbindliche Leasingbilanzierung nach IFRS und US-GAAP verstanden werden. Sofern aus der unterschiedlichen Umsetzung der identischen Grundkonzeption eine Differenzierung zwischen den Regelungen erforderlich ist, wird der jeweils analysierte Rechnungslegungsstandard entsprechend bezeichnet.

478 Vgl. Abschnitt 232.22.

bildeten Sachverhalt benötigen.[479] Dementsprechend sind Informationen über alle Erfolgspotentialträger zu veröffentlichen, da die Investoren diese als Indikatoren in ihren Erwartungsbildungsprozess einbeziehen. Wie in den vorherigen Abschnitten diskutiert, ist die Informationsvermittlung mittels der geltenden Leasingbilanzierung von der Kategorisierung in Finanzierungs- oder Operating-Leasingverhältnisse abhängig. Beim Leasinggeber resultieren aus dieser zweigeteilten Bilanzierung vergleichsweise geringe Auswirkungen auf die Vollständigkeit der Informationsvermittlung, da dieser entweder das Leasingobjekt selbst oder die aus der Leasingvereinbarung resultierende Forderung in Höhe des Nettoinvestitionswertes aktiviert.[480] Demgegenüber wird nach dem ***all or nothing approach*** in der Bilanz des Leasingnehmers, der im Fall eines Finanzierungs-Leasingverhältnisses das Leasingobjekt sowie die korrespondierende Verbindlichkeit bilanziert (*all*), bei Operating-Leasingverhältnissen weder ein Vermögenswert noch die aus dem Vertrag resultierende Verpflichtung ausgewiesen (*nothing*). Hieraus resultiert die Motivation des Leasingnehmers, eine Leasingvereinbarung nach Möglichkeit als Operating-Leasingverhältnis einzuordnen.[481] Es ist jedoch davon auszugehen, dass ein rational handelnder Leasingnehmer die aus der Leasingvereinbarung resultierende Verpflichtung zur Leistung von Leasingraten nur dann eingehen wird, wenn er aus dem Vertragsabschluss – unabhängig von der späteren Kategorisierung – künftige Zahlungsmittelzuflüsse erwartet. Im Fall eines Operating-Leasingverhältnisses vermittelt die Bilanz des Leasingnehmers aufgrund des Nichtausweises somit keine für die Prognose künftiger, aus der abgeschlossenen Leasingvereinbarung resultierender Zahlungsströme erforderliche Informationen. Der Leasingnehmer hat bei Vorliegen eines Operating-Leasingverhältnisses zudem im Anhang lediglich über die Summe der künftigen Mindestleasingzahlungen zu berichten.[482] Die Angabe des Barwertes der künftigen Mindestleasingzahlungen ist hingegen nicht erforderlich. Für die aus Sicht der Investoren unerlässliche Kapitalisierung der künftigen Zahlungsmittelabflüsse in Form von

[479] Vgl. Abschnitt 232.231.
[480] Vgl. hierzu insbesondere Abschnitt 323.33.
[481] Vgl. Abschnitt 323.23.
[482] Der Gesamtbetrag der ausstehenden Mindestleasingzahlungen aus unkündbaren Operating-Leasingverhältnissen ist dabei entsprechend der Fristigkeit aufzugliedern. IAS 17.35 fordert dabei den getrennten Ausweis der künftigen Mindestleasingzahlungen mit einer Restlaufzeit von bis zu einem Jahr, zwischen ein und fünf Jahren sowie von mehr als fünf Jahren, während nach SFAS 13.16 (b) die Angabe der Mindestleasingzahlungen für jedes der dem Abschluss folgenden fünf Jahre vorgeschrieben ist. Vgl. ausführlich zu den Angabepflichten des Leasingnehmers nach IFRS Abschnitt 323.22.

Mindestleasingzahlungen, mit der eine Berücksichtigung von bilanzunwirksamen Operating-Leasingverhältnissen im Rahmen der Erwartungsbildung prinzipiell ermöglicht werden kann, sind somit insbesondere Schätzungen hinsichtlich der Diskontierungszinssätze sowie der Restlaufzeiten vorzunehmen.[483] Dementsprechend können auch aus den Anhangangaben nur **begrenzt entscheidungsrelevante Informationen** abgeleitet werden. Die durch den Leasingnehmer vorzunehmende ergänzende Berichterstattung vermag den *off-balance*-Charakter von Operating-Leasingverhältnissen somit nicht einzuschränken. Der in Teilen der Literatur vertretenen Auffassung, dass die Anhangangaben den *off-balance*-Charakter gänzlich aushebeln würden,[484] kann an dieser Stelle indes nicht gefolgt werden. Darüber hinaus können Anhangangaben den Mangel an entscheidungsrelevanten Informationen schon deshalb nicht kompensieren, da dem Anhang nach IFRS sowie nach US-GAAP formal keine Korrekturfunktion zukommt.[485] Zudem verdeutlichen Ergebnisse der empirischen Rechnungslegungsforschung, dass von den Investoren Anhangangaben gegenüber dem Bilanzausweis in deutlich geringerem Maß wahrgenommen und damit nicht adäquat in ihren Entscheidungsprozessen berücksichtigt werden.[486] Die bilanzielle Erfassung der Leasingverpflichtung sowie des aus dem Leasingverhältnis resultierenden Vermögenswertes ist folglich aus Sicht der Vollständigkeit grundsätzlich zu bevorzugen.

---

483 Eine solche Neutralisierung kann beispielsweise durch die Verwendung kreativer Kennzahlen erfolgen, die die Auswirkungen bilanzpolitischer Maßnahmen ausgleichen sollen. Dabei erfolgt eine Modifikation des mittels der Rechnungslegung veröffentlichten Datenmaterials. Vgl. bspw. BAETGE, J./KIRSCH, H.-J./THIELE, S., Bilanzanalyse, S. 162-171. Vgl. zur problembehafteten Kapitalisierung von Operating-Leasingverhältnissen auf Basis der Anhanginformationen IMHOFF, E. A./LIPE, R. C./ WRIGHT, D. W., Impact of Constructive Capitalization, S. 51-63; LEIBFRIED, P./ROGOWSKI, C., Leasingbilanzierung nach IFRS, S. 553; BEATTIE, V./EDWARDS, K./GOODACRE, A., Constructive operating lease capitalisation, S. 253; GIERSBERG, J./VÖGTLE, M., Adjustierung von Operating-Leasingverhältnissen, S. 433-435.

484 Vgl. bspw. FEINEN, K., Qualifizierung der Leasinggeschäfte, S. 30.

485 Bzgl. der Funktionen des Anhangs nach IFRS vgl. bspw. BAETGE, J./KIRSCH, H.-J./THIELE, S., Bilanzen, S. 781. Den entsprechenden Erläuterungen nach US-GAAP wird ebenfalls keine Heilungsfunktion zugesprochen. Vgl. hierzu NIEHUS, R. J./THYLL, A., U.S. GAAP, S. 400.

486 Vgl. IMHOFF, E. A./LIPE, R. C./ WRIGHT, D. W., Impact of Constructive Capitalization, S. 52; AAA FASC, Evaluation of the Lease Accounting, S. 291-292; DAVIS-FRIDAY, P. Y./FOLAMI, L. B./LIU, C.-S./MITTELSTAEDT, H. F., Financial Statement Recognition vs. Disclosure, S. 421. In einer 2003 in Deutschland durchgeführten Studie haben nur 12% der befragten Kleinaktionäre angegeben, dass sie den Anhang intensiv oder sehr intensiv zu Informationszwecken nutzen würden, wohingegen die Bilanz immerhin von 55% der Kleinaktionäre als Informationsquelle genutzt wird. Vgl. hierzu ERNST, E./GASSEN, J./PELLENS, B., Verhalten und Präferenzen deutscher Aktionäre, S. 22-23.

Die Vollständigkeit der Informationsvermittlung wird ferner durch die Nichtberücksichtigung der bedingten Leasingzahlungen im Rahmen der Mindestleasingzahlungen beeinträchtigt.[487] Da der Barwert der Mindestleasingzahlungen bei Finanzierungs-Leasingverhältnissen regelmäßig den Bewertungsmaßstab für das beim Leasingnehmer auszuweisende Leasingobjekt sowie die korrespondierende Verbindlichkeit bildet, werden für die Einschätzung künftiger Zahlungsflüsse **unzureichende Informationen** vermittelt. Diese Problematik wird dadurch verschärft, dass die Vereinbarung von bedingten Leasingzahlungen offensichtlich regelmäßig Einfluss auf die Höhe der in den Mindestleasingzahlungen zu berücksichtigenden unbedingten Leasingzahlungen haben.[488] Beim Leasinggeber ist die Nichteinbeziehung der bedingten Leasingzahlungen in die Mindestleasingzahlungen, die neben dem nicht garantierten Restwert Bestandteil des Nettoinvestitionswertes sind, aus Sicht der Vollständigkeit als unproblematisch einzustufen, da hieraus lediglich eine Verringerung des dem Leasingverhältnis zu Grunde liegenden – dem Leasingnehmer regelmäßig unbekannten – Zinssatzes resultiert. Die Vereinbarung von bedingten Leasingzahlungen hat somit keinen Einfluss auf die in Höhe des Nettoinvestitionswertes auszuweisende Forderung, die grundsätzlich dem beizulegenden Zeitwert des Leasingobjektes entspricht.[489]

Im Anhang haben die beiden Vertragsparteien lediglich die im Periodenergebnis enthaltenen bedingten Leasingzahlungen anzugeben sowie eine allgemeine Beschreibung der wesentlichen Leasingvereinbarungen vorzunehmen, die durch den Leasingnehmer durch die Festlegungsgrundlage der bedingten Leasingzahlungen zu ergänzen ist.[490] Da insbesondere die jeweils erwarteten bedingten Leasingzahlungen nicht aufzuführen sind, ist die Einschätzung der entsprechenden künftigen Zahlungsströme für die Investoren somit bestenfalls annäherungsweise möglich.

---

[487] Vgl. ausführlich zum Umfang der Mindestleasingzahlungen Abschnitt 322.24.

[488] Die Vereinbarung von bedingten Leasingzahlungen führt grundsätzlich zu einer Verringerung der unbedingten Leasingzahlungen, da die Vertragsparteien die zu erwartenden bedingten Leasingzahlungen im Rahmen der jeweiligen Kalkulation berücksichtigen werden. Vgl. Abschnitt 322.24.

[489] Der im Nettoinvestitionswert enthaltene – auf Grund der Fiktion des Verkaufs des gesamten Leasingobjektes als Teil der Forderung ausgewiesene – Barwert des nicht garantierten Restwertes hat sich durch die Vereinbarung der bedingten Leasingzahlungen allerdings zinsbedingt erhöht. Vgl. zur Bilanzierung beim Leasinggeber Abschnitt 323.31.

[490] Vgl. hierzu insbesondere Abschnitt 323.21.

Die aus der Ausübung vereinbarter Verlängerungs- und Kaufoptionen resultierenden Zahlungen sind im Rahmen der Leasingbilanzierung nur zu berücksichtigen, wenn diese im Sinn der geltenden Abbildungsregelungen als „günstig“ zu beurteilen sind und somit einen wirtschaftlichen Ausübungszwang bedingen.[491] Indes können auch aus im vorstehenden Sinne als „ungünstig“ zu beurteilenden Optionen zukünftige Zahlungsflüsse resultieren, so dass die bilanzielle Nichtberücksichtigung zu einer **unvollständigen Informationsvermittlung** führt. Da die Vertragsparteien ferner im Anhang zu keinen Angaben über die erwarteten Wahrscheinlichkeiten der Optionsausübung verpflichtet sind, mangelt es den Investoren an für die Prognose künftiger Zahlungsströme erforderlichen Informationen.

Die im Rahmen der Bilanzierung von Finanzierungsverhältnissen erforderliche Berücksichtigung des Höchstbetrages von durch den Leasingnehmer gegebenen Restwertgarantien, die konzeptionell auf der Annahme des Erwerbs des Leasingobjektes durch den Leasingnehmer basiert, ist im Sinne einer vollständigen Berichterstattung grundsätzlich zu befürworten. Zur Einschätzung der künftigen Zahlungsflüsse wäre aus Sicht der Investoren allerdings die zusätzliche Angabe der vom Leasingnehmer erwarteten, tatsächlichen Inanspruchnahme förderlich, die nach den geltenden Regelungen zur Leasingbilanzierung jedoch nicht erforderlich ist.

Zusammenfassend ist zu konstatieren, dass die geltenden Regelungen zur **Leasingnehmerbilanzierung** insbesondere auf Grund der Nichtbilanzierung von Operating-Leasingverhältnissen sowie der Nichteinbeziehung von bedingten Leasingzahlungen zu einer **unvollständigen Informationsvermittlung** beim Leasingnehmer führen. Die Berichterstattung seitens des Leasinggebers erfüllt dagegen grundsätzlich die Nebenbedingung der inhaltlichen Vollständigkeit.

Als zweite Nebenbedingung der Entscheidungsrelevanz ist die **wirtschaftliche Betrachtungsweise** zu analysieren. Diese Nebenbedingung ist dann erfüllt, wenn über gleiche ökonomische Sachverhalte trotz etwaiger Unterschiede in der rechtlichen Aus-

[491] Die hieraus resultierenden Abbildungsspielräume werden in diesem Abschnitt im Zusammenhang mit der Nebenbedingung der Vergleichbarkeit diskutiert.

gestaltung inhaltsgleich berichtet wird.[492] Nach dem *risk and reward approach* werden bei Leasingnehmer und Leasinggeber Finanzierungs-Leasingverhältnisse in Anlehnung an einen fremdfinanzierten Erwerb und Operating-Leasingverhältnisse analog zu gewöhnlichen Mietverträgen bilanziert. Sofern im Rahmen einer Leasingvereinbarung tatsächlich im Wesentlichen sämtliche mit dem Leasingobjekt verbundenen Chancen und Risiken auf den Leasingnehmer übergehen und der reale Sachverhalt somit wirtschaftlich der unterstellten Erwerbskonstellation entspricht, ist die Bilanzierung von Finanzierungs-Leasingverhältnissen prinzipiell zu befürworten, da die Informationsvermittlung unabhängig vom juristischen Eigentum erfolgt. Die mit dem *all or nothing approach* verbundene gegensätzliche Bilanzierung von Finanzierungs- und Operating-Leasingverhältnissen motiviert die Vertragsparteien jedoch zu weniger eindeutigen Vertragskonstellationen, die nach den geltenden Leasingstandards eine Kategorisierung als Operating-Leasingverhältnis ermöglichen. Die geltende Zweiteilung der Leasingbilanzierung suggeriert eine realiter nicht gegebene Möglichkeit der trennscharfen Kategorisierung von realen Sachverhalten. Ökonomisch nahezu identische Sachverhalte werden – wie im Rahmen der Diskussion der Leasingvertragskonstellation in Abschnitt 323.23 verdeutlicht – gegensätzlich abgebildet, was eindeutig als Verstoß gegen die Nebenbedingung der wirtschaftlichen Betrachtungsweise zu beurteilen ist. Diese Problematik wird durch die im Rahmen der Klassifizierung nach den geltenden Bilanzierungsregelungen vorhandenen – im Folgenden noch ausführlich zu diskutierenden – Abbildungsspielräume sowie durch die nach SFAS 13 nicht erforderliche wirtschaftliche Gesamtbetrachtung der Leasingvereinbarungen verstärkt.

Um entscheidungsrelevant zu sein, müssen die mit der Rechnungslegung vermittelten Informationen zudem der Bedingung der **Vergleichbarkeit** genügen, da die Eigenkapitalgeber zur Vorbereitung ihrer Kapitaldisposition die verschiedenen Investitionsalternativen auf Basis der für sie verfügbaren Informationen gegenüberstellen.[493] Da diese Informationen sowohl den Vergleich zwischen alternativen Investitionsobjekten als auch einen intertemporalen Vergleich ermöglichen müssen, ist im Folgenden zu ana-

[492] Vgl. Abschnitt 232.231.

[493] Vgl. hierzu ausführlich Abschnitt 232.231.

lysieren, inwiefern die geltenden Regelungen zur Leasingbilanzierung eine einheitliche und stetige Informationsvermittlung gewährleisten.

Die **Einheitlichkeit der Informationsvermittlung** wird grundsätzlich durch Abbildungsspielräume gefährdet, die den aus Sicht der Investoren notwendigen unternehmensübergreifenden Betriebsvergleich erschweren.[494] Im Rahmen der geltenden Leasingbilanzierung wird die zwischenbetriebliche Vergleichbarkeit insbesondere durch Auslegungs- und Ermessensspielräume bei der Kategorisierung von Leasingverhältnissen und der der Vertragseinordnung folgenden – beim Leasingnehmer grundverschiedenen – Bilanzierung eingeschränkt. Da der ***risk and reward approach*** innerhalb der Rechungslegung nach IFRS und US-GAAP wie oben festgestellt unterschiedlich umgesetzt worden ist, hat die Diskussion der die einheitliche Berichterstattung einschränkenden Abbildungsspielräume separat zu erfolgen.

Im Rahmen der Vertragsklassifizierung nach IAS 17 ergeben sich wie gezeigt insbesondere **Auslegungsspielräume** durch die Formulierung ausschließlich qualitativer Orientierungshilfen[495] sowie durch die stets erforderliche Würdigung nach dem Gesamtbild der wirtschaftlichen Verhältnisse.[496] Diese Spielräume rücken die Kategorisierung von Leasingvereinbarungen zumindest in die Nähe eines **faktischen Wahlrechtes**.[497] Auslegungsspielräume können grundsätzlich durch Normierungen und Beseitigung von Unschärfen in Formulierungen beseitigt werden, wobei im Sinne der Entscheidungsnützlichkeit für Investoren stets zu prüfen ist, ob der Vorteil der Einschränkung dieser Auslegungsspielräume den Nachteil der Missachtung der sachverhaltsspezifischen Besonderheiten aufwiegt.[498] Nach SFAS 13 wird die Vertragskategorisierung durch die Vorgabe quantitativer Zurechnungskriterien, die wie in Abschnitt 341 festgestellt mangels

[494] Vgl. hierzu Abschnitt 232.231.

[495] Hierbei ergeben sich insbesondere Auslegungsspielräume im Zusammenhang mit der Prüfung des ökonomischen Ausübungszwangs bei einer Kauf- oder Vertragsverlängerungsoption (Vgl. Abschnitt 322.22 bzw. 322.28), der Unbestimmheit des „überwiegenden" Teils der wirtschaftlichen Nutzungsdauer des Leasingobjektes beim Laufzeittest (Vgl. Abschnitt 322.23) sowie der unscharfen Formulierung der „im Wesentlichen mindestens dem beizulegenden Zeitwert" des Leasingobjektes entsprechenden diskontierten Mindestleasingzahlungen beim Barwerttest (Vgl. Abschnitt 322.24).

[496] Vgl. Abschnitt 322.29.

[497] Vgl. ebenso FÜLBIER, R. U./PFERDEHIRT, H., Künftige Leasingbilanzierung, S. 275; OVERSBERG, T., Bilanzierung von Leasingverhältnissen, S. 377.

[498] Vgl. hierzu Abschnitt 232.231.

internationaler Einigkeit nicht in IAS 17 übernommen worden sind, sowie eine automatische Klassifizierung normiert.[499] Die genau definierten Kriterien der Vertragsklassifizierung nach US-GAAP verhindern zwar die oben skizzierten Auslegungsspielräume, allerdings darf nicht übersehen werden, dass durch die fixierten quantitativen Grenzwerte die Umgehung eben dieser Grenzen durch die zielkonforme Vereinbarung entsprechend angepasster Vertragsbedingungen motiviert oder zumindest erleichtert werden kann.[500] Zudem ist die Festlegung der Höhe von exakten Grenzwerten stets mit Willkür verbunden.

Auch wenn im Ergebnis die qualitativen Kriterien des SFAS 13 bei der Mehrheit der Leasingvereinbarungen zu keiner von der nach IAS 17 stets erforderlichen Gesamtwürdigung abweichenden Vertragsklassifizierung führen dürften, sind zumindest in Grenzfällen unterschiedliche Beurteilungen denkbar.[501] Ein – in der Bilanzierungspraxis nicht selten anzutreffender – Ersatz der qualitativen Kriterien in IAS 17.10 (c) und IAS 17.10 (d) durch die quantitativen Grenzen der entsprechenden US-GAAP-Vorgaben ist auch nicht mit Hinweis auf die Öffnungsklausel nach IAS 8 *Accounting Policies, Changes in Accounting Estimates and Errors* zulässig.[502] Nach IAS 8.12 ist der Rückgriff auf die Verlautbarungen anderer Standardsetter, die auf einem vergleichbaren Rahmenkonzept zur Entwicklung von Bilanzierungs- und Bewertungsmethoden basieren, nur dann gestattet, wenn ein Sachverhalt nicht durch die IFRS geregelt ist.[503] Hinsichtlich der Klassifizierungskriterien besteht indes eindeutig keine derartige Regelungslücke. Auf die Angabe quantitativer Kriterien wurde vielmehr offensichtlich bewusst verzichtet, weswegen IAS 8.12 als nicht einschlägig zu beurteilen ist. Da die Vertragseinordnung nach

---

[499] Das Kriterium der günstigen Kaufoption ist dagegen – analog zu IAS 17.10 (b) – qualitativ formuliert. Vgl. ausführlich zur Kategorisierung nach SFAS 13 Abschnitt 332.2.

[500] Vgl. ähnlich KIRSCH, H.-J., in: Baetge et al., Rechnungslegung nach IAS, IAS 17, Rn. 27; BRAKENSIEK, S., Bilanzneutrale Finanzierungsinstrumente, S. 206-210; LANFRANCONI, C./WIEDMANN, C., Operating leases, S. 62.

[501] Vgl. FREISLEBEN, N./LEIBFRIED, P., IAS/IFRS-Abschlüsse, S. 104.

[502] So jedoch SCHIMMELSCHMIDT, U./HAPPE, P., Bilanzierung von Leasingverträgen, S. 5; WEISS, M., Leasingbilanzierung, S. 58-60. Häufig erfolgt zumindest eine Anlehnung an die quantitativen Klassifizierungskriterien des SFAS 13. Vgl. bspw. FINDEISEN, K.-D., Bilanzierung von Leasingverträgen, S. 841; DOLL, R.-P., in: Beck IFRS HB, § 22, Rn. 23.

[503] Vgl. hierzu ausführlich KÖSTER, O., in: Thiele/von Keitz/Brücks, Internationales Bilanzrecht, IAS 8, Rn. 120-123.

IFRS stets eine Gesamtwürdigung erfordert, erscheint es zudem nicht sinnvoll, die qualitativen Zurechnungskriterien in feste Grenzwerte umzurechen.[504]

Durch die Vertragskategorisierung nach US-GAAP auf Basis von quantitativen Grenzwerten sowie eines Klassifizierungsautomatismus werden die festgestellten Auslegungsspielräume zwar eingeschränkt, eine zur beabsichtigten Bilanzierung führende Leasingvertragsgestaltung wird demgegenüber erleichtert.[505] Die Vertragskategorisierung nach IFRS erschwert die zielgerichtete Vertragsgestaltung, offeriert jedoch zwangsweise Auslegungsspielräume infolge der bewusst qualitativ formulierten Orientierungshilfen sowie der stets erforderlichen Gesamtwürdigung. Da die Nutzung dieser Auslegungsspielräume jedoch prinzipiell durch eine gegenüber den geltenden Regelungen erweiterte ergänzende Berichterstattung für die Investoren ersichtlich werden könnte, ist die Vertragseinordnung nach IAS 17 nach der hier vertretenden Auffassung die grundsätzlich vorzuziehende Alternative. Nichtdestotrotz verhindern die aktuellen Regelungen zur Vertragsklassifizierung nach IFRS und US-GAAP – auch durch die aus der Beurteilung von vereinbarten Optionen resultierenden Ermessenspielräume[506] – eine einheitliche Informationsvermittlung im Sinne einer zwischenbetrieblichen Vergleichbarkeit. Ob der Vergleich alternativer Investitionsobjekte dabei durch nicht zu erläuternde **Abbildungsspielräume** innerhalb der Klassifizierungskriterien oder durch die **Erleichterung von sachverhaltsgestaltenden Maßnahmen** deutlich erschwert wird, erscheint aus Sicht der Investoren auf Basis der aktuell zu berücksichtigenden Leasingstandards unerheblich.

Die **eingeschränkte zwischenbetriebliche Vergleichbarkeit** der mit der geltenden Leasingbilanzierung nach IFRS und US-GAAP vermittelten Informationen resultiert indes nicht nur aus der jeweiligen Ausgestaltung der Vertragsklassifizierung. Die skizzier-

---

504 Vgl. hierzu Abschnitt 322.23 sowie Abschnitt 322.24.

505 Es ist allerdings darauf hinzuweisen, dass im Zusammenhang mit der Vorbereitung der Klassifizierung innerhalb der US-GAAP Auslegungsspielräume verbleiben, die bspw. aus der notwendigen Schätzung der Vorteilhaftigkeit der Ausübung vereinbarter Kauf- oder Verlängerungsoptionen resultieren. Vgl. zur Diskussion um die Vorteilhaftigkeit von quantitativen oder qualitativen Kriterien anstelle vieler SABEL, E., Leasingverträge, S. 99-100.

506 Ermessenspielräume ergeben sich in diesem Zusammenhang aus der Unsicherheit der künftigen Wertentwicklung des Leasingobjektes. Vgl. hierzu insbesondere Abschnitt 322.22.

ten Grenzbereiche sind vielmehr zwangsläufige Konsequenz aus der Zweiteilung der Leasingbilanzierung, die insbesondere im Rahmen der Analyse der Leasingvertragskonstellation in Abschnitt 323.23 verdeutlicht worden ist. Die mit der Kategorisierung verbundene, nach dem ***all or nothing approach*** gegensätzliche Bilanzierung beim Leasingnehmer verhindert den aus Sicht der Investoren erforderlichen Vergleich von Informationen, obwohl diesen Informationen ökonomisch nahezu identische, reale Sachverhalte zu Grunde liegen können.

Darüber hinaus stellt sich die Frage, inwieweit durch die geltenden Bilanzierungsregelungen die intertemporale Vergleichbarkeit der vermittelten Informationen und somit die **Stetigkeit der Berichterstattung** über Leasingverhältnisse gewährleistet ist. Da die geltenden leasingspezifischen Bilanzierungsregelungen keine diesbezüglichen Vorgaben enthalten, ist hierfür auf das IFRS-*Framework* sowie das *Conceptual Framework* nach US-GAAP zurückzugreifen, die jeweils ein Stetigkeitsgebot für die Unternehmensberichterstattung beinhalten.[507] Demnach hat die geltende Leasingbilanzierung im

[507] Im *IFRS-Framework* wird gemäß F. 39-42 die Bedeutung der Vergleichbarkeit der vermittelten Informationen mit denen vergangener Perioden (intertemporaler Vergleich) und mit denen anderer Unternehmen (zwischenbetrieblicher Vergleich) für die Beurteilung der Vermögens-, Finanz- und Ertragslage eines Unternehmens betont. Aus dem Grundsatz der Vergleichbarkeit leitet sich die Notwendigkeit zur Stetigkeit von Bilanzansatz-, Bewertungs-, Ausweis- und Konsolidierungsmethoden im Zeitablauf sowie in Bezug auf die inhaltlich gleiche Bilanzierung gleichartiger Sachverhalte ab. Vgl. hierzu ausführlich ADS International, Konzeptionelle Grundlagen, Rn. 83-89; PELLENS, B./SÜRKEN, S., IAS, S. 222-223. Konkretisiert und auf die Verbindlichkeitsstufe eines Standards gehoben wird der Grundsatz durch IAS 8 *Accounting Policies, Changes in Accounting Estimates and Errors*, nach dem Abweichungen von den bisherigen Bilanzierungs- und Bewertungsmethoden lediglich zulässig sind, sofern diese infolge von Gesetzesänderungen, Änderungen der IFRS oder auf Empfehlung der nationalen Standardsetter erforderlich werden, wenn fundamentale Bilanzierungsfehler korrigiert oder Schätzungen im Rahmen der Bewertung angepasst werden müssen oder wenn mit dem Methodenwechsel eine Verbesserung der Aussagefähigkeit des Jahresabschlusses erreicht wird. Vgl. PELLENS, B./FÜLBIER, R. U./GASSEN, J./SELLHORN, T., Internationale Rechnungslegung, S. 117; BLAUM, U./HOLZWARTH, J., in: Baetge et al., Rechnungslegung nach IAS, IAS 8, Rn. 83-94. Andernfalls greift nach IAS 1 *Presentation of Financial Statements* das Prinzip der Stetigkeit, wonach Ansatz-, Bewertungs-, Ausweis- und Konsolidierungsmethoden im Zeitablauf beizubehalten sowie gleichartige Sachverhalte übereinstimmend zu bilanzieren sind. Vgl. IAS 1.27; BRÜCKS, M./DIEHM, S./KERKHOFF, G., in: Thiele/von Keitz/Brücks, Internationales Bilanzrecht, IAS 1, Rn. 154-161. Im *Conceptual Framework* der US-GAAP wird gemäß SFAC 2.111-122 ebenfalls die Anforderung einer vergleichbaren Informationsvermittlung aufgestellt, die sowohl die intertemporale Vergleichbarkeit als auch die Vergleichbarkeit mit Daten anderer Unternehmen umfasst. Diese Anforderung ist inhaltlich sowie hinsichtlich ihres Stellenwertes mit jener innerhalb des *IFRS-Frameworks* vergleichbar. Vgl. ADS International, Konzeptionelle Grundlagen, Rn. 103. Für die Durchbrechung des Stetigkeitsgrundsatzes gelten nach SFAS 154 *Accounting Changes and Error Corrections* ebenfalls mit der entsprechenden IFRS-Regelung übereinstimmende Voraussetzungen. Vgl. PELLENS, B./FÜLBIER, R. U./GASSEN, J./SELLHORN, T., Internationale Rechnungslegung, S. 825-826.

Zeitablauf prinzipiell stetig zu erfolgen. Auf Grund der Notwendigkeit der individuellen Klassifizierung jeder einzelnen Leasingvereinbarung auf Basis der jeweiligen Vertragsbestimmungen sowie der hiermit verbundenen Abbildungsspielräume ist die Stetigkeit der Kategorisierung ähnlicher Leasingvereinbarungen und somit auch die Stetigkeit der Informationsvermittlung jedoch nicht gewährleistet.

Insgesamt ist somit festzustellen, dass die Nebenbedingung der Vergleichbarkeit durch die geltenden Regelungen zur Leasingbilanzierung keineswegs erfüllt wird. Die Stetigkeit der Informationsvermittlung wird durch die stets individuell vorzunehmende Vertragsklassifizierung eingeschränkt. Ferner verhindern insbesondere die aufgezeigten Abbildungs- und Gestaltungsspielräume im Rahmen der Vertragsklassifizierung sowie der *all or nothing approach* die Einheitlichkeit der Berichterstattung über Leasingverhältnisse.

Als weitere Nebenbedingung der Entscheidungsrelevanz ist die **Verständlichkeit** der vermittelten Informationen zu analysieren. Die Bedingung der Verständlichkeit erfordert eine möglichst präzise, dem Verständnis der Investoren förderliche Informationsdarstellung, im Rahmen derer auch über die Annahmen und Vorgehensweisen der Bilanzierenden zu berichten ist.[508] Im Rahmen der geltenden Berichterstattungsanforderungen für Leasingverhältnisse sind die Leasingvereinbarungen zwar allgemein zu beschreiben, eine Erläuterung der für die Leasingbilanzierung zentralen Vertragsklassifikation ist allerdings nicht erforderlich.[509] Auf die grundsätzlich mögliche, freiwillige Angabe der Klassifizierungsgründe wird ferner nach Ergebnissen empirischer Untersuchungen regelmäßig von Seiten der bilanzierenden Unternehmen gänzlich verzichtet oder auf einen pauschalen Bezug auf die Klassifizierungskriterien nach IFRS oder US-

[508] Vgl. Abschnitt 232.231.

[509] Ob aus den allgemeinen Berichterstattungserfordernissen gemäß IAS 1 *Presentation of Financial Statements* bzw. APB 22 *Disclosure of Accounting Policies*, nach denen die Darstellung der wesentlichen Bilanzierungs- sowie Bewertungsmethoden zu erfolgen hat, abzuleiten ist, erscheint fraglich, da die Kategorisierung von Leasingverhältnissen nach der hier vertretenden Auffassung nicht unter die berichtspflichtigen Methoden im Sinne der vorgenannten Regelungen zu fassen ist. Vgl. zur Angabepflicht der Bilanzierungs- und Bewertungsmethoden nach IAS 1.108 bis 1.115 BRÜCKS, M./DIEHM, S./KERKHOFF, G., in: Thiele/von Keitz/Brücks, Internationales Bilanzrecht, IAS 1, Rn. 308-319. Vgl. zu den Angabepflichten nach APB 22 überblicksartig COENENBERG, A. G., Jahresabschluss und Jahresabschlussanalyse, S. 887-888 sowie S. 903.

GAAP beschränkt.[510] Durch das Fehlen einer verbindlichen Vorgabe hinsichtlich der zentralen Vertragskategorisierung wird die Verständlichkeit der vermittelten Informationen somit beeinträchtigt. Diese Problematik wird durch die bereits an verschiedenen Stellen diskutierten Auslegungs- und Ermessensspielräume insbesondere im Rahmen der vorzunehmenden Vertragseinordnung und der Ermittlung des für die Leasingbilanzierung zentralen Wertmaßstabes der Mindestleasingzahlungen weiter verstärkt, da die Ausübung dieser Abbildungsspielräume nicht in ausreichendem Maße zu erläutern ist. Die eigentliche Bilanzierung von Leasingverhältnissen ist auf Grund der vergleichsweise niedrigen Komplexität mit keinen leasingspezifischen Verständnisproblemen behaftet ist. Daher erscheint zur Erhöhung der Verständlichkeit aus Sicht der Investoren vor allem eine **ergänzende Berichterstattung** über die Wahrnehmung von Abbildungsspielräumen angezeigt.

Zusammenfassend ist somit festzuhalten, dass die mittels der geltenden Leasingbilanzierung vermittelten Informationen nur bedingt entscheidungsrelevant sind, da insbesondere die mit dem *all or nothing approach* verbundene Bilanzneutralität von Operating-Leasingverhältnissen beim Leasingnehmer zu einer unvollständigen Informationsvermittlung führt. Der *all or nothing approach* ist vor allem dann problematisch, wenn er durch die mit der Klassifizierung verbundene Zweiteilung der Leasingbilanzierung dazu führt, dass ökonomisch nahezu identische Sachverhalte sehr unterschiedlich abgebildet werden. Zudem motiviert die Polarisierung der Leasingbilanzierung vor allem den Leasingnehmer zur interessengesteuerten Nutzung von Abbildungsspielräumen und darüber hinaus zu zielgerichteten Vertragsgestaltungen.

[510] So haben nach einer über die Praxis der Rechnungslegung von 100 ausgewählten, nach IFRS bilanzierenden Unternehmen, durchgeführten Studie im Jahr 2003 nur 25% der untersuchten Unternehmen die Gründe für die vorgenommenen Vertragsklassifizierungen erläutert. Dabei ist zudem einschränkend darauf hinzuweisen, dass hierbei im Wesentlichen nur ein pauschaler Bezug zu den Orientierungshilfen gemäß IAS 17.10 bzw. 17.11 vorgenommen worden ist. Somit fehlten auch bei den obigen 25% der untersuchten Unternehmen die aus Sicht der Investoren wünschenswerten konkreten Erläuterungen zur Ausübung der mit der Klassifizierung verbundenen Auslegungsspielräume. Vgl. zur Studie KEITZ, I. V., Praxis der IASB-Rechnungslegung, S. 68-70.

343. Verlässlichkeit der geltenden Leasingbilanzierung

Nach der Entscheidungsrelevanz soll die **Verlässlichkeit** – als die zweite Determinante der Entscheidungsnützlichkeit – auf Basis der durch die aktuellen Regelungen zur Leasingbilanzierung vermittelten Informationen untersucht werden. Hierzu ist die Erfüllung der die Verlässlichkeit konkretisierenden Nebenbedingungen der Richtigkeit, der Neutralität sowie der Nachprüfbarkeit zu analysieren.

Um zuverlässig zu sein, müssen die Informationen der Nebenbedingung der **Richtigkeit** im Sinne einer regelkonformen Datenbereitstellung genügen.[511] Dementsprechend ist bei der Untersuchung zunächst zu prüfen, inwiefern der Nebenbedingung förderliche, eindeutige Rechnungslegungsregelungen überhaupt bestehen. Wie in den vorherigen Abschnitten ausgeführt, wird der *risk and reward approach* – als gemeinsame Grundkonzeption der geltenden Leasingbilanzierung – innerhalb der Rechnungslegung nach IFRS und US-GAAP unterschiedlich umgesetzt. Während die Bestimmungen des SFAS 13 einen Klassifizierungsautomatismus mit quantitativen Zurechnungskriterien vorgeben, erfolgt nach IAS 17 die Vertragskategorisierung im Rahmen einer wirtschaftlichen Gesamtbetrachtung mit qualitativen, lediglich als Orientierungshilfen zu berücksichtigenden Kriterien. Folglich führt die Vorgabe klarer Regelungen gemäß SFAS 13 gegenüber den unscharfen Bestimmungen nach IAS 17 eher zu einer richtigen – im Sinne einer regelkonformen – Informationsvermittlung.[512] Die im Zusammenhang mit der Vergleichbarkeit diskutierten **Abbildungsspielräume** bei der Vertragseinordnung nach IFRS stehen dagegen einer Beurteilung der Erfüllung der Nebenbedingung der Richtigkeit entgegen, da diesbezüglich keine eindeutigen Rechnungslegungsvorgaben bestehen.

Die von der Vertragskategorisierung abhängige Bilanzierung erfolgt dagegen nach IFRS und US-GAAP übereinstimmend nach dem *all or nothing approach*. Die Bilanzierungsregelungen folgen bei Finanzierungs-Leasingverhältnissen dabei der **Fiktion eines**

---

[511] Vgl. hierzu Abschnitt 232.232.

[512] Die im vorherigen Abschnitt skizzierten Gestaltungsspielräume durch eine zielkonforme Vertragsgestaltung, die durch die quantitativen Zurechnungskriterien sowie den Klassifizierungsautomatismus nach US-GAAP erleichtert wird, haben dagegen keinen Einfluss auf die Richtigkeit der Informationsvermittlung im Sinne einer regelkonformen Datenbereitstellung.

fremdfinanzierten Erwerbs des Leasingobjektes.[513] Operating-Leasingverhältnisse werden dagegen auf Grund der angenommenen Ähnlichkeit in **Analogie zu gewöhnlichen Mietverträgen** bilanziert.[514] Die grundsätzlich eindeutigen Bilanzierungsvorschriften nach den geltenden Leasingstandards führen somit zu einer richtigen Informationsvermittlung. Einschränkend ist allerdings auch an dieser Stelle auf die im vorherigen Abschnitt skizzierten **Abbildungsspielräume** im Rahmen der Bilanzierung zu verweisen.

Als zweite Nebenbedingung der Verlässlichkeit ist die **Neutralität** der Informationsvermittlung zu analysieren, die aus Sicht der Investoren für eine ergebnisoffene Prognose künftiger Zahlungsströme aus dem (potentiellen) Investitionsobjekt und somit für eine unbeeinflusste Kapitalanlageentscheidung erforderlich ist.[515] Neutralität setzt somit die willkürfreie Füllung der jeder Rechnungslegung inhärenten Spielräume durch die Bilanzierenden voraus. Für die Analyse dieser auf das Verhalten der Bilanzierenden abstellenden Nebenbedingung ist zu untersuchen, wie anfällig die Bestimmungen der geltenden Leasingbilanzierung für die willkürliche Beeinflussung durch die Bilanzierenden sind. Wie in den bisherigen Ausführungen wiederholt festgestellt, enthalten die derzeitigen Standards zur Leasingbilanzierung eine Reihe von **Abbildungsspielräumen**, die insbesondere Auswirkungen auf die Vertragskategorisierung und somit auf die hiermit zusammenhängende Bilanzierung bei Leasingnehmer und Leasinggeber haben. Zudem erleichtern die exakten quantitativen Klassifizierungsvorgaben nach US-GAAP eine Gestaltung von Leasingvereinbarungen, die zu einer aus Sicht der Vertragsparteien beabsichtigten Einordnung als Operating-Leasingverhältnis führen.[516] Die Motivation zu einer entsprechenden Beeinflussung der Vertragsklassifizierung resultiert aus dem ***all or nothing approach***, nach dem ein Operating-Leasingverhältnis beim Leasingnehmer

[513] Vgl. zur Bilanzierung von Finanzierungs-Leasingverhältnissen beim Leasingnehmer und Leasinggeber ausführlich Abschnitt 323.21 bzw. Abschnitt 323.31.

[514] Vgl. hierzu ausführlich die Ausführungen in Abschnitt 323.22 und Abschnitt 323.32.

[515] Vgl. Abschnitt 232.232.

[516] Durch sachverhaltsgestaltende Maßnahmen kann auch die Vertragsklassifizierung nach IFRS im Interesse der Vertragsparteien beeinflusst werden. So kann bspw. durch die Vereinbarung von (höheren) bedingten Leasingraten und entsprechend niedrigeren unbedingten Leasingraten eine Klassifizierung als Operating-Leasingverhältnis zumindest erleichtert werden, da die bedingten Leasingraten nach der geltenden Leasingbilanzierung grundsätzlich nicht in die Mindestleasingzahlungen einzubeziehen sind. Vgl. hierzu ausführlich Abschnitt 322.24.

nicht bilanziell zu erfassen ist.[517] Diese Möglichkeit der **Bilanzneutralität** birgt die Gefahr einer **tendenziösen Berichterstattung** durch den Leasingnehmer, der regelmäßig versuchen wird, sämtliche Leasingvereinbarungen so zu gestalten, dass eine Kategorisierung als Operating-Leasingverhältnis (gerade noch) möglich wird. Da nach den geltenden Regelungen zur Leasingbilanzierung – wie bereits in den vorangegangenen Ausführungen zur Entscheidungsrelevanz dargestellt – eine Erläuterung der Vertragskategorisierung sowie der Ausübung der Abbildungsspielräume indes nicht zu erfolgen hat, können die Investoren das möglicherweise zielgerichtete Verhalten der Bilanzierenden nicht erkennen.

Diese unzureichende ergänzende Berichterstattung hat wenig überraschend auch Auswirkungen auf die **Nachprüfbarkeit** der durch die Rechnungslegung vermittelten Informationen.[518] Infolge dieser Objektivierungsnotwendigkeit – als weitere Nebenbedingung der Verlässlichkeit – ist die ergänzende Offenlegung und Erläuterung von subjektiven Einschätzungen unentbehrlich, da nur durch eine flankierende Berichterstattung die durch die Rechnungslegenden zur Verfügung gestellten Daten für die Investoren nachvollziehbar werden. Zudem dient die Offenlegung alternativer Einschätzungen sowie der Gründe für deren Nichtberücksichtigung bei der Abbildung des entsprechenden Sachverhalts der Plausibilisierung durch die Investoren.

Vor diesem Hintergrund wird deutlich, dass die nach IAS 17 und SFAS 13 vorgeschriebene, ergänzende Berichterstattung über Leasingverhältnisse keineswegs ausreicht, um eine **Mindestobjektivierung der vermittelten Informationen** zu erreichen. Insbesondere eine verpflichtende Erläuterung der Vertragsklassifikation sowie der Ausübung von Abbildungsspielräumen würde die Verlässlichkeit der Berichterstattung deutlich erhöhen. Außerdem würde eine ergänzende Offenlegung der bei der Beurteilung von Optionen berücksichtigten Prämissen sowie von alternativen Einschätzungen bei der Vertragseinordnung zu einer verlässlicheren Leasingbilanzierung beitragen.

---

[517] Vgl. hierzu insbesondere die Analyse der Leasingnehmerbilanzierung in Abschnitt 323.23.
[518] Vgl. hierzu ausführlich Abschnitt 232.232.

344. Zwischenfazit zur Entscheidungsnützlichkeit der geltenden Leasingbilanzierung

Die vorangegangenen Ausführungen dienten der Analyse der **Entscheidungsnützlichkeit** der Informationen, die durch die geltende Leasingbilanzierung nach IFRS und US-GAAP vermittelt werden. Da beide Regelungskomplexe mit dem sog. ***risk and reward approach*** auf der identischen Grundkonzeption basieren, erfolgte dabei weitestgehend eine gemeinsame Untersuchung der Regelungen zur Leasingbilanzierung.

Festzuhalten bleibt, dass die **Entscheidungsrelevanz** der auf Basis der geltenden Vorschriften zur Leasingbilanzierung erfolgenden Berichterstattung nur sehr eingeschränkt gegeben ist.[519] Der ***all or nothing approach*** führt zu einer unvollständigen Informationsvermittlung, da beim Leasingnehmer im Fall eines Operating-Leasingverhältnisses weder ein Vermögenswert noch die aus dem Leasingvertrag resultierende Verpflichtung bilanziert wird. Die ergänzende Berichterstattung kann nicht verhindern, dass den Investoren somit für die Prognose künftiger Zahlungsströme erforderliche Informationen fehlen. Zudem verhindern die Nichtberücksichtigung von bedingten Leasingzahlungen sowie die ausschließliche Berücksichtigung von „günstigen" Kauf- oder Verlängerungsoptionen eine vollständige Informationsvermittlung.

Aus Sicht der erforderlichen wirtschaftlichen Betrachtungsweise ist die vom juristischen Eigentum unabhängige Bilanzierung von Leasingverhältnissen grundsätzlich zu befürworten, sofern die abzubildenden Sachverhalte den im Rahmen der Bilanzierung von Finanzierungs- und Operating-Leasingverhältnissen unterstellten Konstellationen fremdfinanzierter Erwerb bzw. Miete wirtschaftlich entsprechen. Eine solch trennscharfe Klassifizierung von realen Vertragskonstellationen ist jedoch regelmäßig nicht möglich, so dass infolge des *all or nothing approach* die Gefahr besteht, dass ökonomisch vergleichbare Sachverhalte unterschiedlich bilanziert werden. Während die intertemporale Vergleichbarkeit der Leasingbilanzierung – eingeschränkt durch die vertragsindivi-

[519] Vgl. ausführlich zur Entscheidungsrelevanz der geltenden Leasingbilanzierung Abschnitt 342.

duelle Klassifizierung – grundsätzlich als gewährleistet anzusehen ist, verhindern die zahlreichen **Abbildungsspielräume** die zwischenbetriebliche Vergleichbarkeit.

Da für die Vertragsklassifikation nach IAS 17 ausschließlich qualitative Orientierungshilfen vorgegeben werden, die in eine Gesamtwürdigung der wirtschaftlichen Verhältnisse einfließen, ähnelt die Vertragseinordnung einem **faktischen Wahlrecht**. Die in SFAS 13 enthaltenen quantitativen Klassifizierungskriterien verringern die Abbildungsspielräume, erleichtern jedoch die Umgehung der Grenzwerte durch eine entsprechende Leasingvertragsgestaltung. Die Vergleichbarkeit wird zudem durch die mit der Vertragsklassifizierung verbundene gegensätzliche Bilanzierung beim Leasingnehmer nach dem *all or nothing approach* deutlich verringert. Die **mangelhafte ergänzende Berichterstattung** über die Wahrnehmung von Abbildungsspielräumen sowie die Vertragskategorisierung verringert insbesondere die Verständlichkeit der vermittelten Informationen.

Auch aus Sicht der **Verlässlichkeit** erscheinen die geltenden Regelungen zur Leasingbilanzierung nach IFRS und US-GAAP verbesserungswürdig.[520] Vor allem die Neutralität der Informationsvermittlung ist durch die Abbildungsspielräume im Zusammenhang mit der Vertragsklassifizierung gefährdet, da die der Vertragseinordnung folgende Bilanzierung nach dem *all or nothing approach* zur **Gefahr einer tendenziösen Berichterstattung** durch den eine Nichtbilanzierung anstrebenden Leasingnehmer führt. Die unzureichenden ergänzenden Erläuterungen zur Ausübung der Abbildungsspielräume sowie zur Vertragskategorisierung führen zu einer **mangelhaften Nachprüfbarkeit** der durch die Rechnungslegung vermittelten Informationen und dienen somit nicht dem Ziel einer Mindestobjektivierung.

Das **Ergebnis** der vorstehenden Analyse ist, dass die geltenden Regelungen zur Leasingbilanzierung nach IFRS und US-GAAP insbesondere auf Seiten des Leasingnehmers große Defizite in Bezug auf die Entscheidungsrelevanz sowie Verlässlichkeit als Determinanten der Entscheidungsnützlichkeit aufweisen. Hierauf aufbauend wird in

[520] Vgl. ausführlich zur Verlässlichkeit der geltenden Leasingbilanzierung Abschnitt 343.

Kapitel 4 zu untersuchen sein, ob die aktuellen Reformbestrebungen der beiden Standardsetter IASB und FASB zu einer Erhöhung der Entscheidungsnützlichkeit der durch die Leasingbilanzierung vermittelten Informationen beitragen können.

4 Auswirkungen der Vorschläge zur künftigen Leasingbilanzierung auf die Erfüllung der Informationsanforderungen der Investoren

41 Überblick über die Reformbestrebungen in der Leasingbilanzierung

Zur Entwicklung von global akzeptierten und durchsetzbaren Rechnungslegungsvorschriften haben sowohl das IASC als Vorgängerorganisation des IASB als auch das FASB frühzeitig begonnen, mit nationalen Standardsettern und internationalen Organisationen zu kooperieren. So wurde im Jahr 1995 die sogenannte ***G4+1 Working Group*** gegründet, die sich aus hochrangigen Vertretern der nationalen Standardsetter aus Australien, Großbritannien, Kanada, Neuseeland und den USA mit Vertretern des IASC als Beobachter zusammensetzte.[521]

Erklärte Zielsetzung dieser Kooperation war die Entwicklung weltweit einheitlicher Vorstellungen zu ausgewählten Fragestellungen der Rechnungslegung und die Förderung derer weltweiten Anwendung.[522] Da keiner der beteiligten Standardsetter die jeweilige Kompetenz zur Entwicklung und Verabschiedung von Rechnungslegungsstandards auf die *G4+1 Working Group* delegiert hat, hatten die veröffentlichten Positionspapiere formal keinerlei Bindungswirkung für die beteiligten Standardsetter.[523] Vielmehr sollten diese Positionspapiere den Standardsettern als **Diskussionsgrundlage** für die Entwicklung der eigentlichen Rechnungslegungsstandards dienen.[524] Insofern bestand die Aufgabe der *G4+1 Working Group* insbesondere in der Koordination der Arbeit der einzelnen Standardsetter. Im Zuge der Neustrukturierung des IASB und der dabei beschlossenen Intensivierung der Zusammenarbeit mit den nationalen Standardsettern wurde die *G4+1 Working Group* 2001 aufgelöst.

---

[521] Auf Grund des nachträglichen Beitritts des neuseeländischen Standardsetters hätte die Gruppe genau genommen fortan mit *G5+1 Working Group* bezeichnet werden müssen. Vgl. WAGENHOFER, A., Internationale Rechnungslegungsstandards, S. 54.

[522] Vgl. ausführlich zur Zielsetzung der *G4+1 Working Group* BERESFORD, D. R., A Newcomer on the International Scene, S. 16-17. Das angelsächsisch geprägte Verständnis von Rechnungslegung sämtlicher beteiligter Standardsetter hat deren Zusammenarbeit dabei maßgeblich erleichtert. Vgl. BLANCHET, J./CROOCH, M., Internationalization of Accouting, S. 7; STREET, D. L./SHAUGHNESSY, K. A., Evolution of the G4+1, S. 132-133.

[523] Vgl. hierzu und für einen Überblick über die von der *G4+1 Working Group* veröffentlichten Diskussionspapiere LEWICKI, B., G4+1, S. 9-10. In der Einleitung eines jeden Positionspapiers wird explizit darauf hingewiesen, dass diese ausschließlich die persönlichen Auffassungen der Mitglieder widerspiegeln, die von den Ansichten der vertretenen Standardsetter abweichen können.

[524] Vgl. KÜTING, K./HELLEN, H.-H./BRAKENSIEK, S., Positionspapier der G4+1 Working Group, S. 1720.

In der Zeit ihres Bestehens hat die *G4+1 Working Group* unter anderem zwei Positionspapiere zur Bilanzierung von Leasingverhältnissen veröffentlicht. Das bereits 1996 publizierte Positionspapier mit dem Titel „Accounting for Leases: A New Approach" umfasst dabei konzeptionelle Grundlagen zur Neugestaltung der Leasingbilanzierung.[525] In Anlehnung an den Hauptautor wird dieses erste Positionspapier regelmäßig und auch hier nachfolgend als „**McGregor-Papier**" bezeichnet.[526] Das McGregor-Papier sollte nach Auffassung der Verfasser als Diskussionsgrundlage für die zum damaligen Zeitpunkt bevorstehende Überarbeitung der Leasingbilanzierung für die beteiligten Standardsetter dienen.[527]

Obwohl die Vorschläge des McGregor-Papiers von den Standardsettern seinerzeit nicht aufgegriffen worden sind,[528] entwickelte die *G4+1 Working Group* die enthaltene Grundkonzeption einer veränderten Leasingbilanzierung weiter und erarbeitete 1999 ein weiteres Positionspapier, das im Jahr 2000 vom damaligen IASC unter dem Titel „G4+1 Position Paper: Leases: Implementation of A New Approach" veröffentlicht worden ist.[529] Da die in diesem Positionspapier enthaltenen Konkretisierungen sowie die die Grundkonzeption ergänzenden Detailregelungen zur Leasingbilanzierung unter der Federführung des britischen *Accounting Standards Board* (ASB) erarbeitet worden sind, wird dieses zweite Positionspapier häufig nach dem damaligen ASB-Vorsitzenden als „**Tweedie-Papier**" bezeichnet. Sir David Tweedie ist seit 2001 Chairman des IASB, wodurch die Bedeutung des Positionspapiers für das aktuelle Projekt zur Leasingbilanzierung unterstrichen wird.

---

[525] Der vollständige Titel des Positionspapiers lautet „Accounting for Leases: A New Approach - Recognition by Lessees of Assets and Liabilities arising under Lease Contracts". Vgl. McGREGOR, W., Accounting for Leases. Im Positionspapier selbst wird der konzeptionelle Charakter betont und auf die noch notwendige Präzisierung von Regelungen zu komplexeren Fragestellungen der Leasingbilanzierung hingewiesen. Vgl. McGREGOR, W., Accounting for Leases, S. 18. Vgl. überblicksartig zu diesem ersten Positionspapier WEINSTOCK, M., Accouting for Leases, S. 794-798.

[526] Warren McGregor, der seit 2001 Mitglied des IASB ist, war bereits 1993 von der Reformbedürftigkeit der Grundkonzeption der Leasingbilanzierung überzeugt. Vgl. McGREGOR, W., Accounting for Leases – A New Framework, S. 17-20.

[527] Vgl. McGREGOR, W., Accounting for Leases, S. 4 und S. 25.

[528] So führten die in 1997 vorgenommenen Anpassungen des IAS 17 zu keinen Änderungen der Konzeption der Leasingbilanzierung. Vgl. hierzu Abschnitt 321.

[529] Vgl. IASC (Hrsg.), G4+1 Position Paper.

Die Positionspapiere der *G4+1 Working Group* wurden in jüngster Zeit im Zuge der aktuellen Konvergenzbestrebungen zwischen IASB und FASB wieder aufgegriffen.[530] Neben diesen beiden aufeinander aufbauenden Vorschlägen, deren Grundkonzeption auch als ***Right-of-use*-Modell**[531] bezeichnet wird, bildet vor allem das in der US-amerikanischen Literatur diskutierte ***Whole-Asset*-Modell** die Ausgangsbasis für das seit Juli 2006 bestehende gemeinsame Leasingprojekt der beiden Standardsetter.[532] Bevor der aktuelle Stand dieses Projektes vor dem Hintergrund der Entscheidungsnützlichkeit diskutiert werden soll, werden in den folgenden Abschnitten – zum besseren Verständnisses des Projektes – zunächst das in den beiden Diskussionspapieren der *G4+1 Working Group* konkretisierte *Right-of-use*-Modell und anschließend das *Whole-Asset*-Modell gewürdigt, die dem Projekt als Grundlage dienen. Im Anschluss folgt eine kritische Gegenüberstellung der Entscheidungsnützlichkeit der auf Basis dieser beiden Modelle vermittelten Informationen mit der in Abschnitt 3 analysierten Entscheidungsnützlichkeit der geltenden Leasingbilanzierung.

42 Das *Right-of-use*-Modell der *G4+1 Working Group*

421. Die Aktivierung von Nutzungsrechten als Ansatz für die grundsätzliche Vereinheitlichung der Leasingbilanzierung

Der konzeptionelle Grundgedanke des ***Right-of-use*-Modells** der *G4+1 Working Group* basiert auf der Abkehr von den wesentlichen Grundprinzipien der bisherigen Leasingbilanzierung nach IFRS und US-GAAP. Die Reformbedürftigkeit der geltenden Leasingbilanzierung wird von der *G4+1 Working Group* vor allem damit begründet, dass aus Operating-Leasingverhältnissen resultierende Vermögenswerte und Schulden in der Bilanz des Leasingnehmers nicht ausgewiesen werden.[533] Die Problematik dieser Bilanzneutralität werde zudem durch die Abbildungs- und Gestaltungsspielräume bei der Ver-

[530] Vgl. grundsätzlich zum Konvergenzprojekt die Ausführungen in Abschnitt 232.31.

[531] Das *Right-of-use*-Modell wird in der Literatur z. T. auch als *financial components approach* betitelt. Vgl. bspw. FÜLBIER, R. U./PFERDEHIRT, H., Künftige Leasingbilanzierung, S. 278; MONSON, D. W., Accounting for Leases, S. 277.

[532] Vgl. ausführlich zum aktuellen Stand des IASB/FASB-Leasingprojektes Abschnitt 45.

[533] Vgl. McGREGOR, W., Accounting for Leases, S. 1. Die mit der Nichtbilanzierung von Operating-Leasingverhältnissen verbundene Einschränkung der Entscheidungsnützlichkeit der vermittelten Jahresabschlussinformationen kann dabei nach dem McGregor-Papier zu einer fehlerhaften Kapitalallokation führen. Vgl. McGREGOR, W., Accounting for Leases, S. 25.

tragsklassifizierung verschärft, die dazu führen können, dass wirtschaftlich betrachtet identische Leasingvereinbarungen vollkommen unterschiedlich bilanziert werden.[534]

Nach dem in den beiden Positionspapieren der *G4+1 Working Group* vorgeschlagenen *Right-of-use*-Modell sollen Leasingvereinbarungen nicht mehr auf Basis des *risk and reward approach* anhand der Verteilung der mit dem Leasingobjekt verbundenen Chancen und Risiken klassifiziert werden. Ebenso wenig soll das Leasingobjekt beim bislang auf diesem Wege identifizierten wirtschaftlichen Eigentümer als körperlicher Vermögenswert bilanziert werden. Vielmehr wird die grundsätzliche **Aktivierung von Nutzungsrechten beim Leasingnehmer** und somit die Bilanzierung der von diesem kontrollierten wirtschaftlichen Ressourcen in Form von Vermögenswerten und damit zusammenhängenden Schulden vorgeschlagen. Die Idee der Aktivierung von Nutzungsrechten ist dabei keineswegs von der *G4+1 Working Group* neu entwickelt worden. Deren Vorschläge greifen vielmehr die bereits in den 60iger Jahren geführte Diskussion um die – von der Leasingvertragsgestaltung grundsätzlich unabhängige – Bilanzierung von Nutzungsrechten beim Leasingnehmer auf, die allerdings zur damaligen Zeit ohne nennenswerten Einfluss auf die Entwicklung der Rechnungslegungsstandards für Leasing geblieben ist.[535] Auf Grund der vorgeschlagenen einheitlichen Vorgehensweise für sämtliche Leasingvereinbarungen erübrigt sich die derzeitige Differenzierung in Finanzierungs- und Operating-Leasingverhältnisse. Die Positionspapiere führen somit zu einer **Abkehr vom *all or nothing approach*.**

Die vorgeschlagene Bilanzierungspflicht sämtlicher aus Leasingvereinbarungen resultierender Vermögenswerte und Schulden leitet die *G4+1 Working Group* aus den in den

[534] Vgl. MCGREGOR, W., Accounting for Leases, S. 10.

[535] Der erste Vorstoß in Richtung der Bilanzierung von Nutzungsrechten durch den Leasingnehmer wurde von MYERS unternommen, der bereits 1962 ausführliche Regelungen für eine entsprechende Leasingbilanzierung entwickelt hat. Vgl. hierzu MYERS, J. H., Reporting of Leases, S. 34-67. Vor dem Hintergrund der Kritik an den Interpretationsspielräumen und Gestaltungsmöglichkeiten des 1976 verabschiedeten SFAS 13 wurde schon 1979 von der Mehrzahl der damaligen FASB-Mitglieder die Unterstützung für die Bilanzierung von Nutzungsrechten beim Leasingnehmer und somit für eine strikte Abkehr vom *risk and reward approach* signalisiert, sofern die Leasingbilanzierung erneut zur Diskussion stehen sollte. Vgl. DIETER, R., Lessee Accounting, S. 19.

von den beteiligten Standardsettern entwickelten Rahmenkonzepten enthaltenen **Definitions- und Ansatzkriterien** für Vermögenswerte und Schulden her.[536]

Die Arbeitsgruppe vertritt in den beiden aufeinander aufbauenden Positionspapieren die Auffassung, dass das Nutzungsrecht des Leasingnehmers und die Forderung des Leasinggebers auf Zahlung der vereinbarten Leasingraten die Definitionskriterien eines Vermögenswertes erfüllen.[537] Demgegenüber genüge die Verpflichtung des Leasingnehmers zur Zahlung dieser Leasingraten der Definition einer Schuld.[538] Zudem werden aus Sicht der Arbeitsgruppe die für die Bilanzierungsfähigkeit von Vermögenswerten und Verbindlichkeiten zusätzlich geforderten Ansatzkriterien von sämtlichen unkündbaren Leasingvereinbarungen erfüllt.[539] Somit sei die Bilanzierung grundsätzlich von sämtlichen aus der Leasingvereinbarung resultierenden Vermögenswerten und Schulden durch die **Erfüllung der zweistufigen Ansatzkonzeption des *Frameworks*** geboten und das bisher verwendete Kriterium des wirtschaftlichen Eigentums erscheine entbehrlich.[540]

Von dieser grundsätzlichen Bilanzierungspflicht ausgehend ist der Zeitpunkt der erstmaligen Erfassung dieser Vermögenswerte und Verbindlichkeiten ein weiterer bedeutender Aspekt. Aus Sicht der Arbeitsgruppe ist dabei die **Übergabe des Leasingobjektes als Hauptpflicht des Leasinggebers** der für die Erfassung **maßgebliche Zeitpunkt**, da der Leasingnehmer erst ab diesem Zeitpunkt die Kontrolle über das Leasingobjekt erhält und somit das *Control*-Kriterium der Vermögenswertdefinition erfüllt ist.[541]

---

536 Das McGregor-Papier fokussiert hierbei aus Vereinfachungsgründen auf das *Framework* vom damaligen IASC, da die Rahmenkonzepte der anderen beteiligten Standardsetter diesem inhaltlich vergleichbar sind. Vgl. hierzu MCGREGOR, W., Accounting for Leases, S. 15. Bzgl. eines Vergleichs dieser Rahmenkonzepte vgl. MCGREGOR, W., Accounting for Leases, S. 27-31. Im Zuge der Restrukturierung des IASC wurde 2001 das damalige *Framework* vom heutigen IASB übernommen.

537 Vgl. MCGREGOR, W., Accounting for Leases, S. 15-16; IASC (Hrsg.), G4+1 Position Paper, Rn. 3.7 bzw. Rn. 8.6.

538 Vgl. MCGREGOR, W., Accounting for Leases, S. 16; IASC (Hrsg.), G4+1 Position Paper, Rn. 3.12.

539 Vgl. MCGREGOR, W., Accounting for Leases, S. 16-17.

540 Vgl. MCGREGOR, W., Accounting for Leases, S. 17-18.

541 Vgl. IASC (Hrsg.), G4+1 Position Paper, Rn. 2.11 und 2.14. Dieser Zeitpunkt korrespondiert mit dem im weiteren Verlauf der Untersuchung noch zu analysierenden Zeitpunkt der angenommenen Veräußerung durch den Leasinggeber. Vgl. Abschnitt 422.21. Neben dem Zeitpunkt der Übergabe des Leasingobjektes wurde von der *G4+1 Working Group* unter anderem auch der Zeitpunkt der Vertragsunterzeichnung als Erfassungszeitpunkt diskutiert. Vgl. IASC (Hrsg.), G4+1 Position Paper, Rn. 2.10. Nach Auffassung der Arbeitsgruppe ist die Erfassung bei Vertragsunterzeichnung allerdings abzuleh-

Unter Leasingvereinbarungen im Sinne der *G4+1 Working Group* sind dabei sämtliche Verträge zu verstehen, die dem Leasingnehmer das Recht einräumen, einen bestimmten Vermögenswert über einen festgelegten Zeitraum zu nutzen und diesen im Gegenzug dazu verpflichten, Leasingraten in vereinbarter Höhe an den Leasinggeber zu leisten.[542] Das juristische Eigentum am Leasingobjekt verbleibt dagegen während der gesamten Leasingvertragsdauer beim Leasinggeber.[543] Leasing wird von der Miete somit lediglich über die in Leasingvereinbarungen typischerweise enthaltenen, fest vereinbarten Zeiträume abgegrenzt, in denen die Verträge von den beiden Vertragsparteien grundsätzlich nicht gekündigt werden können. Da nach dem Reformvorschlag keine eigenständigen Bilanzierungsvorschriften für Leasingvereinbarungen über bestimmte Leasingobjekte vorgesehen sind, wird der Anwendungsbereich im Vergleich zur geltenden Bilanzierung bspw. um Leasingvereinbarungen über Lizenzen und ähnliche immaterielle Rechte erweitert.[544]

Nach dem *Right-of-use*-Modell führen somit sämtliche unkündbaren Leasingvereinbarungen zum Ausweis eines Vermögenswertes sowie einer Verbindlichkeit in der **Bilanz des Leasingnehmers**. Im McGregor-Papier wird die Begrenzung dieser Aktivierung auf Nutzungsrechte vorgeschlagen, die aus Leasingverträgen mit einer unkündbaren Laufzeit von mindestens einem Jahr resultieren.[545] Da indes auch Leasingvereinbarungen mit einer geringeren Laufzeit zu aus Sicht des Leasingnehmers wesentlichen Nutzungsrechten führen können, wurde diese Einschränkung im Tweedie-Papier

nen, da es sich bei der Leasingvereinbarung zu diesem Zeitpunkt um ein schwebendes Geschäft handelt und das *Control*-Kriterium der Vermögenswertdefinition (noch) nicht zwingend als erfüllt angesehen kann. Vgl. IASC (Hrsg.), G4+1 Position Paper, Rn. 2.12.

542 Vgl. IASC (Hrsg.), G4+1 Position Paper, Rn. 2.3.

543 Vgl. IASC (Hrsg.), G4+1 Position Paper, Rn. 2.4.

544 Vgl. IASC (Hrsg.), G4+1 Position Paper, Rn. 2.47-2.51. Aus dem geltenden Anwendungsbereich von IAS 17 sind bspw. Leasingverträge in Bezug auf Lizenzvereinbarungen ausgenommen, wohingegen die Bestimmungen des SFAS 13 grundsätzlich nicht auf Leasingvereinbarungen über immaterielle oder biologische Vermögenswerte anzuwenden sind. Vgl. zu den gegenwärtigen Anwendungsbereichen der beiden geltenden Leasingstandards Abschnitt 321. bzw. Abschnitt 331. Die zum Zeitpunkt der Verabschiedung der Positionspapiere noch nicht existierende Erweiterung der Anwendungsbereiche durch IFRIC 4 bzw. EITF-Issue 01-8 auf indirekte Nutzungsrechte scheint in die vorgeschlagene Leasingbilanzierung integrierbar zu sein, da hier auch die Existenz einer Leasingvereinbarung angenommen wird, wenn die Erfüllung eines Liefer- oder Dienstleistungsvertrages von der Nutzung eines spezifizierten Vermögenswertes abhängig ist. Vgl. IASC (Hrsg.), G4+1 Position Paper, Rn. 2.45.

545 Vgl. McGREGOR, W., Accounting for Leases, S. 18.

berechtigterweise aufgehoben.[546] Eine leasingspezifische Ausnahme für entsprechende Vereinbarungen ist somit ausdrücklich nicht mehr vorgesehen.[547]

Nach dem Vorschlag der *G4+1 Working Group* führen somit unabhängig von der Vertragsgestaltung sämtliche Leasingvereinbarungen – im Gegensatz zur gegenwärtigen Leasingbilanzierung nach IFRS und US-GAAP – zum Ansatz eines Vermögenswertes sowie einer Verbindlichkeit in der Bilanz des Leasingnehmers. Leasing verliert im *Right-of-use*-Modell folglich seinen bisherigen *off-balance-sheet*-Charakter. Die Vertragsbestimmungen beeinflussen dabei nur noch die Wertansätze des Nutzungsrechtes und der Leasingverbindlichkeit. Ferner sind die dem Leasingnehmer eingeräumten Optionen sowie die von ihm eingegangenen Garantieverpflichtungen gegebenenfalls als eigenständige Vermögenswerte und Schulden auszuweisen. Der Bilanzierung nach dem Reformvorschlag liegt somit die **Annahme des Erwerbs von Verfügungsrechten** zu Grunde.

Demgegenüber hat der **Leasinggeber** den von ihm übertragenen Anteil am Nutzenpotential des Leasingobjektes gegen eine Leasingforderung auszubuchen, wodurch es zu einer grundsätzlich **symmetrischen Bilanzierung bei Leasinggeber und Leasingnehmer** kommt.[548] Der zumeist dem Leasinggeber zustehende Restwert des Leasingobjektes – nach der in dieser Arbeit entwickelten Terminologie somit das verbleibende beschränkte Nutzungsrecht sowie das Verwertungsrecht[549] – wird weiterhin bei ihm bilanziert. Die beiden Vertragsparteien bilanzieren somit jeweils den Anteil am Nutzenpotential des Leasingobjektes, über den sie verfügen können. Diese aus den Grundannahmen des *Right-of-use*-Modells resultierende Bilanzierung, die prinzipiell der derzeitigen bilanziellen Erfassung von Finanzierungs- bzw. Capital-Leasingverhältnissen ähnelt, soll

---

546 Als weitere Begründung für die Änderung des Vorgänger-Positionspapiers wird die Willkürlichkeit der als Grenzwert fixierten Mindestleasingdauer angeführt. Vgl. IASC (Hrsg.), G4+1 Position Paper, Rn. 2.54.

547 Vgl. IASC (Hrsg.), G4+1 Position Paper, Rn. 2.54. Entscheidend für die Bilanzierung von Leasingvereinbarungen ist somit die Wesentlichkeit der individuellen bilanziellen Auswirkungen. Diese Bedingung ist sowohl nach dem *Framework* des IASB (vgl. zur Wesentlichkeit F. 29-30) als auch nach dem *Conceptual Framework* des FASB (vgl. zur Wesentlichkeit SFAC 2.123-2.132) von sämtlichen Bilanzpositionen zu erfüllen.

548 Vgl. McGREGOR, W., Accounting for Leases, S. 24.

549 Vgl. hierzu Abschnitt 233.32.

im folgenden Abschnitt genauer diskutiert werden. Dabei wird zu berücksichtigen sein, dass die beiden Positionspapiere der *G4+1 Working Group* neben der vorstehend erläuterten Grundkonzeption vor allem die Grundzüge der vorgeschlagenen Bilanzierung und weniger technische Details enthalten.

422. Leasingbilanzierung nach dem *Right-of-use*-Modell

422.1 Bilanzierung von Leasingverhältnissen beim Leasingnehmer

422.11 Grundzüge der vorgeschlagenen Bilanzierung beim Leasingnehmer

Das zentrale Recht, das dem Leasingnehmer im Rahmen eines Leasingverhältnisses übertragen wird, ist das zeitlich begrenzte Nutzungsrecht am Leasingobjekt. Demgegenüber besteht die Verpflichtung zur Leistung der vereinbarten Leasingraten an den Leasinggeber. Sofern eine Leasingvereinbarung im obigen Sinne geschlossen worden ist, hat der Leasingnehmer nach dem Vorschlag der *G4+1 Working Group* somit das für ihn zentrale Nutzungsrecht als Vermögenswert und die hiermit verbundene Verpflichtung als Verbindlichkeit zu bilanzieren.[550]

Entgegen den geltenden Bilanzierungsregelungen für Finanzierungs- bzw. Capital-Leasingverhältnisse bilanziert der Leasingnehmer nach dem *Right-of-use*-Modell keinen körperlichen Gegenstand, sondern seine Verfügungsrechte am Leasingobjekt. Leasinggeschäfte sollen somit nach Ansicht der Arbeitsgruppe in Anlehnung an den **Erwerb von Verfügungsrechten** bilanziert werden.[551] Folglich sind die Vertragselemente, die über das für jede Leasingvereinbarung zentrale Nutzungsrecht hinausgehen und somit nicht Bestandteil des angenommenen Erwerbsvorgangs werden, separat zu würdigen. Hierunter fallen beispielsweise Servicekomponenten wie Wartungs- oder Instandhaltungsleistungen des Leasinggebers, die regelmäßig neben der eigentlichen Nutzung mit den vereinbarten Leasingzahlungen abgegolten werden, allerdings mit der Übergabe des Leasingobjektes der Natur der Sache nach noch nicht erfüllt sind. Vielmehr handelt es sich nach Auffassung der Arbeitsgruppe bei den zu separierenden Servicevereinbarun-

---

[550] Vgl. überblicksartig zur vorgeschlagenen Leasingnehmerbilanzierung HELMSCHROTT, H., Leasingbilanzierung im Umbruch, S. 18-23.

[551] Vgl. IASC (Hrsg.), G4+1 Position Paper, Rn. 3.8.

gen um schwebende Geschäfte, die grundsätzlich nicht zu bilanzieren sind, bis sie die Defintions- und Ansatzkriterien für Vermögenswerte bzw. Schulden erfüllen.[552] Dementsprechend sind die zwischen den Vertragsparteien vereinbarten Leasingraten analog der geltenden Bilanzierung von Finanzierungs- bzw. Capital-Leasingverhältnissen auch nach dem *Right-of-use*-Modell in die Zahlung für etwaige Dienstleistungen des Leasinggebers sowie das für den Bilanzansatz ausschlaggebende Nutzungsentgelt aufzuteilen.[553] Diese Aufspaltung, die auf Grund der anfänglichen Unbestimmheit des während der Vertragslaufzeit vom Leasinggeber zu erbringenden Dienstleistungsumfangs stets Ermessensspielräume enthält, ist nach dem Reformvorschlag indes für sämtliche Leasingvereinbarungen und somit auch für die derzeit nicht bilanzierungspflichtigen Operating-Leasingverhältnisse vorzunehmen.

Aus der Annahme des Erwerbs von Verfügungsrechten wird die erstmalige Bewertung des Verfügungsrechtes sowie der korrespondierenden Verbindlichkeit in Höhe des beizulegenden Zeitwertes der übertragenen Verfügungsrechte abgeleitet.[554] Da in der Regel kein Markt für zeitlich beschränkte Verfügungsrechte existiert und somit der beizulegende Zeitwert der übertragenen Verfügungsrechte regelmäßig nicht direkt am Markt ermittelt werden kann, wird hierzu auf die diskontierten Mindestleasingzahlungen zurückgegriffen, die nach Auffassung der *G4+1 Working Group* prinzipiell dem beizulegenden Zeitwert der Verfügungsrechte entsprechen.[555] Folglich werden sowohl das Verfügungsrecht als auch die Verbindlichkeit zum **Barwert der Mindestleasingzahlungen** angesetzt, die nach dem *Right-of-use*-Modell als zentrales Bewertungskriterium ausschließlich die für den Leasingnehmer **unvermeidbaren Zahlungen** umfassen. Zum Zwecke der Bilanzierung ist somit stets von einer frühestmöglichen Beendigung des Leasingverhältnisses durch den Leasingnehmer auszugehen. Den wie vorstehend definierten Mindestleasingzahlungen liegt somit ein gegenüber den geltenden Regelungen

[552] Vgl. IASC (Hrsg.), G4+1 Position Paper, Rn. 2.39. Es sind lediglich Zahlungsverpflichtungen des Leasingnehmers zu passivieren, die aus bereits vollbrachten Serviceleistungen des Leasinggebers resultieren.

[553] Vgl. IASC (Hrsg.), G4+1 Position Paper, Rn. 2.41. Zur korrespondierenden Vorgehensweise nach der geltenden Leasingbilanzierung vgl. Abschnitt 322.24.

[554] Vgl. IASC (Hrsg.), G4+1 Position Paper, Rn. 3.13-3.15.

[555] Vgl. IASC (Hrsg.), G4+1 Position Paper, Rn. 3.15. Die Mindestleasingzahlungen sind somit als Anschaffungskosten des aus der Leasingvereinbarung resultierenden Verfügungsrechtes zu interpretieren. Vgl. IASC (Hrsg.), G4+1 Position Paper, Rn. 3.13.

zur Leasingbilanzierung fundamental unterschiedliches Begriffsverständnis zu Grunde, da innerhalb der aktuellen Leasingstandards die Mindestleasingzahlungen die wirtschaftlich wahrscheinlichen Zahlungen des Leasingnehmers umfassen. Dieses andere Begriffsverständnis führt beispielsweise dazu, dass die Ausübung von vereinbarten „günstigen" Verlängerungsoptionen nicht mehr durch den Leasingnehmer zu antizipieren ist und die erwarteten Zahlungen in den optionalen Zeiträumen somit nicht mehr Bestandteil der Mindestleasingzahlungen werden.[556] Durch die veränderte Definition wird daher die Bewertung einiger derzeitig als Finanzierungs- bzw. Capital-Leasingverhältnis zu klassifizierender und somit bereits gegenwärtig beim Leasingnehmer bilanzierungspflichtiger Leasingvereinbarungen nach dem Vorschlag der *G4+1 Working Group* zu geringeren Bilanzansätzen führen.[557]

Zur Diskontierung der Mindestleasingzahlungen ist der **Grenzfremdkapitalzinssatz des Leasingnehmers** für eine in Laufzeit und Besicherung vergleichbare Fremdfinanzierung zu verwenden. Da in dem dem Leasingverhältnis zu Grunde liegenden Zinssatz die unterschiedlichen Risiken der Leasingzahlungen und des Restwertes berücksichtigt werden, kann dieser – sofern dem Leasingnehmer bekannt – nach Ansicht der Arbeitsgruppe nur dann alternativ verwendet werden, wenn der Leasinggeber ein relativ geringes Restwertrisiko trägt.[558]

Das im Rahmen einer Leasingvereinbarung erworbene Nutzungsrecht am Leasingobjekt ist grundsätzlich – im Unterschied zum Erwerb des gesamten Leasingobjektes – auf die Leasingvertragsdauer beschränkt. Beim Leasinggeber verbleiben das Verwertungsrecht sowie das Nutzungsrecht für die Zeit nach dem Ende der Vertragsdauer. Nach Auffas-

[556] Vgl. hierzu ausführlich Abschnitt 422.121.

[557] Vgl. IASC (Hrsg.), G4+1 Position Paper, Rn. 3.25 sowie das Beispiel in Abschnitt 422.13.

[558] Vgl. IASC (Hrsg.), G4+1 Position Paper, Rn. 6.12-6.13. Sofern das Restwertrisiko für den Leasinggeber beispielsweise auf Grund einer kurzen Leasingvertragsdauer wesentlich ist, wird er im Rahmen der Vertragskalkulation nicht nur das leasingnehmerspezifische Kreditrisiko, sondern auch das objektbezogene Restwertrisiko zumindest anteilig berücksichtigen. In diesem Fall wird von der Arbeitsgruppe davon ausgegangen, dass der dem Leasingverhältnis zu Grunde liegende Zinssatz keine angemessene Approximation für den Grenzfremdkapitalzinssatz des Leasingnehmers darstellt. Vgl. IASC (Hrsg.), G4+1 Position Paper, Rn. 6.5. Nach der geltenden Leasingbilanzierung nach IFRS bzw. US-GAAP wird dagegen zur Barwertermittlung der dem Leasingverhältnis zu Grunde liegende Zinssatz herangezogen, sofern dieser nach IAS 17.20 für den Leasingnehmer ermittelbar ist bzw. nach SFAS 13.10 i. V. m. SFAS 13.7 (d) niedriger als der Grenzfremdkapitalzinssatz und für den Leasingnehmer zudem ermittelbar ist.

sung der Arbeitsgruppe erfüllt die Verpflichtung des Leasingnehmers zur **Rückgabe des Leasingobjektes** am Ende der Vertragslaufzeit nicht die Definition einer Verbindlichkeit, da der Nutzen aus dem Leasingobjekt nach dem Ende der Vertragsdauer zu keiner Zeit auf den Leasingnehmer übertragen worden ist und folglich mit der Rückgabe des Leasingobjektes auch kein Nutzenabfluss verbunden sein kann.[559] Dementsprechend ist diese Verpflichtung – unabhängig von einer expliziten Vereinbarung der Rückgabe – auch nicht beim Leasingnehmer zu passivieren.

In den Folgeperioden ist der Vermögenswert durch den Leasingnehmer analog des Nutzenverlaufs über die voraussichtliche Nutzungsdauer planmäßig abzuschreiben. Zudem sind gegebenenfalls außerplanmäßig Wertminderungen nach den allgemeinen Bewertungsregelungen vorzunehmen.[560] Die aus der Leasingvereinbarung resultierende Verbindlichkeit ist unter Berücksichtigung der Effektivzinsmethode mit Leistung der Leasingzahlungen um den enthaltenen Tilgungsanteil ratierlich zu verringern. Die Folgebewertung nach dem *Right-of-use*-Modell entspricht somit den geltenden Bilanzierungsvorschriften für Finanzierungs-Leasingverhältnisse nach IAS 17 bzw. Capital-Leasingverhältnisse nach SFAS 13.

In den Positionspapieren der *G4+1 Working Group* wird dabei nicht explizit geklärt, welcher **Bilanzposition** der beim Leasingnehmer zu aktivierende Vermögenswert zuzurechnen ist.[561] Auch wenn das Nutzungsrecht einen immateriellen Vermögenswert darstellt und somit ein Ausweis unter den immateriellen Vermögenswerten grundsätzlich möglich erscheint, ist entsprechend der wirtschaftlichen Betrachtungsweise nach der hier vertretenden Auffassung ein Ausweis unter derjenigen Bilanzposition vorzuziehen, der das Leasingobjekt selbst zuzurechnen wäre. Ein vom Leasingnehmer geleaster materieller Vermögenswert bleibt in der faktischen Nutzung durch diesen weiterhin ein

---

559 Vgl. IASC (Hrsg.), G4+1 Position Paper, Rn. 3.20.

560 Vgl. IASC (Hrsg.), G4+1 Position Paper, Rn. 3.22.

561 Der Vermögenswert wird von der Arbeitsgruppe grundsätzlich als Nutzungsrecht beschrieben, was auf deren Intention zum Ausweis unter den immateriellen Vermögenswerten hindeuten könnte. Vgl. zur Beschreibung IASC (Hrsg.), G4+1 Position Paper, Rn. 1.12. Allerdings wird der beim Leasingnehmer zu aktivierende Vermögenswert in den im Tweedie-Papier angeführten Beispielen als „*leased equipment*" bezeichnet, was wiederum auf einen Ausweis unter den materiellen Vermögenswerten hinweisen könnte. Vgl. hierzu bspw. IASC (Hrsg.), G4+1 Position Paper, Rn. 9.6.

materieller Vermögenswert. Zur Ermöglichung einer Differenzierung zwischen geleasten und tatsächlich erworbenen Vermögenswerten sollte innerhalb der jeweiligen Bilanzposition eine gesonderte Angabe hinsichtlich der geleasten Vermögenswerte erfolgen. Ein grundsätzlicher Ausweis der geleasten Vermögenswerte als immaterielle Vermögenswerte würde dagegen eher der rechtlichen Gestaltung folgen.

Zusammenfassend ist festzuhalten, dass nach dem ***Right-of-use*-Modell** sämtliche auf den Leasingnehmer übertragene Verfügungsrechte von diesem zu bilanzieren sind. Bei deren Bewertung ist dabei auf die vom Leasingnehmer unvermeidbaren Zahlungen abzustellen. Neben der jedem Leasingverhältnis immanenten Übertragung eines beschränkten Nutzungsrechtes und der korrespondierenden Verpflichtung zur Leistung der Leasingraten resultieren aus Leasingvereinbarungen ferner regelmäßig noch weitere Rechte und Pflichten, deren bilanzielle Behandlung nach dem Reformvorschlag der *G4+1 Working Group* im Folgenden diskutiert werden soll. Dabei wird in den folgenden Ausführungen zwischen Verlängerungs-, Kauf- und Kündigungsoptionen, variablen Leasingzahlungen sowie den Restwert betreffenden Regelungen differenziert, die infolge ihres Einflusses auf die Verfügungsrechtsposition des Leasingnehmers bei diesem bilanziell zu berücksichtigen sind. Dementsprechend werden jeweils die Identifizierung der übertragenen Verfügungsrechte sowie die Bestimmung der nicht durch den Leasingnehmer vermeidbaren Leasingzahlungen im Mittelpunkt der Analyse stehen.

422.12 Bilanzierung zusätzlicher Leasingvertragskomponenten

422.121. Bilanzierung optionaler Vertragskomponenten

Leasingvereinbarungen umfassen regelmäßig optionale Komponenten, deren Gestaltungsvielfalt die Komplexität der Leasingbilanzierung deutlich erhöht. Häufig werden zwischen den Vertragsparteien Verlängerungs-, Kauf- und/oder Kündigungsoptionen vereinbart. Da nach Auffassung der *G4+1 Working Group* die Ausübung einer Vertragsverlängerungsoption ökonomisch der Nichtausübung einer Kündigungsoption entspricht und dementsprechend eine identische Bilanzierung vorgeschlagen wird,[562] kon-

[562] Vgl. IASC (Hrsg.), G4+1 Position Paper, Rn. 4.28.

zentrieren sich die nachfolgenden Ausführungen auf die Bilanzierung von **Verlängerungsoptionen und Kaufoptionen**.

Im Leasingvertrag vereinbarte **Optionen** auf den Erwerb des Leasingobjektes sowie auf die Verlängerung der Leasingvereinbarung sind nach dem *Right-of-use*-Modell vom Leasingnehmer als **eigenständige Komponenten** getrennt vom Nutzungsrecht zu bilanzieren.[563] Dabei sollen nach Auffassung der *G4+1 Working Group* die Rechte auf Optionsausübung selbst als eigenständige Verfügungsrechte des Leasingnehmers grundsätzlich unabhängig von der Wahrscheinlichkeit ihrer späteren Ausübung aktiviert werden. Die Ausübung von Verlängerungs- oder Kaufoptionen soll zum Zweck der Bilanzierung – im Gegensatz zur geltenden Leasingbilanzierung – folglich nicht antizipiert werden.[564] Die Wahrscheinlichkeit der späteren Ausübung beeinflusst allerdings den Bewertungsansatz der vereinbarten Optionen, da sich die Optionskonditionen regelmäßig auf die Höhe der zwischen den Vertragsparteien vereinbarten Leasingzahlungen auswirken.

Die Optionen sind nach dem Reformvorschlag nur dann separat bilanziell zu erfassen, wenn sie einen wesentlichen Wert aufweisen, der sich zudem mit einer hinreichenden Verlässlichkeit ermitteln lassen muss.[565] Der Wert der Optionen soll dabei durch einen Vergleich mit einem Leasingvertrag ermittelt werden, der sich lediglich durch die fehlende Vereinbarung eines Optionsrechtes von der zu beurteilenden Leasingvereinbarung unterscheidet. Die Optionen sind folglich mit dem beizulegenden Zeitwert anzusetzen.[566]

---

563 Im Unterschied zu Finanzoptionen können Leasing-Vertragsoptionen grundsätzlich nur am Ende der unkündbaren Grundmietzeit ausgeübt und nicht durch eine Ausgleichszahlung glattgestellt werden. Zudem können die in Leasingvereinbarungen enthaltenen Realoptionen in der Regel nicht vor dem Ausübungszeitpunkt an einen Dritten veräußert werden. Vgl. hierzu ausführlich SABEL, E./VOGEL, M., Leasing-Vertragsoptionen, S. 199-201.

564 Vgl. IASC (Hrsg.), G4+1 Position Paper, Rn. 4.9.

565 Vgl. IASC (Hrsg.), G4+1 Position Paper, Rn. 4.10 und 4.12.

566 Der Wert einer Option ergibt sich aus dem Verhältnis zwischen dem vereinbarten Ausübungspreis sowie dem (erwarteten) beizulegenden Zeitwert des Basiswertes im Optionsausübungszeitpunkt. Vgl. IASC (Hrsg.), G4+1 Position Paper, Rn. 4.10. Dabei ist der Basiswert bei einer Kaufoption das Leasingobjekt selbst, während bei einer Vertragsverlängerungsoption der Basiswert durch das Nutzungsrecht am Leasingobjekt über den optionalen Zeitraum verkörpert wird. Vgl. ausführlich zur Bewertung von in Leasingvereinbarungen enthaltenen Optionen bspw. CLAPHAM, E., Embedded Lease Options, S. 347-359. Vgl. allgemein zur – auf Grund der fehlenden Duplizierbarkeit – nicht unprob-

Da der Bestand des Leasingverhältnisses lediglich bis zum potentiellen Optionsausübungszeitpunkt gesichert ist, muss die Vergütung der Option in diesem feststehenden Zeitraum erfolgen.[567] Demnach sind die Mindestleasingzahlungen auf das auf die Vertragslaufzeit begrenzte, eigentliche Nutzungsrecht und die zusätzlich vereinbarte Option zu verteilen, da mit den Mindestleasingzahlungen auch das Recht zur Optionsausübung vergütet wird.[568]

Da der Leasingnehmer nicht zur Optionsausübung verpflichtet ist und der Abfluss finanzieller Ressourcen im optionalen Zeitraum somit durch seine eigene (zukünftige) Entscheidung beeinflusst werden kann, besteht nach dem Reformvorschlag zu Beginn des Leasingverhältnisses keine Zahlungsverpflichtung seitens des Leasingnehmers.[569] Dementsprechend wird von ihm über das zu aktivierende Recht zur Optionsausübung hinaus kein Nutzungsrecht für den optionalen Zeitraum bilanziert, da es dem Leasingnehmer vor der durch ihn zu treffenden Entscheidung an der hierfür erforderlichen Verfügungsmacht mangelt. Erst wenn der Leasingnehmer sein Optionsrecht tatsächlich ausübt, sind die im Optionszeitraum zukünftig anfallenden Zahlungen bilanziell zu erfassen.[570] Bei Vereinbarung einer Vertragsverlängerungsoption ist beispielsweise bis zum potentiellen Ausübungszeitpunkt ausschließlich das Recht zur Vertragsverlängerung selbst anzusetzen, während das hieraus eventuell resultierende Nutzungsrecht sowie die Verpflichtung zur Zahlung der vereinbarten Leasingraten für den optionalen Zeitraum erst bei tatsächlicher Ausübung des Vertragsverlängerungsrechtes zu bilanzieren sind.

Dementsprechend ergeben sich auch bei der vorgeschlagenen Bewertung Unterschiede zu den Regelungen nach IAS 17 und SFAS 13, da im Rahmen der geltenden Rechnungslegungsstandards bei entsprechend hoher Wahrscheinlichkeit die Ausübung von vereinbarten "günstigen" Optionen zu antizipieren ist. Daher sind nach den aktuellen

lematischen Bewertung von Realoptionen KRUSCHWITZ, L., Investitionsrechnung, S. 461-465; BREUER, W./GÜRTLER, M./SCHUHMACHER, J., Bewertung betrieblicher Realoptionen, S. 213-232; LÖHR, D., Realoptionen, S. 597-599.

567 Vgl. IASC (Hrsg.), G4+1 Position Paper, Rn. 4.27-4.33.

568 Vgl. IASC (Hrsg.), G4+1 Position Paper, Rn. 4.10.

569 Vgl. IASC (Hrsg.), G4+1 Position Paper, Rn. 4.19.

570 Vgl. IASC (Hrsg.), G4+1 Position Paper, Rn. 4.14.

Regelungen die auf den optionalen Zeitraum entfallenden Zahlungen im Fall einer bilanzierungspflichtigen Leasingvereinbarung mit "günstiger" Option bereits bei der erstmaligen Bewertung des zu aktivierenden Vermögenswertes sowie der korrespondierenden Verbindlichkeit als Bestandteil der Mindestleasingzahlungen zu berücksichtigen.[571]

Entscheidend für den **Verzicht auf die Antizipation der Optionsausübung** nach dem Vorschlag der *G4+1 Working Group* ist dabei die Möglichkeit der freien Ausübung der vereinbarten Optionen. Sofern die Ausübung durch andere vertragliche Vereinbarungen im Leasingvertrag indes beschränkt wird, ist abweichend vom Regelfall von der Ausübung des nur formal, aber nicht faktisch bestehenden Optionsrechtes auszugehen.[572] Dementsprechend sind bereits zu Beginn des Leasingverhältnisses die aus der Ausübung der nur formal vereinbarten Option im optionalen Zeitraum resultierenden Rechte und Verpflichtungen in die Erstbewertung einzubeziehen, da der Leasingnehmer deren Entstehung nicht eigenständig verhindern kann. Insbesondere wenn die freie Ausübung der vereinbarten Option aus wirtschaftlichen Gründen faktisch verhindert wird, ist die formale Existenz der Optionsvereinbarung unbeachtlich.[573] Die unterschiedliche Bilanzierung von Optionen, über die der Leasingnehmer frei verfügen kann, und Optionen, bei denen aus wirtschaftlichen oder juristischen Gründen die freie Verfügbarkeit nicht gegeben ist, dient dabei der mit dem *Right-of-use*-Modell verbundenen Zielsetzung, ausschließlich unvermeidbare Leasingzahlungen zu bilanzieren.[574]

Sofern der Leasingnehmer über das Recht zur Optionsausübung frei verfügen kann, ist dieses Recht nach dem Reformvorschlag zu aktivieren und in den Folgeperioden bis zum Zeitpunkt der möglichen Optionsausübung zu fortgeführten Anschaffungskosten

---

[571] Vgl. zur derzeitigen – nach IFRS und US-GAAP übereinstimmenden – Regelung die Ausführungen zum Umfang der Mindestleasingzahlungen in Abschnitt 322.24.

[572] Ein formal, aber nicht faktisch bestehendes Optionsrecht resultiert beispielsweise aus der Vereinbarung eines Kündigungsrechtes für den Leasingnehmer, das jedoch von der Genehmigung durch den Leasinggeber oder vom Abschluss einer neuen Leasingvereinbarung abhängt. Vgl. IASC (Hrsg.), G+1 Position Paper, Rn. 4.47.

[573] So ist beispielsweise von der Ausübung einer Verlängerungsoption auszugehen, wenn die Leasingvertragsdauer offensichtlich kürzer als der Zeitraum ist, der aus wirtschaftlichen Gründen normalerweise erforderlich ist, um Nutzen aus dem Leasingobjekt zu ziehen. Vgl. IASC (Hrsg.), G4+1 Position Paper, Rn. 4.48.

[574] Vgl. ebenso PFERDEHIRT, H., Leasingbilanzierung nach IFRS, S. 137.

einschließlich möglicher außerplanmäßiger Wertminderungen zu bilanzieren.[575] Bei Ausübung der Option wird deren fortgeführter Wertansatz als Teil der Anschaffungskosten des hiermit erworbenen zusätzlichen Nutzungsrechtes bzw. des erworbenen Leasingobjektes aktiviert. Bei Nichtausübung der Option ist deren verbleibender Restwert dagegen aufwandswirksam zu erfassen.

Zusammenfassend ist somit festzuhalten, dass nach dem Vorschlag der *G4+1 Working Group* optionale Leasingvertragskomponenten bis zum möglichen Ausübungszeitpunkt grundsätzlich als separate Verfügungsrechte zu bilanzieren sind. Der Leasingnehmer bilanziert dabei – neben dem für jedes Leasingverhältnis zentrale Nutzungsrecht über die vertraglich fixierte Mindestlaufzeit – ausschließlich das Recht zur Optionsausübung selbst, da die möglichen Leasingzahlungen im optionalen Zeitraum regelmäßig durch den Leasingnehmer vermeidbar sind und dieser stets von der frühestmöglichen Beendigung des Leasingverhältnisses auszugehen hat.

422.122. Bilanzierung variabler Leasingraten

Neben den im vorherigen Abschnitt diskutierten optionalen Vertragskomponenten werden zwischen den Leasingvertragsparteien auch häufig variable Leasingraten vereinbart. In diesem Fall setzen sich die Leasingzahlungen zumeist aus einer in der Höhe eindeutig festgelegten sowie einer **variablen Komponente** zusammen. Der variable Teil kann beispielsweise unmittelbar an die Intensität der Nutzung des Leasingobjektes (z. B. laufleistungsabhängige Leasingraten), an den durch die Nutzung des Leasingobjektes erzielten Erfolg und somit indirekt an die Intensität der Nutzung (z. B. umsatz- oder gewinnabhängige Leasingzahlungen) oder an von der Nutzung des Leasingobjektes unabhängige Parameter (z. B. inflationsgebundene Leasingraten) gekoppelt sein.[576] Die von der *G4+1 Working Group* vorgeschlagene Bilanzierung dieser variablen Komponenten ist abhängig von dem **Einfluss des Leasingnehmers** auf die Parameter, an die die bedingten Leasingraten geknüpft sind. Diese Einflussmöglichkeit beschränkt sich dabei auf die

---

[575] Im Positionspapier wird explizit darauf hingewiesen, dass einige Mitglieder der Arbeitsgruppe eine Folgebewertung zum beizulegenden Zeitwert analog zu der von Finanzinstrumenten bevorzugen würden. Vgl. IASC (Hrsg.), G4+1 Position Paper, Rn. 4.11.

[576] Vgl. für weitere Beispiele IASC (Hrsg.), G4+1 Position Paper, Rn. 4.3.

Entscheidung hinsichtlich der Nutzung des Leasingobjektes. Im Gegensatz zur geltenden Leasingbilanzierung nach IAS 17 und SFAS 13 wird eine Einbeziehung von bedingten Leasingraten in die zu kapitalisierenden Mindestleasingzahlungen somit nicht kategorisch ausgeschlossen, da nach Auffassung der Arbeitsgruppe eine ausschließliche Kapitalisierung der unbedingten Leasingzahlungen im Vergleich zum übertragenen Nutzungsrecht zu unangemessen niedrigen Wertansätzen führen kann.[577] Da hinsichtlich der obigen drei Kategorien von variablen Leasingraten eine mit der unterschiedlichen Einflussmöglichkeit des Leasingnehmers verbundene, differenzierte Bilanzierung vorgeschlagen wird, sind diese nachfolgend separat zu würdigen.

Sofern zwischen den Vertragsparteien **nutzungsabhängige Leasingraten** vereinbart worden sind und das Ausmaß der Nutzung des Leasingobjektes – und somit der Eintritt der Bedingung – vom Leasingnehmer beeinflusst werden kann, sind die bedingten Leasingraten bei der Bewertung des Nutzungsrechtes selbst vom Leasingnehmer nicht zu berücksichtigen.[578] Nach Ansicht der *G4+1 Working Group* ist eine solche Vereinbarung wirtschaftlich mit einer Vertragsverlängerungsoption vergleichbar, da beide Konstellationen dem Leasingnehmer die Möglichkeit einräumen, ein zusätzliches, beschränktes Nutzungsrecht am Leasingobjekt zu erwerben.[579] Dementsprechend ist in Übereinstimmung mit der vorgeschlagenen Bilanzierung von Verlängerungsoptionen zum Zeitpunkt des Vertragsbeginns ausschließlich die aus den bedingten Leasingraten resultierende Nutzungsoption selbst zu bilanzieren. Die nutzungsabhängigen Leasingzahlungen sind demgegenüber erst in der Periode als Aufwand zu erfassen, in der die zu Grunde liegende Bedingung – beispielsweise die über eine fixierte Kilometergrenze hinausgehende Nutzung eines Fahrzeugs – erfüllt wird und die Leasingraten somit aus Sicht des Leasingnehmers unvermeidbar werden.[580] Die Zahlungsverpflichtung entsteht dabei erst mit der tatsächlichen Nutzung des Leasingobjektes und ist somit im Gegensatz zu den

---

[577] Vgl. IASC (Hrsg.), G4+1 Position Paper, Rn. 4.66 (b).

[578] Vgl. IASC (Hrsg.), G4+1 Position Paper, Rn. 4.59-4.64.

[579] Vgl. IASC (Hrsg.), G4+1 Position Paper, Rn. 4.59. Im Positionspapier wird hierfür beispielhaft ein Leasingvertrag über ein Fahrzeug angeführt, bei dem neben einer fixen jährlichen Leasingrate eine gesonderte Zahlung für jeden die jährliche Kilometergrenze überschreitenden Kilometer vereinbart worden ist. Vgl. hierzu IASC (Hrsg.), G4+1 Position Paper, Rn. 4.60-4.62.

[580] Sofern der Leasingnehmer für die zusätzliche Nutzung den zum Zeitpunkt der jeweiligen Nutzung geltenden Marktpreis entrichten muss, ist der Option regelmäßig kein wesentlicher Wert beizumessen. Vgl. hierzu IASC (Hrsg.), G4+1 Position Paper, Rn. 4.62.

Verpflichtungen aus den vereinbarten unbedingten Leasingzahlungen nicht ausschließlich vom Zeitablauf abhängig. Der Austausch von Leistungen ist zwischen den Leasingvertragsparteien zwar grundsätzlich vereinbart worden, die tatsächliche Leistungserbringung und der Wert der Leistung konkretisieren sich indes erst im Zeitablauf. Der Leasingnehmer hat vor jeder Entscheidung hinsichtlich einer (zusätzlichen) Nutzung des Leasingobjektes die Möglichkeit, die hieraus resultierenden nutzungsabhängigen Leasingraten zu vermeiden. Da nach dem Grundgedanken des Reformvorschlags ausschließlich die durch den Leasingnehmer unvermeidbaren Leasingzahlungen bilanziert werden sollen, sind in Bezug auf die nutzungsabhängige Vertragskomponente somit zu Vertragsbeginn ausschließlich die Nutzungsoption selbst sowie die korrespondierende Verbindlichkeit zu bilanzieren. Eine Schätzung der künftigen Nutzung des Leasingobjektes wird von *G4+1 Working Group* demnach abgelehnt.

Neben den vorstehend diskutierten nutzungsabhängigen Leasingzahlungen werden im Rahmen von Leasingverhältnissen regelmäßig auch **erfolgsabhängige Leasingraten** vereinbart. Diese Leasingverträge unterscheiden sich von Leasingvereinbarungen mit nutzungsabhängigen Leasingraten dadurch, dass der Leasinggeber nicht nur an der Nutzungsquantität (z. B. mit einem geleasten Fahrzeug gefahrene Kilometer) partizipiert, sondern zusätzlich bei umsatzabhängigen Leasingzahlungen an der Preisentwicklung (z. B. Preisentwicklung des mit dem geleasten Fahrzeug gelieferten Gutes) und bei gewinnabhängigen Leasingraten darüber hinaus an der Aufwandsentwicklung beim Leasingnehmer (z. B. Benzinpreisentwicklung) beteiligt ist. Erfolgsabhängige Leasingraten hängen somit nur indirekt von der Intensität der Nutzung, sondern vielmehr vom Erfolg (Umsatz, Gewinn o. ä.) ab, der durch die Nutzung des Leasingobjektes durch den Leasingnehmer erzielt wird. Auch bei erfolgsabhängigen Leasingraten erwirbt der Leasingnehmer indes lediglich eine Nutzungsoption, die bei jeder Nutzung – als der zu Grunde liegenden Bedingung – bei variabler Vergütung ausgeübt wird. Zu Vertragsbeginn besteht aus der Vereinbarung noch keine Zahlungsverpflichtung, da sich diese erst durch den zukünftigen Erfolgsakt manifestiert. Die *G4+1 Working Group* schlägt dennoch die Schätzung der zukünftigen erfolgsabhängigen Leasingzahlungen und deren Einbeziehung in die Bewertung des Nutzungsrechtes sowie der korrespondierenden Verbindlichkeit vor, da die Vermeidbarkeit der erfolgsabhängigen Zahlungen nicht zwingend gewährleistet sei.[581] Diese Ansicht wird von der Arbeitsgruppe beispielhaft anhand von langfristigen Nutzungsüberlassungsverträgen über Verkaufsflächen begründet, bei denen ein Teil der Leasingrate vom auf der Verkaufsfläche generierten Umsatz abhängig ist.[582] Nach Auffassung der Arbeitsgruppe resultiert hierbei die Höhe der erfolgsabhängigen Leasingraten nicht aus dem Erwerb von zusätzlichen beschränkten Nutzungsrechten, sondern aus der Partizipation des Leasinggebers am wirtschaftlichen Erfolg des Leasingnehmers und die Vermeidbarkeit der erfolgsabhängigen Leasingzahlungen könne lediglich vermutet werden.[583] Nach dem Reformvorschlag soll der Wert des Nutzungsrechtes mit Hilfe eines – offensichtlich mit Ermessensspielräumen behafteten – Vergleichs mit einer mit Ausnahme der bedingten Leasingraten identischen Leasingvereinbarung ermittelt werden.[584] Hierdurch wird für die Bewertung des zu aktivierenden Nutzungsrechtes implizit die Höhe der die bedingten Leasingraten bestimmenden Variablen unterstellt. Sofern die in den Folgeperioden tatsächlich zu leistenden Leasingzahlungen von der anfangs angenommenen Höhe abweichen, soll der Differenzbetrag erfolgswirksam erfasst werden.[585]

Die *G4+1 Working Group* schlägt somit eine **unterschiedliche Bilanzierung von nutzungsabhängigen und erfolgsabhängigen** (indirekt nutzungsabhängigen) **Leasingvertragskomponenten** vor. Während bei nutzungsabhängigen Leasingvertragskomponenten bei Vertragsbeginn ausschließlich die Nutzungsoption selbst sowie die korrespondierende Verbindlichkeit zu bilanzieren sind, wird für erfolgsabhängige Leasingraten eine ermessensbehaftete Ermittlung der zukünftigen Leasingzahlungen vorgeschlagen, die die Wertansätze des Nutzungsrechtes sowie der Leasingverbindlichkeit deutlich erhöhen. Eine ökonomische Notwendigkeit für eine unterschiedliche bilanzielle Behandlung von nutzungsabhängigen und erfolgsabhängigen Leasingzahlungen besteht nach der hier vertretenden Auffassung allerdings nicht, da sich die beiden Varianten von

---

581 Vgl. IASC (Hrsg.), G4+1 Position Paper, Rn. 4.65-4.68 und 4.71.
582 Vgl. IASC (Hrsg.), G4+1 Position Paper, Rn 4.65.
583 Vgl. IASC (Hrsg.), G4+1 Position Paper, Rn. 4.71-4.75. Im von der *G4+1 Working Group* herangezogenen Beispiel werden für die Verkaufsflächen Mindestöffnungszeiten unterstellt, die unvermeidbar zur Generierung von Umsatzerlösen und damit zu erfolgsabhängigen Leasingzahlungen führen. Vgl. IASC (Hrsg.), G4+1 Position Paper, Rn. 4.71.
584 Vgl. IASC (Hrsg.), G4+1 Position Paper, Rn. 4.67.
585 Vgl. IASC (Hrsg.), G4+1 Position Paper, Rn. 4.67.

bedingten Leasingzahlungen lediglich durch die – regelmäßig von der Natur des Leasingobjektes abhängige – Messmethodik der bedingten Vertragskomponenten sowie durch die Beteiligung des Leasinggebers am durch die Nutzung des Leasingobjektes erzielten wirtschaftlichen Erfolg unterscheiden. Durch die vorgeschlagene Kapitalisierung der erfolgsabhängigen Leasingzahlungen wird von der Leitlinie des *Right-of-use*-Modells abgewichen, ausschließlich unvermeidbare Zahlungen des Leasingnehmers in die Bewertung von Nutzungsrecht und Verbindlichkeit einzubeziehen. Die Problematik dieser Unterscheidung wird durch die Erweiterung der – bereits oben skizzierten – erfolgsabhängigen Leasingvereinbarungen über Verkaufsflächen um vom Leasingnehmer einzuhaltende Mindestöffnungszeiten deutlich.[586] Nach Ansicht der Arbeitsgruppe ist in diesem Fall die Vermeidbarkeit der erfolgsabhängigen Zahlungen nicht zwingend gewährleistet, sondern kann lediglich vermutet werden, woraus die Kapitalisierung der erwarteten erfolgsabhängigen Leasingraten bereits zu Vertragsbeginn abzuleiten sei.[587] Die nicht gewährleistete Vermeidbarkeit der variablen Leasingraten resultiert im von der *G4+1 Working Group* herangezogenen Beispiel jedoch nicht aus deren Erfolgsabhängigkeit, sondern offensichtlich aus den zusätzlich eingeführten, einzuhaltenden Mindestöffnungszeiten. Analoge Vertragsklauseln sind allerdings auch für nutzungsabhängige Leasingzahlungen (z. B. Vereinbarung einer Mindestfahrleistung) denkbar. Leasingverträge mit variablen Leasingzahlungen der beiden vorstehend diskutierten Varianten weisen somit erhebliche Gemeinsamkeiten auf und unterscheiden sich grundsätzlich weder im Umfang der auf den Leasingnehmer übertragenen Verfügungsrechte noch in der Vermeidbarkeit der Leasingzahlungen. Die von der Arbeitsgruppe vorgeschlagene unterschiedliche Bilanzierung erscheint daher problematisch.[588]

Neben den bislang diskutierten variablen Leasingraten, die direkt oder indirekt mit der Nutzung des Leasingobjektes verbunden und somit durch den Leasingnehmer beeinflussbar sind, werden zwischen den Vertragsparteien üblicherweise auch bedingte Leasingzahlungen vereinbart, die mit vom Leasingnehmer **unbeeinflussbaren Parametern**

---

[586] Vgl. IASC (Hrsg.), G4+1 Position Paper, Rn. 4.71.

[587] Vgl. hierzu IASC (Hrsg.), G4+1 Position Paper, Rn. 4.71-4.75.

[588] Das *Financial Accounting Standards Committee der American Accounting Association* (AAA FASC) kann ebenfalls keine ökonomische Notwendigkeit einer unterschiedlichen bilanziellen Behandlung von nutzungs- und erfolgsabhängigen Leasingzahlungen identifizieren. Vgl. AAA FASC, Evaluation of the Lease Accounting, S. 294-295.

– wie beispielsweise einem bestimmten Preisindex oder Marktzins – verbunden sind. Die spätere Leistung einer Zahlung durch den Leasingnehmer steht somit zu Vertragsbeginn fest, lediglich die Höhe der zukünftigen Leasingzahlungen ist noch unsicher. Im Gegensatz zu den vorherigen Varianten bedingter Leasingzahlungen hat die Nutzung des Leasingobjektes keinen Einfluss auf die Leasingraten und der Leasingnehmer hat für die einzelne Nutzung selbst keine weiteren Zahlungen zu leisten. Dem Leasingnehmer ist mit dem Nutzungsrecht eine Ressource übertragen worden, die mit einem künftigen wirtschaftlichen Nutzungszufluss verbunden ist, und die nicht eine bloße Option auf die zukünftige Nutzung – wie in den beiden vorgenannten Varianten – darstellt. Die Zahlungsverpflichtung ist analog zur Verpflichtung aus etwaig vereinbarten unbedingten Leasingzahlungen bereits mit der Übergabe des Leasingobjektes entstanden. Nach dem Reformvorschlag ist eine Schätzung des mit Unsicherheit behafteten Teils der Leasingraten zu Beginn des Leasingverhältnisses vorzunehmen.[589] Sofern diese Schätzung von der tatsächlichen Entwicklung des die Leasingraten bestimmenden Parameters in den Folgeperioden abweicht, sind die Wertansätze des Nutzungsrechtes sowie der Leasingverbindlichkeit erfolgsneutral anzupassen.[590] Im Gegensatz zu direkt oder indirekt nutzungsabhängigen Leasingvertragskomponenten kann sich der Leasingnehmer bei an unbeeinflussbare Parameter geknüpften Leasingraten somit der Zahlungsverpflichtung nicht entziehen. Allerdings ist die Höhe der künftigen Zahlungen noch unsicher. Vor diesem Hintergrund ist der von der *G4+1 Working Group* vorgeschlagenen Schätzung der zukünftigen Leasingraten und deren Einbeziehung in die Mindestleasingzahlungen als Bewertungsmaßstab für das beim Leasingnehmer anzusetzende Nutzungsrecht sowie für die korrespondierende Leasingverbindlichkeit zuzustimmen. Die grundsätzlich erfolgsneutral vorzunehmende Anpassung von Wertansätzen bei Schätzabweichungen in den Folgeperioden ist dagegen kritisch zu sehen, da die zu Beginn des Leasingverhältnisses vorzunehmende Schätzung die erfolgswirksame Folgebewertung von Nutzungsrecht und Leasingverbindlichkeit augenscheinlich beeinflusst hat.

In Bezug auf variable Leasingraten empfiehlt die Arbeitsgruppe somit in Abhängigkeit von der Ausgestaltung der variablen Vertragskomponenten eine differenzierte Bilanzie-

[589] Vgl. IASC (Hrsg.), G4+1 Position Paper, Rn. 4.78-4.85.
[590] Vgl. IASC (Hrsg.), G4+1 Position Paper, Rn. 4.86-4.87.

rung. Bei erfolgsabhängigen und somit indirekt nutzungsabhängigen Leasingzahlungen sowie Leasingraten, die von nicht durch den Leasingnehmer beeinflussbaren Faktoren abhängen, wird die Schätzung der künftigen Leasingzahlungen und deren Ansatz als Bestandteil der Mindestleasingzahlungen vorgeschlagen. Diese variablen Vertragskomponenten beeinflussen somit die Bewertung der anzusetzenden Nutzungsrechte und Leasingverbindlichkeiten. Die *G4+1 Working Group* begründet die vorzunehmende Kapitalisierung mit der grundsätzlichen Unvermeidbarkeit solcher Zahlungen. Nutzungsabhängige Leasingzahlungen werden demgegenüber als vermeidbar eingestuft und sollen nicht in die Mindestleasingzahlungen einbezogen werden. Wie in den vorstehenden Ausführungen festgestellt, weisen nutzungsabhängige und erfolgsabhängige, indirekt nutzungsabhängige Leasingzahlungen indes deutliche Gemeinsamkeiten auf, so dass eine unterschiedliche Bilanzierung nicht sinnvoll erscheint.

422.123. Bilanzierung restwertbezogener Vertragskomponenten

Neben den bisher diskutierten optionalen und variablen Leasingvertragskomponenten werden zwischen Leasinggeber und Leasingnehmer regelmäßig vertragliche Regelungen vereinbart, die den Leasingnehmer an den Chancen und Risiken aus der **Verwertung des Leasingobjektes** am Ende der Vertragslaufzeit beteiligen. Die vertraglichen Gestaltungsmöglichkeiten sind hierfür vielfältig und reichen von einer ausschließlichen Beteiligung des Leasingnehmers an den Verwertungserlösen über eine Restwertgarantie des Leasingnehmers bis hin zum Übergang des juristischen Eigentums am Leasingobjekt am Ende der Vertragslaufzeit.[591]

Sofern die Leasingvereinbarung die **Übertragung des juristischen Eigentums** am Leasingobjekt auf den Leasingnehmer am Ende der Vertragslaufzeit vorsieht, soll der Leasingvertrag nach dem Reformvorschlag analog der geltenden Leasingbilanzierung nach IFRS und US-GAAP entsprechend dem wirtschaftlichen Gehalt als Erwerb des gesamten Leasingobjektes bereits bei Vertragsbeginn bilanziert werden.[592] Entscheidend hierfür ist die Übertragung des gesamten zukünftigen wirtschaftlichen Nutzens aus dem

[591] Vgl. zu den verschiedenen Gestaltungsvarianten IASC (Hrsg.), G4+1 Position Paper, Rn. 5.7.
[592] Vgl. IASC (Hrsg.), G4+1 Position Paper, Rn. 5.15-5.16.

Leasingobjekt vom Leasinggeber auf den Leasingnehmer. Der Leasingnehmer hat daher bereits zu Vertragsbeginn das gesamte Leasingobjekt zum beizulegenden Zeitwert zu aktivieren, der bei einem zu Marktkonditionen abgeschlossenen Vertrag dem Barwert der ausstehenden Leasingzahlungen entspricht, die die vereinbarten Leasingraten während der Vertragslaufzeit sowie eine etwaige zusätzliche Kaufpreiszahlung umfassen.[593] Die Folgebewertung soll in Übereinstimmung mit Vermögenswerten vorgenommen werden, die sich bereits im juristischen Eigentum des Leasingnehmers befinden. Dementsprechend sind die Leasingobjekte unabhängig von der Laufzeit des Leasingverhältnisses über die wirtschaftliche Nutzungsdauer planmäßig abzuschreiben.[594]

Ist zwischen den Vertragsparteien dagegen eine **Restwertgarantie** vereinbart, ist der Leasingnehmer über die Verpflichtung zur Zahlung der vereinbarten Leasingraten hinaus zur Zahlung der Differenz zwischen dem vom Leasinggeber am Ende der Vertragslaufzeit erzielten Verwertungserlös und dem garantierten Restwert verpflichtet. Da der Leasingnehmer selbst keine Möglichkeit hat, die Höhe der am Ende der Vertragslaufzeit zu leistenden Zahlung zu beeinflussen, sind die erwarteten Garantiezahlungen als Bestandteil der unausweichlichen Leasingzahlungen – als zentrales Bewertungskriterium des *Right-of-use*-Modells – bereits zu Beginn der Laufzeit des Leasingverhältnisses in die Bewertung des Nutzungsrechtes sowie der Verpflichtung einzubeziehen.[595] Im Gegensatz zu den geltenden Regelungen nach IFRS und US-GAAP ist hierbei nach dem Reformvorschlag jedoch nur der erwartete tatsächlich zu leistende Betrag und nicht der Höchstbetrag des garantierten Restwertes zu berücksichtigen.[596] Die Ablehnung der Bilanzierung der Garantiezusage in voller Höhe entspricht der Grundidee des *Right-of-use*-Modells, nach der stets die Verfügungsrechtsposition des Leasingnehmers auszu-

[593] Vgl. IASC (Hrsg.), G4+1 Position Paper, Rn. 5.16.

[594] Vgl. IASC (Hrsg.), G4+1 Position Paper, Rn. 5.17-5.18.

[595] Vgl. IASC (Hrsg.), G4+1 Position Paper, Rn. 5.22-5.23. Da der Leasingnehmer die Höhe der tatsächlich zu leistenden Garantiezahlung nicht beeinflussen kann, ist die Vereinbarung einer Restwertgarantie mit von externen Parametern abhängigen, variablen Leasingzahlungen vergleichbar. Die bilanzielle Berücksichtigung der voraussichtlich infolge der Restwertgarantie zu leistenden Zahlung ist entsprechend des vergleichbaren wirtschaftlichen Gehalts mit der vorgeschlagenen Bilanzierung für bedingte Leasingzahlungen, die von nicht durch den Leasingnehmer beeinflussbaren Faktoren abhängen, konsistent.

[596] Vgl. IASC (Hrsg.), G4+1 Position Paper, Rn. 5.34. Sofern der garantierte Betrag weit unter dem tatsächlich erwarteten Restwert liegt, ergeben sich daher keine bilanzielle Auswirkungen, da der beizulegende Zeitwert der Restwertgarantie unwesentlich ist. Vgl. IASC (Hrsg.), G4+1 Position Paper, Rn. 5.24.

weisen ist. Die Bilanzierung von grundsätzlich möglichen, aber unwahrscheinlichen Garantiezahlungen würde dagegen zu Bewertungsansätzen für Verfügungsrechte und Verpflichtung führen, die einen deutlich höheren als den tatsächlichen zukünftigen Nutzenzufluss aus dem Leasingobjekt beim Leasingnehmer signalisieren würden.

Bezüglich der Bilanzierung der aus der vereinbarten Restwertgarantie resultierenden Verpflichtung werden von der *G4+1 Working Group* zwei unterschiedliche Möglichkeiten diskutiert. Im Reformvorschlag wird für die Einbeziehung der erwarteten Garantiezahlungen in die Leasingverbindlichkeit plädiert.[597] Diese Variante basiert auf der zutreffenden Annahme, dass die Vereinbarung einer wesentlichen Restwertgarantie zu vergleichsweise niedrigeren Leasingraten während der Vertragsdauer führt.[598] Alternativ könnte die Garantie auch als Rückstellung bilanziert und somit in Höhe der erwarteten Garantiezahlung bei bestmöglicher Schätzung bewertet werden.[599] In diesem Fall wäre die Verpflichtung des Leasingnehmers in eine Verbindlichkeit aus den feststehenden Zahlungen und in eine Rückstellung für den erwarteten Garantiebetrag aufzuteilen. Nach Auffassung der Arbeitsgruppe führen beide Methoden zu vergleichbaren Ergebnissen.[600] Die Bilanzierung einer Rückstellung ist nach der hier vertretenden Auffassung jedoch vorzuziehen, da eine gemeinsame Bilanzierung von mehreren Garantieverpflichtungen aus ähnlichen Leasingvereinbarungen möglich wäre, wodurch die Ermittlung der Erwartungswerte erleichtert werden könnte.

Bei einer im Laufe der Folgeperioden veränderten Einschätzung der zu leistenden Garantiezahlung sind nach dem Reformvorschlag die Bewertung der Verpflichtung sowie die des Nutzungsrechtes beim Leasingnehmer erfolgsneutral anzupassen.[601] Diese Vorgehensweise erscheint nicht unproblematisch, da im Fall einer Erhöhung des voraus-

---

[597] Vgl. IASC (Hrsg.), G4+1 Position Paper, Rn. 5.23-5.27.

[598] Die Verminderung der Leasingraten auf Grund der Restwertgarantie kann dabei als eine Art Versicherungsprämie des Leasinggebers interpretiert werden. Vgl. IASC (Hrsg.), G4+1 Position Paper, Rn. 5.27.

[599] Vgl. IASC (Hrsg.), G4+1 Position Paper, Rn. 5.28-5.31.

[600] Vgl. IASC (Hrsg.), G4+1 Position Paper, Rn. 5.31.

[601] Vgl. IASC (Hrsg.), G4+1 Position Paper, Rn. 5.37-5.38. Bei Erhöhungen des Restwertes darf die Aufwertung des Nutzungsrechtes indes nicht zu einem höheren Wert als dem beizulegenden Zeitwert führen, da ansonsten eine außerplanmäßige Abschreibung erforderlich werden würde. Vgl. IASC (Hrsg.), G4+1 Position Paper, Rn. 5.38.

sichtlich zu leistenden Garantiebetrages – folglich einer Verringerung des ursprünglich erwarteten Restwertes des Leasingobjektes – die Differenz zur ursprünglich erwarteten Garantiezahlung als zusätzliche Anschaffungskosten des Nutzungsrechtes zu aktivieren ist. Das Nutzungsrecht ist demnach höher zu bewerten, obwohl der niedrigere erwartete Restwert regelmäßig durch Faktoren (z. B. technische Überholung des Leasingobjektes o. ä.) verursacht wird, die auch die Werthaltigkeit des Nutzungsrechtes schmälern. Eine direkte Erfassung als Periodenaufwand wäre an dieser Stelle sachgerechter.[602]

Eine weitere Abwandlung der Beteiligung des Leasingnehmers an den Chancen und Risiken aus der Restwertverwertung des Leasingobjektes ist eine **Beteiligung** des Leasingnehmers **an den Verwertungserlösen**. Hierbei entrichtet der Leasingnehmer die vereinbarten Leasingzahlungen nicht nur für das auf die Vertragslaufzeit begrenzte Nutzungsrecht am Leasingobjekt, sondern auch für den Anspruch auf den erzielten (anteiligen) Verwertungserlös. Dieser Restwertanspruch ist nach Auffassung der Arbeitsgruppe zu Vertragsbeginn zu schätzen und verringert das Abschreibungsvolumen des zu aktivierenden Nutzungsrechts, das über die Vertragsdauer planmäßig abzuschreiben ist.[603] Der Anspruch auf den Verwertungserlös ist somit nicht separat zu bilanzieren.[604]

Hinsichtlich der Bilanzierung restwertbezogener Vertragskomponenten schlägt die *G4+1 Working Group* somit konsequent vor, die für den Leasingnehmer unvermeidbaren Zahlungen in die Bewertung der im Rahmen einer Leasingvereinbarung übertragenen Nutzungsrechte sowie der korrespondierenden Verbindlichkeiten einzubeziehen. Dabei sind im Fall von Restwertgarantien im Gegensatz zur geltenden Leasingbilanzierung nach IFRS und US-GAAP ausschließlich die tatsächlich erwarteten Garantiezahlungen zu kapitalisieren, wodurch die Wertansätze der übertragenen Nutzungsrechte deutlich verringert werden.

---

[602] Vgl. ebenso PFERDEHIRT, H., Leasingbilanzierung nach IFRS, S. 139.
[603] Vgl. IASC (Hrsg.), G4+1 Position Paper, Rn. 5.44.
[604] Vgl. IASC (Hrsg.), G4+1 Position Paper, Rn. 5.43.

422.13 Analyse der von der *G4+1 Working Group* vorgeschlagenen Bilanzierung beim Leasingnehmer

Im Rückblick auf die in den vorherigen Abschnitten diskutierte Bilanzierung nach dem *Right-of-use*-Modell ist festzuhalten, dass der Leasingnehmer nach dem Reformvorschlag stets die auf ihn übertragenen Verfügungsrechte zu bilanzieren hat. Da somit eine grundsätzliche Vereinheitlichung der Leasingbilanzierung empfohlen wird, ist nach dem Reformvorschlag eine Vertragsklassifizierung nach dem *risk and reward approach* nicht erforderlich, die zudem der von der *G4+1 Working Group* vorgeschlagenen Grundkonzeption widersprechen würde. Aus der einheitlichen Bilanzierung der Verfügungsrechtsposition des Leasingnehmers resultiert darüber hinaus eine Abkehr vom *all or nothing approach*. Bei der Bewertung dieser Verfügungsrechtsposition wird auf die mit den einzelnen Leasingvertragskomponenten verbundene Flexibilität des Leasingnehmers abgestellt, da ausschließlich die durch den Leasingnehmer unvermeidbaren Zahlungen in die Mindestleasingzahlungen einzubeziehen sind. Diese Mindestleasingzahlungen als weiterhin zentraler Bewertungsmaßstab für die Leasingbilanzierung basieren somit auf einem gegenüber der geltenden Leasingbilanzierung veränderten Grundverständnis, was durch die folgende Abbildung verdeutlicht wird:

Mindestleasingzahlungen gemäß geltender Leasingbilanzierung	Mindestleasingzahlungen im *Right-of-use*-Modell
▪ Unbedingte Leasingzahlungen	▪ Unbedingte Leasingzahlungen
▪ Höchstbetrag des Restwertes, der durch den Leasingnehmer oder einer diesem nahestehenden Partei garantiert ist	▪ Erwartete Zahlungen aus vereinbarter Restwertgarantie
	▪ Erwartete erfolgsabhängige und erwartete von externen Parametern abhängige Leasingzahlungen
▪ Ausübungspreis einer günstigen Kaufoption	▪ Kaufoption (eigenständige Bilanzierung)
▪ Leasingzahlungen im optionalen Zeitraum einer günstigen Verlängerungsoption	▪ Verlängerungsoption (eigenständige Bilanzierung)

Abbildung 11: Zusammensetzung der Mindestleasingzahlungen nach dem Reformvorschlag der *G4+1 Working Group* sowie nach der geltenden Leasingbilanzierung[605]

[605] Vgl. zur Zusammensetzung der Mindestleasingzahlungen nach den geltenden Leasingstandards ausführlich Abschnitt 322.24.

Vor diesem Hintergrund soll zur Veranschaulichung der von der *G4+1 Working Group* vorgeschlagenen Bilanzierung beim Leasingnehmer nachfolgend erneut auf die in Abschnitt 323.23 eingeführte **beispielhafte Leasingvertragskonstellation** zurückgegriffen werden. Wie oben festgestellt, werden nach dem *Right-of-use-Modell* unabhängig von der detaillierten Vertragsgestaltung für sämtliche Leasingvereinbarungen die Verfügungsrechte beim Leasingnehmer aktiviert. Auf Grund dieser **einheitlichen Bilanzierung** erübrigt sich die nach den geltenden Bilanzierungsregelungen vorzunehmende Kategorisierung in Finanzierungs- und Operating-Leasingverhältnisse.

Nach dem *Right-of-use*-Modell aktiviert der Leasingnehmer zum Zeitpunkt der Besitzübergabe stets das auf ihn übertragende, beschränkte Nutzungsrecht am Leasingobjekt. Die Aktivierung erfolgt dabei in Höhe der diskontierten **Mindestleasingzahlungen**, die im hier betrachteten Beispiel die unbedingten jährlichen Leasingzahlungen in Höhe von 3.000 GE sowie die zu erwartenden erfolgsabhängigen Leasingzahlungen von 500 GE pro Jahr umfassen. Im Gegensatz zur geltenden Leasingbilanzierung sind unter den Mindestleasingzahlungen dabei ausschließlich die nicht durch den Leasingnehmer vermeidbaren Zahlungen zu subsumieren. Daher werden die potentiellen Zahlungen, die im Fall der Ausübung der Verlängerungsoption in den Jahren 6 und 7 anfallen würden, nicht in die Mindestleasingzahlungen einbezogen. Zudem sind nach dem Reformvorschlag in die Bewertung des Nutzungsrechtes neben den Mindestleasingzahlungen die anfänglich aus der vereinbarten Restwertgarantie erwarteten Zahlungen in Höhe von 2.000 GE einzubeziehen. Zur Diskontierung ist grundsätzlich der Grenzfremdkapitalzinssatz des Leasingnehmers in Höhe von 8,0% heranzuziehen.[606] Somit ergibt sich ein Barwert der Mindestleasingzahlungen in Höhe von 15.141 GE.

Die im Rahmen des hier betrachteten Leasingvertrages vereinbarte **Verlängerungsoption** ist nach dem *Right-of-use*-Modell separat zu bilanzieren. Da diese Option mit den Mindestleasingzahlungen, die ohne die Einräumung der Verlängerungsoption entspre-

[606] Der dem Leasingverhältnis zu Grunde liegende Zinssatz kann nach dem *Right-of-use*-Modell ausschließlich dann alternativ verwendet werden, wenn der Leasinggeber ein relativ geringes Restwertrisiko trägt. Vgl. hierzu Abschnitt 422.11. Da dieser Zinssatz dem Leasingnehmer in der hier betrachteten Beispielkonstellation nicht bekannt ist, ist unabhängig vom Restwertrisiko der Grenzfremdkapitalzinssatz des Leasingnehmers heranzuziehen.

chend geringer wären, vergütet wird, muss diese zur Bilanzierung separiert werden. Der anfängliche beizulegende Zeitwert der Option soll hier mit 500 GE angenommen werden. Somit weist der Leasingnehmer am 31.12.00 das Nutzungsrecht in Höhe von 14.641 GE sowie die Verlängerungsoption mit 500 GE aus. Entsprechend der Annahme des Erwerbs von Verfügungsrechten erfolgt der Ansatz der korrespondierenden **Verbindlichkeit** in Höhe von 15.141 GE.

In den Folgeperioden ist das Nutzungsrecht über die fünfjährige Vertragsdauer planmäßig abzuschreiben. Die Verbindlichkeit ist – unter der Berücksichtigung der Effektivzinsmethode – sukzessive mit Leistung der jährlichen Leasingzahlungen in Höhe von 3.500 GE um den enthaltenen Tilgungsanteil zu verringern.[607]

Der Wertansatz der **Verlängerungsoption** bleibt annahmegemäß bis zum Zeitpunkt der möglichen Optionsausübung konstant. Am 31.12.05 übt der Leasingnehmer seine Verlängerungsoption aus und erwirbt somit ein über zwei Jahre beschränktes Nutzungsrecht am Leasingobjekt. Dieses Nutzungsrecht ist in Höhe der diskontierten Mindestleasingzahlungen zu aktivieren, in die der fortgeschriebene Wert der Option einzubeziehen ist. Somit erfolgt der Ansatz des neu erworbenen Nutzungsrechtes in einer Gesamthöhe von 6.741 GE. Die Differenz zwischen dem Ansatz des Nutzungsrechtes sowie der Verbindlichkeit resultiert aus der aufgezinsten Verpflichtung infolge der vereinbarten Restwertgarantie. Am 31.12.07 erfüllt der Leasingnehmer die Restwertgarantie in der erwarteten Höhe von 2.000 GE. Die Wertentwicklung der beiden zeitlich beschränkten Nutzungsrechte und der Verbindlichkeiten sowie die Auswirkungen auf die Gewinn- und Verlustrechnung werden aus der folgenden Abbildung ersichtlich:

[607] Bis zum Zeitpunkt der möglichen Optionsausübung sind die zu aktivierenden Optionen zu fortgeführten Anschaffungskosten zu bilanzieren. Da in der hier betrachteten Beispielkonstellation eine „günstige" Verlängerungsoption vereinbart worden ist, ist kein Wertminderungsbedarf zu erwarten.

Jahr	0	1	2	3	4	5	6	7	Summe
Bilanz									
Liquide Mittel	26.500	23.000	19.500	16.000	12.500	9.000	5.500	0	
Nutzungsrecht	14.641	11.713	8.785	5.857	2.928	6.741	3.371	0	
Option	500	500	500	500	500				
Verbindlichkeit	15.141	12.852	10.380	7.711	4.828	7.955	5.093	0	
GuV									
Abschreibung	0	2.928	2.928	2.928	2.928	2.928	3.371	3.371	21.383
Zinsaufwand	0	1.211	1.028	830	617	386	636	407	5.117
Periodenergebnis	0	-4.140	-3.956	-3.759	-3.545	-3.315	-4.007	-3.778	-26.500

Abbildung 12: Bilanzierung beim Leasingnehmer nach dem *Right-of-use*-Modell[608]

Die bilanzielle Abbildung der ausgewählten Leasingvereinbarung verdeutlicht die Grundidee des *Right-of-use*-Modells. Die Bilanzierung folgt der Annahme eines **Erwerbs von Nutzungsrechten**, während die derzeitige Bilanzierung eines Finanzierungs-Leasingverhältnisses prinzipiell auf den Erwerb des gesamten Leasingobjektes abstellt.[609] Somit wird die Ausübung der Verlängerungsoption am Ende des fünften Jahres als ein Erwerb eines weiteren Nutzungsrechtes interpretiert, das erst zum Erwerbszeitpunkt bilanziell berücksichtigt wird. Im Gegensatz zur Bilanzierung eines Finanzierungs-Leasingverhältnisses werden die im Beispiel angenommenen, erfolgsabhängigen Leasingraten in die Bewertung der zu aktivierenden Vermögenswerte einbezogen, was zu einer deutlichen Erhöhung des Abschreibungsvolumen führt.

Bevor die vorgeschlagene Leasingnehmerbilanzierung nach dem *Right-of-use*-Modell vor dem Hintergrund der in der vorliegenden Arbeit im Mittelpunkt stehenden Entscheidungsnützlichkeit der Informationsvermittlung umfassend gewürdigt werden soll, wird in den folgenden Ausführungen zunächst die Bilanzierung beim Leasinggeber analysiert, die ebenfalls der oben vorgestellten Grundkonzeption folgt.

608 Zur Erleichterung eines direkten Vergleichs mit der Bilanzierung der beispielhaften Leasingvertragskonstellation nach den geltenden Leasingstandards vgl. Anhang.

609 Vgl. zur derzeitigen Bilanzierung der ausgewählten Leasingvereinbarung beim Leasingnehmer Abschnitt 323.23.

422.2 Bilanzierung von Leasingverhältnissen beim Leasinggeber

422.21 Grundzüge der geplanten Bilanzierung beim Leasinggeber

Die in den vorherigen Ausführungen diskutierte Bilanzierung beim Leasingnehmer, nach der die im Rahmen von Leasingvereinbarungen übertragenen Verfügungsrechte stets beim Leasingnehmer ausgewiesen werden sollen, wird von der *G4+1 Working Group* konzeptionell auch auf die Leasinggeberbilanzierung übertragen. Nach dem Reformvorschlag soll die Bilanzierung beim Leasinggeber prinzipiell korrespondierend zu der beim Leasingnehmer erfolgen.[610] Hierzu werden sämtliche mit dem Leasingobjekt verknüpfte Verfügungsrechte – somit das gesamte Nutzenpotential – auf Basis des Leasingvertrages auf die beiden Vertragsparteien aufgeteilt und beim Inhaber der jeweiligen Verfügungsrechte bilanziert. Während nach dem *Right-of-use*-Modell beim Leasingnehmer ein Erwerb von Verfügungsrechten bilanziert wird, soll beim Leasinggeber bilanziell die **Veräußerung** und somit die **Übertragung eines Nutzungsrechtes** oder **einer Kombination von Nutzungs- und Erwerbsrecht** dargestellt werden. Dementsprechend aktiviert der Leasinggeber nach der Übergabe des Leasingobjektes eine Forderung über die vereinbarten, zukünftig zu erhaltenden Leasingzahlungen und bilanziert die von ihm zurückbehaltenen Verfügungsrechte als Restwert. Der Restwert ist als nicht finanzieller Vermögenswert unter derjenigen Bilanzposition auszuweisen, unter der er ohne Abschluss des Leasingvertrages nach Vorgabe der allgemeinen Bilanzierungsregelungen anzusetzen wäre.[611]

Der Leasinggeber bilanziert folglich mit Forderung und Restwert regelmäßig zwei separate Vermögenswerte, deren Wertrelation in Abhängigkeit von den Vertragsbestimmungen variiert, da beispielsweise mit einer umfangreichen Nutzung des Leasingobjektes durch den Leasingnehmer eine hohe Leasingforderung des Leasinggebers und ein niedriger erwarteter Restwert verbunden sind.[612] Ein **getrennter Ausweis** der beiden Vermögenswerte wird dabei von der Arbeitsgruppe auf Grund der unterschiedlichen, mit

[610] Vgl. IASC (Hrsg.), G4+1 Position Paper, Rn. 8.1. Vgl. überblicksartig zur vorgeschlagenen Leasinggeberbilanzierung HELMSCHROTT, H., Leasingbilanzierung im Umbruch, S. 23-24.
[611] Vgl. IASC (Hrsg.), G4+1 Position Paper, Rn. 9.6.
[612] Vgl. IASC (Hrsg.), G4+1 Position Paper, Rn. 8.9.

den Vermögenswerten verbundenen Risiken als erforderlich angesehen.[613] Während die Forderung mit dem leasingnehmerabhängigen Bonitätsrisiko verbunden ist, unterliegt der beim Leasinggeber verbleibende Restwert insbesondere objektspezifischen Risiken.[614]

Die aus dem Leasinggeschäft resultierende Forderung des Leasinggebers ist zum beizulegenden Zeitwert der auf den Leasingnehmer übertragenen Verfügungsrechtskombination anzusetzen.[615] Zur Ermittlung des beizulegenden Zeitwertes dieser Verfügungsrechte ist dabei grundsätzlich auf den Barwert der für den Leasinggeber gesicherten, d. h. der nicht durch den Leasingnehmer vermeidbaren Leasingzahlungen abzustellen, da der Wert eines Verfügungsrechtes regelmäßig nicht direkt am Markt feststellbar ist.[616] Der Umfang der Mindestleasingzahlungen ist somit nach dem Reformvorschlag für beide Vertragsparteien identisch.[617] Der für die Diskontierung der Mindestleasingzahlungen vom Leasinggeber anzuwendende Zinssatz hat dabei ausschließlich die für die erwarteten Einzahlungen spezifischen Risiken zu berücksichtigen.[618] Dementsprechend sind die Mindestleasingzahlungen entgegen der geltenden Leasingbilanzierung nicht mit dem dem Leasingverhältnis zu Grunde liegenden Zinssatz zu diskontieren, da dieser Zinssatz sowohl die Risiken aus der Forderung als auch die objektbezogenen Risiken impliziert.[619] Vielmehr sind nach dem Reformvorschlag die zukünftig vom Leasing-

[613] Vgl. IASC (Hrsg.), G4+1 Position Paper, Rn. 8.12. Infolge der separaten Bilanzierung des Restwertes sind zudem die bis zum Ende der Leasingvertragsdauer eventuell erforderlichen Bewertungskorrekturen des Restwertes diesem eindeutig zuzuordnen. Vgl. hierzu LIPE, R. C., Lease Accounting, S. 308.

[614] Vgl. IASC (Hrsg.), G4+1 Position Paper, Rn. 8.11.

[615] Vgl. IASC (Hrsg.), G4+1 Position Paper, Rn. 8.13.

[616] Vgl. IASC (Hrsg.), G4+1 Position Paper, Rn. 8.14. Somit entsprechen sich - im Gegensatz zur geltenden Leasingbilanzierung - nach dem *Right-of-use*-Modell die Mindestleasingzahlungen bei Leasingnehmer und Leasinggeber. Vgl. zum mit SFAS 13 korrespondierenden Umfang der Mindestleasingzahlungen nach IAS 17 Abschnitt 322.24.

[617] Vgl. hierzu Abschnitt 422.13.

[618] Vgl. IASC (Hrsg.), G4+1 Position Paper, Rn. 10.3-10.5. Eine alternative Methode ist aus Sicht der Arbeitsgruppe die Bestimmung der erwarteten risikoangepassten Zahlungsmittelzuflüsse aus der Leasingforderung, die mit einem risikolosen Zins diskontiert zum selben beizulegenden Zeitwert führen sollten. Vgl. IASC (Hrsg.), G4+1 Position Paper, Rn. 10.6-10.7.

[619] Da das Risiko aus dem Restwert des Leasingobjektes regelmäßig höher ist als das Bonitätsrisiko aus der Leasingforderung würde ansonsten aus der Vermischung der Risiken ein zu geringer Wertansatz der Leasingforderung resultieren. Vgl. IASC (Hrsg.), G4+1 Position Paper, Rn. 10.4. Demgegenüber wurde im McGregor-Papier noch die Diskontierung mit dem dem Leasingverhältnis zu Grunde liegenden Zinssatz vorgeschlagen. Vgl. hierzu MCGREGOR, W., Accounting for Leases, S. 24.

geber zu vereinnahmenden Leasingzahlungen mit einem ausschließlich das Bonitätsrisiko berücksichtigenden Zinssatz zu diskontieren.[620]

Der Abschluss der Leasingvereinbarung führt somit auf Seiten des Leasinggebers zu einer Abspaltung der übertragenen Verfügungsrechtsposition vom eigentlichen Leasingobjekt sowie zu einer Transformation dieses abgesonderten Teils in die Leasingforderung.[621] Dementsprechend ist der Buchwert des bis zum Zeitpunkt der Besitzübergabe beim Leasinggeber ausgewiesenen Leasingobjektes um den anteiligen Buchwert des zur Nutzung überlassenen Teils zu vermindern, sofern das Leasingobjekt vorher beim Leasinggeber bilanziert worden ist. Der verbleibende Restbuchwert verkörpert den Anspruch des Leasinggebers auf die Erlöse aus der Folgeverwertung des Leasingobjektes im Anschluss an die Leasingvertragsdauer.[622]

Der Leasingvertrag wird vom Leasinggeber durch die Übertragung der Nutzungsrechte in die Kontrolle des Leasingnehmers im Wege der Übergabe des Leasingobjektes sowie durch die Finanzierung des Leasingobjektes über die Vertragslaufzeit erfüllt. Grundsätzlich geht die *G4+1 Working Group* davon aus, dass der Buchwert des Leasingobjektes vor Abschluss der Leasingvereinbarung dem beizulegenden Zeitwert des Leasingobjektes entspricht und die angenommene Veräußerung zu Beginn der Vertragslaufzeit somit ergebnisneutral ist.[623] Eine anfängliche Realisierung eines Veräußerungsgewinns ist nach Auffassung der Arbeitsgruppe nur dann möglich, wenn der Leasinggeber auch Hersteller oder Händler des Leasingobjektes ist oder gebrauchte Leasingobjekte Gegenstand der Leasingvereinbarung sind, deren fortgeführte Anschaffungskosten deutlich vom beizulegenden Zeitwert abweichen.[624] In diesem Fall ist der zu realisierende Gewinn auf die anteiligen stillen Reserven des Anteils am Nutzenpotential des Leasingobjektes begrenzt, der im Rahmen der Leasingvereinbarung auf den Leasingnehmer

---

[620] Da der Leasingnehmer zur Diskontierung der Mindestleasingzahlungen seinen Grenzfremdkapitalzinssatz für eine in Laufzeit und Besicherung vergleichbare Fremdfinanzierung heranzuziehen hat, ist in Abhängigkeit von der Einschätzung dessen Bonitätsrisikos durch den Leasinggeber somit die Nutzung eines identischen Diskontierungszinssatzes durch beide Vertragsparteien möglich.

[621] Vgl. IASC (Hrsg.), G4+1 Position Paper, Rn. 8.8.

[622] Vgl. IASC (Hrsg.), G4+1 Position Paper, Rn. 8.6-8.7.

[623] Vgl. IASC (Hrsg.), G4+1 Position Paper, Rn. 8.18.

[624] Vgl. IASC (Hrsg.), G4+1 Position Paper, Rn. 8.21 i. V. m. 8.18.

übertragen wird. Der Restwertanspruch des Leasinggebers ist dagegen weiterhin zu seinem anteiligen Buchwert zu bilanzieren, da dieser nicht Bestandteil des Leasingvertrages ist und somit beim Leasinggeber verbleibt. Bei der Ermittlung des anteiligen Buchwertes des Restwertanspruchs ist dabei auf das Verhältnis der beizulegenden Zeitwerte des Restwertanspruchs sowie des gesamten Leasingobjektes abzustellen.[625] Zur Bestimmung des beizulegenden Zeitwertes des Restwertanspruchs ist der für das Ende der Leasingvertragsdauer erwartete Restwert mit einem die objektbezogenen Risiken berücksichtigenden Zinssatz zu diskontieren.[626] Der gegebenenfalls zu realisierende Gewinn ergibt sich somit aus der Summe des beizulegenden Zeitwertes der Leasingforderung und des Buchwertes des Restwertanspruchs abzüglich des ehemaligen Buchwertes des gesamten Leasingobjektes.[627]

Sofern die vorstehenden Voraussetzungen für eine Ertragsrealisierung zu Beginn des Leasingverhältnisses nicht gegeben sind, ist der **Aktivtausch** von Leasingforderung und dem übertragenen beschränkten Nutzungsrecht im von der *G4+1 Working Group* angenommenen Regelfall ergebnisneutral. Hierzu ist der ehemalige Buchwert des Leasingobjektes auf die Leasingforderung und den Restwertanspruch analog des Verhältnisses der jeweiligen beizulegenden Zeitwerte aufzuteilen.[628]

In den Folgeperioden ist die jeweils verbleibende Leasingforderung unter Beachtung der Effektivzinsmethode um den in den vom Leasingnehmer zufließenden Mindestleasingzahlungen enthaltenen Tilgungsanteil zu verringern.[629] Der in den Leasingraten enthaltene Zinsanteil wird erfolgswirksam vereinnahmt. Da der Restwertanspruch des Leasinggebers nach dem Reformvorschlag in den Folgeperioden ebenfalls mit dem risikospezifischen Zinssatz aufgezinst werden soll, realisiert der Leasinggeber während der

[625] Es wird somit davon ausgegangen, dass die Summe der beizulegenden Zeitwerte der Leasingforderung und des Restwertanspruchs dem beizulegenden Zeitwert des Leasingobjektes bei Vertragsbeginn entspricht, da zwei voneinander unabhängige Parteien den Leasingvertrag ansonsten nicht abgeschlossen hätten. Vgl. IASC (Hrsg.), G4+1 Position Paper, Rn. 8.17.

[626] Da der Restwert einem anderen Risiko unterliegt als die Leasingforderung, ist hierbei ein abweichender Diskontierungszinssatz anzuwenden. Vgl. IASC (Hrsg.), G4+1 Position Paper, Rn. 10.4.

[627] Vgl. IASC (Hrsg.), G4+1 Position Paper, Rn. 8.22-8.23.

[628] Vgl. IASC (Hrsg.), G4+1 Position Paper, Rn. 10.2.

[629] Vgl. IASC (Hrsg.), G4+1 Position Paper, Rn. 12.3-12.4.

Laufzeit des Leasingvertrages somit **Zinserträge aus der Folgebewertung** der Forderung sowie des Restwertanspruchs.[630]

Führen die während der Vertragslaufzeit regelmäßig durchzuführenden Wertminderungstests zu einem geringeren als dem bis dahin erwarteten Restwert, ist der Ansatz des Restwertanspruchs erfolgswirksam zu korrigieren.[631] Demgegenüber sind nach dem Reformvorschlag Zuschreibungen über den ursprünglich geschätzten Restwert hinaus nicht zulässig und entsprechende Werterhöhungen erst bei deren Realisation im Rahmen der Anschlussverwertung erfolgswirksam zu vereinnahmen.[632]

Inwiefern die Vereinbarung von über die Veräußerung eines Nutzungsrechtes hinausgehende Leasingvertragsbestimmungen nach dem *Right-of-use*-Modell beim Leasinggeber bilanziell zu berücksichtigen ist, soll nachfolgend erörtert werden.

422.22 Bilanzierung zusätzlicher Leasingvertragskomponenten

Analog zur Bilanzierung der Übertragung des zentralen Nutzungsrechtes, aus der beim Leasinggeber wie vorstehend erläutert regelmäßig eine mit der Verbindlichkeit des Leasingnehmers korrespondierende Forderung resultiert, wird mit dem Reformvorschlag auch bei der Berücksichtigung von zusätzlichen Vertragsbestimmungen das Ziel einer symmetrischen Bilanzierung bei den beiden Vertragsparteien verfolgt.[633] Dementsprechend wird auch bei der Bilanzierung beim Leasinggeber **die Ausübung von** vereinbarten (günstigen) **Optionen nicht antizipiert,** sondern es ist stets von einer frühestmöglichen Beendigung des Leasingverhältnisses durch den Leasingnehmer auszugehen.[634] Die Forderung des Leasinggebers aus dem Leasingverhältnis bemisst sich folglich nach dem Barwert der Mindestleasingzahlungen, die der Leasingnehmer im nicht-optionalen Zeitraum zwingend zu leisten hat. Im Gegensatz zur Bilanzierung beim Leasingnehmer

---

[630] Bzgl. der Folgebewertung des Restwertanspruchs und hierfür alternativ diskutierter, jedoch von der Arbeitsgruppe nicht verfolgten Methoden vgl. IASC (Hrsg.), G4+1 Position Paper, Rn. 12.5-12.14.

[631] Vgl. IASC (Hrsg.), G4+1 Position Paper, Rn. 12.15-12.16.

[632] Vgl. IASC (Hrsg.), G4+1 Position Paper, Rn. 12.18. Im Reformvorschlag wird bei Erhöhungen des Restwertes lediglich eine zusätzliche Berichterstattung im Anhang empfohlen.

[633] Vgl. IASC (Hrsg.), G4+1 Position Paper, Rn. 11.2.

[634] Vgl. IASC (Hrsg.), G4+1 Position Paper, Rn. 11.3-11.4.

ist nach Ansicht der Arbeitsgruppe eine separate Erfassung einer Kauf-, Verlängerungs- oder Kündigungsoption bzw. einer aus der vereinbarten Option resultierenden Stillhalterposition des Leasinggebers nicht erforderlich. Vereinbarte Optionen werden beim Leasinggeber vielmehr implizit innerhalb der Leasingforderung berücksichtigt. Unabhängig von der Art der vereinbarten Option wird somit der Verbleib eines beschränkten Nutzungsrechtes und des Verwertungsrechtes im Anschluss an die kürzestmögliche Vertragsdauer beim Leasinggeber unterstellt, der als Restwertanspruch neben der Leasingforderung zu bilanzieren ist.[635] Erst aus der Ausübung einer Verlängerungs- oder Kaufoption bzw. der Nicht-Ausübung einer Kündigungsoption durch den Leasingnehmer resultiert eine (teilweise) Übertragung der beim Leasinggeber verbliebenen Verfügungsrechte und somit die Reduktion dessen Restwertanspruchs, sowie eine Forderung über die ehemals optionalen Zahlungen.[636]

Die Bilanzierung von **bedingten Leasingraten** beim Leasinggeber soll nach dem *Right-of-use*-Modell ebenfalls analog zur Bilanzierung beim Leasingnehmer in Abhängigkeit von den den Leasingraten zu Grunde liegenden Parametern erfolgen. Nutzungsabhängige, nach Auffassung der *G4+1 Working Group* somit vom Leasingnehmer vermeidbare Leasingzahlungen (z. B. mit der Laufleistung verbundene Leasingraten) sind entsprechend des wirtschaftlichen Gehalts wie Verlängerungsoptionen zu bilanzieren.[637] Auf Grund der angenommenen Vermeidbarkeit sind diese bedingten Leasingraten somit nicht innerhalb der Mindestleasingzahlungen als Wertmaßstab für die Leasingforderung des Leasinggebers zu berücksichtigen. Erst zum Zeitpunkt der tatsächlichen Erweiterung des mit den unbedingten Leasingraten abgegoltenen Nutzungsumfangs sind diese erfolgswirksam zu vereinnahmen.[638] Sofern sich durch die zusätzliche Nutzung des Leasingobjektes der beizulegende Zeitwert der beim Leasinggeber verbleibenden Verfügungsrechte gegenüber der zu Beginn des Leasingverhältnisses vorgenommenen

[635] Vgl. IASC (Hrsg.), G4+1 Position Paper, Rn. 11.6.
[636] Vgl. IASC (Hrsg.), G4+1 Position Paper, Rn. 11.7-11.8.
[637] Grundsätzlich können nutzungsabhängige Leasingzahlungen, erfolgs- und damit indirekt nutzungsabhängige Leasingraten sowie variable, jedoch nicht duch den Leasingnehmer beeinflussbare Leasingzahlungen vereinbart werden Vgl. ausführlich zur Differenzierung dieser unterschiedlichen variablen Leasingvertragskomponenten Abschnitt 422.122.
[638] Vgl. IASC (Hrsg.), G4+1 Position Paper, Rn. 11.9-11.10.

Schätzung verringert hat, ist der bilanzierte Restwert aufwandswirksam anzupassen.[639] Wenn die bedingten Leasingraten dagegen vom mit der Nutzung des Leasingobjektes zusammenhängenden Erfolg oder von nicht durch den Leasingnehmer beeinflussbaren externen Parametern (z. B. Marktzinsentwicklung) abhängen, sind diese variablen Leasingraten als Bestandteil der Mindestleasingzahlungen beim Leasinggeber in die Bewertung dessen Forderung einzubeziehen.[640] Dabei ist der beizulegende Zeitwert erfolgsabhängiger Leasingraten durch den Vergleich mit einer ähnlichen Leasingvereinbarung ohne bedingte Leasingzahlungen und der beizulegenden Zeitwert von Leasingraten, die mit externen Parametern verknüpft sind, anhand der bestmöglichen Schätzung zu ermitteln.[641] Falls sich während der Vertragslaufzeit die zum Zeitpunkt des Vertragsbeginns vorgenommene Schätzung des bedingten Teils der Leasingforderung ändert, ist die notwendige Anpassung der Forderung vom Leasinggeber nach dem Reformvorschlag erfolgswirksam vorzunehmen.[642]

Ist zwischen den Vertragsparteien eine **Restwertgarantie** vereinbart, verpflichtet sich der Leasingnehmer zur Zahlung der Differenz zwischen Garantiebetrag und Verwertungserlös am Ende der Vertragslaufzeit. Die vereinbarte Restwertgarantie hat der Leasinggeber bei der Bewertung des von ihm erwarteten Restwertes zu berücksichtigen.[643] Ein getrennter Ausweis der Restwertgarantie in Höhe der erwarteten Inanspruchnahme und des nicht garantierten Teils des erwarteten Restwertes ist nach dem Reformvorschlag nicht vorgesehen, allerdings ist die Zusammensetzung des erwarteten Restwerts ergänzend zu erläutern.[644] Dieser gemeinsame Ausweis führt zu einer Vereinfachung der Folgebewertung der Gesamtposition, da Wertminderungen des erwarteten Restwertes durch entsprechende Werterhöhungen der Restwertgarantie kompensiert werden und

639 Vgl. IASC (Hrsg.), G4+1 Position Paper, Rn. 11.10 und 12.27.

640 Vgl. zur Kritik an der unterschiedlichen Bilanzierung von nutzungs- und erfolgsabhängigen Leasingzahlungen die entsprechenden Ausführungen zur geplanten Leasingnehmerbilanzierung, die auch für die vorgeschlagene Leasinggeberbilanzierung gelten, in Abschnitt 422.12.

641 Vgl. IASC (Hrsg.), G4+1 Position Paper, Rn. 11.11-11.17.

642 Vgl. IASC (Hrsg.), G4+1 Position Paper, Rn. 12.23. Die ebenfalls diskutierte, erfolgsneutrale gegenläufige Anpassung des beim Leasinggebers verbleibenden Restwertes wird dagegen von der Arbeitsgruppe abgelehnt, da im Fall einer Werterhöhung der Leasingforderung infolge der Veränderung der den bedingten Leasingraten zu Grunde liegenden Parameter regelmäßig auch eine Wertsteigerung des Restwertes zu erwarten ist. Vgl. IASC (Hrsg.), G4+1 Position Paper, Rn. 12.21.

643 Vgl. IASC (Hrsg.), G4+1 Position Paper, Rn. 9.15-9.18.

644 Vgl. IASC (Hrsg.), G4+1 Position Paper, Rn. 9.17.

die Gesamtposition damit keiner Wertänderung unterliegt. Dies gilt, wenn die Restwertgarantie dem zu Beginn des Leasingverhältnisses erwarteten Restwert entspricht.[645] Sofern der Leasingnehmer einen wesentlich höheren Wert als den zu Beginn des Leasingverhältnisses erwarteten Restwert garantiert, ist der den erwarteten Restwert übersteigende Teil der Garantie entsprechend des wirtschaftlichen Gehalts innerhalb der Mindestleasingzahlungen und damit forderungserhöhend zu berücksichtigen.[646]

Zusammenfassend ist festzuhalten, dass nach dem *Right-of-use*-Modell die Bilanzierung beim Leasinggeber konzeptionell symmetrisch zur vorgeschlagenen Bilanzierung beim Leasingnehmer erfolgt, was insbesondere durch die im Gegensatz zur geltenden Leasingbilanzierung für beide Vertragsparteien identische Definition der Mindestleasingzahlungen gewährleistet werden soll. Leasinggeber und Leasingnehmer weisen jeweils ihre Verfügungsrechtsposition aus, wobei stets auf die durch den Leasingnehmer unvermeidbare Zahlungen abzustellen ist.

Bevor abschließend die Entscheidungsnützlichkeit der auf Basis des Reformvorschlages der *G4+1 Working Group* vermittelten Informationen gewürdigt wird, soll zunächst die vorgeschlagene Bilanzierung beim Leasinggeber analysiert werden. Um die Gesamtkonzeption des *Right-of-use*-Modells zu veranschaulichen, wird dabei die bereits erläuterte Bilanzierung beim Leasingnehmer ebenfalls berücksichtigt.[647]

422.23 Analyse der vorgeschlagenen Bilanzierung beim Leasinggeber

Auch für die Veranschaulichung der Bilanzierung beim Leasinggeber nach dem *Right-of-use*-Modell soll die bereits bekannte Leasingvertragskonstellation herangezogen werden.[648] Wie in den vorherigen Abschnitten erläutert, soll die Bilanzierung nach dem hier untersuchten Reformvorschlag beim Leasinggeber entsprechend der Annahme der **Veräußerung von Verfügungsrechten** und somit grundsätzlich korrespondierend zur

[645] Vgl. IASC (Hrsg.), G4+1 Position Paper, Rn. 9.16.
[646] Vgl. IASC (Hrsg.), G4+1 Position Paper, Rn. 9.19.
[647] Vgl. zur Analyse der Leasingnehmerbilanzierung Abschnitt 422.13.
[648] Vgl. zur Einführung der in der vorliegenden Arbeit durchgehend unterstellten Leasingvereinbarung Abschnitt 323.23.

vorgesehenen Bilanzierung beim Leasingnehmer – als dem Erwerber der Verfügungsrechte erfolgen.

Zum Zeitpunkt der Übergabe des Leasingobjektes aktiviert der Leasinggeber eine **Forderung** in Höhe des Barwertes der vereinbarten Leasingzahlungen, die hier ausschließlich die nicht durch den Leasingnehmer vermeidbaren, unbedingten jährlichen Leasingzahlungen sowie die zu erwartenden erfolgsabhängigen Leasingzahlungen umfassen. Da die vom Leasingnehmer erwartungsgemäß zu leistenden Zahlungen aus der Restwertgarantie – als weitere Komponente der Mindestleasingzahlungen – beim Leasinggeber zusammen mit dem erwarteten Verwertungserlös als Restwert bilanziert werden, weist der Leasinggeber somit unter Berücksichtigung des dem Leasingverhältnis zu Grunde liegenden Zinssatzes in Höhe von 8,73% eine Leasingforderung aus der Veräußerung des auf fünf Jahre beschränkten Nutzungsrechtes in Höhe von 13.708 GE aus.[649] Im Gegensatz zum Leasingnehmer, der die vereinbarte Verlängerungsoption selbst in Höhe von 500 GE separat zu aktivieren hat, weist der Leasinggeber die aus der vergebenen Option bei ihm resultierende Stillhalterposition somit nicht einzeln, sondern implizit als Bestandteil der Leasingforderung aus.

Zudem aktiviert der Leasinggeber den von ihm zurückbehaltenen **Restwert** in Höhe von 6.292 GE, der sich aus dem Verwertungsrecht sowie dem beschränkten Nutzungsrecht nach Ende der fünfjährigen Leasingvertragsdauer zusammensetzt. Da der Leasinggeber die aus der abgeschlossenen Restwertgarantie erwarteten Zahlungen somit nicht als Bestandteil seiner Leasingforderung ausweist, weichen die Leasingforderung des Leasinggebers sowie die Verbindlichkeit des Leasingnehmers in der Beispielkonstellation voneinander ab.[650] Der anfängliche Wertansatz von Leasingforderung und Restwert beim

[649] Aus Vereinfachungsgründen soll auf die Ermittlung von separaten Diskontierungszinssätzen für die Leasingforderung und für den Restwert verzichtet werden. Diese Vereinfachung erscheint für die hier betrachtete Leasingvereinbarung unproblematisch, da der Leasinggeber mit keinem, die mit dem Leasingnehmer vereinbarte Restwertgarantie in Höhe von 4.000 GE übersteigenden Restwert kalkuliert. In die Ermittlung des dem Leasingverhältnis zu Grunde liegenden Zinssatzes wurden dabei – dem *Right-of-use*-Modell entsprechend – im Gegensatz zur Ermittlung nach der geltenden Leasingbilanzierung die erwarteten erfolgsabhängigen Leasingzahlungen einbezogen.

[650] Sofern keine Restwertgarantie vereinbart wird und der identische Zinssatz für die Diskontierung der Mindestleasingzahlungen Anwendung findet, werden dagegen die Leasingforderung beim Leasinggeber und die Leasingverbindlichkeit beim Leasingnehmer in identischer Höhe ausgewiesen.

Leasinggeber entspricht der Höhe des beizulegenden Zeitwertes des Leasingobjektes, der annahmegemäß dem Buchwert des Leasingobjektes vor der Übergabe an den Leasingnehmer entsprechen soll. Dementsprechend wird kein anfänglicher Veräußerungsgewinn realisiert.

In den Folgeperioden wird die Leasingforderung durch die vom Leasingnehmer geleisteten jährlichen Leasingzahlungen in Höhe von 3.500 GE – unter Berücksichtigung der Effektivzinsmethode – getilgt. Am 31.12.05 übt der Leasingnehmer die vereinbarte Option zum Erwerb eines über zwei Jahre beschränkten Nutzungsrechtes am Leasingobjekt aus. Während der Leasingnehmer folglich das entsprechende Nutzungsrecht bilanziert, aktiviert der Leasinggeber eine Forderung in Höhe des Barwertes der in den folgenden zwei Jahren unvermeidbaren Leasingzahlungen. Durch die Übertragung des bislang beim Leasinggeber verbliebenen beschränkten Nutzungsrechtes auf den Leasingnehmer verringert sich der Restwertanspruch des Leasinggebers, der nunmehr ausschließlich über das Verwertungsrecht am Ende der Vertragslaufzeit verfügt. Der Leasinggeber weist somit anstelle des bislang umfangreicheren Restwertanspruchs, der zum 31.12.05 in Höhe von 9.562 GE anzusetzen wäre, eine Leasingforderung aus der Veräußerung des Nutzungsrechtes in Höhe von 6.179 GE sowie den zurückbehaltenen Restwert, der dem Barwert der Restwertgarantie entspricht, in Höhe von 3.383 GE aus.[651] Das über zwei Jahre beschränkte Nutzungsrecht wird – analog zum anfänglich veräußerten Nutzungsrecht – erfolgsneutral auf den Leasingnehmer übertragen. Am 31.12.07 erzielt der Leasinggeber aus der Restwertverwertung am Markt sowie aus der mit dem Leasingnehmer abgeschlossenen Restwertgarantie erwartungsgemäß insgesamt 4.000 GE.

Die Wertentwicklung der beiden Forderungen und des Restwertanspruchs des Leasinggebers sowie die Auswirkungen auf die Gewinn- und Verlustrechnung zeigt die nachfolgende Abbildung:

[651] Hierbei wird erneut aus Vereinfachungsgründen der dem Leasingverhältnis zu Grunde liegende Zinssatz in Höhe von 8,73% unterstellt.

Jahr	0	1	2	3	4	5	6	7	Summe
Bilanz									
Liquide Mittel	0	3.500	7.000	10.500	14.000	17.500	21.000	28.500	
Leasingforderung	13.708	11.405	8.901	6.179	3.219	6.179	3.219	0	
Restwertanspruch	6.292	6.842	7.439	8.089	8.794	3.383	3.679	0	
GuV									
Zinsertrag	0	1.747	1.594	1.427	1.246	1.049	835	602	8.500
Periodenergebnis	0	1.747	1.594	1.427	1.246	1.049	835	602	8.500

Abbildung 13: Bilanzierung beim Leasinggeber nach dem *Right-of-use*-Modell[652]

Die bilanzielle Abbildung der beispielhaften Leasingvereinbarung verdeutlicht die Grundidee des *Right-of-use*-Modells. Die Bilanzierung beim Leasinggeber folgt der Annahme der **Veräußerung von Verfügungsrechten** an den Leasingnehmer. Die Ausübung der Verlängerungsoption durch den Leasingnehmer wird auf Seiten des Leasinggebers als erfolgsneutrale Veräußerung eines weiteren Nutzungsrechtes interpretiert, durch die die Verteilung der mit dem Leasingobjekt verknüpften Verfügungsrechte zwischen den beiden Vertragsparteien verändert wird. Dieser Wandel der Verfügungsrechtspositionen von Leasinggeber und Leasingnehmer wird durch keine der beiden Vertragsparteien antizipiert, sondern entgegen der geltenden Leasingbilanzierung erst zum Zeitpunkt der tatsächlichen Veränderung durch die Bilanzierung einer weiteren Leasingforderung bzw. eines weiteren Nutzungsrechtes berücksichtigt.

In den folgenden Ausführungen soll nunmehr analysiert werden, ob die vorstehend diskutierte Bilanzierung beim Leasinggeber sowie die in Abschnitt 422.1 erörterte Leasingnehmerbilanzierung nach dem Reformvorschlag der *G4+1 Working Group* zu einer aus Sicht der Investoren entscheidungsnützlichen Informationsvermittlung führt. Hierzu wird nachfolgend zunächst die die Informationsinhalte konkretisierende Entscheidungsrelevanz und im darauffolgenden Abschnitt die auf die Informationsqualität abzielende Verlässlichkeit untersucht.

[652] Zur Erleichterung eines direkten Vergleichs mit der vorgeschlagenen Bilanzierung beim Leasingnehmer sowie mit der Bilanzierung nach den geltenden Leasingstandards vgl. Anhang.

423. Entscheidungsnützlichkeit der Informationsvermittlung nach dem *Right-of-use*-Modell

423.1 Entscheidungsrelevanz der Bilanzierung nach dem *Right-of-use*-Modell

Die zunächst im Fokus stehende **Entscheidungsrelevanz** der Bilanzierung nach dem Reformvorschlag der *G4+1 Working Group* wird erneut anhand der die Entscheidungsrelevanz konkretisierenden Nebenbedingungen Vollständigkeit, wirtschaftliche Betrachtungsweise, Vergleichbarkeit und Verständlichkeit untersucht.

Aus dem Blickwinkel der inhaltlichen **Vollständigkeit** muss sichergestellt sein, dass den Investoren sämtliche Informationen über die Erfolgspotentialträger eines Unternehmens zur Verfügung gestellt werden, die sie für die Einschätzung künftiger Zahlungsströme benötigen.[653] Die *G4+1 Working Group* strebt eine grundsätzliche Vereinheitlichung der Leasingbilanzierung mittels der Aktivierung von Verfügungsrechten beim Leasingnehmer an. Die hiermit verbundene Abkehr von der nach dem *risk and reward approach* obligatorischen, von Ermessensspielräumen geprägten Zuordnung des wirtschaftlichen Eigentums zu einer der beiden Vertragsparteien sowie des entsprechenden Ausweises des Leasingobjektes entweder beim Leasingnehmer oder beim Leasinggeber ist aus Sicht der inhaltlichen Vollständigkeit positiv zu beurteilen. Durch die Loslösung von einer gegenständlichen Bilanzierung werden die Bilanzwirksamkeit sämtlicher Leasingvereinbarungen beim Leasingnehmer bewirkt und damit *off-balance-sheet*-Gestaltungen vermieden.

Der verbreiteten Kritik, dass nach dem *Right-of-use*-Modell nicht zwischen Leasingvereinbarungen, die infolge eines weitgehenden Chancen- und Risikentransfers einem fremdfinanzierten Erwerb ähneln, und solchen, die auf die kurzfristige Nutzungsüberlassung ausgerichtet sind, differenziert wird und daher die Informationsvermittlung unvollständig sei,[654] kann an dieser Stelle nicht gefolgt werden. Die unterschiedlichen Ausgestaltungen der Leasingvereinbarungen werden vielmehr grundsätzlich im Rahmen

[653] Vgl. Abschnitt 232.231.

[654] Vgl. bspw. WEINSTOCK, M., Bilanzierung von Leasingverträgen, S. 215-216; MELLWIG, W., Darstellung von Leasingverträgen, S. 15.

der auf den Vertragsbestimmungen basierenden Identifizierung der Verfügungsrechtspositionen der beiden Vertragsparteien sowie bei deren Bewertung berücksichtigt. Aus Sicht der im Mittelpunkt dieser Untersuchung stehenden Investoren, die Informationen über sämtliche Erfolgspotentialträger benötigen, erscheint es prinzipiell unerheblich, ob die von ihnen zu prognostizierenden Zahlungsströme aus einer kurz- oder einer langfristigen Leasingvereinbarung resultieren.

Bei der Bewertung der Verfügungsrechte des Leasingnehmers sowie der Forderung des Leasinggebers wird regelmäßig auf die Mindestleasingzahlungen abgestellt, die nach dem Reformvorschlag ausschließlich die vom Leasingnehmer unvermeidbaren Zahlungen umfassen sollen.[655] Die Vollständigkeit der Informationsvermittlung wird dabei durch die fehlende Antizipation der Ausübung selbst von "günstigen" Optionen sowie durch die Nichtberücksichtigung der nutzungsabhängigen Leasingraten beeinträchtigt, da aus diesen zusätzlichen Vertragskomponenten ebenfalls regelmäßig künftige Zahlungsflüsse resultieren. Durch den offensichtlichen Einfluss vorgenannter Vertragsabreden auf die Höhe der im Rahmen der Bewertung zu berücksichtigenden Mindestleasingzahlungen wird diese Problematik verschärft. Inwiefern die Vertragsparteien nach dem *Right-of-use*-Modell zu einer ergänzenden Berichterstattung über die erwarteten nutzungsabhängigen Leasingraten und die Wahrscheinlichkeit der Optionsausübung verpflichtet werden sollen, kann dem konzeptionell ausgerichteten Positionspapier der *G4+1 Working Group* nicht entnommen werden. Da eine bilanzielle Berichterstattung aus Sicht der Investoren grundsätzlich zu bevorzugen ist,[656] erscheint indes die Bilanzierung von Leasingzahlungen in optionalen Vertragszeiträumen und von nutzungsabhängigen Leasingzahlungen als Komponente der Mindestleasingzahlungen auf Basis einer Wahrscheinlichkeitsbetrachtung angezeigt.[657]

Nach dem Reformvorschlag sollen künftig sämtliche Leasingvereinbarungen einheitlich nach dem *Right-of-use-Modell* erfasst werden. Die damit verbundene Ausweitung des

[655] Vgl. Abschnitt 422.11.
[656] Vgl. hierzu ausführlich Abschnitt 342.
[657] Vgl. ebenso HELMSCHROTT, H., Leasingbilanzierung im Umbruch, S. 38.

Anwendungsbereichs gegenüber der geltenden Leasingbilanzierung unterstützt eine vollständige Informationsvermittlung.[658]

Um die Nebenbedingung der **wirtschaftlichen Betrachtungsweise** zu erfüllen, ist über gleiche ökonomische Sachverhalte trotz etwaiger Unterschiede in der rechtlichen Ausgestaltung inhaltsgleich zu berichten.[659] Die grundsätzliche Vereinheitlichung der Leasingbilanzierung durch die Aktivierung von Verfügungsrechten beim Leasingnehmer ist vor diesem Hintergrund zu befürworten, da die Bilanzierung des kontinuierlichen Übergangs von einer kurzfristigen Nutzungsüberlassung zu einer dem kreditfinanzierten Erwerb ähnlichen Vereinbarung ermöglicht wird.[660] Im Gegensatz zur geltenden Zweiteilung der Leasingbilanzierung, durch die eine realiter nicht gegebene Möglichkeit der trennscharfen Klassifizierung von realen Sachverhalten suggeriert wird, entfällt somit insbesondere der ermessensbehaftete Grenzbereich zwischen Finanzierungs- und Operating-Leasingverhältnissen. Dies hat die Vertragsparteien bislang auf Grund des *all or nothing approach* zu einer diesen Grenzbereich ausnutzenden Vertragsgestaltung motiviert. Die vorgeschlagene Bilanzierung einer dem kreditfinanzierten Erwerb – infolge einer der wirtschaftlichen Nutzungsdauer des Leasingobjektes entsprechenden Leasingvertragsdauer – ähnlichen Vereinbarung unterscheidet sich von der Bilanzierung eines tatsächlichen Erwerbs, bei dem das juristische Eigentum am Vermögenswert übergeht, somit im Extremfall ausschließlich durch die Art des ausgewiesenen Vermögenswertes und nicht durch den Bewertungsansatz. Unter der Voraussetzung einer ergänzenden Berichterstattung über die ausgewiesenen Verfügungsrechte, die innerhalb des Reformvorschlages nicht erörtert worden ist, ist diese Einschränkung der wirtschaftlichen Betrachtungsweise durch den marginal unterschiedlichen Ausweis wohl eher unproblematisch, da aus Sicht der hier betrachteten Investoren das Potential der Vermögenswerte hinsichtlich künftiger Zahlungsströme und nicht die Art der Vermögenswerte im Mittelpunkt steht. Problematischer erscheint dagegen die bislang nicht diskutierte Abgrenzung

---

[658] So sollen beispielsweise Leasingverträge in Bezug auf Lizenzvereinbarungen nach dem *Right-of-use*-Modell bilanziert werden, die von der Leasingbilanzierung nach IAS 17 bzw. SFAS 13 bislang ausgenommen sind. Vgl. hierzu Abschnitt 421.

[659] Vgl. Abschnitt 232.231.

[660] Vgl. PFERDEHIRT, H., Leasingbilanzierung nach IFRS, S. 156-157. Die bilanzielle Berücksichtigung dieses Übergangs ist nach der entsprechend der geltenden Leasingbilanzierung zwingend vorzunehmenden Zurechnung des Leasingobjektes dagegen nicht möglich.

zu reinen Mietverträgen, die infolge der fehlenden unkündbaren Zeiträume im Gegensatz zur vorgeschlagenen Bilanzierung von kurzfristigen Leasingverträgen weiterhin zu keiner Bilanzierung eines Nutzungsrechtes führen. Unter Berücksichtigung vorstehender Einschränkungen dient die Bilanzierung von Verfügungsrechten grundsätzlich einer Informationsvermittlung entsprechend der wirtschaftlichen Betrachtungsweise, da eine rein güterwirtschaftliche Berichterstattung die realwirtschaftlich existierenden Vertragsverflechtungen nur unzureichend abbilden kann.[661]

Als dritte Nebenbedingung der Entscheidungsrelevanz ist die **Vergleichbarkeit** zu analysieren, da die Eigenkapitalgeber für die Vorbereitung ihrer Investitionsentscheidungen einheitliche und stetige Informationen benötigen.[662] Durch die vorgeschlagene Abkehr vom *all or nothing approach* wird die zwischenbetriebliche Vergleichbarkeit der Berichterstattung über Leasingverhältnisse grundsätzlich verbessert, da sämtliche Leasingverhältnisse nach dem Reformvorschlag zumindest zur Bilanzierung eines Nutzungsrechtes beim Leasingnehmer führen. Durch die Vereinheitlichung der Leasingbilanzierung entfallen zudem die Abbildungsspielräume innerhalb der nicht mehr erforderlichen Vertragskategorisierung. Demgegenüber erschweren die bei der Bewertung der separat zu erfassenden Optionen und bei der Ermittlung des zentralen Wertmaßstabs der Mindestleasingzahlungen entstehenden – im Zusammenhang mit der Neutralität noch zu erläuternden – Abbildungsspielräume den für die Investoren unerlässlichen unternehmensübergreifenden Betriebsvergleich. Da der Reformvorschlag der *G4+1 Working Group* keine Vorgaben bezüglich der Stetigkeit der Berichterstattung umfasst, ist auf das im IFRS-*Framework* sowie im *Conceptual Framework* nach US-GAAP enthaltene, allgemeine Stetigkeitsgebot für die Unternehmensberichterstattung abzustellen.[663] Insbesondere durch den Wegfall der vertragsindividuellen Klassifizierung ist somit bei einer Integration des *Right-of-use*-Modells in die geltenden Rechnungslegungssysteme von einer im Zeitablauf stetigen Informationsvermittlung auszugehen.

---

[661] Konzeptionell folgt das *Right-of-use*-Modell somit der *Property-Rights*-Theorie, die in Abschnitt 233.2 für die rechtsordnungsübergreifende Systematisierung von Leasingverhältnissen herangezogen worden ist.
[662] Vgl. Abschnitt 232.231.
[663] Vgl. hierzu ausführlich Abschnitt 342.

Um den Investoren die Prognose der zukünftigen Zahlungsströme überhaupt zu ermöglichen, müssen die durch die Bilanzierung nach dem *Right-of-use*-Modell vermittelten Informationen ferner der Nebenbedingung der **Verständlichkeit** genügen.[664] Die mit der Bilanzierung von Nutzungsrechten nach dem Reformvorschlag verbundene Aufgabe der gegenständlichen Berichterstattung über Leasingverhältnisse führt nach der hier vertretenden Auffassung zu keiner Beeinträchtigung der Verständlichkeit. Die Argumentation, dass die vorgeschlagene Aufspaltung des Leasingobjektes in die Verfügungsrechtspositionen von Leasingnehmer und Leasinggeber eine klare und eindeutige Informationsvermittlung verhindern würde,[665] erscheint nicht schlüssig. Sofern den Investoren eindeutige Informationen über die Art der bilanzierten Vermögenswerte und Schulden zur Verfügung gestellt und insbesondere die zwischen den Vertragsparteien vereinbarten Optionen umfassend erläutert werden, wird diesen die Zahlungsstromprognose ermöglicht. Eine der Verständlichkeit der vermittelten Informationen und damit auch der Prognose künftiger Zahlungsströme dienliche Vorgabe einer bestimmten Bilanzposition ist im konzeptionell ausgerichteten Reformvorschlag der *G4+1 Working Group* allerdings nicht enthalten.[666] Da ein vom Leasingnehmer geleaster materieller Vermögenswert in der faktischen Nutzung weiterhin ein materieller Vermögenswert bleibt, erscheint ein Ausweis der Verfügungsrechtsposition unter derjenigen Bilanzposition angezeigt, der das Leasingobjekt selbst zuzurechnen wäre. Zur Erhöhung der Verständlichkeit erscheint eine Aufschlüsselung zum einen in geleaste und zum anderen in sich im (juristischen) Eigentum des Leasingnehmers befindende Vermögenswerte innerhalb der betroffenen Bilanzpositionen sowie eine ergänzende Berichterstattung über die wesentlichen Leasingvertragsbestimmungen sachgerecht.[667]

Insgesamt ist in Bezug auf die Entscheidungsrelevanz der auf Basis des *Right-of-use*-Modells vermittelten Informationen festzuhalten, dass durch die Vereinheitlichung der Leasingbilanzierung durch die Bilanzierung der Verfügungsrechtspositionen der Vertragsparteien weitestgehend vollständige, vergleichbare und verständliche Informatio-

---

[664] Vgl. Abschnitt 232.231.

[665] So im Ergebnis aber FEINEN, der insbesondere die in seinen Augen willkürliche Zerlegung eines realen Gegenstands in eine Vielzahl von Zahlungsansprüchen und Zahlungsverpflichtungen kritisiert. Vgl. FEINEN, K., McGregor und kein Ende, S. 18.

[666] Vgl. Abschnitt 422.11.

[667] Vgl. ebenso PFERDEHIRT, H., Leasingbilanzierung nach IFRS, S. 124.

nen über die Erfolgspotentialträger eines Unternehmens vermittelt werden. Der mit der vorgeschlagenen Vereinheitlichung verbundene Wegfall der bisherigen Grenzziehung zwischen Finanzierungs- und Operating-Leasingverhältnissen unterstützt eine Berichterstattung entsprechend der wirtschaftlichen Betrachtungsweise. Allerdings führt die unterschiedliche Bilanzierung von kurzfristigen, mietvertragsähnlichen Leasingverhältnissen und reinen Mietverträgen zu Einschränkungen hinsichtlich der wirtschaftlichen Betrachtungsweise sowie der Vergleichbarkeit.

423.2 Verlässlichkeit der Bilanzierung nach dem *Right-of-use*-Modell

Nachfolgend sollen die auf Basis des *Right-of-use*-Modells vermittelten Informationen hinsichtlich ihrer **Verlässlichkeit** analysiert werden, die von der jeweiligen Erfüllung der Nebenbedingungen der Richtigkeit, Neutralität sowie Nachprüfbarkeit abhängig ist.

Die Nebenbedingung der **Richtigkeit** wird erfüllt, sofern die Abbildung eines Sachverhalts entsprechend den von einem Rechnungslegungssystem vorgegebenen Regelungen erfolgt.[668] Da für das *Right-of-use*-Modell bislang noch keine in sich geschlossene Gesamtregelung zur Bilanzierung von Leasingverhältnissen entwickelt worden ist – das konzeptionell ausgerichtete Positionspapier dient vielmehr als Diskussionsgrundlage, in dem an verschiedenen Stellen auch unterschiedliche Regelungsalternativen vorgestellt werden[669] –, kann zu diesem Zeitpunkt nicht abschließend beurteilt werden, inwieweit aus einer möglichen Umsetzung der Nebenbedingung dienliche, eindeutige Rechnungslegungsregelungen resultieren können. Insbesondere die nachfolgend im Zusammenhang mit der Neutralität noch zu diskutierenden Abbildungsspielräume bei der Bewertung von komplexen Leasingvereinbarungen verlangen aus Sicht der Investoren die Entwicklung von präzisen Vorgaben für die Berichterstattung.

Um den Eigenkapitalgebern die ergebnisoffene Prognose künftiger Zahlungsströme und somit unbeeinflusste Investitionsentscheidungen zu ermöglichen, muss die Informati-

[668] Vgl. Abschnitt 232.232.
[669] Vgl. allgemein zur Funktion der *G4+1 Working Group* Abschnitt 41.

onsvermittlung die Nebenbedingung der **Neutralität** erfüllen.[670] Hierzu ist zu untersuchen, wie anfällig die Leasingbilanzierung auf Basis des *Right-of-use*-Modells für die willkürliche Beeinflussung durch die Bilanzierenden ist. Der Reformvorschlag der *G4+1 Working Group* folgt der Annahme des Erwerbs von Verfügungsrechten durch den Leasingnehmer, weshalb sämtliche Leasingvertragselemente, die über das zentrale Nutzungsrecht hinausgehen, separat zu würdigen sind. Aus der somit für alle Leasingvereinbarungen vorzunehmenden Aufspaltung der vertraglich fixierten Leasingraten in das für den Bilanzansatz ausschlaggebende Nutzungsentgelt sowie in die regelmäßig in den Leasingraten enthaltenen, jedoch nicht separat vereinbarten Dienstleistungskomponenten resultieren Ermessensspielräume bei Leasingnehmer und Leasinggeber.[671] Da der Wert von Verfügungsrechten regelmäßig nicht direkt am Markt ermittelbar ist, wird von der *G4+1 Working Group* zum Zwecke der Bewertung zusätzlicher Leasingvertragskomponenten grundsätzlich ein Vergleich mit ähnlichen Leasingvereinbarungen, die die zu bewertende Vertragskomponente jedoch nicht umfassen, vorgeschlagen. Eine derartige Gegenüberstellung mit vergleichbaren Leasingverträgen verringert jedoch keineswegs die – insbesondere aus der separaten Bewertung von Optionen, der erforderlichen Schätzung der zukünftigen Inanspruchnahme von Restwertgarantien sowie der Berücksichtigung ausgewählter bedingter Leasingzahlungen resultierenden[672] – offensichtlich vorhandenen **Abbildungsspielräume**, da es regelmäßig an einem hierfür geeigneten Vergleichsmaßstab fehlt. Die bestehenden Auslegungsspielräume, mit denen die Gefahr einer tendenziösen Informationsvermittlung verbunden ist, können u. U. durch die Normierung der anzuwendenden Bewertungsmethoden (z. B. Simulation eines Marktpreises mittels eines Rückgriffs auf Barwertkalküle und Erläuterung der wesentlichen Bewertungsparameter) eingegrenzt werden. Zudem ist fraglich, ob die separate Bilanzierung und Bewertung von Optionen beim Leasingnehmer aus Sicht der Investoren sachdienlich ist.[673] Allerdings ist festzuhalten, dass durch die mit der Vereinheitlichung

---

[670] Vgl. Abschnitt 232.232.
[671] Vgl. hierzu ausführlich Abschnitt 422.11.
[672] Vgl. hierzu ausführlich Abschnitt 422.12.
[673] Nach einer im Anschluss an die Veröffentlichung der beiden Positionspapiere der *G4+1 Working Group* in Großbritannien durchgeführten empirischen Untersuchung wird sowohl von den Investoren als auch den Bilanzerstellern die separate Bilanzierung von Verlängerungsoptionen kritisch gesehen. Vgl. zur Studie BEATTIE, V./GOODACRE, A./THOMSON, S. J., International lease-accouting reform, S. 89-80.

der Leasingbilanzierung verbundene Abkehr vom *all or nothing approach* – trotz der erläuterten vorhandenen Abbildungsspielräume – zumindest die Möglichkeit der Bilanzneutralität von Leasingverhältnissen beim Leasingnehmer verhindert wird.

Damit die Ausübung der vorstehend skizzierten Bewertungsspielräume für die Investoren ersichtlich wird und sie somit möglicherweise zielgerichtetes Verhalten der Bilanzierenden erkennen können, ist im Rahmen der Weiterentwicklung des bislang vorliegenden, konzeptionellen Reformvorschlages die Präzisierung von Vorgaben für die ergänzende Berichterstattung dringend. Insgesamt erscheint eine neutrale Informationsvermittlung durch das *Right-of-use*-Modell somit noch keineswegs gewährleistet.

Als dritte Nebenbedingung ist die **Nachprüfbarkeit** der Bilanzierung nach dem *Right-of-use*-Modell zu analysieren, die den Investoren die Überprüfung der Kongruenz des zu Grunde liegenden Sachverhalts mit seinem Abbild in der Rechnungslegung gewährleisten soll.[674] Insbesondere die im Zusammenhang mit der Neutralität bereits diskutierten Abbildungsspielräume erfordern daher die ergänzende Offenlegung und Erläuterung von subjektiven Schätzungen der Bilanzierenden, damit die Eigenkapitalgeber die vermittelten Informationen plausibilisieren können. Zudem kann die Offenlegung alternativer Einschätzungen im Hinblick auf Vertragskomponenten, die wie Optionen, bedingte Leasingraten oder restwertbezogene Vertragsbestimmungen über das eigentliche Nutzungsrecht hinausgehen, zu einer nachprüfbaren Unternehmensberichterstattung beitragen.

Insgesamt ist die Verlässlichkeit der Bilanzierung nach dem *Right-of-use*-Modell nur sehr eingeschränkt gegeben, da die separate Bewertung der einzelnen Verfügungsrechte angesichts der regelmäßig fehlenden Marktpreise zahlreiche Abbildungsspielräume impliziert. Durch die Vereinheitlichung der Leasingbilanzierung werden jedoch die Abbildungsspielräume bei der Vertragsklassifizierung nach dem geltenden *risk and reward approach* vermieden. Die Formulierung von Vorgaben hinsichtlich einer ergänzenden Berichterstattung im Rahmen der Weiterentwicklung des Reformvorschlages könnte zu

[674] Vgl. Abschnitt 232.232.

einer verbesserten Neutralität und Nachprüfbarkeit der Leasingbilanzierung führen. Im folgenden Abschnitt werden die Ergebnisse bezüglich der Entscheidungsrelevanz und der Verlässlichkeit der durch das *Right-of-use*-Modell vermittelten Informationen zusammengefasst.

424. Fazit zur Entscheidungsnützlichkeit des *Right-of-use*-Modells

Die **Entscheidungsrelevanz** der Berichterstattung nach dem *Right-of-use*-Modell ist durch die Bilanzwirksamkeit sämtlicher Leasingvereinbarungen beim Leasingnehmer sowie durch die Vereinheitlichung der Leasingbilanzierung mittels der Aktivierung der jeweiligen Verfügungsrechtsposition der Vertragsparteien grundsätzlich gegeben. Allerdings wird durch die Nichtberücksichtigung von optionalen Vertragszeiträumen und nutzungsabhängigen Leasingraten innerhalb des zentralen Bewertungsmaßstabs der Mindestleasingzahlungen eine vollständige Informationsvermittlung eingeschränkt. In diesem Zusammenhang erscheint eine verstärkte bilanzielle Berücksichtigung von Wahrscheinlichkeitsüberlegungen geboten. Die Aktivierung von Verfügungsrechten ermöglicht die Bilanzierung des kontinuierlichen Übergangs von einer kurzfristigen Nutzungsüberlassung zu einer erwerbsähnlichen Vereinbarung und entspricht somit der wirtschaftlichen Betrachtungsweise. Hierdurch steigt allerdings die Bedeutung der bislang noch nicht ausreichend diskutierten Abgrenzung von kurzfristigen, stets bilanzwirksamen Leasingvereinbarungen und reinen, weiterhin bilanzneutralen Mietverträgen. Die unternehmensübergreifende Vergleichbarkeit wird durch die Vereinheitlichung der Leasingbilanzierung prinzipiell gewährleistet. Zur Erhöhung der Verständlichkeit erscheint eine ergänzende Berichterstattung insbesondere über die Art des bilanzierten Vermögenswertes angezeigt.

Die **Verlässlichkeit** der Berichterstattung ist jedoch nur eingeschränkt gegeben. Insbesondere die nach dem Reformvorschlag vorzunehmende, separate Bewertung von über das zentrale Nutzungsrecht hinausgehenden Leasingvertragskomponenten führt zu einer Vielzahl von Abbildungsspielräumen. Im Rahmen einer möglichen Weiterentwicklung des *Right-of-use*-Modells wäre die ergänzende Berichterstattung über die vorgenommenen Schätzungen und berücksichtigten Prämissen zu präzisieren.

Das **Ergebnis** der vorstehenden Analyse ist, dass die Bilanzierung nach dem *Right-of-use*-Modell zu einer grundsätzlich entscheidungsrelevanten Informationsvermittlung über Leasingverhältnisse führt. Die umfangreichen Abbildungsspielräume infolge der zunehmenden Komplexität der Bewertung führen indes hinsichtlich der Verlässlichkeit zu erheblichen Defiziten, wodurch die Entscheidungsnützlichkeit der vorgeschlagenen Leasingbilanzierung deutlich verringert wird.

Bevor die Entscheidungsnützlichkeit der Informationsvermittlung nach dem maßgeblich von der *G4+1 Working Group* entwickelten *Right-of-use*-Modell mit der der geltenden Leasingbilanzierung verglichen wird, soll nachfolgend das *Whole-Asset*-Modell als eine weitere mögliche Alternativkonzeption einer künftigen Leasingbilanzierung analysiert werden.

43 *Whole-Asset*-Modell

431. Die Aktivierung ganzer körperlicher Vermögenswerte als Ansatz für die grundsätzliche Vereinheitlichung der Leasingbilanzierung

Die *G4+1 Working Group* hat nicht ausschließlich das im vorherigen Abschnitt analysierte *Right-of-use*-Modell diskutiert, sondern hat darüber hinaus auch alternative Bilanzierungskonzeptionen untersucht. Obgleich sich die Mehrheit der Arbeitsgruppe gegen diese Alternativen ausgesprochen hat, werden sie im Rahmen des Positionspapiers erörtert und zur weiteren Diskussion gestellt.[675] Als grundsätzlich mögliche, von der *G4+1 Working Group* indes nicht favorisierte Konzeption einer zukünftigen Leasingbilanzierung wird das sogenannte ***Whole-Asset*-Modell** skizziert,[676] das neben dem *Right-of-use*-Modell die Ausgangsbasis für das aktuelle Reformprojekt bildet.[677] Die Konzeption des *Whole-Asset*-Modells durchbricht wie das *Right-of-use*-Modell die Grundprinzipien der geltenden Leasingbilanzierung nach IFRS und US-GAAP, da die Leasingobjekte nicht mehr anhand der Verteilung der mit diesen verbundenen Chancen und Risiken dem Leasingnehmer oder dem Leasinggeber zugeordnet werden sollen. Im Gegensatz

[675] Vgl. zur Funktion der Positionspapiere sowie zur *G4+1 Working Group* Abschnitt 41.
[676] Vgl. IASC (Hrsg.), G4+1 Position Paper, Rn. 3.19-3.20. Die Bezeichnung dieser Konzeption geht zurück auf MONSON. Vgl. MONSON, D. W., Accounting for Leases, S. 277.
[677] Vgl. ausführlich zum Reformprojekt Abschnitt 45.

zum *Right-of-use*-Modell sollen allerdings keine Nutzungsrechte, sondern unabhängig von der Vertragslaufzeit und unabhängig von der Zuordnung der mit dem Leasingobjekt verknüpften Chancen und Risiken stets die **gesamten Leasingobjekte** beim Leasingnehmer aktiviert werden.[678] Durch die so erreichte Vereinheitlichung der Leasingbilanzierung ist die bisherige binäre Vertragsklassifikation somit nicht mehr erforderlich.

Das insbesondere von der US-amerikanischen Fachliteratur befürwortete *Whole-Asset*-Modell basiert dabei auf der Grundannahme, dass der Leasingnehmer das Leasingobjekt während der Laufzeit des Leasingverhältnisses in seiner Gesamtheit – nicht nur einen mittels Verfügungsrechten übertragenden Teil des Leasingobjektes – kontrolliert.[679] Aus dieser Annahme wird eine von der Vertragslaufzeit unabhängige Bilanzierung des gesamten Leasingobjektes unter der **Fiktion eines fremdfinanzierten Erwerbs** abgeleitet. Dementsprechend soll zu Beginn der Laufzeit des Leasingverhältnisses – als dem angenommenen Erwerbszeitpunkt des gesamten Leasingobjektes – beim Leasingnehmer das Leasingobjekt zum beizulegenden Zeitwert aktiviert werden. Die korrespondierende Gesamtverpflichtung des Leasingnehmers resultiert nach dem *Whole-Asset*-Modell aus der Zahlungsverpflichtung für die Leasingraten während der Vertragslaufzeit sowie aus der Rückgabeverpflichtung des Leasingobjektes am Ende der Vertragsdauer.[680] Das Verhältnis dieser beiden vom Leasingnehmer zu passivierenden Verpflichtungen reflektiert somit grundsätzlich die Relation zwischen der Laufzeit des Leasingvertrages und der wirtschaftlichen Nutzungsdauer des Leasingobjektes.[681]

Der ökonomische Grundgedanke des *Whole-Asset*-Modells stellt auf den realwirtschaftlichen Produktionsprozess ab, in dem stets nur ganze Vermögenswerte und nicht nur ein Bruchteil oder ein mit diesem verbundenen Nutzungsrecht genutzt werde. Dementsprechend sei im Rahmen der **Bilanzierung unabhängig von der Art der Finanzierung** stets das einem Unternehmen zur Verfügung stehende Produktivvermögen in seiner Gesamtheit abzubilden.[682] Die vorgeschlagene, dem Erwerb des gesamten Leasingobjektes

[678] Vgl. FASB/IASB (Hrsg.), Analysis of different accounting models, S. 5.
[679] Vgl. MONSON, D. W., Accounting for Leases, S. 277.
[680] Vgl. MONSON, D. W., Accounting for Leases, S. 277.
[681] Vgl. FASB/IASB, Analysis of different accounting models, S. 5.
[682] Vgl. MONSON, D. W., Accounting for Leases, S. 283.

entsprechende Bilanzierung von Leasingverhältnissen führt somit zu einer Nivellierung der Unterschiede zwischen zeitlich begrenztem Leasing und tendenziell zeitlich unbefristetem juristischen Eigentum.[683] Diese undifferenzierte Betrachtung ist kritisch zu sehen, da insbesondere die Verfügungsrechtsposition vom Leasingnehmer von der des juristischen Eigentümers deutlich abweicht. Während der Leasingnehmer regelmäßig ausschließlich ein beschränktes Nutzungsrecht hält und nur innerhalb des somit eingeschränkten Verfügungsrahmens über das Leasingobjekt verfügen kann, besitzt der juristische Eigentümer grundsätzlich sämtliche Verfügungsrechte und damit sehr viel umfangreichere Handlungsalternativen, wie beispielsweise den Verkauf des Vermögenswertes.[684] Die über diese Problematik hinausgehende schwierige Abgrenzung von Leasingvereinbarungen und klassischen Mietverträgen als die vom Eigentum am weitesten entfernte Form der Nutzungsüberlassung ist bislang noch nicht diskutiert worden.

Die Bilanzierung beim Leasingnehmer und beim Leasinggeber auf Basis des *Whole-Asset*-Modells, die unabhängig von der Vertragslaufzeit der Leasingvereinbarungen erfolgt, soll im nachfolgenden Abschnitt genauer analysiert werden.

432. Leasingbilanzierung nach dem *Whole-Asset*-Modell

Der **Leasingnehmer** aktiviert nach dem *Whole-Asset*-Modell zu Beginn der Laufzeit des Leasingverhältnisses das Leasingobjekt zum beizulegenden Zeitwert und eine korrespondierende Verbindlichkeit, die sich aus der Verpflichtung zur Zahlung der vereinbarten Leasingraten sowie zur Rückgabe des Leasingobjektes am Ende der Vertragslaufzeit zusammensetzt. Der Erstansatz folgt somit der **Annahme des fremdfinanzierten Erwerbs** des gesamten Leasingobjektes. Im Gegensatz zur geltenden Bilanzierung von Finanzierungs-Leasingverhältnissen, die grundsätzlich ebenfalls der Erwerbsfiktion folgt, wird beim Leasingnehmer nach dem *Whole-Asset*-Modell das Leasingobjekt nicht nur in Höhe der vereinbarten Mindestleasingzahlungen, sondern in Höhe des beizule-

[683] Vgl. hierzu kritisch IASC (Hrsg.), G4+1 Position Paper, Rn. 3.20. Die Position des Leasingnehmers am Ende der Vertragslaufzeit ist vielmehr vergleichbar mit der eines Vermögensverwalters. Vgl. FASB/IASB (Hrsg.), Analysis of different accounting models, S. 6.

[684] Vgl. zu möglichen Verteilungsvarianten der unterschiedlichen Verfügungsrechte zwischen Leasingnehmer und Leasinggeber Abschnitt 233.32.

genden Zeitwertes des gesamten Leasingobjektes angesetzt. Die über das eigentliche Nutzungsrecht hinausgehenden Leasingvertragskomponenten werden implizit durch die Aktivierung des Leasingobjektes zum beizulegenden Zeitwert berücksichtigt.[685]

Bis zum Ende der Vertragslaufzeit ist die Verbindlichkeit unter Berücksichtigung der Effektivzinsmethode mit Leistung der Leasingraten um den enthaltenen Tilgungsanteil ratierlich zu verringern. Hierbei ist der Grenzfremdkapitalzinssatz des Leasingnehmers für eine in Laufzeit und Besicherung vergleichbare Fremdfinanzierung zu verwenden.[686] Nach dem *Whole-Asset*-Modell soll die Verbindlichkeit am Ende der Vertragslaufzeit dem Buchwert des Leasingobjektes entsprechen.[687] Um dies zu gewährleisten, wird in der Literatur vorgeschlagen, die Abschreibung des Leasingobjektes an die Entwicklung der Verbindlichkeit zu koppeln.[688] Das Leasingobjekt wird nach dem Vorschlag somit regelmäßig unabhängig vom eigentlichen Nutzenverlauf abgeschrieben. Da die Verbindlichkeit aus den vereinbarten Leasingraten am Ende des Leasingverhältnisses vom Leasingnehmer getilgt ist, kann die verbleibende Verbindlichkeit somit als die Verpflichtung zur Rückgabe des Leasingobjektes interpretiert werden. Am Ende der Vertragslaufzeit – zum Zeitpunkt der Rückgabe an den Leasinggeber – ist der Restwert des Leasingobjektes erfolgsneutral gegen die Verbindlichkeit auszubuchen.[689]

Demgegenüber weist der **Leasinggeber** zu Beginn des Leasingverhältnisses grundsätzlich eine Forderung in Höhe des beizulegenden Zeitwertes des Leasingobjektes aus, die durch die vom Leasingnehmer während der Vertragslaufzeit zu leistenden Leasingraten verringert wird.

Zur Veranschaulichung der Bilanzierung beim Leasingnehmer nach dem *Whole-Asset*-Modell, von dem bislang nur die vorstehend dargestellten Grundzüge entwickelt worden

---

685 Vgl. FASB/IASB (Hrsg.), Analysis of different accounting models, S. 6.
686 Vgl. MONSON, D. W., Accounting for Leases, S. 281.
687 Vgl. MONSON, D. W., Accounting for Leases, S. 281.
688 Vgl. hierzu SIGLOCH, J., Leasing-Transaktionen in der Rechnungslegung, S. 420-421.
689 Grundsätzlich erscheint auch eine Abschreibung des Leasingobjektes unabhängig von der Entwicklung der Verbindlichkeit – in Übereinstimmung mit einem tatsächlich erworbenen Vermögenswert – möglich. Aus der Differenz von Rückgabeverpflichtung und Restwert des Leasingobjektes bei Ablauf der Leasingvereinbarung würde dann ein zusätzlicher einmaliger Aufwand oder Ertrag resultieren. Vgl. ebenso FÜLBIER, R. U./PFERDEHIRT, H., Künftige Leasingbilanzierung, S. 283.

sind, soll erneut auf die in Abschnitt 323.23 eingeführte **Leasingvertragskonstellation** zurückgegriffen werden. Hierzu sind die auf das Beispiel anzuwendenden Regelungen aus der vorgestellten Grundkonzeption abzuleiten. Nach dem *Whole-Asset*-Modell sind bei Leasingvereinbarungen unabhängig von der detaillierten Vertragsgestaltung **Leasingobjekte zum beizulegenden Zeitwert** zu aktivieren. Dementsprechend werden im hier betrachteten Beispiel das Leasingobjekt sowie die korrespondierende Verbindlichkeit in Höhe von 20.000 GE angesetzt. Auf Grund der Fiktion des Erwerbs ist von der Antizipation der Ausübung der Verlängerungsoption auszugehen. Unter Berücksichtigung des Grenzfremdkapitalzinssatzes des Leasingnehmers in Höhe von 8,0% beträgt die Verbindlichkeit – nach Leistung der vereinbarten Restwertgarantie in Höhe von 2.000 GE – zum Ende der Vertragslaufzeit 1.047 GE. Unter Beachtung dieses Restbuchwertes ergeben sich für das Leasingobjekt jährliche Abschreibungen in Höhe von 2.708 GE. Der Restwert sowie die verbleibende Verbindlichkeit werden am 31.12.07 erfolgsneutral ausgebucht. Die Wertentwicklung des Leasingobjektes und der Verbindlichkeit sowie die Auswirkungen auf die Gewinn- und Verlustrechnung werden aus der folgenden Abbildung ersichtlich:

Jahr	0	1	2	3	4	5	6	7	Summe
Bilanz									
Liquide Mittel	26.500	23.000	19.500	16.000	12.500	9.000	5.500	0	
Leasingobjekt	20.000	17.292	14.585	11.877	9.170	6.462	3.755	0	
Verbindlichkeit	20.000	18.100	16.048	13.832	11.438	8.853	6.062	0	
GuV									
Abschreibung	0	2.708	2.708	2.708	2.708	2.708	2.708	2.708	18.953
Zinsaufwand	0	1.600	1.448	1.284	1.107	915	708	485	7.547
Periodenergebnis	0	-4.308	-4.156	-3.991	-3.814	-3.623	-3.416	-3.193	-26.500

Abbildung 14: Bilanzierung beim Leasingnehmer nach dem *Whole-Asset*-Modell[690]

Die bilanzielle Abbildung der ausgewählten Leasingvereinbarung verdeutlicht die Grundidee des *Whole-Asset*-Modells. Auf Grund der Erwerbsfiktion entsprechen zu Beginn des Leasingverhältnisses die Wertansätze von Leasingobjekt und Verbindlichkeit

[690] Zur Erleichterung eines direkten Vergleichs mit der Bilanzierung der beispielhaften Leasingvertragskonstellation nach den geltenden Leasingstandards sowie nach dem *Right-of-use*-Modell vgl. Anhang.

den Wertansätzen bei einem fremdfinanzierten Erwerb des Leasingobjektes und sind folglich deutlich höher als nach dem – im vorherigen Abschnitt diskutierten – *Right-of-use*-Modell.[691] Infolge der Annahme einer vollständig fremdfinanzierten Übernahme des gesamten Leasingobjektes steigt im Vergleich zum *Right-of-use*-Modell der Anteil des Zinsaufwands am Gesamtaufwand. Die vorstehend skizzierte Bilanzierung nach dem *Whole-Asset*-Modell weicht auch deutlich von der geltenden Bilanzierung von Finanzierungsverhältnissen beim Leasingnehmer ab, die zwar grundsätzlich ebenfalls der Erwerbsfiktion folgt, indes zu geringeren Wertansätzen in Höhe der Mindestleasingzahlungen führt.[692] Bevor die Entscheidungsnützlichkeit der mit der Leasingnehmerbilanzierung nach dem *Whole-Asset*-Modell vermittelten Informationen diskutiert wird, soll nachfolgend die Bilanzierung beim Leasinggeber skizziert werden.

Demgegenüber hat der **Leasinggeber** nach Übergabe des Leasingobjektes sowohl einen Anspruch auf die vertraglich vereinbarten Leasingraten als auch einen Anspruch auf die Rückgabe des Leasingobjektes am Ende der Vertragslaufzeit.[693] Dementsprechend weist der Leasinggeber zum Zeitpunkt der Besitzübergabe eine Forderung in Höhe des Barwertes der vereinbarten Leasingzahlungen sowie den Rückgabeanspruch in Höhe des diskontierten, erwarteten Restwertes aus. Im Gegensatz zur geltenden Leasingbilanzierung wird das Leasingobjekt somit unabhängig von der Verteilung der leasingobjektbezogenen Chancen und Risiken beim Leasinggeber ausgebucht. Infolge der Fiktion der Veräusserung des gesamten Leasingobjektes weist der Leasinggeber im Vergleich zum *Right-of-use*-Modell eine anfangs deutlich höhere Leasingforderung und einen entsprechend geringeren Restwertanspruch aus, da zu erwartende Leasingzahlungen in optionalen Zeiträumen und bedingte Leasingzahlungen als Bestandteil der Leasingforderung stets zu berücksichtigen sind.

Im Rahmen der bereits oben unterstellten Leasingvereinbarung hat der Leasinggeber somit zu Beginn der Vertragslaufzeit – unter Berücksichtigung des dem Leasingverhält-

691 Vgl. MONSON, D. W., Accounting for Leases, S. 286. Vgl. zur Leasingnehmerbilanzierung nach dem *Right-of-use*-Modell Abschnitt 422.13.

692 Vgl. zur geltenden Leasingnehmerbilanzierung Abschnitt 323.23.

693 Vgl. FASB/IASB (Hrsg.), Analysis of different accounting models, S. 7.

nisses zu Grunde liegenden Zinssatzes in Höhe von 8,73%[694] – eine Forderung in Höhe von 17.774 GE anzusetzen.[695] Zudem aktiviert der Leasinggeber den Restwertanspruch in Höhe des Barwert des erwarteten beizulegenden Zeitwertes am Vertragsende in Höhe von 2.226 GE. Die beiden Vermögenswerte werden somit in Höhe des anfänglichen beizulegenden Zeitwertes des Leasingobjektes angesetzt, weswegen kein anfänglicher Veräußerungsgewinn zu realisieren ist.[696] In den Folgeperioden wird die Leasingforderung durch die vom Leasingnehmer erhaltenen jährlichen Leasingzahlungen unter Berücksichtigung der Effektivzinsmethode getilgt. Der Restwertanspruch des Leasinggebers wird in den Folgejahren aufgezinst. Nach der Rückgabe des Leasingobjektes erzielt der Leasinggeber aus der Restwertverwertung am Markt sowie aus der vereinbarten Restwertgarantie – wie bereits anfangs erwartet – insgesamt 4.000 GE. Die Auswirkungen der Bilanzierung nach dem *Whole-Asset*-Modell durch den Leasinggeber werden aus der folgenden Abbildung ersichtlich:

Jahr	0	1	2	3	4	5	6	7	Summe
Bilanz									
Liquide Mittel	0	3.500	7.000	10.500	14.000	17.500	21.000	28.500	/
Leasingforderung	17.774	15.826	13.708	11.406	8.902	6.179	3.219	0	/
Restwertanspruch	2.226	2.420	2.632	2.862	3.112	3.383	3.679	0	/
GuV									
Zinsertrag	0	1.747	1.594	1.427	1.246	1.049	835	602	8.500
Periodenergebnis	0	1.747	1.594	1.427	1.246	1.049	835	602	8.500

Abbildung 15: Bilanzierung beim Leasinggeber nach dem *Whole-Asset*-Modell[697]

Die bilanzielle Abbildung beim Leasinggeber veranschaulicht die Grundkonzeption des *Whole-Asset*-Modells. Infolge der Annahme der **Veräußerung des gesamten Leasingobjektes** sind bereits bei der erstmaligen Bewertung der Leasingforderung die verein-

694 Bei der Ermittlung des dem Leasingverhältnis zu Grunde liegenden Zinssatzes wurden dabei – abgeleitet aus der Grundkonzeption des *Whole-Asset*-Modells – neben den unbedingten Leasingraten auch die erwarteten bedingten Leasingraten berücksichtigt.

695 Aus der Einbeziehung der bedingten Leasingzahlungen in die Leasingforderung ergibt sich grundsätzlich ein Ermessenspielraum beim Leasinggeber. Bei Nichteinbezug bedingten Leasingzahlungen würde sich jedoch – auf Grund der Annahme der erfolgsneutralen Veräußerung – ein entsprechend höherer Restwertanspruch ergeben.

696 Vgl. FASB/IASB (Hrsg.), Analysis of different accounting models, S. 13.

697 Zur Erleichterung eines direkten Vergleichs mit der Bilanzierung beim Leasingnehmer sowie den bislang diskutierten Bilanzierungsmodellen vgl. Anhang.

barten optionalen Zeiträume sowie die zu erwartenden bedingten Leasingzahlungen zu berücksichtigen.

In den folgenden Ausführungen soll korrespondierend zu bislang vorgenommenen Analysen der geltenden Leasingbilanzierung sowie des von der *G4+1 Working Group* favorisierten *Right-of-use*-Modells[698] – die Entscheidungsnützlichkeit der durch die Bilanzierung nach dem *Whole-Asset*-Modell vermittelten Informationen diskutiert werden. Dazu werden nachfolgend zunächst die Entscheidungsrelevanz und anschließend im darauffolgenden Abschnitt die Verlässlichkeit, als die die Entscheidungsnützlichkeit bestimmenden Faktoren, untersucht.

433. Analyse der Entscheidungsnützlichkeit des *Whole-Asset*-Modells

433.1 Entscheidungsrelevanz der Bilanzierung nach dem *Whole-Asset*-Modell

Analog zu den vorangegangenen Analysen wird die **Entscheidungsrelevanz** über die Nebenbedingungen Vollständigkeit, wirtschaftliche Betrachtungsweise, Vergleichbarkeit und Verständlichkeit konkretisiert.

Die Nebenbedingung der **Vollständigkeit** ist dann erfüllt, wenn den Investoren sämtliche Rechnungslegungsinformationen zur Verfügung gestellt werden, die für die Einschätzung zukünftiger Zahlungsströme aus einem Sachverhalt erforderlich sind.[699] Wie in den vorherigen Abschnitten diskutiert, erfolgt nach dem *Whole-Asset*-Modell eine von der Verteilung der mit dem Leasingobjekt verbundenen Chancen und Risiken unabhängige, einheitliche Bilanzierung sämtlicher Leasingverhältnisse, die stets zur Aktivierung des Leasingobjektes beim Leasingnehmer führt und daher mit einer Abkehr vom *all or nothing approach* der derzeitigen Leasingbilanzierung verbunden ist. Die Bilanzwirksamkeit aller Leasingvereinbarungen beim Leasingnehmer ist aus Sicht der Vollständigkeit grundsätzlich positiv zu beurteilen. Allerdings wird beim Leasingnehmer unter der Fiktion eines fremdfinanzierten Erwerbs stets das gesamte Leasingobjekt in Höhe des beizulegenden Zeitwertes aktiviert. Somit werden unabhängig von der

[698] Vgl. hierzu Abschnitt 342 und Abschnitt 423.1.
[699] Vgl. Abschnitt 232.231.

tatsächlichen Vertragsdauer die unbeschränkte Verfügungsmacht am Leasingobjekt und somit zukünftige Zahlungsströme über die gesamte wirtschaftliche Nutzungsdauer des Leasingobjektes suggeriert. Infolge des realiter beschränkten Nutzungsrechtes resultiert hieraus eine Überbewertung des aktivierten Vermögenswertes sowie der korrespondierenden Verbindlichkeit. So wird die Verfügungsrechtsposition des Leasingnehmers systematisch "übervollständig" bewertet und damit ein höheres Nutzenpotential gezeigt als es vom Unternehmen in der Zukunft realisiert werden kann.[700] Diese Überbewertung wird umso stärker, je kürzer die Leasingvertragslaufzeit ist und je weiter sich die Leasingvereinbarung somit vom unterstellten Erwerb des Leasingobjektes entfernt. Inwiefern den Investoren durch eine ergänzende Berichterstattung eine Anpassung der Wertansätze ermöglicht wird, kann an dieser Stelle wieder nicht beurteilt werden, da das *Whole-Asset*-Modell bislang nur in den vorstehenden Grundzügen diskutiert worden ist. Hierbei ist jedoch grundsätzlich darauf hinzuweisen, dass der Anhang nach IFRS und US-GAAP über keine Korrekturfunktion verfügt und eine bilanzielle Berichterstattung aus Sicht der Investoren prinzipiell zu bevorzugen ist.[701]

Die Bilanzierung beim Leasinggeber führt dagegen nach der vorgeschlagenen Konzeption grundsätzlich zur Vermittlung von vollständigen Informationen, da infolge der angenommenen Veräußerung des gesamten Leasingobjektes bei der Bewertung der Leasingforderung sämtliche vereinbarten Leasingzahlungen unter Berücksichtigung optionaler Zeiträume zu berücksichtigen sind.[702] Zudem vermittelt der Ausweis des Restwertanspruchs in Höhe des Barwertes des erwarteten beizulegenden Zeitwertes am Vertragsende für die Einschätzung künftiger Zahlungsflüsse dienliche Informationen.

Da zur Erfüllung der Nebenbedingung der **wirtschaftlichen Betrachtungsweise** grundsätzlich über gleiche ökonomische Sachverhalte unabhängig von der rechtlichen Ausgestaltung inhaltsgleich berichtet werden muss,[703] ist im Umkehrschluss ebenfalls die unterschiedliche Berichterstattung über verschiedene ökonomische Sachverhalte er-

[700] Vgl. ebenso FÜLBIER, R. U./FEHR, J., IASB/FASB-Leasingprojekt, S. 182; OVERSBERG, T., Bilanzierung von Leasingverhältnissen, S. 382.
[701] Vgl. hierzu ausführlich Abschnitt 342.
[702] Vgl. diesbezüglich das Beispiel zur Leasinggeberbilanzierung in Abschnitt 432.
[703] Vgl. Abschnitt 232.231.

forderlich. Durch den – unabhängig von der Vertragslaufzeit erfolgenden – grundsätzlichen Ansatz des Leasingobjektes in Höhe des beizulegenden Zeitwertes sowie der korrespondierenden Verbindlichkeit beim Leasingnehmer werden nach dem *Whole-Asset*-Modell allerdings die Unterschiede von zeitlich begrenztem Leasing und tendenziell unbefristetem juristischen Eigentum nivelliert.[704] Die problematische Abgrenzung zwischen vergleichsweise kurzfristigen Leasingvereinbarungen und klassischen Mietverträgen ist bislang noch nicht diskutiert worden, hat im Rahmen des *Whole-Asset*-Modells indes eine hohe Bedeutung, da echte Mietverträge voraussichtlich weiterhin nicht bilanzwirksam wären. Die Fiktion eines - unabhängig von den Leasingvertragsbedingungen - in voller Höhe fremdfinanzierten Erwerbs führt somit zu einem Verstoß gegen die wirtschaftliche Betrachtungsweise.

Als dritte Nebenbedingung der Entscheidungsrelevanz ist die **Vergleichbarkeit** der Informationsvermittlung zu untersuchen.[705] Da die bislang diskutierten Grundzüge des *Whole-Asset*-Modells keine Vorgaben bezüglich der Stetigkeit der Berichterstattung umfassen, ist an dieser Stelle erneut auf das im IFRS-*Framework* sowie im *Conceptual Framework* nach US-GAAP enthaltene, grundsätzliche Stetigkeitsgebot für die Unternehmensberichterstattung zu verweisen.[706] Die einheitliche Bilanzierung sämtlicher Leasingvereinbarungen ermöglicht den aus Sicht der Investoren notwendigen unternehmensübergreifenden Betriebsvergleich, der durch die nur geringfügigen leasingspezifischen – im Zusammenhang mit der Neutralität noch zu erläuternden – Abbildungsspielräume erleichtert wird. Die zwischenbetriebliche Vergleichbarkeit wird dagegen durch die Beseitigung der Unterschiede zwischen der Übertragung eines Nutzungsrechtes im Rahmen einer Leasingvereinbarung und juristischem Eigentum im *Whole-Asset*-Modell erschwert, da die Informationsvermittlung unabhängig von der Art der Finanzierung erfolgt.

Um die Prognose der zukünftigen Zahlungsströme überhaupt ermöglichen zu können, muss die Bilanzierung von Leasingverhältnissen nach dem *Whole-Asset*-Modell ver-

[704] Vgl. ebenso IASC (Hrsg.), G4+1 Position Paper, Rn. 3.20
[705] Vgl. Abschnitt 232.231.
[706] Vgl. hierzu ausführlich Abschnitt 342.

ständlich sein.[707] Auf Grund der Bilanzierung analog eines fremdfinanzierten Erwerbs des Leasingobjektes unabhängig von der Vertragslaufzeit sowie der an die Entwicklung der Verbindlichkeit gekoppelten Abschreibung des Leasingobjektes beim Leasingnehmer ist zur Erhöhung der **Verständlichkeit** des bilanziellen Zahlenwerks dringend eine ergänzende Berichterstattung über die wesentlichen Vertragselemente erforderlich.

433.2 Verlässlichkeit der Bilanzierung nach dem *Whole-Asset*-Modell

Nachfolgend soll die **Verlässlichkeit** der auf Basis des *Whole-Asset*-Modells vermittelten Informationen hinsichtlich der Nebenbedingungen der Richtigkeit, der Neutralität sowie der Nachprüfbarkeit untersucht werden.

Um zuverlässig zu sein, müssen die Informationen die Nebenbedingung der **Richtigkeit** im Sinne einer regelkonformen Datenbereitstellung erfüllen.[708] Daher ist zunächst zu untersuchen, inwiefern der Nebenbedingung dienliche, eindeutige Rechnungslegungsregelungen überhaupt existieren. Da bislang ausschließlich die Grundkonzeption des *Whole-Asset*-Modells entwickelt worden ist und keine detaillierten Bilanzierungsvorschriften existieren, kann die Richtigkeit an dieser Stelle nicht abschließend beurteilt werden.

Als zweite Nebenbedingung der Verlässlichkeit ist die **Neutralität** der Informationsvermittlung zu analysieren, die insbesondere die willkürfreie Füllung etwaig vorhandener Abbildungsspielräume voraussetzt und somit vom Umfang der Möglichkeiten zur willkürlichen Einflussnahme der Bilanzierenden auf die Abbildung eines Sachverhalts in der Rechnungslegung abhängt.[709] Die Abbildungsspielräume des Leasingnehmers sind auf Grund der Aktivierung des Leasingobjektes zum beizulegenden Zeitwert vom Vorhandensein eines aktiven Marktes für das Leasingobjekt abhängig und somit nicht leasingspezifisch.[710] Der Leasinggeber hat im Rahmen der Bewertung der Leasingforde-

---

[707] Vgl. Abschnitt 232.231.
[708] Vgl. Abschnitt 232.232.
[709] Vgl. ausführlich Abschnitt 232.232.
[710] Vgl. hierzu die Ausführungen zur Bewertung zum beizulegenden Zeitwert nach dem sog. Stufenkonzept in Abschnitt 322.22.

rung die in Abschnitt 432. skizzierten Abbildungsspielräume, die sich auf Grund der mit der unterstellten erfolgsneutralen Veräußerung verbundenen, direkten Auswirkung auf die Bewertung des Restwertes relativieren. Insgesamt erscheint eine neutrale Informationsvermittlung durch das *Whole-Asset*-Modell folglich gewährleistet.

Als weitere Nebenbedingung soll die **Nachprüfbarkeit** die Überprüfung der Kongruenz von Rechnungslegungsinformationen und den diesen zu Grunde liegenden Sachverhalten ermöglichen.[711] Klassischerweise erfolgt diese Plausibilisierung der Abbildung über die ergänzende Berichterstattung. Wie bereits im Zusammenhang mit der Verständlichkeit angeführt ist eine ergänzende Berichterstattung über die wesentlichen Vertragsvereinbarungen dringend erforderlich, damit die Investoren die der Bilanzierung zu Grunde liegende Existenz einer zeitlich beschränkten Leasingvereinbarung überhaupt erkennen können. Auf Grund der gegensätzlichen Bilanzierung von kurzfristigen Leasingvereinbarungen und klassischen Mietverträgen - die Diskussion der Abgrenzung der beiden Vertragsformen steht bislang noch aus - erscheint ferner eine Ausweitung der ergänzenden Berichterstattung über Mietvereinbarungen erforderlich, damit die Investoren den Charakter der jeweiligen Verträge nachvollziehen können. Eine konkrete Beurteilung der Nachprüfbarkeit ist an dieser Stelle nicht abschließend möglich, da das *Whole-Asset*-Modell bislang nur in den Grundzügen erörtert worden ist.

Im folgenden Abschnitt werden die Ergebnisse in Bezug auf die Entscheidungsrelevanz und die Verlässlichkeit der Informationsvermittlung anhand des *Whole-Asset*-Modells zusammengefasst.

434. Fazit zur Entscheidungsnützlichkeit des *Whole-Asset*-Modells

Die vorangegangenen Ausführungen dienten der Untersuchung der Entscheidungsnützlichkeit der Informationen, die durch die Bilanzierung nach dem *Whole-Asset*-Modell vermittelt werden sollen.

711 Vgl. ausführlich Abschnitt 232.232.

Die **Entscheidungsrelevanz** der Berichterstattung nach der vorgeschlagenen Konzeption ist nur sehr eingeschränkt gegeben. Die unabhängig von der Vertragslaufzeit erfolgende Aktivierung des Leasingobjektes in Höhe des beizulegenden Zeitwertes beim Leasingnehmer suggeriert unzutreffend künftige Zahlungsflüsse über die gesamte wirtschaftliche Nutzungsdauer des Leasingobjektes. Hiermit verbunden ist eine systematische Überbewertung des zu aktivierenden Vermögenswertes und der korrespondierenden Verbindlichkeit beim Leasingnehmer. In Hinblick auf die erforderliche wirtschaftliche Betrachtungsweise ist die fehlende Differenzierung zwischen zeitlich begrenztem Leasing und einem kreditfinanzierten Erwerb des gesamten Leasingobjektes zu kritisieren. Zudem ist die problematische Abgrenzung von Leasingvereinbarungen und Mietverträgen noch zwingend zu diskutieren. Die zwischenbetriebliche Vergleichbarkeit wird durch die Einheitlichkeit der Leasingbilanzierung grundsätzlich ermöglicht.
Die **Verlässlichkeit** der Informationsvermittlung erscheint grundsätzlich gegeben. Infolge der einheitlichen Aktivierung des Leasingobjektes zum beizulegenden Zeitwert ist – in Abhängigkeit von der Marktgängigkeit des zu bewertenden Leasingobjektes – eine neutrale Informationsvermittlung gewährleistet. Da bislang ausschließlich die Grundzüge des *Whole-Asset*-Modells und keine detaillierten Regelungen insbesondere über eine ergänzende Berichterstattung entwickelt worden sind, ist die Beurteilung der Richtigkeit sowie der Nachprüfbarkeit nicht abschließend möglich.

Im **Ergebnis** der vorstehenden Analyse ist festzuhalten, dass die Berichterstattung auf Basis des *Whole-Asset*-Modells auf Seiten des Leasingnehmers zu unübersehbaren Mängeln in Bezug auf die Entscheidungsrelevanz führt und dadurch die Entscheidungsnützlichkeit der vermittelten Informationen deutlich eingeschränkt wird.

Aufbauend auf den Erkenntnissen der vorstehenden Diskussion des *Whole-Asset*-Modells sowie den bereits in der vorliegenden Untersuchung diskutierten alternativen Bilanzierungskonzeptionen soll nachfolgend die Leasingbilanzierung gemäß den geltenden Rechnungslegungsstandards, dem *Right-of-use*-Modell sowie dem *Whole-Asset*-Modell vor dem Hintergrund der für die Investoren zentralen Entscheidungsnützlichkeit der Informationsvermittlung gegenübergestellt werden.

44 Kritischer Vergleich diskutierter Konzeptionen der Leasingbilanzierung

441. Überblick über die betrachteten alternativen Bilanzierungskonzeptionen

Zur Vorbereitung des Vergleichs der Entscheidungsnützlichkeit der mit den drei bislang diskutierten Konzeptionen der Leasingbilanzierung vermittelten Informationen soll einleitend der jeweilige Grundgedanke skizziert werden.

Die Grundannahme des ***risk and reward approach*** der geltenden Leasingbilanzierung[712] besteht in der unterschiedlichen Partizipation der beiden Vertragsparteien an den mit dem Leasingobjekt verbundenen Chancen und Risiken sowie in der grundsätzlichen Unteilbarkeit des wirtschaftlichen Eigentums an einem Vermögenswert. Daher sind sämtliche Leasingvereinbarungen auf Basis der Chancen-Risiken-Verteilung in solche Leasingverhältnisse zu unterscheiden, die eher einem Kaufvertrag ähneln und solche, die eher einem klassischen Mietvertrag gleichen. Die Bilanzierung der Leasingvereinbarungen folgt dann stets der unterstellten Konstellation. Bei einem Finanzierungs-Leasingverhältnis bilanziert der Leasingnehmer das Leasingobjekt regelmäßig zum Barwert der Mindestleasingzahlungen als fiktive Anschaffungskosten, wohingegen Operating-Leasingverhältnisse bei diesem bilanzneutral bleiben (*all or nothing*). Demgegenüber bilanziert der Leasinggeber entweder eine Leasingforderung in Höhe des Nettoinvestitionswertes oder weiterhin das bei ihm verbleibende Leasingobjekt.

Das ***Right-of-use*-Modell**[713] basiert auf der Annahme, dass im Rahmen von Leasingvereinbarungen einzelne Verfügungsrechte am Leasingobjekt vom juristischen Eigentum des Leasinggebers abgespalten und auf den Leasingnehmer übertragen werden. Folglich aktiviert dieser stets mit seinen Verfügungsrechten die von ihm kontrollierten wirtschaftlichen Ressourcen und passiviert die aus den Leasingraten resultierende Zahlungsverpflichtung. Der Leasinggeber bilanziert demgegenüber den Anspruch auf die vertraglich vereinbarten Zahlungen sowie regelmäßig das verbliebene Nutzungsrecht nach Ende der Vertragslaufzeit.

[712] Vgl. ausführlich Abschnitt 3.
[713] Vgl. ausführlich Abschnitt 42.

Dagegen ist der Grundgedanke des ***Whole-Asset*-Modells**[714], dass der Leasingnehmer das Leasingobjekt während der Laufzeit des Leasingverhältnisses in seiner Gesamtheit kontrolliert. Dementsprechend erfasst der Leasingnehmer das Leasingobjekt in seiner Gesamtheit als physischen Vermögenswert sowie eine Verbindlichkeit, die sich aus der Verpflichtung zur Zahlung der Leasingraten sowie der Rückgabe des Leasingobjektes am Ende der Vertragslaufzeit zusammensetzt. Der Leasinggeber aktiviert dagegen seinen Anspruch auf die vereinbarten Leasingraten sowie den Anspruch auf Rückgabe des Leasingobjektes.

Auf Basis der vorstehenden Leitmotive der bislang analysierten Konzeptionen der Leasingbilanzierung soll im folgenden Abschnitt die Entscheidungsnützlichkeit der jeweils vermittelten Informationen direkt gegenübergestellt werden. Hierzu soll zunächst die Entscheidungsrelevanz und anschließend die Verlässlichkeit der durch die drei Bilanzierungskonzeptionen vermittelten Informationen verglichen werden. Dabei wird zur Vermeidung von Redundanzen auf den bereits in der vorliegenden Untersuchung erzielten Erkenntnissen aufgebaut. Bei der Beurteilung ist dabei stets zu beachten, dass sowohl für das *Right-of-use*-Modell als auch für das *Whole-Asset*-Modell bislang noch kein über die Konzeption hinausgehendes explizites Regelwerk entwickelt worden ist.

442. Entscheidungsnützlichkeit der mit den diskutierten Bilanzierungskonzeptionen vermittelten Informationen

Wie festgestellt ist die **Entscheidungsrelevanz** der mit den geltenden Bilanzierungsregelungen vermittelten Informationen insbesondere beim Leasingnehmer abhängig von der zwingend vorzunehmenden Vertragsklassifizierung als Finanzierungs- oder Operating-Leasingverhältnis.[715] Im Fall eines Operating-Leasingverhältnisses vermittelt die Bilanz des Leasingnehmers infolge der Bilanzneutralität der Vereinbarung keine für die Prognose künftiger Zahlungsströme dienlichen Informationen. Über Finanzierungs-Leasingverhältnisse wird zwar nach dem *all or nothing approach* grundsätzlich berichtet, die **Vollständigkeit** dieser Informationsvermittlung wird allerdings insbesondere

[714] Vgl. ausführlich Abschnitt 43.
[715] Vgl. hierzu Abschnitt 342.

durch die Nichtberücksichtigung sämtlicher bedingter Leasingzahlungen innerhalb des zentralen Wertmaßstabes der Mindestleasingzahlungen in hohem Maße beeinträchtigt.[716] Durch die mit dem *Right-of-use*-Modell vorgeschlagene Vereinheitlichung der Leasingbilanzierung wird die Vollständigkeit der vermittelten Informationen deutlich erhöht, da sämtliche Leasingvereinbarungen beim Leasingnehmer zur Bilanzierung dessen Verfügungsrechtsposition sowie der korrespondierenden Verbindlichkeit führen.[717] Mit Ausnahme der Art des bilanzierten Vermögenswertes ähnelt die von der *G4+1 Working Group* präferierte Berichterstattung bei einfachen Leasingvereinbarungen somit der geltenden Bilanzierung von Finanzierungs-Leasingverhältnissen. Die Mindestleasingzahlungen umfassen nach dem Reformvorschlag indes ausschließlich die vom Leasingnehmer unvermeidbaren Zahlungen.[718] Entgegen der geltenden Leasingbilanzierung ist somit die Ausübung von "günstigen" Optionen nicht zu antizipieren und die im Fokus der vorliegenden Untersuchung stehenden Investoren erhalten über mögliche Leasingzahlungen in optionalen Zeiträumen keine Informationen. Optionale und andere über das zentrale Nutzungsrecht hinausgehende Vertragskomponenten werden dagegen nach dem *Whole-Asset*-Modell stets implizit berücksichtigt, da der Leasingnehmer unabhängig von den realen vertraglichen Regelungen das gesamte Leasingobjekt zum beizulegenden Zeitwert zu bilanzieren hat. Die Berichterstattung über das Leasingverhältnis ist somit "übervollständig", da die Begrenztheit der auf den Leasingnehmer übertragenen Verfügungsrechtsposition hierbei nicht berücksichtigt wird.[719]

Nach den geltenden Bilanzierungsregelungen werden Leasingvereinbarungen entweder in Anlehnung an einen fremdfinanzierten Erwerb oder analog zu gewöhnlichen Mietverträgen bilanziert.[720] Diese Zweiteilung der Leasingbilanzierung suggeriert eine realiter unmögliche, trennscharfe Kategorisierung von realen Sachverhalten. Insbesondere bei weniger eindeutigen Vertragskonstellationen, zu denen die Vertragsparteien durch die mögliche Bilanzneutralität motiviert werden, ist zweifelhaft, ob die zu klassifizierenden Vereinbarungen den unterstellten Konstellationen entsprechen. Die gegensätzliche Bi-

[716] Vgl. hinsichtlich der Zusammensetzung der Mindestleasingzahlungen nach den geltenden Regelungen Abschnitt 322.24.
[717] Vgl. hierzu Abschnitt 423.1
[718] Vgl. hinsichtlich der Mindestleasingzahlungen nach dem *Right-of-use*-Modell Abschnitt 422.13.
[719] Vgl. Abschnitt 433.1.
[720] Vgl. bspw. Abschnitt 322.1.

lanzierung von ökonomisch nahezu identischen Sachverhalten führt somit zu einer Berichterstattung, die nicht der **wirtschaftlichen Betrachtungsweise** entspricht.[721] Durch die im Rahmen des *Right-of-use*-Modells vorgeschlagene Vereinheitlichung der Leasingbilanzierung wird die einheitliche Bilanzierung des kontinuierlichen Übergangs von einer kurzfristigen Nutzungsüberlassung zu einer dem kreditfinanzierten Erwerb ähnlichen langfristigen Vereinbarung ermöglicht.[722] Somit entfällt der ermessensbehaftete, mit deutlichen Auswirkungen auf die Bilanzierung verbundene Grenzbereich zwischen Finanzierungs- und Operating-Leasingverhältnissen der geltenden Leasingbilanzierung. Problematisch erscheint dagegen insbesondere die bislang noch nicht ausreichend diskutierte Abgrenzung zu klassischen Mietverträgen, da kurzfristige Leasingvereinbarungen nach dem Vorschlag der *G4+1 Working Group* nicht mehr bilanzneutral sind und somit abweichend zu gewöhnlichen Mietverträgen bilanziert werden. Die Diskussion der Abgrenzung zwischen vergleichsweise kurzfristigen Leasingverträgen und klassischen Mietverträgen ist im Rahmen des *Whole-Asset*-Modells von noch höherer Bedeutung, da hier auch kurzfristige Leasingvereinbarungen entsprechend der Fiktion des fremdfinanzierten Erwerbs des gesamten Leasingobjektes bilanziert werden.[723] Zudem führt die einheitliche Bilanzierung des gesamten Leasingobjektes beim Leasingnehmer zu einer Nivellierung der ökonomischen Unterschiede zwischen zeitlich begrenztem Leasing und prinzipiell unbefristetem juristischem Eigentum und somit zu einem weiteren Verstoß gegen die notwendige wirtschaftliche Betrachtungsweise innerhalb der Berichterstattung.

Im Rahmen der geltenden Leasingbilanzierung wird die Einheitlichkeit der Informationsvermittlung insbesondere durch die in der vorliegenden Untersuchung aufgezeigten Auslegungs- und Ermessensspielräume bei der für die Bilanzierung ausschlaggebenden Vertragsklassifizierung deutlich eingeschränkt.[724] Die geringe zwischenbetriebliche **Vergleichbarkeit** resultiert dabei nicht nur aus der jeweiligen Ausgestaltung der Vertragskategorisierung nach IFRS oder US-GAAP, sondern ist vielmehr zwangsläufige

---

[721] Vgl. Abschnitt 342.
[722] Vgl. Abschnitt 423.1.
[723] Vgl. Abschnitt 433.1.
[724] Vgl. ausführlich zur Einordnung von Leasingverträge in Finanzierungs- und Operating-Leasingverhältnisse Abschnitt 322 (IFRS) bzw. Abschnitt 332 (US-GAAP).

Konsequenz aus der Zweiteilung der Leasingbilanzierung nach dem *risk and reward approach*. Durch die Vereinheitlichung der Leasingbilanzierung nach dem vorgeschlagenen *Right-of-use*-Modell wird die Einheitlichkeit der vermittelten Informationen dagegen deutlich erhöht. Die die zwischenbetriebliche Vergleichbarkeit einschränkenden Abbildungsspielräume resultieren insbesondere aus der separaten Bilanzierung von vereinbarten Optionen und aus der Ermittlung der Mindestleasingzahlungen.[725] Das *Whole-Asset*-Modell erleichtert auf Grund der einheitlichen Bilanzierung sämtlicher Leasingvereinbarungen sowie des Wegfalls der leasingspezifischen Abbildungsspielräume im Vergleich zur geltenden Leasingbilanzierung ebenfalls grundsätzlich einen unternehmensübergreifenden Betriebsvergleich.[726] Allerdings wird durch die bilanzielle Nivellierung der Unterschiede zwischen der Übertragung eines beschränkten Nutzungsrechtes und dem Erwerb des juristischen Eigentums ein Vergleich zwischen auf unterschiedlichen Wegen beschafften Erfolgspotentialträgern deutlich erschwert.

Die **Verständlichkeit** der Berichterstattung auf Basis der geltenden Bilanzierungsstandards ist infolge der vergleichsweise geringen Komplexität grundsätzlich gegeben. Allerdings mangelt es an Vorgaben hinsichtlich der Erläuterung der zentralen Leasingvertragsklassifizierung.[727] Die Berichterstattung nach dem *Right-of-use*-Modell führt trotz der Aufgabe der gegenständlichen Bilanzierung nach der hier vertretenden Auffassung ebenfalls zu für die Investoren verständlichen Informationen. Da nach dem *Whole-Asset*-Modell unabhängig von den vertraglichen Regelungen stets das gesamte Leasingobjekt beim Leasingnehmer bilanziert wird, mangelt es dieser Konzeption ohne ergänzende Informationen über die wesentlichen Vertragselemente demgegenüber an Verständlichkeit.

Zusammenfassend ist somit zu konstatieren, dass das *Right-of-use*-Modell hinsichtlich der **Entscheidungsrelevanz** am positivsten zu beurteilen ist, da es im Gegensatz zu den beiden anderen Bilanzierungskonzeptionen die Vereinheitlichung der Leasingbilanzierung sowie die Bilanzwirksamkeit sämtlicher Leasingvereinbarungen verbindet und

---

[725] Vgl. zur von der *G4+1 Working Group* vorgeschlagenen Leasingbilanzierung Abschnitt 422.
[726] Vgl. Abschnitt 433.1.
[727] Vgl. hierzu sowie zur in der Rechnungslegungspraxis ebenfalls unzureichenden ergänzenden Berichterstattung Abschnitt 342.

überdies zu keiner systematischen Überbewertung der tatsächlich auf den Leasingnehmer übertragenen Verfügungsrechte führt.

Nachfolgend soll nunmehr die **Verlässlichkeit** der auf Basis der drei bislang diskutierten Bilanzierungskonzeptionen vermittelten Informationen verglichen werden. Die geltenden Bilanzierungsregelungen für Leasingverhältnisse führen grundsätzlich zu einer richtigen – im Sinne einer regelkonformen – Informationsvermittlung. Einschränkend ist hierbei jedoch auf die Abbildungsspielräume insbesondere innerhalb der stets vorzunehmenden Vertragskategorisierung hinzuweisen.[728] Demgegenüber kann die **Richtigkeit** der Berichterstattung nach dem *Right-of-use*-Modell und nach dem *Whole-Asset*-Modell nicht beurteilt werden, da bislang ausschließlich die beiden Grundkonzeptionen entwickelt worden sind und somit noch keine, als Beurteilungsgrundlage dienliche, detaillierte Bilanzierungsregelungen existieren.

Die **Neutralität** der Informationsvermittlung nach den geltenden Bilanzierungsvorschriften ist vor allem infolge der Abbildungsspielräume im Rahmen der Vertragskategorisierung eingeschränkt. Durch den *all or nothing approach* werden die Vertragsparteien motiviert, die Vertragsklassifizierung oder den Leasingvertrag selbst so zu gestalten, dass eine Einordnung als Operating-Leasingverhältnis und somit ein *off-balance-sheet*-Effekt beim Leasingnehmer ermöglicht wird. Die geltenden Leasingstandards beinhalten auf Grund der Zweiteilung der Bilanzierung somit die Gefahr einer tendenziösen Berichterstattung.[729] Durch die Vereinheitlichung der Leasingbilanzierung im *Right-of-use*-Modell und im *Whole-Asset*-Modell wird die *off-balance-sheet*-Gestaltung von Leasingverhältnissen demgegenüber verhindert. Allerdings kann die nach beiden Konzeptionen unterschiedliche Bilanzierung von bilanzwirksamen kurzfristigen Leasingverhältnissen und bilanzneutralen gewöhnlichen Mietverträgen dazu motivieren, Vereinbarungen tendenziell als klassische Mietverträge auszugestalten.[730] Diese Abgrenzung ist im Fall einer Weiterentwicklung der Grundkonzepte noch eingehend zu diskutieren. Während nach dem *Right-of-use*-Modell Abbildungsspielräume insbeson-

[728] Vgl. Abschnitt 343.
[729] Vgl. hierzu Abschnitt 343.
[730] Vgl. Abschnitt 423.2 bzw. Abschnitt 433.2.

dere aus der separaten Bilanzierung von über das zentrale Nutzungsrecht hinausgehenden Vertragskomponenten (bspw. Optionen) resultieren, die eine tendenziöse Berichterstattung bedingen können, führt die grundsätzliche Aktivierung des gesamten Leasingobjektes beim Leasingnehmer nach dem *Whole-Asset*-Modell zu keinen leasingspezifischen Abbildungsspielräumen.

Den geltenden Bilanzierungsregelungen mangelt es infolge der festgestellten unzureichenden ergänzenden Berichterstattung an einer ausreichenden **Nachprüfbarkeit** der vermittelten Informationen. Insbesondere durch eine Verpflichtung zur ergänzenden Offenlegung und Erläuterung von subjektiven Einschätzungen der Bilanzierenden im Zusammenhang mit der Vertragsklassifikation könnte eine Mindestobjektivierung der Rechnungslegungsdaten erreicht werden.[731] Der Nachprüfbarkeit der Bilanzierung nach dem *Right-of-use*-Modell bzw. nach dem *Whole-Asset*-Modell wäre ebenfalls eine ergänzende Berichterstattung über die Ausübung von Abbildungsspielräumen und subjektiven Einschätzungen bzw. eine ergänzende Offenlegung der wesentlichen Vertragsbestimmungen dienlich. Dabei ist allerdings zu berücksichtigen, dass die beiden letzteren Konzeptionen bislang nur in den Grundzügen entwickelt worden sind und im Gegensatz zu den geltenden Regelungen eine abschließende Beurteilung der vorgesehenen ergänzenden Berichterstattung somit nicht abschließend möglich ist.

Unter Beachtung der in unterschiedlichem Maße entwickelten Detaillierungsgrade der vorstehenden Bilanzierungskonzeptionen ist somit festzustellen, dass die **Verlässlichkeit** der Informationsvermittlung nach dem *Right-of-use*-Modell, welches hinsichtlich der Entscheidungsrelevanz am positivsten zu beurteilen ist, insbesondere auf Grund der separaten Bewertung einzelner Vertragskomponenten eingeschränkt ist. Demgegenüber führt die Berichterstattung nach dem *Whole-Asset*-Modell infolge des Fehlens von leasingspezifischen Abbildungsspielräumen zu einem prinzipiell höheren Grad an Verlässlichkeit. Die durch zahlreiche Abbildungsspielräume und die Zweiteilung geprägte geltende Leasingbilanzierung nach dem *risk and reward approach* ist dagegen aus Sicht einer verlässlichen Informationsvermittlung deutlich verbesserungswürdig.

---

[731] Vgl. hierzu Abschnitt 343.

Unter der Voraussetzung einer umfangreichen Überarbeitung der ursprünglichen Konzeption,[732] wie sie aus dem Diskussionspapier der *G4+1 Working Group* hervorgeht, ist somit nach der hier vertretenden Auffassung die Leasingbilanzierung auf Basis des *Right-of-use*-Modells aus Sicht der Entscheidungsnützlichkeit am positivsten zu beurteilen. Im Rahmen einer solchen Weiterentwicklung sollte insbesondere die separate Bilanzierung von über das zentrale Nutzungsrecht hinausgehenden Vertragskomponenten überdacht werden. Zudem sind Vorgaben über die ergänzende Berichterstattung über die subjektive Einschätzungen sowie Ausübung von Abbildungsspielräumen zu entwickeln.

Im folgenden Abschnitt wird nunmehr die Berücksichtigung und Weiterentwicklung der bislang analysierten Bilanzierungskonzeptionen innerhalb des aktuellen IASB/FASB-Leasingprojektes diskutiert.

45 Das aktuelle IASB/FASB-Leasingprojekt

451. Verlauf des Reformprojektes im Überblick

Zur Erleichterung der späteren Analyse des jüngst veröffentlichten Diskussionspapiers "*Leases – Preliminary Views*" soll zunächst der bisherige Verlauf des Reformprojektes skizziert werden. Voraussetzung für das aktuelle IASB/FASB-Leasingprojekt war die Vereinbarung des allgemeinen Konvergenzprojektes zur Harmonisierung von IFRS und US-GAAP im Jahre 2002 sowie der im Februar 2006 zwischen IASB und FASB vereinbarte – im September 2008 zwischenzeitlich aktualisierte – Fahrplan zur Konvergenz der beiden Rechnungslegungssysteme.[733] Vor diesem Hintergrund haben sich die beiden Standardsetter im April 2006 grundsätzlich auf ein **gemeinsames Leasingprojekt** so-

[732] Vgl. hierzu bereits Abschnitt 423.2.

[733] Vgl. hierzu ausführlich die Erläuterungen zum Konvergenzprojekt in Abschnitt 232.31. Dabei wurde die Thematik der Leasingbilanzierung zunächst auf der Forschungsagenda von IASB und FASB belassen. Vgl. FASB/IASB (Hrsg.), Roadmap for Convergence, S. 3-4. Zu diesem Zeitpunkt bestand hinsichtlich der künftigen Leasingbilanzierung auf Seiten des IASB bereits ein langfristiges Forschungsprojekt, das seit 2003 in Kooperation mit dem *UK Accounting Standards Board* verfolgt worden ist. Vgl. bspw. IASB (Hrsg.), IASB Update May 2003, S. 5. Das FASB hat parallel ebenfalls Voruntersuchungen bezüglich einer Reform der Leasingbilanzierung vorgenommen, die 2005 auch von der SEC gefordert worden ist. Vgl. SEC (Hrsg.), Off-Balance-Sheet Report, S. 60-65. Bzgl. der im September 2008 veröffentlichten Anpassung des gemeinsamen Arbeitsplans vgl. FASB/IASB (Hrsg.), Progress Report.

wie auf die Stärkung dieses Projektes durch eine internationale Arbeitsgruppe verständigt.[734] Im Juli 2006 ist die künftige Leasingbilanzierung dann formal auf die gemeinsame Projektagenda von IASB und FASB gesetzt worden.[735] Um den für die Diskussion ausgewählter Teilaspekte des Leasingprojektes notwendigen Überblick über den aktuellen Stand des Reformprojektes zu gewinnen, soll zunächst ein **chronologischer Abriss** über die bisherigen Beratungen und vorläufigen inhaltlichen Entscheidungen der beiden Standardsetter gegeben werden. Dabei ist zu berücksichtigen, dass die bisherigen vorläufigen Entscheidungen von IASB und FASB keineswegs immer gleichlautend gewesen sind.

Im Rahmen des Leasingprojektes konzentrierten sich die beiden beteiligten Standardsetter zunächst auf die bilanzielle Abbildung einer **einfachen unkündbaren Leasingvereinbarung,** um die hierbei gewonnenen Erkenntnisse zu einem späteren Zeitpunkt auf komplexere und damit realitätsnähere Vertragskonstellationen zu übertragen.[736] Diese Vorgehensweise erscheint nicht unproblematisch, da die Übertragung eines auf Basis derart vereinfachter Vertragsbedingungen entwickelten Bilanzierungsmodells auf realitätsnähere Vereinbarungen zu vorher nicht berücksichtigten Problemen führen kann.[737] Nichtsdestotrotz wurde im März 2007 von den Standardsettern diskutiert, welche Rechte und Pflichten für die Vertragsparteien aus einem einfachen Leasingvertrag resultieren und ob diese die im aktuellen IFRS-*Framework* bzw. in SFAC 6 enthaltenen Definiti-

---

[734] Vgl. IASB (Hrsg.), IASB Update April 2006, S. 5. Eine formale Entscheidung war zu diesem Zeitpunkt seitens des IASB auf Grund der noch ausstehenden Diskussion mit dem *Standards Advisory Council* (SAC) noch nicht möglich. Vgl. FASB/IASB (Hrsg.), Information for Observers – Joint IASB-FASB Meeting April 2006, Rn. 1. Die Aufgabe der internationalen Arbeitsgruppe besteht insbesondere in der Unterstützung von IASB und FASB durch leasingspezifische Fachkenntnisse im Vorfeld der Diskussionen der beiden Standardsetter. Vgl. zur Zusammensetzung der im Dezember 2006 gegründeten Arbeitsgruppe FASB/IASB (Hrsg.), International Working Group on Lease Accounting.

[735] Vgl. IASB (Hrsg.), IASB Update July 2006, S. 7; FASB (Hrsg.), Board Meeting Minutes July 2006, S. 2. Die Koordination der beiden Standardsetter soll dabei durch einen einheitlichen Projektplan sichergestellt werden, da nicht sämtliche Sitzungen gemeinsam von IASB und FASB abgehalten werden. Trotz des grundsätzlichen Rückgriffs auf das Konzept und die Ergebnisse der *G4+1 Working Group*, streben die beiden Standardsetter im Rahmen des Projektes eine ergebnisoffene Diskussion an, in der wesentliche Problemfelder der Leasingbilanzierung erneut analysiert werden sollen. IASB (Hrsg.), Information for Observers – IASB Meeting July 2006, Rn. 3.

[736] So ist beispielsweise die Erörterung von in Leasingverträgen regelmäßig enthaltenen Verlängerungs- und Kaufoptionen, bedingten Leasingzahlungen und Restwertgarantien auf einen späteren Zeitpunkt verschoben worden. Vgl. IASB (Hrsg.), Information for Observers – IASB Meeting March 2007, Rn. 2-3.

[737] Vgl. ebenso OVERSBERG, T., Bilanzierung von Leasingverhältnissen, S. 379-380.

onskriterien für **Vermögenswerte und Schulden** erfüllen.[738] Dabei sind die folgenden Vermögenswerte und Schulden identifiziert worden:

Leasingnehmer

Nutzungsrecht während der Vertragsdauer	Verpflichtung zur Leistung der Leasingzahlungen

Leasinggeber

Recht auf Erhalt der Leasingzahlungen	Nutzungsrecht nach Beendigung des Leasingverhältnisses

Abbildung 16: Identifizierte Vermögenswerte und Schulden

Die Verpflichtung des Leasingnehmers zur Rückgabe des Leasingobjektes führt demgegenüber nach Auffassung der beiden Standardsetter infolge des fehlenden Ressourcenabflusses zu keiner Schuld im Sinne obiger Definitionen.[739] Hierzu korrespondierend erfüllt das Recht des Leasinggebers auf Rückerhalt des Leasingobjektes am Ende der Laufzeit nach Ansicht der beiden Standardsetter auch nicht die Definition eines Vermögenswertes.[740]

Auch wenn im Rahmen des Leasingprojektes grundsätzlich Bezug auf die geltenden Definitionen von Vermögenswerten und Schulden genommen werden soll, ist seitens der Standardsetter eine etwaige Veränderung dieser Definitionen im Laufe des ebenfalls noch nicht abgeschlossenen *Conceptual Framework*-Projektes zu berücksichtigen.[741]

[738] Vgl. hierzu und im Folgenden IASB (Hrsg.), IASB Update March 2007, S. 4; FASB (Hrsg.), Board Meeting Minutes March 2007, S. 3-4. Im Februar 2007 sind die vom Mitarbeiterstab des IASB und des FASB ausgearbeiteten Vorschläge zur Identifizierung von aus einem Leasingvertrag resultierenden Vermögenswerten und Schulden sowie die vorgenommene Untersuchung von verschiedenen Bilanzierungsmodellen zur Vorbereitung der Sitzungen der beiden Standardsetter von der internationalen Arbeitsgruppe diskutiert worden. Vgl. zu den entsprechenden Anmerkungen im Rahmen der bis zu diesem Zeitpunkt einzigen Tagung der Arbeitsgruppe FASB/IASB (Hrsg.), Summary Report.

[739] Vgl. FASB (Hrsg.), Board Meeting Minutes March 2007, S. 3; IASB (Hrsg.), Information for Observers – IASB Meeting March 2007, Rn. 33-34; IASB (Hrsg.), IASB Update March 2007, S. 4.

[740] Vgl. FASB (Hrsg.), Board Meeting Minutes March 2007, S. 4; IASB (Hrsg.), Information for Observers – IASB Meeting March 2007, Rn. 40.

[741] Vgl. FASB (Hrsg.), Board Meeting Minutes March 2007, S. 5. Das *Conceptual Framework*-Projekt, welches das Ziel der Weiterentwicklung und Vereinheitlichung der beiden bestehenden Rahmenkonzepte verfolgt, ist langfristig angelegt und in insgesamt acht Projektphasen unterteilt. Die Überarbeitung der aktuellen Definitions- und Ansatzkriterien ist dabei Bestandteil der Phase B, für die ein Diskussionspapier für das 2. Halbjahr 2009 vorgesehen ist. Vgl. zum aktuellen Stand des Projektes bspw.

Nach Auffassung der Standardsetter sind aus der Überarbeitung der Definitionen im Rahmen des *Conceptual Framework*-Projektes allerdings bislang keine Auswirkungen auf die wie vorstehend identifizierten Vermögenswerte und Schulden absehbar.[742]

Auf Basis der identifizierten Vermögenswerte und Schulden, die auf Seiten des Leasingnehmers und des Leasinggebers aus einem einfachen Leasingverhältnis resultieren, diskutierten IASB und FASB im März 2007 verschiedene alternative Grundkonzepte einer künftigen Leasingbilanzierung. Dabei ist von den beiden Standardsettern neben den geltenden Regelungen nach IFRS und US-GAAP, dem *Right-of-use*-Modell und dem *Whole-Asset*-Modell, die jeweils bereits in der vorliegenden Untersuchung aus dem Blickwinkel der Entscheidungsnützlichkeit analysiert worden sind, auch das *Executory-Contract*-Modell untersucht worden.[743] Im Rahmen des letztgenannten Konzeptes werden sämtliche Leasingvereinbarungen während der Vertragslaufzeit als schwebende Geschäfte behandelt und somit nach den geltenden Regelungen für Operating-Leasingverhältnisse erfasst.[744] Daher wird mit dem *Executory-Contract*-Modell die mit der Bilanzneutralität verbundene unvollständige und somit nicht entscheidungsrelevante Informationsvermittlung nach den geltenden Regelungen für Operating-Leasingverhältnisse auf sämtliche Leasingvereinbarungen übertragen. Vor diesem Hintergrund und auf Grund der Entscheidung der beiden Standardsetter, diese Konzeption nicht weiter zu verfolgen, soll dieses Modell auch hier nicht weiter betrachtet werden. Im Ergebnis der Diskussion der verschiedenen Bilanzierungsmodelle haben sich IASB und FASB vorläufig für die **Weiterentwicklung des *Right-of-use*-Modells** ausgesprochen, da dieses zur Bilanzierung der auf Basis der beiden Rahmenkonzepte identifizierten Vermögenswerte und Schulden führt und darüber hinaus die angestrebte bilanzielle Gleichbehandlung sämtlicher Leasingvereinbarungen sicherstellt.[745]

ZÜLCH, H./NELLESSEN, T., Überarbeitung der Rahmenkonzepte, S. 270; GASSEN, J./FISCHKIN, M./HILL, V., Rahmenkonzept-Projekt, S. 874-875; WIEDMANN, H./SCHWEDLER, K., Rahmenkonzepte von IASB und FASB, S. 693-696.

742 Vgl. IASB (Hrsg.), IASB Update March 2007, S. 4.

743 Vgl. FASB/IASB (Hrsg.), Analysis of different accounting models, S. 2-11.

744 Vgl. hierzu FASB/IASB (Hrsg.), Analysis of different accounting models, S. 8-9.

745 Vgl. IASB (Hrsg.), IASB Update March 2007, S. 4; FASB (Hrsg.), Board Meeting Minutes March 2007, S. 2. Vgl. überblicksartig zu den vor dieser Entscheidung den diskutierten alternativen Grundkonzeptionen GRUBER, T., Reform der Leasing-Bilanzierung, S. 161.

Diese vorläufige Entscheidung der beiden Standardsetter ist aus Sicht der stets im Fokus der vorliegenden Untersuchung stehenden Entscheidungsnützlichkeit der Informationsvermittlung zu befürworten. Wie in Abschnitt 442. festgestellt ist die Entscheidungsrelevanz des *Right-of-use*-Modells im Vergleich zu den anderen, ebenfalls im Rahmen des IASB/FASB-Leasingprojektes diskutierten Bilanzierungskonzeptionen am positivsten zu beurteilen. Allerdings hat sich bei der Analyse des *Right-of-use*-Modells insbesondere gezeigt, dass die Begrenzung des zentralen Bewertungsmaßstabes der Mindestleasingzahlungen auf die vom Leasingnehmer unvermeidbaren Zahlungen eine vollständige Informationsvermittlung verhindert und die separate Bewertung einzelner Verfügungsrechte die Verlässlichkeit der Informationen einschränkt.[746] Vor diesem Hintergrund erscheint eine Überarbeitung der von der *G4+1 Working Group* entwickelten Grundkonzeption angezeigt.

Aus der vorläufigen Favorisierung dieses Bilanzierungsmodells hat sich die Frage ergeben, ob das Leasingprojekt zunächst lediglich die als Leasingverhältnisse in den derzeitigen Leasingstandards enthaltenen Vertragsgestaltungen oder sämtliche *Right-to-use*-Transaktionen und damit beispielsweise auch Dienstleistungsverträge umfassen soll. Die im April 2007 von IASB und FASB beschlossene Beschränkung auf die bereits geltenden **Anwendungsbereiche** nach IFRS bzw. US-GAAP ist grundsätzlich kritisch zu beurteilen, da somit eine Vielzahl von Problembereichen – beispielsweise die Differenzierung von Leasing- und Dienstleistungsvereinbarungen – nicht berücksichtigt werden und die gegenwärtigen Anwendungsbereiche der beiden geltenden Leasingstandards keineswegs deckungsgleich sind.[747] Sofern diese Problembereiche im Rahmen der weiteren Diskussion nicht gänzlich ausgeklammert werden, erscheint die zunächst vorgenommene Fokussierung indes akzeptabel.

---

[746] Vgl. hierzu insbesondere Abschnitt 423.

[747] Vgl. zu dieser insbesondere aus Vereinfachungsgründen getroffenen Entscheidung IASB (Hrsg.), IASB Update April 2007, S. 6; FASB/IASB (Hrsg.), Information for Observers – IASB/FASB Meeting April 2007, Rn. 15-17. Die Projektausrichtung wurde bereits innerhalb der Sitzung von IASB und FASB kontrovers diskutiert. Vgl. hierzu FASB (Hrsg.), Joint IASB/FASB Board Meeting Minutes April 2007. Vgl. zu den unterschiedlichen Anwendungsbereichen der geltenden Leasingstandards nach IFRS und US-GAAP Abschnitt 331.

Die **Bewertung** der identifizierten Vermögenswerte und Schulden ist von den Standardsettern bislang lediglich auf Seiten des Leasingnehmers thematisiert worden. Hinsichtlich der Bewertung der aus den vereinbarten Leasingraten resultierenden Zahlungsverpflichtung des Leasingnehmers plädierten IASB und FASB übereinstimmend im Juni 2007 vorläufig für eine mit den geltenden Regelungen für finanzielle Verbindlichkeiten übereinstimmende Bewertung.[748] Hinsichtlich der Bewertung des Nutzungsrechtes haben die Standardsetter mit der grundsätzlichen Bilanzierung als immaterieller Vermögenswert (*intangible asset approach*)[749], der Bilanzierung nach einem neu zu entwickelnden, stärker den beizulegenden Zeitwert berücksichtigenden Modell (*separate accounting model approach*)[750] sowie der Bilanzierung nach der Art des Leasingobjektes (*nature of the leased item approach*)[751] drei alternative Ansätze diskutiert. Während sich das IASB im Juni 2007 vorläufig für den *nature of the leased item approach* und damit für eine Bilanzierung in Anlehnung an das Leasingobjekt ausgesprochen hat,[752] hat das FASB zu diesem Zeitpunkt die Entwicklung eines eigenständigen Bilanzierungsmodells für leasinginduzierte Nutzungsrechte favorisiert. Das FASB hat sich mit dieser vorläufigen Entscheidung die Bewertung zum beizulegenden Zeitwert offen ge-

---

748 Folglich soll die Verbindlichkeit bei erstmaligem Ansatz mit ihren Anschaffungskosten bewertet werden, die dem beizulegenden Zeitwert der erhaltenen Gegenleistung entsprechen. Die Folgebewertung soll grundsätzlich zu fortgeführten Anschaffungskosten unter Anwendung der Effektivzinsmethode erfolgen. Zudem besteht unter bestimmten Bedingungen eine Wahlmöglichkeit zur Folgebewertung zum beizulegenden Zeitwert. Vgl. IASB (Hrsg.), IASB Update June 2007, S. 2; FASB (Hrsg.), Board Meeting Minutes June 2007.

749 Nach dem *intangible asset approach* werden Nutzungsrechte infolge der fehlenden physischen Substanz unabhängig von der Art des Leasingobjektes unter die immateriellen Vermögenswerte subsumiert. Dementsprechend werden die Nutzungsrechte nach den geltenden Bilanzierungsregelungen für immaterielle Vermögenswerte bilanziert. Vgl. IASB (Hrsg.), Information for Observers - IASB Meeting June 2007(B), Rn. 5-10.

750 Mit dem *separate accounting model approa*ch wird ein eigenständiges Bewertungsmodell für Nutzungsrechte aus Leasingvereinbarungen vorgestellt und somit eine Sonderrolle leasinginduzierter Nutzungsrechte unterstellt. Mit diesem Bewertungsmodell wird die Bewertung des Nutzungsrechtees zum beizulegenden Zeitwert vorgeschlagen. Vgl. hierzu IASB (Hrsg.), Information for Observers - IASB Meeting June 2007(B), Rn. 36-44.

751 Der *nature of the leased item approach* geht von einer ökonomischen Vergleichbarkeit der Nutzung auf Basis einer Leasingvereinbarung sowie der Nutzung eines erworbenen Vermögenswertes aus. Daher werden Nutzungsrechte in Abhängigkeit von der physischen Natur des zu Grunde liegenden Leasingobjektes in Übereinstimmung mit den geltenden Regelungen für Sachanlagen oder immateriellen Vermögenswerten bilanziert. Vgl. IASB (Hrsg.), Information for Observers - IASB Meeting June 2007(B), Rn. 22-24.

752 Vgl. IASB (Hrsg.), Information for Observers - IASB Meeting June 2007(B), Rn. 56-62. Der separate Ausweis von geleasten und erworbenen Vermögenswerten bleibt damit grundsätzlich weiterhin möglich. Vgl. IASB (Hrsg.), IASB Update June 2007, S. 2.

lassen.[753] Dagegen konnte hinsichtlich des ebenfalls diskutierten Ansatzzeitpunktes – Zeitpunkt des Vertragsabschlusses oder Zeitpunkt der Lieferung bzw. Annahme des Leasingobjektes – sowohl vom IASB als auch vom FASB noch keine Entscheidung getroffen werden.[754]

Im Juli 2008 beschlossen IASB und FASB aus Zeitgründen, die Bilanzierung beim Leasinggeber aus dem Leasingprojekt zunächst auszuklammern.[755] Damit sollte dem zwischen den Standardsettern vereinbarten Projektzeitplan, der einen Standardentwurf bereits für das Jahr 2011 vorsieht, Rechnung getragen werden. Ferner können durch diese Fokussierung die Ergebnisse anderer, ebenfalls noch laufender Projekte – wie beispielsweise das *Revenue Recognition*-Projekt[756] – einfacher berücksichtigt werden. Zudem erfolgte eine **konzeptionelle Neuausrichtung des gemeinsamen Leasingprojektes**, da vereinbart worden ist, als Basis für die zukünftige Konzeption der Leasingnehmerbilanzierung nicht direkt auf das *Right-of-use*-Modell, sondern auf die geltende Bilanzierungsmethode für Finanzierungs-Leasingverhältnisse zurückzugreifen. Ob diese Entscheidung, die insbesondere pragmatisch mit dem höheren Grad an Vertrautheit der Abschlussersteller und -nutzer begründet worden ist, auch vor dem Hintergrund der Entscheidungsnützlichkeit der Informationsvermittlung vertretbar ist, soll in Abschnitt 452. analysiert werden.

Aufbauend auf den vorstehenden vorläufigen Entscheidungen haben IASB und FASB am 19. März 2009 das **Diskussionspapier "*Leases – Preliminary Views*"** veröffent-

---

753 Vgl. FASB (Hrsg.), Board Meeting Minutes June 2007.

754 Die beiden Standardsetter haben insbesondere für den u. U. – bspw. bei Herstellung des Leasingobjektes im Anschluss an den Vertragsabschluss – langen Zeitraum zwischen den beiden betrachteten Zeitpunkten weiteren Analysebedarf erkannt und somit den Mitarbeiterstab mit weiteren Untersuchungen beauftragt. Vgl. IASB (Hrsg.), IASB Update June 2007, S. 2; FASB (Hrsg.), Board Meeting Minutes June 2007, S. 8-10.

755 Vgl. hierzu und im Folgenden IASB (Hrsg.), IASB Update July 2008, S. 4; FASB (Hrsg.), Board Meeting Minutes July 2008.

756 Nach den aktuellen Überlegungen vom IASB und FASB soll sich die Ertragsrealisation zukünftig voraussichtlich an den messbaren Änderungen von Vermögenswerten und Schulden orientieren. Der Zeitpunkt der Ertragsrealisierung soll auf der Grundlage durchsetzbarer Verträge abgeleitet werden. Hierzu wurde im Dezember 2008 von den Standardsettern das Diskussionspapier *Preliminary Views on Revenue Recognition in Contracts with Customers* veröffentlicht. Vgl. zum Projekt bspw. ZIMMERMANN, J./SCHWEINBERGER, S., Entwicklungen zur Ertragsrealisation, S. 75-78; WÜSTEMANN, J./KIERZEK, S., Revenue Recognition, S. 150-153.

licht.[757] Diskussionspapiere haben eher konzeptionellen Charakter und umfassen regelmäßig neben den favorisierten auch die vorläufig abgelehnten alternativen Bilanzierungsvorschläge.[758] Die Kommentierungsfrist für das Diskussionspapier zur künftigen Leasingbilanzierung endete bereits am 17. Juli 2009. Da IASB und FASB für das erste Halbjahr 2010 die Veröffentlichung eines Standardentwurfs (ED) beabsichtigen, dem 2011 ein deutlich veränderter Leasingstandard folgen soll, ist aus heutiger Sicht von folgendem Ablauf des Leasingprojektes auszugehen:

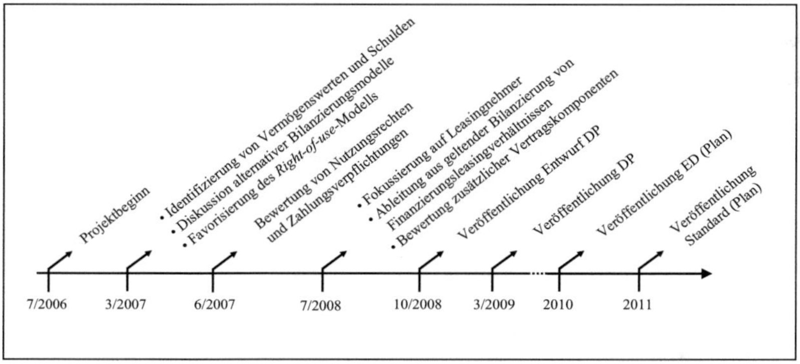

Abbildung 17: Chronologie des IASB/FASB-Leasingprojektes

Im folgenden Abschnitt soll die Leasingbilanzierung nach dem Diskussionspapier untersucht werden. In Übereinstimmung mit den Analysen der bereits in der vorliegenden Untersuchung diskutierten alternativen Bilanzierungskonzeptionen sollen hierbei erneut

[757] FASB und IASB haben jeweils eigene Diskussionspapiere herausgegeben, die sich jedoch nicht inhaltlich, sondern nur im Format und Schreibstil unterscheiden. In der weiteren Untersuchung wird aus Vereinfachungsgründen auf die vom IASB veröffentlichte Fassung Bezug genommen. Vgl. IASB (Hrsg.), Discussion Paper - Leases. Zur Vorbereitung dieses Diskussionspapiers und zur Erleichterung der Diskussion innerhalb der internationalen Arbeitsgruppe wurde von den Mitarbeitern der beiden Standardsetter bereits am 7. Oktober 2008 ein Entwurf des Diskussionspapiers herausgegeben. Vgl. hierzu IASB/FASB (Hrsg.), Staff draft of the Leases discussion paper. Wesentliche Unterschiede zwischen dem Entwurf und dem tatsächlich von den Standardsettern veröffentlichten Diskussionspapier werden in Abschnitt 452. diskutiert.

[758] Unter Zugrundelegung des Diskussionspapiers und der hierzu eingegangenen Stellungnahmen wird im nächsten Schritt ein Standardentwurf erarbeitet, der erneut zur Kommentierung veröffentlicht wird. Erst nach einer weiteren eingehenden Prüfung der eingegangenen Stellungnahmen zum Standardentwurf wird der Rechnungslegungsstandard verabschiedet und anschließend veröffentlicht. Vgl. ausführlich zum Standardsetzungsverfahren des IASB KLEEKÄMPER, H./KUHLEWIND, A.-M./ALVAREZ, M., in: Baetge et al., Rechnungslegung nach IAS, Kapitel I, Rn. 77-89. Vgl. zum grundsätzlich korrespondierenden Standardsetzungsprozess des FASB bspw. KLEIN, G., Internationale Rechnungslegung, S. 46-47; SONNEMANN, E., Grundlagen der externen Rechnungslegung, S. 30-31.

die Grundzüge der vorgeschlagenen Bilanzierung sowie die Bilanzierung optionaler Vertragskomponenten im Vordergrund stehen.

452. Das aktuelle Diskussionspapier zur Leasingbilanzierung

452.1 Die Aktivierung der erwarteten Leasingzahlungen als Ansatz für die grundsätzliche Vereinheitlichung der Leasingbilanzierung

Das am 19. März 2009 veröffentlichte **Diskussionspapier "*Leases - Preliminary Views*"** konzentriert sich überwiegend auf die künftige **Leasingnehmerbilanzierung** und fasst dabei die bisherigen vorläufigen Entscheidungen von IASB und FASB zusammen.[759] Mit dem Diskussionspapier wird die Vereinheitlichung der Leasingnehmerbilanzierung für sämtliche Leasingvereinbarungen angestrebt. Die künftige Leasingbilanzierung soll dabei allerdings nicht unmittelbar auf dem von der *G4+1 Working Group* konzipierten *Right-of-use*-Modell basieren, sondern aus der geltenden und somit den Abschlusserstellern und -nutzern bereits bekannten Bilanzierungsmethode für Finanzierungs-Leasingverhältnisse abgeleitet werden.[760] Hierzu soll diese Bilanzierungsmethode modifiziert und auf bislang als Operating-Leasingverhältnisse zu klassifizierende Leasingvereinbarungen übertragen werden. Im Zuge der angestrebten Vereinheitlichung entfällt die bislang erforderliche Klassifizierung der Leasingvereinbarungen auf Basis des *risk and reward approach*. Mit dieser Vereinheitlichung ist auch ein verändertes Grundverständnis der Leasing(nehmer)bilanzierung verbunden. Während die Bilanzierung von Finanzierungs-Leasingverhältnissen bislang auf der Fiktion des Erwerbs des Leasingobjektes basierte, werden Leasingvereinbarungen fortan als Erwerb des Nutzungsrechtes am Leasingobjekt während der Vertragslaufzeit interpretiert.[761] Der Anwendungsbereich des neu zu entwickelnden Leasingstandards soll dabei den Anwen-

[759] Vgl. hierzu bspw. FINDEISEN, K.-D./SABEL, E., Reform der Leasingbilanzierung, S. 1885-1894; LEIBFRIED, P./ KLEIBOLD, T., Neuregelung der Leasingbilanzierung, S. 408-413; FÜLBIER, R. U./FEHR, J., IASB/FASB-Discussion Paper, S. 673-676.

[760] Vgl. IASB/FASB (Hrsg.), Staff Draft of the Leases discussion paper, Rn. 3.29-3.31. Im Gegensatz zur Bilanzierung nach dem *Right-of-use*-Modell sollen über das zentrale Nutzungsrecht hinausgehende Vertragskomponenten nicht separat erfasst werden. Vgl. IASB (Hrsg.), Discussion Paper - Leases. Rn. 3.33.

[761] Vgl. IASB (Hrsg.), Discussion Paper - Leases, Rn. 3.26.

dungsbereichen der aktuell geltenden Leasingbilanzierung folgen.[762] Hinsichtlich etwaiger Ausnahmeregelungen für Leasingvereinbarungen mit kurzen Vertragslaufzeiten oder unwesentlichen Leasingvereinbarungen ist noch keine vorläufige Entscheidung getroffen worden.

Unabhängig von den Vertragsdetails hat der Leasingnehmer nach dem Diskussionspapier stets einen Vermögenswert zu aktivieren, der sein **Recht auf Nutzung des Leasingobjektes** während der Vertragsdauer repräsentiert. Somit werden sämtliche Leasingverhältnisse bilanzwirksam und es wird die Abkehr vom bisherigen *all or nothing approach* angestrebt. Der aus der Leasingvereinbarung resultierende Vermögenswert ist zum Barwert der Leasingzahlungen anzusetzen.[763] Die aus der **Verpflichtung** zur Leistung der Leasingraten entstehende Verbindlichkeit hat der Leasingnehmer im Rahmen der Erstbewertung ebenfalls in Höhe der diskontierten Leasingzahlungen zu bilanzieren. Die Diskontierung der Leasingzahlungen soll dabei stets zum Grenzfremdkapitalzinssatz des Leasingnehmers erfolgen, da aus Sicht der Standardsetter ein Verzicht auf die bislang vorgeschriebene Ermittlung des dem Leasingverhältnis zu Grunde liegende Zinssatzes zu einer deutlichen Vereinfachung der Leasingnehmerbilanzierung führt.[764]

Zentraler Wertmaßstab der Leasingnehmerbilanzierung sind damit weiterhin die Leasingzahlungen. Entgegen der Bilanzierung nach dem zwischenzeitlich von den beiden Standardsettern favorisierten *Right-of-use*-Modell sollen vereinbarte **Verlängerungs- und Kündigungsoptionen** nicht als separate Vermögenswerte aktiviert werden, sondern bei der Bestimmung der für die Leasingzahlungen ausschlaggebenden Leasingvertragsdauer berücksichtigt werden.[765] Die beiden Standardsetter haben vorläufig ent-

---

[762] Vgl. IASB (Hrsg.), Discussion Paper - Leases, Rn. 2.9-2.10. Durch die Bilanzwirksamkeit sämtlicher Leasingvereinbarungen wird die Abgrenzung zwischen Leasingverträgen und ähnlichen Vereinbarungen (bspw. Serviceverträge, Mietverträge) damit elementar.

[763] Vgl. IASB (Hrsg.), Discussion Paper - Leases, Rn. 4.23. Der nach den geltenden Leasingstandards formal erforderliche Vergleich von diskontierten Mindestleasingzahlungen und dem beizulegenden Zeitwert des Leasingobjektes ist somit nicht mehr vorgesehen.

[764] Vgl. IASB (Hrsg.), Discussion Paper - Leases, Rn. 4.17. Nach den geltenden Leasingstandards ist der dem Leasingverhältnis zu Grunde liegende Zinssatz zu verwenden, sofern dieser in praktikabler Weise ermittelt werden oder aus dem Leasingvertrag abgeleitet werden kann (vgl. zur IFRS-Regelung Abschnitt 322.24) bzw. sofern dieser zusätzlich niedriger als der Grenzfremdkapitalzinssatz des Leasingnehmers ist (vgl. zur entsprechenden US-GAAP-Regelung Abschnitt 333.11).

[765] Vgl. IASB (Hrsg.), Discussion Paper - Leases, Rn. 6.8.

schieden, dass die voraussichtliche Gesamtnutzungsdauer durch den Leasingnehmer – als die voraussichtliche Leasingvertragsdauer – mittels bestmöglicher Schätzung ermittelt werden soll.[766] Auf die in den geltenden Leasingstandards enthaltene Wahrscheinlichkeitsschwelle für "günstige" Optionen, ab der optionale Zeiträume vollumfänglich in die Bestimmung der Leasingvertragsdauer einfließen, wird somit voraussichtlich in den künftigen Regelungen zur Leasingbilanzierung verzichtet werden. Als Methode für die bestmögliche Schätzung wird von den beiden Standardsettern die Ermittlung der wahrscheinlichsten Laufzeit ohne Berücksichtigung der Wahrscheinlichkeiten einzelner Handlungsalternativen vorgeschlagen.[767] Bis zur Veröffentlichung des Diskussionspapiers war die Methode der bestmöglichen Schätzung zwischen den Standardsettern keineswegs unumstritten, da das IASB auch die Ermittlung der Laufzeit auf Grund einer wahrscheinlichkeitsgewichteten bestmöglichen Schätzung in Erwägung gezogen hat.[768] Zur Ermittlung der wahrscheinlichsten Laufzeit wird von den Standardsettern ein Kriterienkatalog vorgegeben, der vertragliche (z. B. Leasingraten im Verlängerungszeitraum), finanzielle (z. B. Kosten für die Alternativensuche) und geschäftliche (z. B. Art des Leasingobjektes) Faktoren, aber keine leasingnehmerspezifischen Kriterien enthalten wird.[769] Die Notwendigkeit einer Anpassung der Vertragslaufzeit ist zu jedem Bilanzstichtag zu überprüfen.[770]

Nach dem Diskussionspapier sind **bedingte Leasingraten** - im Gegensatz zur geltenden Bilanzierung von Finanzierungs-Leasingverhältnissen - stets als Bestandteil der den Wertansatz von Vermögenswert und Verbindlichkeit bestimmenden Leasingzahlungen zu berücksichtigen.[771] Abweichend vom *Right-of-use*-Modell sollen dabei unabhängig von dem zu Grunde liegenden Parameter sämtliche bedingte Leasingzahlungen im Rahmen der Erstbewertung bilanzwirksam werden. Die bedingten Leasingzahlungen sollen dabei wie die Leasingvertragslaufzeit mittels bestmöglicher Schätzung bestimmt

---

[766] Vgl. IASB (Hrsg.), Discussion Paper - Leases, Rn. 6.36.
[767] Vgl. IASB (Hrsg.), Discussion Paper - Leases, Rn. 6.36.
[768] Vgl. zu den vorläufigen Standpunkten der beiden Standardsetter sowie zur Veranschaulichung der Unterschiede zwischen den beiden Methoden IASB/FASB (Hrsg.), Staff Draft of the Leases discussion paper, Rn. 6.18-6.25. Das IASB hat sich im November 2008 der bereits durch das FASB präferierten Auffassung angeschlossen. Vgl. IASB (Hrsg.), IASB Update November 2008, S. 4.
[769] Vgl. IASB (Hrsg.), Discussion Paper - Leases, Rn. 6.39-6.41.
[770] Vgl. IASB (Hrsg.), Discussion Paper - Leases, Rn. 6.47.
[771] Vgl. IASB (Hrsg.), Discussion Paper - Leases, Rn. 7.11.

werden. Während sich das IASB vorläufig für die Ermittlung der bedingten Leasingraten mittels einer wahrscheinlichkeitsgewichteten Schätzung entschieden hat, favorisiert das FASB wiederum eine Ermittlung des wahrscheinlichsten Wertes ohne Berücksichtigung der Wahrscheinlichkeiten einzelner Handlungsalternativen.[772]

Hinsichtlich der Bilanzierung von **vereinbarten Restwertgarantien** wurde von den beiden Standardsettern vorläufig entschieden, diese im Gegensatz zur geltenden Leasingbilanzierung nicht in Höhe der garantierten Höchstbeträge, sondern korrespondierend zur vorgeschlagenen Ermittlung der bedingten Leasingzahlungen sowie der Vertragslaufzeit in Höhe der bestmöglichen Schätzung in die Leasingzahlungen einzubeziehen.[773] Dabei favorisiert das FASB wie bei der Bilanzierung von bedingten Leasingraten die Ermittlung des wahrscheinlichsten Wertes ohne Berücksichtigung der Wahrscheinlichkeiten einzelner Alternativen, während das IASB für die Ermittlung mittels einer wahrscheinlichkeitsgewichteten Schätzung plädiert.[774]

Die Leasingzahlungen, die infolge ihrer Ermittlung als **erwartete Leasingzahlungen** bezeichnet werden können, bleiben somit auch nach dem Diskussionspapier der zentrale Bewertungsmaßstab der künftigen Leasingbilanzierung, der sich allerdings sowohl von der geltenden Leasingbilanzierung als auch vom *Right-of-use*-Modell deutlich unterscheidet:

---

772 Vgl. IASB (Hrsg.), Discussion Paper - Leases, Rn. 7.20-7.21. Die bestmögliche Schätzung der bedingten Leasingraten ist im Zeitablauf anzupassen. Vgl. IASB (Hrsg.), Discussion Paper - Leases, Rn. 7.25. Dabei plädiert das FASB für eine erfolgswirksame Anpassung der erwarteten Zahlungsverpflichtung, während das IASB eine entsprechende Anpassung des Vermögenswertes und somit eine erfolgsneutrale Anpassung präferiert. Vgl. IASB (Hrsg.), Discussion Paper - Leases, Rn. 7.31-7.32.

773 Vgl. IASB (Hrsg.), Discussion Paper - Leases, Rn. 7.46.

774 Vgl. IASB (Hrsg.), Discussion Paper - Leases, Rn. 7.46(b) - 7.46(c). Die bestmögliche Schätzung der vereinbarten Restwertgarantie ist dabei im Zeitablauf anzupassen. Vgl. IASB (Hrsg.), Discussion Paper - Leases, Rn. 7.48.

Mindestleasingzahlungen gemäß geltender Leasingbilanzierung	Mindestleasingzahlungen im *Right-of-use* -Modell	Erwartete Leasingzahlungen nach dem Diskussionspapier
▪ Unbedingte Leasing-zahlungen	▪ Unbedingte Leasing-zahlungen	▪ Unbedingte Leasing-zahlungen
▪ Höchstbetrag des Rest-wertes, der durch den Leasingnehmer oder einer diesem nahestehenden Partei garantiert ist	▪ Erwartete Zahlungen aus vereinbarter Restwertgarantie	▪ Erwartete Zahlungen aus vereinbarter Restwertgarantie
	▪ Erwartete erfolgsabhängige und erwartete von externene Parametern abhängige Leasingzahlungen	▪ Erwartete Zahlungen aus bedingten Leasingraten
▪ Ausübungspreis einer günstigen Kaufoption	▪ Kaufoption (eigenständige Bilanzierung)	▪ Zahlungen aus der erwarteten Ausübung einer Kaufoption
▪ Leasingzahlungen im optionalen Zeitraum einer günstigen Verlängerungsoption	▪ Verlängerungsoption (eigenständige Bilanzierung)	▪ Leasingzahlungen während der erwarteten Vertragslaufzeit

Abbildung 18: Gegenüberstellung von erwarteten Leasingzahlungen nach dem Diskussionspapier mit den Mindestleasingzahlungen gemäß geltender Leasingbilanzierung und gemäß *Right-of-use*-Modell

Der vom Leasingnehmer in Höhe des Barwertes der erwarteten Leasingzahlungen zu aktivierende Vermögenswert ist unter derjenigen Bilanzposition auszuweisen, der das Leasingobjekt selbst zuzuordnen wäre. Zudem ist nach dem Diskussionspapier eine Aufschlüsselung in geleaste und tatsächlich erworbene Vermögenswerte innerhalb der jeweiligen Bilanzposition erforderlich.[775]

Hinsichtlich der **Folgebewertung des Vermögenswertes und der Leasingverbindlichkeit** schlagen die beiden Standardsetter vor, den beim Leasingnehmer aktivier-

[775] Vgl. IASB (Hrsg.), Discussion Paper - Leases, Rn. 8.16.

ten Vermögenswert in Übereinstimmung mit den geltenden Regelungen planmäßig über die Perioden der erwarteten Nutzung abzuschreiben und die Leasingverbindlichkeit nach der Effektivzinsmethode zu bilanzieren.[776] Der aktivierte Vermögenswert ist dabei analog zu den geltenden Leasingstandards über den kürzeren der beiden Zeiträume aus Leasingvertragsdauer und wirtschaftlicher Nutzungsdauer des Vermögenswertes abzuschreiben.[777]

Insgesamt ist festzustellen, dass die vorgeschlagene Bilanzierung beim Leasingnehmer auf die ökonomische Vergleichbarkeit der Nutzung auf Basis einer Leasingvereinbarung sowie der Nutzung eines erworbenen Vermögenswertes abstellt. Die Art des Leasingobjektes wird berücksichtigt. Die Bilanzierung folgt somit dem im vorherigen Abschnitt skizzierten *nature of the leased item approach*.[778]

Entsprechend der vorgenommenen Fokussierung auf die künftige Bilanzierung beim Leasingnehmer wird die künftige Bilanzierung beim **Leasinggeber** innerhalb des Diskussionspapiers nicht ausführlich thematisiert. Von den beiden Standardsettern werden vor allem unterschiedliche Möglichkeiten der Übertragung der für den Leasingnehmer vorgeschlagenen Bilanzierung auf den Leasinggeber diskutiert[779] Da die Standardsetter bislang keine (vorläufigen) Entscheidungen hinsichtlich der künftigen Bilanzierung beim Leasinggeber getroffen haben, soll auch in der vorliegenden Untersuchung eine Konzentration auf die künftige Bilanzierung beim Leasingnehmer erfolgen.

[776] Vgl. IASB (Hrsg.), Discussion Paper - Leases, Rn. 5.42 bzw. 5.19. Bis zum Zeitpunkt der Veröffentlichung des Diskussionspapiers hatte das FASB dagegen noch keine vorläufige Entscheidung getroffen, da einige Mitglieder des FASB die Verknüpfung der Folgebewertung von Vermögenswert und Leasingverbindlichkeit präferierten, nach der die Abschreibungen des Vermögenswertes an die grundsätzlich nach der Effektivzinsmethode bilanzierte Verbindlichkeit gekoppelt werden sollen. Vgl. hierzu IASB/FASB (Hrsg.), Staff Draft of the Leases discussion paper, Rn. 5.11 bzw. Rn. 5.30.

[777] Vgl. IASB (Hrsg.), Discussion Paper - Leases, Rn. 5.40.

[778] Vgl. hierzu Abschnitt 451.

[779] In diesem Zusammenhang wird innerhalb des Diskussionspapiers diskutiert, ob der Leasinggeber einen Teil des Leasingobjektes auf den Leasingnehmer überträgt oder ob aus der Leasingvereinbarung ein zusätzliches Recht und eine zusätzliche Verpflichtung resultieren. Vgl. hierzu ausführlich IASB (Hrsg.), Discussion Paper - Leases, Rn. 10.5-10.23.

Vor dem Hintergrund des vorstehend skizzierten Diskussionspapiers soll im nachfolgenden Abschnitt die zentrale Funktion der erwarteten Leasingzahlungen bei der vorgeschlagenen künftigen Leasingnehmerbilanzierung verdeutlicht werden.

452.2 Analyse der Bilanzierung beim Leasingnehmer nach dem Diskussionspapier

Die mit dem Diskussionspapier vorgeschlagene Bilanzierung soll zum Zwecke der Vergleichbarkeit erneut anhand der in Abschnitt 323.23 eingeführten beispielhaften Leasingvertragskonstellation veranschaulicht werden. Da von den beiden Standardsettern im Rahmen des gemeinsamen Leasingprojektes noch nicht sämtliche für die Bilanzierung der exemplarischen Leasingvereinbarung erforderlichen Aspekte diskutiert worden sind bzw. diesbezügliche einvernehmliche Vorschläge noch ausstehen, ist hierfür auf eine auf Basis des Diskussionspapiers mögliche Bilanzierung beim Leasingnehmer abzustellen.

Wie oben festgestellt hat der Leasingnehmer unabhängig von den vertraglichen Regelungen stets den bei ihm aus dem Leasingvertrag resultierenden Vermögenswert zu aktivieren. Im Gegensatz zum *Right-of-use*-Modell werden dabei über das zentrale Nutzungsrecht hinausgehende Vertragskomponenten nicht separat bilanziert. Die Aktivierung des Vermögenswertes erfolgt stets zum Barwert der erwarteten Leasingzahlungen. In einem ersten Schritt ist zunächst die voraussichtliche Leasingvertragsdauer auf Basis einer bestmöglichen Schätzung festzustellen. Im hier betrachteten Beispiel ist von einer voraussichtlichen Leasingvertragsdauer von sieben Jahren auszugehen, da der Leasingnehmer annahmegemäß eine günstige Verlängerungsoption besitzt, am Ende des fünften Jahres den Leasingvertrag um zwei weitere Jahre zu identischen Konditionen zu verlängern.[780] In der Beispielkonstellation setzen sich die erwarteten Leasingzahlungen über die Leasingvertragdauer somit aus den unbedingten jährlichen Leasingzahlungen in

[780] Als bestmögliche Schätzung wird somit entsprechend des Diskussionspapiers die wahrscheinlichste Laufzeit ohne Berücksichtigung einzelner Handlungsalternativen ermittelt. Ob die Wahrscheinlichkeit der Ausübung der "günstigen" Verlängerungsoption 51% oder 99% beträgt, hat hierbei keinen Einfluss auf die voraussichtliche Vertragsdauer, da die Wahrscheinlichkeiten der Handlungsalternativen Optionsausübung und Nichtausübung nicht im Detail berücksichtigt werden.

Höhe von 3.000 GE sowie den zu erwartenden erfolgsabhängigen Leasingzahlungen von 500 GE pro Jahr zusammen.[781] Zudem sind die anfänglich aus der vereinbarten Restwertgarantie erwarteten Zahlungen in Höhe von 2.000 GE einzubeziehen.[782] Die Summe der erwarteten Leasingzahlungen in Höhe von 26.500 GE ist mit dem Grenzfremdkapitalzinssatz des Leasingnehmers in Höhe von 8,0% zu diskontieren. Somit ergibt sich im Beispiel ein Barwert der erwarteten Leasingzahlungen in Höhe von 19.389 GE, zu dem sowohl der Vermögenswert als auch die Leasingverbindlichkeit anzusetzen sind.

Die Folgebewertung der beiden Bilanzpositionen erfolgt in Übereinstimmung mit den geltenden Regelungen zur Bilanzierung von Finanzierungs-Leasingverhältnissen. Somit wird der Vermögenswert, der eine wirtschaftliche Nutzungsdauer von 10 Jahren hat, über die erwartete siebenjährige Leasingvertragsdauer planmäßig abgeschrieben. Die Verbindlichkeit ist demgegenüber unter Berücksichtigung der Effektivzinsmethode mit Leistung der jährlichen Leasingzahlungen in Höhe von 3.500 GE um den enthaltenen Tilgungsanteil zu vermindern.

Am 31.12.05 entscheidet sich der Leasingnehmer erwartungsgemäß für die Ausübung der Vertragsverlängerungsoption. Die tatsächliche Vertragsdauer entspricht somit der bereits zu Vertragsbeginn angenommenen Vertragsdauer von sieben Jahren. Am 31.12.07 erfüllt der Leasingnehmer seine Verpflichtung aus der Restwertgarantie in der erwarteten Höhe von 2.000 GE.

Die Wertentwicklung des Leasingobjektes und der Leasingverbindlichkeit sowie die Auswirkungen auf die Gewinn- und Verlustrechnung werden aus der folgenden Abbildung ersichtlich:

---

[781] Zur Bestimmung der bestmöglichen Schätzung der bedingten Leasingraten werden vom IASB mit einer wahrscheinlichkeitsgewichteten Schätzung und vom FASB mit einer Ermittlung des wahrscheinlichsten Wertes ohne Berücksichtigung der Einzelwahrscheinlichkeit unterschiedliche Methoden favorisiert. Diese beiden Methoden führen regelmäßig zu abweichenden Ergebnissen, die im Beispiel aus Vereinfachungsgründen jedoch nicht diskutiert werden sollen.

[782] Hinsichtlich der bestmöglichen Schätzung von Restwertgarantien werden analog zu den bedingten Leasingzahlungen von den beiden Standardsettern verschiedene Methoden vorgeschlagen, die im Rahmen des Beispiels jedoch nicht betrachtet werden sollen. Vgl. zur Bilanzierung von Restwertgarantien nach dem Diskussionspapier Abschnitt 452.1.

Jahr	0	1	2	3	4	5	6	7	Summe
Bilanz									
Liquide Mittel	26.500	23.000	19.500	16.000	12.500	9.000	5.500	0	
Vermögenswert	19.389	16.619	13.849	11.079	8.310	5.540	2.770	0	
Verbindlichkeit	19.389	17.440	15.335	13.062	10.607	7.956	5.092	0	
GuV									
Abschreibung	0	2.770	2.770	2.770	2.770	2.770	2.770	2.770	19.389
Zinsaufwand	0	1.551	1.395	1.227	1.045	849	636	407	7.111
Periodenergebnis	0	-4.321	-4.165	-3.997	-3.815	-3.618	-3.406	-3.177	-26.500

Abbildung 19: Bilanzierung beim Leasingnehmer nach dem Diskussionspapier[783]

Die bilanzielle Abbildung der beispielhaften Leasingvereinbarung verdeutlicht die hohe Bedeutung der **erwarteten Leasingzahlungen als zentraler Bewertungsmaßstab** der Leasingbilanzierung nach dem Diskussionspapier. Gegenüber den geltenden Regelungen für Finanzierungs-Leasingverhältnisse umfasst der in Höhe des Barwertes der erwarteten Leasingzahlungen zu aktivierende Vermögenswert die erwarteten bedingten Leasingzahlungen sowie den erwarteten Restwert.[784] Die Ausübung der zwischen den Vertragsparteien vereinbarten "günstigen" Verlängerungsoption wird im vereinfachenden Beispiel analog zu den geltenden Leasingstandards antizipiert und wird bei der Bestimmung der erwarteten Leasingvertragsdauer berücksichtigt. Die im Diskussionspapier vorgeschlagene Einbeziehung der erwarteten bedingten Leasingzahlungen in die Leasingzahlungen führt im Beispiel im Vergleich zur geltenden Leasingbilanzierung zu deutlich höheren Bewertungsansätzen von Vermögenswerten und Verbindlichkeiten zum Zeitpunkt des erstmaligen Bilanzansatzes. Da die Wertansätze entsprechend den geltenden Leasingstandards den Höchstbetrag der Restwertgarantie enthalten, kommt es zu abweichenden Tilgungsverläufen. Zudem werden nach der im Diskussionspapier vorgeschlagenen Bilanzierung keine Aufwendungen innerhalb des EBITDA ausgewiesen.

Es ist somit festzuhalten, dass das Diskussionspapier deutlich über eine bloße Ableitung von einheitlichen Bilanzierungsregelungen aus den geltenden Vorgaben für Finanzie-

---

783 Zur Erleichterung eines direkten Vergleichs mit den in der vorliegenden Untersuchung bereits diskutierten, alternativen Bilanzierungsmodellen vgl. Anhang.

784 Vgl. zur Bilanzierung der zu Grunde liegenden Leasingvertragskonstellation nach den geltenden Regelungen für Leasingverhältnisse Abschnitt 323.23.

rungs-Leasingverhältnisse hinausgeht. Die Einführung der zentralen erwarteten Leasingzahlungen resultiert aus dem veränderten Grundverständnis von Leasingverhältnissen, nach dem Leasingvereinbarungen als Erwerb des Nutzungsrechtes am Leasingobjekt über die erwartete Vertragslaufzeit interpretiert werden. Im Gegensatz zum *Right-of-use*-Modell werden somit annahmegemäß nicht verschiedene, folglich einzeln zu bilanzierende Verfügungsrechte auf den Leasingnehmer übertragen. Der Leasingnehmer erwirbt vielmehr ein Nutzungsrecht über die mittels der einzelnen vertraglichen Regelungen zu bestimmende Vertragsdauer.

Hierauf aufbauend soll nachfolgend diskutiert werden, ob die Bilanzierung beim Leasingnehmer nach dem Diskussionspapier gegenüber der geltenden Bilanzierung von Finanzierungs-Leasingverhältnissen sowie dem *Right-of-use*-Modell zu einer Verbesserung hinsichtlich einer entscheidungsnützlichen Informationsvermittlung führt. Hierzu wird zunächst die die Informationsinhalte konkretisierende Entscheidungsrelevanz und im darauffolgenden Abschnitt die auf die Informationsqualität ausgerichtete Verlässlichkeit analysiert.

452.3 Analyse der Entscheidungsnützlichkeit des Diskussionspapiers

452.31 Entscheidungsrelevanz der Bilanzierung nach dem Diskussionspapier

In Übereinstimmung zu den Analysen der bislang diskutierten Bilanzierungskonzeptionen wird die **Entscheidungsrelevanz** nachfolgend über die Erfüllung der Nebenbedingungen Vollständigkeit, wirtschaftliche Betrachtungsweise, Vergleichbarkeit sowie Verständlichkeit untersucht.

Die mit der vorgeschlagenen Vereinheitlichung der Leasingnehmerbilanzierung mittels der Aktivierung des Nutzungsrechtes in Höhe der erwarteten Leasingzahlungen verbundene Bilanzwirksamkeit sämtlicher Leasingvereinbarungen ist aus Sicht der inhaltlichen **Vollständigkeit** positiv zu beurteilen. Der Einbezug sämtlicher bedingter Leasingzahlungen führt gegenüber der geltenden Bilanzierung von Finanzierungs-Leasingverhältnissen sowie dem *Right-of-use*-Modell zu einer deutlichen Verbesserung hinsichtlich einer vollständigen Informationsvermittlung. Grundsätzlich sollen nach der dem Entwurf zu Grunde liegenden Konzeption sämtliche Vertragsdetails in die Bewertung des erworbenen Nutzungsrechtes einfließen. Dieses aus Sicht der inhaltlichen Vollständigkeit zu befürwortende Grundprinzip wird indes bei der bestmöglichen Schätzung der erwarteten Leasingvertragsdauer durchbrochen, da die beiden Standardsetter eine Ermittlung der wahrscheinlichsten Laufzeit ohne Berücksichtigung der Wahrscheinlichkeiten einzelner Handlungsalternativen vorschlagen. Für die Ermittlung der erwarteten Vertragslaufzeit in der im vorherigen Abschnitt diskutierten Beispielkonstellation ist die exakte Wahrscheinlichkeit der Optionsausübung unerheblich, solange diese über 50% beträgt.[785] Auf Basis einer wahrscheinlichkeitsgewichteten bestmöglichen Schätzung, wie sie bis zur Veröffentlichung des Diskussionspapiers auch vom IASB unterstützt worden ist, würden die Investoren hinsichtlich der Leasingvertragsdauer und damit über die erwarteten Leasingzahlungen für die Einschätzung künftiger Zahlungsströme in den optionalen Zeiträumen dienlichere Informationen erhalten. Diese Informationen werden nach den geltenden Bilanzierungsregelungen für Finanzierungs-Leasingverhältnisse ebenfalls nur unvollständig vermittelt, da lediglich Leasingzahlungen im optionalen Zeitraum von "günstigen" Verlängerungsoptionen und diese dann stets vollumfänglich im Rahmen der Erstbewertung zu kapitalisieren sind.[786] Nach dem *Right-of-use*-Modell wird selbst die Ausübung "günstiger" Optionen nicht antizipiert, wodurch die Vollständigkeit der Berichterstattung beeinträchtigt wird.[787]

Allerdings haben sich die beiden Standardsetter nach dem Diskussionspapier bislang hinsichtlich der Methode der bestmöglichen Schätzung von bedingten Leasingzahlungen sowie der erwarteten Inanspruchnahme von Restwertgarantien noch nicht einigen können, da sowohl der Verzicht auf die Berücksichtigung der Wahrscheinlichkeiten einzelner Handlungsalternativen als auch eine wahrscheinlichkeitsgewichtete bestmögliche Schätzung erwogen wird. Aus Sicht der Vollständigkeit der Informationsver-

---

[785] Vgl. Abschnitt 452.2.

[786] Vgl. zum Verständnis von "günstigen" Verlängerungsoptionen nach der geltenden Leasingbilanzierung Abschnitt 322.22. Dabei ist zu beachten, dass die Berücksichtigung von optionalen Zeiträumen nach den geltenden Leasingstandards und nach dem Diskussionspapier nur im vereinfachten Fall von zwei Handlungsalternativen Optionsausübung und Nichtausübung identisch ist. In komplexeren und damit realitätsnäheren Vertragskonstellationen mit mehreren Verlängerungsoptionen weicht die Bilanzierung regelmäßig voneinander ab, da nach dem Diskussionspapier keine Wahrscheinlichkeitsschwelle erforderlich ist.

[787] Vgl. hierzu Abschnitt 423.1.

mittlung wäre im Rahmen der Weiterentwicklung des Diskussionspapiers die wahrscheinlichkeitsgewichtete bestmögliche Schätzung vorzuziehen, da sämtliche Handlungsalternativen innerhalb der Bewertung berücksichtigt werden und somit nicht ausschließlich über das wahrscheinlichste Szenario berichtet werden würde.

Die grundsätzliche Vereinheitlichung der Bilanzierung beim Leasingnehmer durch die Aktivierung eines einzigen Nutzungsrechtes nach dem vorliegenden Entwurf ist vor dem Hintergrund der **wirtschaftlichen Betrachtungsweise** zu befürworten, da hierdurch analog zum *Right-of-use*-Modell die Bilanzierung des kontinuierlichen Übergangs von einer kurzfristigen Nutzungsüberlassung zu einer dem kreditfinanzierten Erwerb ähnlichen Vereinbarung ermöglicht wird. Auf Grund der Bilanzwirksamkeit selbst kurzfristiger Leasingvereinbarungen erscheint indes die Diskussion der bislang noch nicht untersuchten Abgrenzung zu klassischen, weiterhin bilanzunwirksamen Mietverträgen dringend erforderlich. Somit ergeben sich aus Sicht der wirtschaftlichen Betrachtungsweise gegenüber dem *Right-of-use*-Modell sowie einer bloßen Übertragung der geltenden Regelungen für Finanzierungs-Leasingverhältnisse auf sämtliche Leasingverträge keine Veränderungen.

Trotz der prinzipiellen Vereinheitlichung der Leasingnehmerbilanzierung mittels der Aktivierung des Nutzungsrechtes wird die **Vergleichbarkeit** der Berichterstattung nach dem Diskussionspapier durch die vorgeschlagene bestmögliche Schätzung der Leasingvertragsdauer sowie der bedingten Leasingzahlungen eingeschränkt. Die hieraus bei der Ermittlung der erwarteten Leasingzahlungen entstehenden – im Zusammenhang mit der Neutralität noch ausführlich zu diskutierenden – Abbildungsspielräume erschweren einen unternehmensübergreifenden Vergleich der Leasingbilanzierung. Die Stetigkeit der vorgeschlagenen Berichterstattung kann infolge des konzeptionellen Charakters des vorliegenden Diskussionspapiers noch nicht abschließend beurteilt werden. Es ist jedoch bei der geplanten Integration in die geltenden Rechnungslegungssysteme davon auszugehen, dass die vorgeschlagene Bilanzierung – wie die bloße Übertragung der geltenden

Methode für Finanzierungs-Leasingverhältnisse und das *Right-of-use*-Modell – zu einer im Zeitablauf stetigen Informationsvermittlung führt.[788]

Die vorgeschlagene grundsätzliche Bilanzierung eines Nutzungsrechtes beim Leasingnehmer führt prinzipiell zu einer für die Investoren verständlichen Berichterstattung. Dazu sind allerdings die Ermittlung der erwarteten Leasingzahlungen und die bestmögliche Schätzung der Leasingvertragsdauer ausführlich zu erläutern. Der Argumentation des FASB, der sich das IASB hinsichtlich der Leasingvertragsdauer angeschlossen hat, dass die wahrscheinlichkeitsgewichtete Schätzung von Leasingvertragsdauer und bedingten Leasingzahlungen vor allem auf Grund der angeblich eingeschränkten **Verständlichkeit** ablehnt,[789] kann an dieser Stelle nicht gefolgt werden. Auch wenn bei der im vorherigen Abschnitt diskutierten Leasingvertragskonstellation die wahrscheinlichkeitsgewichtete bestmögliche Schätzung zum Zeitpunkt der Erstbilanzierung zu einer im Beispiel realiter unmöglichen Laufzeit von ca. sechs Jahren führen würde,[790] sind hieraus keine Verständnisprobleme für die Investoren ableitbar, die auf Basis der Berichterstattung künftige Zahlungsflüsse für das gesamte, regelmäßig eine Vielzahl von Leasingverträgen abschließende Unternehmen prognostizieren. Sofern sich der nach dem Diskussionspapier stets anzusetzende wahrscheinlichste Wert dagegen ab dem Zeitpunkt der Erstbilanzierung nicht ändert, wird über die Entwicklung der zu Grunde liegenden Wahrscheinlichkeit nicht berichtet. Diese unpräzise Informationsvermittlung kann nicht dem Verständnis der Investoren dienen. Der Aufgabe der vor der Veröffentlichung des Diskussionspapiers noch von einigen Mitgliedern des FASB favorisierten Verknüpfung der Folgebewertung von Vermögenswert und Leasingverbindlichkeit ist

---

788 Vgl. grundsätzlich zur Stetigkeit der Berichterstattung nach den geltenden Rechnungslegungssystemen Abschnitt 342.

789 Vgl. zum Standpunkt des US-amerikanischen Standardsetters hinsichtlich der bestmöglichen Schätzung der Leasingvertragsdauer IASB/FASB (Hrsg.), Staff Draft of the Leases discussion paper, Rn. 6.24-6.25. Innerhalb des Diskussionspapiers wird die wahrscheinlichgewichtete Schätzung als Variante der bestmöglichen Schätzung im Zusammenhang mit der Leasingvertragsdauer nicht mehr diskutiert, sondern sowohl IASB als auch FASB eine Ermittlung des wahrscheinlichsten Wertes ohne Berücksichtigung der Wahrscheinlichkeiten einzelner Handlungsalternativen vorschlagen. Vgl. IASB (Hrsg.), Discussion Paper - Leases, Rn. 6.34-6.36.

790 Die unkündbare Grundmietzeit des Leasingvertrages beträgt im Beispiel fünf Jahre. Da der Leasingnehmer ausschließlich eine Verlängerungsoption über zwei weitere Jahre besitzt, kann die tatsächliche Vertragsdauer nur fünf oder sieben Jahre umfassen. Sofern die Wahrscheinlichkeit der Ausübung der Verlängerungsoption 51% betragen würde, würde die wahrscheinlichkeitsgewichtete bestmögliche Schätzung der Vertragslaufzeit somit ca. sechs Jahre betragen.

aus Sicht der Verständlichkeit zuzustimmen, da die Gründe für die implizit unterstellte unterschiedliche Abnutzung von geleasten und erworbenen – unabhängig von der Finanzierung abzuschreibenen – Vermögenswerten nicht ersichtlich sind. Die im Diskussionspapier nunmehr vorgeschlagene Folgebewertung nach den geltenden Regelungen für Finanzierungs-Leasingverhältnisse ist zu befürworten, da diese keine leasingspezifischen Ausnahmen enthalten, sondern auf die Standards für erworbene Vermögenswerte abstellen. Dementsprechend ist das aus der Leasingvereinbarung resultierende Nutzungsrecht nach der hier vertretenen Auffassung wie vorgeschlagen auch unter derjenigen Bilanzposition auszuweisen, der das Leasingobjekt selbst zuzuordnen wäre, da beispielsweise ein vom Leasingnehmer geleaster materieller Vermögenswert in der faktischen Nutzung weiterhin ein materieller Vermögenswert bleibt. Darüber hinaus wird die Verständlichkeit der Berichterstattung durch die Aufschlüsselung in geleaste und erworbene Vermögenswerte innerhalb der jeweiligen Bilanzposition erhöht.[791]

Hinsichtlich der Entscheidungsrelevanz der auf Basis des vorliegenden Entwurfs des Diskussionspapiers vermittelten Informationen ist somit festzuhalten, dass die für sämtliche Leasingvereinbarungen einheitliche Bilanzierung eines Vermögenswertes in Höhe der erwarteten Leasingzahlungen gegenüber dem *Right-of-use*-Modell und der geltenden Bilanzierung für Finanzierungs-Leasingverhältnisse insbesondere die Vollständigkeit der Informationsvermittlung verbessert. Die die zwischenbetriebliche Vergleichbarkeit einschränkenden Abbildungsspielräume bei der bestmöglichen Schätzung der Leasingvertragsdauer und der bedingten Leasingraten werden im nächsten Abschnitt aus dem Blickwinkel der Verlässlichkeit analysiert.

452.32 Verlässlichkeit der Bilanzierung nach dem Diskussionspapier

Nachfolgend soll die Berichterstattung nach dem Diskussionspapier hinsichtlich ihrer **Verlässlichkeit** untersucht werden, die von der jeweiligen Erfüllung der Nebenbedingungen der Richtigkeit, Neutralität und Nachprüfbarkeit abhängig ist.

[791] Vgl. hierzu bereits Abschnitt 423.1.

Infolge des konzeptionellen Charakters des vorliegenden Diskussionspapiers, der keine geschlossene Gesamtregelung für eine mögliche künftige Leasingnehmerbilanzierung umfasst, sondern auch unterschiedliche vorläufige Entscheidungen der beiden Standardsetter diskutiert, kann an dieser Stelle nicht abschließend beurteilt werden, ob die enthaltene Konzeption die Nebenbedingung der **Richtigkeit** im Sinne einer regelkonformen Informationsvermittlung erfüllen kann.[792] Aus dem bisherigen Fehlen eindeutiger Rechnungslegungsregelungen kann – analog zum *Right-of-use*-Modell – allerdings auch hier nicht abgeleitet werden, dass aus einer Umsetzung des Bilanzierungskonzeptes keine der Richtigkeit dienliche, eindeutige Vorgaben resultieren können. Insbesondere die nachfolgend im Zusammenhang mit der Neutralität noch zu diskutierenden Abbildungsspielräume bei der bestmöglichen Schätzung von Leasingvertragsdauer und bedingter Leasingraten erfordern die Entwicklung von präzisen Bilanzierungsregelungen.

Da die Investoren für eine ergebnisoffene Prognose künftiger Zahlungsströme die Nebenbedingung der **Neutralität** erfüllende Informationen benötigen, ist die Anfälligkeit der mit dem Diskussionspapier vorgeschlagenden Konzeption für eine willkürliche Beeinflussung durch die Bilanzierenden zu überprüfen. Nach dem zu Grunde liegenden Leasingverständnis erwirbt der Leasingnehmer ein einzelnes Nutzungsrecht über die erwartete Vertragslaufzeit und hat dementsprechend stets die erwarteten Leasingzahlungen zu bilanzieren.[793] Hierbei resultieren insbesondere aus der Ermittlung der erwarteten Vertragsdauer und der erwarteten Zahlungen aus bedingten Leasingraten Abbildungsspielräume für die Bilanzierenden. Die Auswirkungen dieser – nach dem Konzept der erwarteten Leasingzahlungen – unvermeidbaren Abbildungsspielräume variieren allerdings mit den von den beiden Standardsettern diskutierten Methoden der bestmöglichen Schätzung. Die von beiden Standardsettern favorisierte Ermittlung der wahrscheinlichsten Laufzeit ohne Berücksichtigung der Wahrscheinlichkeiten einzelner Handlungsalternativen kann dazu führen, dass kleinste Änderungen der von den Bilanzierenden zu schätzenden Wahrscheinlichkeiten zu deutlichen Auswirkungen auf die Berichterstattung führen. Sofern beispielsweise im Zusammenhang mit der in Abschnitt 452.2

[792] Vgl. grundsätzlich zur Funktion von Diskussionspapieren innerhalb des Standardsetzungsprozesses Abschnitt 451.

[793] Vgl. zur Zusammensetzung der erwarteten Leasingzahlungen Abschnitt 452.1.

diskutierten Leasingvereinbarung die Wahrscheinlichkeit der kürzeren möglichen Vertragslaufzeit von 49% auf 51% steigt bzw. die Wahrscheinlichkeit der längeren möglichen Vertragslaufzeit von 51% auf 49% sinkt, würden sich die erwartete Vertragslaufzeit von sieben auf fünf Jahren und dementsprechend die erwarteten Leasingzahlungen – als Bewertungsmaßstab für den Vermögenswert und die Leasingverbindlichkeit – deutlich verringern bzw. erhöhen.[794] Auf Basis einer – lange Zeit auch vom IASB in Erwägung gezogenen – wahrscheinlichkeitsgewichteten bestmöglichen Schätzung würde im Beispiel die erwartete Vertragslaufzeit dagegen um eine Laufzeit von sechs Jahren herum variieren.[795] Da die Wahrscheinlichkeiten singulärer Ereignisse letztlich immer subjektiv bleiben, liegt der Vorteil in der wahrscheinlichkeitsgewichteten bestmöglichen Schätzung darin, die Auswirkungen der unvermeidbaren Subjektivität auf die Berichterstattung möglichst gering zu halten.

Gegenüber den geltenden Regelungen zur Bilanzierung von Finanzierungs-Leasingverhältnissen resultieren aus der Berichterstattung nach dem Diskussionspapier – unabhängig von der vorstehend diskutierten Methodenwahl in Bezug auf die bestmögliche Schätzung – grundsätzlich umfangreichere Abbildungsspielräume, da die erwarteten Zahlungen aus bedingten Leasingraten in die Bewertung von Vermögenswert und Verbindlichkeit einzubeziehen sind. Aufgrund der Abkehr vom *all or nothing approach* können die unvermeidlichen Abbildungsspielräume durch die Bilanzierenden indes nicht zu einer *off-balance-sheet*-Gestaltung genutzt werden.

Damit die Ausübung der vorstehend diskutierten, letztlich infolge der Subjektivität von Wahrscheinlichkeiten unvermeidlichen Abbildungsspielräume für die Investoren ersichtlich wird, sind im Rahmen der Weiterentwicklung des Diskussionspapiers umfangreiche Vorgaben für die ergänzende Berichterstattung zu entwickeln. Bezüglich der Methode der bestmöglichen Schätzung ist nach der hier vertretenen Auffassung einheitlich

---

794 In der Beispielkonstellation beträgt die unkündbare Grundmietzeit fünf Jahre und der Leasingnehmer besitzt ausschließlich eine Verlängerungsoption über zwei weitere Jahre. Die hinsichtlich der Optionsausübung zu treffende "Ja-Nein-Entscheidung" hat somit vollumfänglich Auswirkungen auf die erwartete Vertragslaufzeit.

795 Unterschiedliche subjektive Auffassungen (bspw. zwischen Bilanzierenden und Wirtschaftsprüfer) führen bei der wahrscheinlichkeitsgewichteten bestmöglichen Schätzung somit lediglich zu geringfügig unterschiedlichen Werten.

eine wahrscheinlichkeitsgewichtete Schätzung vorzuziehen, durch die die Bilanzierenden auf Grund der vergleichsweise geringen Auswirkungen auf die Bewertung von Vermögenswerten und Verbindlichkeiten weniger zu einem zielgerichteten Verhalten motiviert werden. Die im Rahmen der wahrscheinlichkeitsgewichteten Schätzung berücksichtigten Handlungsalternativen sowie deren angenommenen Eintrittswahrscheinlichkeiten wären dann ergänzend zu erläutern. Dennoch ist eine neutrale Informationsvermittlung infolge der im Diskussionspapier – ähnlich dem *Right-of-use*-Modell – enthaltenen Abbildungsspielräume noch keineswegs sichergestellt.

Die **Nachprüfbarkeit** der Berichterstattung nach dem Diskussionspapier kann auf Grund des eher konzeptionellen Charakters noch nicht beurteilt werden. Um den Investoren die Überprüfung der Kongruenz des zu Grunde liegenden Sachverhalts mit seinem Abbild in der Rechnungslegung zu ermöglichen, sind insbesondere die subjektiven Schätzungen der Bilanzierenden zu erläutern. Dabei kann vor allem die Erläuterung der unterstellten Wahrscheinlichkeiten der verschiedenen Handlungsalternativen einen Beitrag für eine nachprüfbare Bilanzierung leisten. Die ergänzende Berichterstattung muss somit deutlich über die derzeit vorgeschriebene allgemeine Erläuterung der wesentlichen Leasingvereinbarungen hinausgehen.[796]

Die Verlässlichkeit der Leasingnehmerbilanzierung nach dem Diskussionspapier ist somit nur eingeschränkt gegeben, da die Ermittlung der erwarteten Leasingzahlungen Abbildungsspielräume für die Bilanzierenden impliziert. Im folgenden Abschnitt werden die Ergebnisse hinsichtlich der Entscheidungsrelevanz und Verlässlichkeit der Berichterstattung auf Basis des vorliegenden Diskussionspapiers zusammengefasst.

452.4 Fazit zur Entscheidungsnützlichkeit des Diskussionspapiers

Die **Entscheidungsrelevanz** der Leasingnehmerbilanzierung nach dem Diskussionspapier ist durch die Bilanzwirksamkeit sämtlicher Leasingvereinbarungen und durch die Aktivierung des auf den Leasingnehmer übertragenen Nutzungsrechtes grundsätzlich

[796] Vgl. zu den nach den geltenden Leasingstandards erforderlichen Angaben für Finanzierungs-Leasingverhältnisse Abschnitt 323.21

gegeben. Die Einbeziehung von sämtlichen erwarteten Zahlungen aus bedingten Leasingraten über die erwartete Vertragslaufzeit führt gegenüber dem *Right-of-use*-Modell und der bloßen Übertragung der geltenden Regelungen für Finanzierungs-Leasingverhältnisse zu einer vollständigeren Informationsvermittlung. Die unternehmensübergreifende Vergleichbarkeit wird indes durch die aus der Ermittlung der erwarteten Leasingzahlungen resultierenden Abbildungsspielräume eingeschränkt. Die bestmögliche Schätzung der Leasingzahlungen sollte wahrscheinlichkeitsgewichtet erfolgen, da somit sämtliche Handlungsalternativen in die Bewertung einbezogen werden und die entsprechende Informationsvermittlung im Vergleich zur Bilanzierung des wahrscheinlichsten Wertes präziser erscheint. Durch die Übernahme der geltenden Regelungen für die Folgebilanzierung von Finanzierungs-Leasingverhältnissen und des Ausweises des zu bilanzierenden Nutzungsrechtes unter der Bilanzposition, unter der das Leasingobjekt selbst auszuweisen wäre, führt die Bilanzierung nach dem Diskussionspapier auch zu einer verständlichen Informationsvermittlung.

Die **Verlässlichkeit** der Berichterstattung hat sich dagegen gegenüber dem *Right-of-use*-Modell und der geltenden Bilanzierungsmethode für Finanzierungs-Leasingverhältnisse nicht wesentlich verbessert. Die zentrale Bedeutung der erwarteten Leasingzahlungen führt zu Abbildungsspielräumen bei der Bestimmung der erwarteten Vertragsdauer sowie den erwarteten bedingten Leasingzahlungen. Durch die Ermittlung auf Basis einer wahrscheinlichkeitsgewichteten Schätzung würde die Subjektivität von Wahrscheinlichkeiten nicht vermieden werden, allerdings könnten die Auswirkungen auf die Bilanzierung begrenzt werden. Die Bilanzierung der erwarteten Leasingzahlungen bedingt in jedem Fall eine umfangreiche ergänzende Berichterstattung über die vorzunehmenden Schätzungen.

Als **Ergebnis** der vorstehenden Diskussion ist somit festzuhalten, dass das Diskussionspapier zu einer prinzipiell entscheidungsrelevanten Unternehmensberichterstattung des Leasingnehmers führt. Durch die im Rahmen des IASB/FASB-Leasingprojektes vorgeschlagene Konzeption der erwarteten Leasingzahlungen als zentraler Bewertungsmaßstab können sich somit hinsichtlich der Entscheidungsrelevanz gegenüber sämtlichen alternativen, in der vorliegenden Untersuchung analysierten Konzeptionen der Leasingbilanzierung signifikante Verbesserungen ergeben. Dabei ist jedoch einschränkend darauf hinzuweisen, dass wie festgestellt hinsichtlich verschiedener Themenbereiche von den beiden Standardsettern bislang noch keine einvernehmliche Lösung erzielt worden ist. Die Umsetzung der obigen Empfehlungen würde die Entscheidungsrelevanz und die Verlässlichkeit der Berichterstattung deutlich erhöhen.

453. Gesamtbetrachtung des aktuellen Zwischenstandes des Reformprojektes und Gestaltungsempfehlungen zur Weiterentwicklung

Im Rückblick auf die vorstehenden Ausführungen ergibt sich hinsichtlich des seit dem 19. März 2009 vorliegenden Diskussionspapiers als aktueller Zwischenstand des IASB/FASB-Leasingprojektes ein divergierendes Gesamtbild.

Grundsätzlich ist positiv hervorzuheben, dass die Standardsetter die dringende Reformbedürftigkeit der geltenden Leasingbilanzierung, deren konzeptionelle Grundlagen nach US-GAAP seit 1976 und nach IFRS seit 1982 unverändert bestehen, erkannt haben und mit dem Projekt eine grundlegende Änderung der Leasingbilanzierung anstreben. Wie die Analyse des zum jetzigen Zeitpunkt vorliegenden Diskussionspapiers gezeigt hat, können die bisherigen Überlegungen zur **Leasingnehmerbilanzierung** gegenüber der geltenden Leasingbilazierung und den alternativ diskutierten Konzeptionen voraussichtlich zu einer Erhöhung der Entscheidungsnützlichkeit der Berichterstattung an die Investoren führen. Die pragmatisch erscheinende, im Juli 2008 vorgenommene Projektneuausrichtung, durch die ein vorläufiger Wechsel von der Weiterentwicklung des *Right-of-use*-Modells hin zur Fortentwicklung der geltenden Konzeption zur Bilanzierung von Finanzierungs-Leasingverhältnissen vorgenommen worden ist, scheint ebenfalls zur Erreichung dieser Zielsetzung beizutragen. Bei genauerer Analyse wird deutlich, dass sich das *Right-of-use*-Modell und das derzeitige Modell zur Bilanzierung von Finanzierungs-Leasingverhältnissen lediglich durch die jeweilige Grundannahme unterscheiden, nach der der Erwerb von Verfügungsrechten bzw. der Erwerb des Leasingobjektes unterstellt wird, und somit lediglich eine geringfügige Projektadjustierung vorgenommen worden ist. Die veränderte Grundausrichtung führt lediglich zu einem veränderten Ausweis, da der Leasingnehmer auch nach den geltenden Regelungen zur Bilanzierung von Finanzierungsverhältnissen – trotz der Fiktion des Erwerbs des Leasingobjektes – das aktivierte Leasingobjekt lediglich in Höhe der Barwertes der Mindestleasingzahlungen ansetzt. Bei identischer Definition des zentralen Wertmaßstabes der Leasingzahlungen würde somit nach beiden Bilanzierungskonzeptionen eine prinzipiell identische Informationsvermittlung erfolgen. Eine Ausnahme bildet dabei lediglich die nach dem *Right-of-use*-Modell in seiner von der *G4+1 Working Group* diskutierten Ausprägung erforderliche separate Aktivierung von Optionen, die ohnehin vor dem Hintergrund der eingeschränkten Verlässlichkeit zu kritisieren ist.[797]

Ausschlaggebend für die Vermittlung von grundsätzlich entscheidungsnützlichen Informationen auf Basis des Diskussionspapiers ist die detaillierte Umsetzung des zentralen Bewertungsmaßstabes der erwarteten Leasingzahlungen. Wie im vorherigen Abschnitt festgestellt ist für den Standardentwurf (ED), dessen Veröffentlichung für das 1. Halbjahr 2010 geplant ist, eine Fokussierung auf eine wahrscheinlichkeitsgewichtete bestmögliche Schätzung der erwarteten Leasingvertragsdauer sowie der hiermit zusammenhängenden erwarteten Leasingzahlungen zu empfehlen. Diese Methode sollte stringent für sämtliche Schätzungen vorgeschrieben werden, da auf diese Weise zumindest die Bilanzauswirkungen der unvermeidlichen Subjektivität von Wahrscheinlichkeiten eingeschränkt werden könnten. Dementsprechend sollten auch für die Ermittlung der erwarteten bedingten Leasingzahlungen sowie der erwarteten Inanspruchnahme von Restwertgarantien wahrscheinlichkeitsgewichtete bestmögliche Schätzungen vorgeschrieben werden. Diesbezüglich ist nach der hier vertretenen Auffassung somit dem Vorschlag des IASB zu folgen. Die Ermittlung der Wahrscheinlichkeiten der unterschiedlichen einbezogenen Handlungsalternativen wäre dann ausführlich zu erläutern.

Die im Januar 2009 von den beiden Standardsettern entschiedene Einbeziehung der künftigen Bilanzierung beim Leasinggeber in das Diskussionspapier ist grundsätzlich zu befürworten, auch wenn die Reformbedürftigkeit der geltenden Leasinggeberbilanzierung durchaus als geringer einzustufen ist[798] und der Einfluss anderer noch laufender Reformprojekte – wie beispielsweise das *Revenue Recognition*-Projekt – zu be-

[797] Vgl. hierzu bereits Abschnitt 423.2.
[798] Vgl. ausführlich Abschnitt 34.

rücksichtigen ist.[799] Zudem betreffen die Bilanzierungsvorschriften für Leasinggeber deutlich weniger Unternehmen als diejenigen für Leasingnehmer. Die frühzeitige Abstimmung der künftigen Leasingnehmer- und Leasinggeberbilanzierung ist insbesondere deshalb zu befürworten, da andernfalls die Gefahr bestehen würde, dass die beiden Leasingvertragsparteien einen identischen Sachverhalt – trotz der gleichen Informationsbasis – nach einer völlig unterschiedlichen Grundkonzeption erfassen müssen, was zu einer immensen Einschränkung der Vergleichbarkeit führen würde. Im Diskussionspapier wird die künftige Bilanzierung beim Leasinggeber allerdings nur auf einem hohem Abstraktionsniveau thematisiert. Zudem wurden von den beiden Standardsettern hinsichtlich der Leasinggeberbilanzierung bislang keine (vorläufigen) Entscheidungen getroffen.

Bei der künftigen Leasinggeberbilanzierung sollten die erwarteten Leasingzahlungen, die der Leasinggeber während der wahrscheinlichkeitsgewichteten bestmöglich geschätzten Vertragsdauer voraussichtlich vereinnahmen kann, ebenfalls von zentraler Bedeutung sein. Im Laufe der Vertragslaufzeit würden sich die von Leasingnehmer und Leasinggeber – anfangs infolge der Subjektivität von Wahrscheinlichkeiten deutlich unterschiedlichen – erwarteten Leasingzahlungen dann wegen der geringeren Unsicherheit der Erwartungen annähern.

Eine abschließende Beurteilung einer möglichen künftigen Leasingnehmerbilanzierung ist zum gegenwärtigen Zeitpunkt noch nicht möglich, da insbesondere die zur Gewährleistung der Verlässlichkeit der Informationsvermittlung erforderliche ergänzende Berichterstattung bislang noch nicht thematisiert worden ist. Es ist davon auszugehen, dass der Standardentwurf (ED), der auf Basis des Diskussionspapiers und unter Berücksichtigung der bis zum 17. Juli 2009 eingegangenen Stellungnahmen erarbeitet werden wird, deutlich vom eher konzeptionellen Diskussionspapier abweichen wird. Bis zur Veröffentlichung des Standardentwurfs (ED) beabsichtigen IASB und FASB die Bildung einer einheitlichen Meinung.[800]

---

[799] Vgl. zu dieser Entscheidung FASB (Hrsg.), Joint IASB/FASB Meeting Minutes, January 2009; IASB (Hrsg.), IASB Update January 2009.

[800] Vgl. IASB (Hrsg.), Discussion Paper - Leases, IN24.

Angesichts dieser gemeinsamen Zielsetzung haben die Standardsetter auch während der Kommentierungsfrist einzelne – im Diskussionspapier bislang noch nicht thematisierte – Problemfelder der künftigen Leasingbilanzierung analysiert. So wurden im Juni 2009 die angesichts des aus heutiger Sicht zu erwartenden Paradigmenwechsels äußerst bedeutsamen Übergangsregelungen für die Anwendung des neuen Leasingstandards diskutiert. Die Standardsetter sind hiernach zu der vorläufigen Entscheidung gekommen, dass die Leasingnehmer sämtliche, zum Zeitpunkt des Übergangs bestehende Leasingvereinbarungen zum Barwert der künftigen erwarteten Leasingzahlungen bewerten und in entsprechender Höhe als Vermögenswert und Leasingverbindlichkeit ansetzen müssen.[801] Die vorgeschlagene grundsätzliche Vereinheitlichung der Leasingbilanzierung mittels Aktivierung der erwarteten Leasingzahlungen wäre somit keineswegs nur für nach dem Datum des Inkrafttretens eingegangene Leasingvereinbarungen verbindlich.

Für die interessierte Öffentlichkeit galt es zwischenzeitlich die Kommentierungsmöglichkeit zu nutzen, um Einfluss auf den Standardsetzungsprozess und die künftige Leasingbilanzierung zu nehmen. Im September 2009 wurden seitens der Standardsetter die eingegangenen Stellungnahmen analysiert. In rund einem Drittel der 290 eingereichten Kommentierungen wurde die mit dem Diskussionspapier vorgeschlagene Grundkonzeption abgelehnt.[802] Zahlreiche Unterstützer des Grundkonzeptes kritisierten die mit dem Diskussionspapier verbundene Komplexität der Bilanzierung von bedingten Leasingraten und optionalen Vertragselementen.[803]

Vor dem Hintergrund der eingegangenen Stellungnahmen ist im Hinblick auf den für 2010 avisierten Standardentwurf (ED) somit eine deutliche Weiterentwicklung auch der bereits im Diskussionspapier vorgeschlagenen künftigen Regelungen zu erwarten. Es bleibt daher abzuwarten, ob die künftigen Regelungen zur Leasingbilanzierung tatsäch-

---

801 Vgl. IASB (Hrsg.), IASB Update June 2009, S. 4; FASB (Hrsg.), Board Meeting Minutes June 2009, S. 3.

802 Vgl. IASB/FASB (Hrsg.), Comment Letter Summary, Rn 2. Hierbei ist indes relativierend darauf hinzuweisen, dass die Mehrheit dieser ablehnenden Stellungnahmen von bilanzierenden Unternehmen und deren Interessenvertretern eingereicht worden sind. Vgl. IASB/FASB (Hrsg.), Comment Letter Summary, Rn. 8. Insofern kann zumindest bei einem Teil dieser Kommentierungen ein bilanz- oder geschäftspolitisches Interesse an der Beibehaltung der bisherigen *off-balance-sheet*-Gestaltungsmöglichkeiten unterstellt werden.

803 Vgl. IASB/FASB (Hrsg.), Comment Letter Summary, Rn 7.

lich zu einer Verbesserung der Entscheidungsnützlichkeit der Leasingbilanzierung beitragen können oder ob das Potential der grundsätzlich zu befürwortenden Konzeption der erwarteten Leasingzahlungen durch eine unbefriedigende Umsetzung im Detail nicht in ausreichendem Maße genutzt wird.

5 Zusammenfassung

Mit dem am 19. März 2009 veröffentlichten **Diskussionspapier "*Leases - Preliminary Views*"** haben IASB und FASB einen Paradigmenwechsel innerhalb der Leasingbilanzierung vorgeschlagen. Als Leitlinie dienten dabei die Positionspapiere der *G4+1 Working Group*, die bereits Ende der 90iger Jahre die Abschaffung der Zweiteilung der geltenden Leasingbilanzierung nach IFRS und US-GAAP gefordert und stattdessen eine einheitliche Bilanzierung von Nutzungsrechten empfohlen hatte. Mit dem jüngsten Vorschlag einer bilanzwirksamen Gleichbehandlung sämtlicher Leasingvereinbarungen streben die beiden Standardsetter eine im Vergleich zur bisherigen Leasingbilanzierung für die primär adressierten Eigenkapitalgeber entscheidungsnützlichere Informationsvermittlung an. Vor diesem Hintergrund war das Ziel der vorliegenden Arbeit, die Reformbedürftigkeit der geltenden Leasingbilanzierung nach IFRS und US-GAAP zu untersuchen und die im Zusammenhang mit dem aktuellen IASB/FASB-Leasingprojekt diskutierten Bilanzierungskonzeptionen hinsichtlich der propagierten verbesserten Entscheidungsnützlichkeit der Unternehmensberichterstattung über Leasingverhältnisse zu analysieren.

Als Beurteilungsmaßstab für die spätere konkrete Analyse der geltenden Regelungen sowie der Reformvorschläge zur Leasingbilanzierung waren in Kapitel 2 zunächst die Anforderungen an eine kapitalmarktorientierte Berichterstattung zu entwickeln. Den Ausgangspunkt bildeten hierfür die **Informationsbedürfnisse der Kapitalmarktteilnehmer**. Auf Grund der Heterogenität dieser durch die Kapitalmarktkommunikation zu befriedigenden Informationsbedürfnisse war eine Typisierung der Adressaten erforderlich. Der für diese Untersuchung typisierte Kapitalmarktteilnehmer ist ein durchschnittlich fachkundiger, auf öffentlich verfügbare Informationen angewiesener Kleinaktionär (*average prudent investor*), dessen Informationsinteressen einen großen Deckungsgrad mit denen anderer Kommunikationsadressaten aufweisen. Der typisierte Investor strebt nach Optimierung der Zahlungsströme aus seinen Kapitalanlageengagements, die zur Deckung seiner individuellen, nutzenstiftenden Konsumausgaben dienen. Seine Entscheidungen über den Kauf, den Verkauf oder das Halten von Wertpapieren (*buy-hold-sell*-Entscheidungen), mit denen der Investor die ihm künftig zufließenden Zahlungsströme beeinflussen kann, trifft er auf der Grundlage des Vergleichs prognostizierter künftiger Zahlungsströme aus verschiedenen Investitionsalternativen. Daher ist er besonders an Informationen interessiert, die die Unsicherheit der künftigen Entwicklung der Investitionsobjekte reduzieren und somit die Prognose der künftig zu erwartenden Zahlungsströme ermöglichen bzw. verbessern. Kapitalmarktinformationen sind folglich dann als entscheidungsnützlich anzusehen, wenn sie die Investoren befähigen, interessengerechte Entscheidungen zu treffen. Dabei resultieren **entscheidungsnützliche Informationen** aus einer **Kombination von Entscheidungsrelevanz und Verlässlichkeit**. Während die Entscheidungsrelevanz direkt auf den für die Entscheidungsunterstützung der Investoren erforderlichen Informationsinhalt gerichtet ist und somit die fundamentale Beurteilung des Unternehmenswertes erleichtert, konkretisiert die Komponente der Verlässlichkeit die Anforderungen an die Informationsqualität. Die Entscheidungsrelevanz von Rechnungslegungsdaten wurde in der vorliegenden Untersuchung über die Nebenbedingungen der Vollständigkeit, der wirtschaftlichen Betrachtungsweise, der Vergleichbarkeit sowie der Verständlichkeit präzisiert. Die für die Gewährleistung des notwendigen Vertrauens der Investoren in die vermittelten Informationen erforderliche Verlässlichkeit wurde durch die Nebenbedingungen der Richtigkeit, der Neutralität sowie der Nachprüfbarkeit konkretisiert.

Aufbauend auf den aus den Informationsbedürfnissen der Investoren abgeleiteten Anforderungen an eine entscheidungsnützliche Kapitalmarktkommunikation wurde anschließend untersucht, ob die **externe Rechnungslegung** als normierte Form der Unternehmensberichterstattung grundsätzlich entscheidungsnützliche Informationen vermitteln und somit die Entscheidungssituation der Investoren verbessern kann. Zur ökonomischen Begründung der Notwendigkeit von externer Rechnungslegung wurde auf die Neue Institutionenökonomik zurückgegriffen. Dabei konnte festgestellt werden, dass die Einführung einer normierten externen Rechnungslegung grundsätzlich zu einer Verringerung der transaktionskostenbedingten Informationsasymmetrien sowie der *Prinzipal-Agent*-Konflikte zwischen den Investoren und dem von diesen beauftragten Management führen kann. Die externe Rechnungslegung ist somit grundsätzlich als geeignetes Instrument für eine entscheidungsnützliche Kapitalmarktkommunikation anzusehen. Vor dem Hintergrund der Transaktionskostenverringerung infolge der Normierung der

Rechnungslegung sind ferner eine **internationale Harmonisierung der Rechnungslegungssysteme** und somit insbesondere die aktuellen **Konvergenzbestrebungen zwischen IASB und FASB** zu befürworten.

Zur Präzisierung des ausgewählten konkreten Untersuchungsgegenstands wurden im nächsten Schritt mittels der Methode der typologischen Gesamtbetrachtungsweise **Leasingverhältnisse** zivilrechtlich analysiert. Trotz der fehlenden Legaldefinition im deutschen Zivilrecht und der international uneinheitlichen Verwendung des Leasingbegriffes konnte dabei die Nutzungsüberlassung als Hauptfunktion von Leasingverhältnissen identifiziert werden. In Abhängigkeit vom Willen der Vertragsparteien und der damit verbundenen Ausgestaltung von Leasingvereinbarungen kann die anteilige Bedeutung von **Nutzungsüberlassungsfunktion** und der ebenfalls bedeutsamen **Finanzierungsfunktion** allerdings variieren. Im Zuge der Vertragsgestaltung kann es darüber hinaus zu unterschiedlichen Risikoverteilungen zwischen Leasingnehmer und Leasinggeber kommen. Losgelöst von den nationalen Rechtsordnungen wurde anschließend aus ökonomischer Perspektive auf Basis der *Property-Rights*-Theorie das für die weitere Untersuchung zu Grunde liegende Verständnis von Leasingvereinbarungen entwickelt. Danach war in der vorliegenden Untersuchung unter einem Leasingverhältnis eine entgeltliche, zeitlich begrenzte Übertragung von Verfügungsrechten zu verstehen, die zumindest mit einer Abspaltung eines Nutzungsrechtes vom juristischen Eigentum verbunden ist.

Vor dem Hintergrund des somit entwickelten Bezugsrahmens wurden in Kapitel 3 die **geltenden Regelungen zur Leasingbilanzierung nach IFRS und US-GAAP** sowie deren Entscheidungsnützlichkeit diskutiert. Dabei wurde festgestellt, dass die aktuellen Vorgaben zur Leasingbilanzierung nach IFRS und US-GAAP mit dem ***risk and reward approach*** auf der identischen Grundkonzeption basieren. Zum Zwecke der Bilanzierung sind sämtliche Leasingvereinbarungen anhand der Verteilung der wesentlichen mit dem Leasingobjekt verbundenen Chancen und Risiken in Finanzierungs- oder Operating-Leasingverhältnisse zu kategorisieren. Mit der Klassifizierung ist die Zurechnung des Leasingobjektes verbunden. IFRS und US-GAAP folgen dem ***all or nothing approach***, nach dem im Fall eines Finanzierungs-Leasingverhältnisses das Leasingobjekt sowie die korrespondierende Leasingverbindlichkeit beim Leasingnehmer auszuweisen sind, während ein Operating-Leasingverhältnis bei diesem grundsätzlich nicht bilanziell zu erfassen ist. Die bilanziellen Auswirkungen dieses *all or nothing approach* wurden dabei insbesondere anhand einer beispielhaften, in der vorliegenden Untersuchung durchgehend genutzten Leasingvertragskonstellation veranschaulicht, die zudem das ausgeprägte Interesse des Leasingnehmers an einer Vertragseinordnung als Operating-Leasingverhältnis verdeutlicht hat. Darüber hinaus wurde festgestellt, dass die mit der derzeit vorzunehmenden Vertragskategorisierung verbundenen bilanziellen Auswirkungen beim Leasinggeber weitaus geringer als beim Leasingnehmer sind.

Im Rahmen der folgenden Analyse der Entscheidungsnützlichkeit der geltenden Leasingbilanzierung wurde herausgearbeitet, dass die Entscheidungsrelevanz der auf Basis der geltenden Vorschriften zur Leasingbilanzierung erfolgenden Berichterstattung nur eingeschränkt gegeben ist. Der *all or nothing approach* führt zu einer **unvollständigen Informationsvermittlung**, da der Leasingnehmer im Fall eines Operating-Leasingverhältnisses weder ein Vermögenswert noch die aus dem Leasingvertrag resultierende Verpflichtung bilanziert. Auch die vorgegebene ergänzende Berichterstattung kann nicht verhindern, dass den Investoren für die Prognose künftiger Zahlungsströme erforderliche Informationen fehlen. Zudem verhindern die Nichtberücksichtigung von bedingten Leasingzahlungen sowie die ausschließliche Berücksichtigung von „günstigen" Kauf- oder Verlängerungsoptionen eine vollständige Informationsvermittlung. Die vom juristischen Eigentum unabhängige Bilanzierung von Leasingverhältnissen nach IAS 17 und SFAS 13 ist aus Sicht der wirtschaftlichen Betrachtungsweise grundsätzlich zu befürworten, sofern die abzubildenden Sachverhalte den im Rahmen der Bilanzierung von Finanzierungs- und Operating-Leasingverhältnissen unterstellten Konstellationen fremdfinanzierter Erwerb bzw. Miete wirtschaftlich entsprechen. Die mit dem *all or nothing approach* verbundene gegensätzliche Bilanzierung von Finanzierungs- und Operating-Leasingverhältnissen motiviert die Vertragsparteien indes wie festgestellt zu weniger eindeutigen Vertragskonstellationen, die nach den geltenden Leasingstandards eine Kategorisierung als Operating-Leasingverhältnis ermöglichen. Die geltende Zweiteilung der Leasingbilanzierung suggeriert somit eine realiter nicht gegebene Möglichkeit der trennscharfen Kategorisierung von realen Sachverhalten.

Ökonomisch nahezu identische Sachverhalte werden gegensätzlich abgebildet, was der Nebenbedingung der wirtschaftlichen Betrachtungsweise widerspricht. Im Rahmen der Analyse der geltenden Bilanzierungsvorgaben für Leasingverhältnisse wurden zahlreiche **Abbildungsspielräume** identifiziert, die die notwendige zwischenbetriebliche Vergleichbarkeit verhindern. Hierbei war zwischen den Regelungen nach IFRS und US-GAAP zu differenzieren. Da für die Vertragsklassifikation nach IAS 17 ausschließlich qualitative Orientierungshilfen vorgegeben werden, die in eine Gesamtwürdigung der wirtschaftlichen Verhältnisse einfließen, ähnelt die **Vertragseinordnung** nach IFRS einem **faktischen Wahlrecht**. Demgegenüber reduzieren die in SFAS 13 enthaltenen quantitativen Klassifizierungskriterien die Abbildungsspielräume, erleichtern jedoch die Umgehung der Grenzwerte durch eine entsprechende Leasingvertragsgestaltung. Die Vergleichbarkeit wird zudem durch die mit der Vertragsklassifizierung verbundene gegensätzliche Bilanzierung beim Leasingnehmer nach dem *all or nothing approach* deutlich verringert. Durch die **unzureichende ergänzende Berichterstattung** über die Wahrnehmung von Abbildungsspielräumen sowie die Vertragskategorisierung wird ferner insbesondere die Verständlichkeit der vermittelten Informationen verringert.

Nach der Analyse der geltenden Regelungen zur Leasingbilanzierung erscheinen diese auch aus Sicht der Verlässlichkeit verbesserungswürdig. Wie festgestellt ist insbesondere die Neutralität der Informationsvermittlung durch die Abbildungsspielräume im Zusammenhang mit der Vertragsklassifizierung gefährdet, da die der Vertragseinordnung folgende Bilanzierung nach dem *all or nothing approach* zur **Gefahr einer tendenziösen Berichterstattung** durch die eine Nichtbilanzierung anstrebenden Leasingnehmer führt. Die unzureichenden ergänzenden Erläuterungen zur Ausübung der Abbildungsspielräume sowie zur Vertragskategorisierung führen zudem zu einer **mangelhaften Nachprüfbarkeit** der durch die Rechnungslegung vermittelten Informationen und können somit nicht dem Ziel einer Mindestobjektivierung dienen.

Im Ergebnis der Analyse der Entscheidungsnützlichkeit ist somit die vom IASB und FASB festgestellte **Reformbedürftigkeit der geltenden Regelungen zur Leasingbilanzierung** zu bestätigen.

Auf diesen Erkenntnissen aufbauend, wurde in Kapitel 4 untersucht, ob die aktuellen Reformbestrebungen der beiden Standardsetter die Entscheidungsnützlichkeit der durch die Leasingbilanzierung vermittelten Informationen erhöhen können. Hierzu waren zunächst die Bilanzierungskonzeptionen des von der *G4+1 Working Group* vorgeschlagenen ***Right-of-use*-Modells** sowie des ***Whole-Asset*-Modells** zu diskutieren, da diese beiden Konzepte einer möglichen Leasingbilanzierung im Rahmen des aktuellen Leasingprojektes – neben den geltenden Leasingstandards – als Grundlage gedient haben. Nach beiden Konzeptionen soll die Leasingbilanzierung grundsätzlich vereinheitlicht werden und die nach den geltenden Regelungen erforderliche Klassifizierung somit entfallen.

Mit dem ***Right-of-use*-Modell** wird die grundsätzliche **Aktivierung von Nutzungsrechten beim Leasingnehmer** und somit die Bilanzierung der von diesem kontrollierten wirtschaftlichen Ressourcen in Form von Vermögenswerten und damit zusammenhängenden Schulden vorgeschlagen. Die Positionspapiere der *G4+1 Working Group* führen somit zu einer Abkehr vom *all or nothing approach* und unabhängig von der Vertragsgestaltung zu einer Bilanzwirksamkeit sämtlicher Leasingvereinbarungen. Die Vertragsbestimmungen würden entgegen der geltenden Leasingstandards nur noch die Wertansätze der einzelnen, separat zu aktivierenden Nutzungsrechte sowie der Leasingverbindlichkeit beeinflussen, die durch die **vom Leasingnehmer unvermeidbaren Zahlungen** bestimmt werden würden. Da der Leasinggeber demgegenüber den Anspruch auf die vertraglich vereinbarten Zahlungen sowie das regelmäßig bei ihm verbleibene Nutzungsrecht am Ende der Vertragslaufzeit bilanzieren soll, würden die beiden Vertragsparteien somit jeweils den Anteil am Nutzenpotential des Leasingobjektes bilanzieren, über den sie verfügen können.

Bei der Analyse der Entscheidungsnützlichkeit der Bilanzierung nach dem *Right-of-use*-Modell wurde festgestellt, dass die **Entscheidungsrelevanz** der vermittelten Informationen durch die Bilanzwirksamkeit sämtlicher Leasingvereinbarungen beim Leasingnehmer sowie durch die Vereinheitlichung der Leasingbilanzierung mittels der Aktivierung der jeweiligen Verfügungsrechtsposition der Vertragsparteien grundsätzlich gegeben ist. Allerdings war einschränkend zu konstatieren, dass eine vollständige Informationsvermittlung durch die Nichtberücksichtigung von optionalen Vertragszeiträumen und nutzungsabhängigen Leasingraten innerhalb des zentralen Bewertungsmaßstabs der Mindestleasingzahlungen begrenzt wird. In diesem Zusammenhang erschien insbesondere eine verstärkte bilanzielle Berücksichtigung von Wahrscheinlichkeitsüberlegungen geboten. Bei der Analyse wurde festgestellt, dass durch die Aktivierung von Verfügungsrechten die Bilanzierung des kontinuierlichen Übergangs von einer kurzfristigen Nutzungsüberlassung zu einer erwerbsähnlichen Vereinbarung ermöglicht wird, was der wirtschaftlichen Betrachtungsweise entspricht. Durch die Vereinheitlichung der Leasingbilanzierung wird zudem die **unternehmensübergreifende Vergleichbarkeit** prinzipiell gewährleistet.

Allerdings wurde auch deutlich, dass die Verlässlichkeit der Bilanzierung nach dem *Right-of-use*-Modell nur eingeschränkt gegeben ist. Insbesondere die nach dem Reformvorschlag vorzunehmende, **separate Bewertung** von über das zentrale Nutzungsrecht hinausgehenden Leasingvertragskomponenten führt zu einer **Vielzahl von Abbildungsspielräumen**. Im Rahmen einer möglichen Weiterentwicklung der Konzeption des *Right-of-use*-Modells wäre daher insbesondere die ergänzende Berichterstattung über die vorgenommenen Schätzungen und berücksichtigten Prämissen zu präzisieren.

Im Ergebnis der Analyse war für die Berichterstattung nach dem *Right-of-use*-Modell somit festzustellen, dass grundsätzlich entscheidungsrelevante Informationen über Leasingverhältnisse vermittelt werden. Die umfangreichen Abbildungsspielräume infolge der erhöhten Bewertungskomplexität führen indes hinsichtlich der Verlässlichkeit zu erheblichen Defiziten, wodurch die Entscheidungsnützlichkeit der vorgeschlagenen Leasingbilanzierung deutlich verringert wird.

Nach dem als Alternativkonzeption diskutierten ***Whole-Asset*-Modell** werden die Grundprinzipien der geltenden Leasingbilanzierung nach IFRS und US-GAAP analog zum *Right-of-use*-Modell durchbrochen, da die Leasingobjekte nicht mehr anhand der Verteilung der mit diesen verbundenen Chancen und Risiken dem Leasingnehmer oder dem Leasinggeber zugeordnet werden sollen. Im Gegensatz zum *Right-of-use*-Modell sollen allerdings keine Nutzungsrechte, sondern unabhängig von den Vertragsdetails stets die **gesamten körperlichen Leasingobjekte** beim Leasingnehmer bilanziert werden. Die korrespondierende Gesamtverpflichtung des Leasingnehmers resultiert nach dem *Whole-Asset*-Modell aus der Zahlungsverpflichtung für die Leasingraten während der Vertragslaufzeit sowie aus der Rückgabeverpflichtung des Leasingobjektes am Ende der Vertragsdauer. Der Leasinggeber aktiviert demgegenüber seinen Anspruch auf die vereinbarten Leasingraten sowie den Anspruch auf Rückgabe des Leasingobjektes.

Im Rahmen der Analyse der Entscheidungsnützlichkeit des *Whole-Asset*-Modells konnte gezeigt werden, dass die nach der vorgeschlagenen Konzeption vermittelten Informationen nur **sehr eingeschränkt entscheidungsrelevant** sind. Der unabhängig von der Vertragslaufzeit erfolgende erstmalige Ansatz des Leasingobjektes in Höhe des beizulegenden Zeitwertes beim Leasingnehmer suggeriert unzutreffend künftige Zahlungsflüsse über die gesamte wirtschaftliche Nutzungsdauer des Leasingobjektes. Darüber hinaus ist vor dem Hintergrund der stets erforderlichen wirtschaftlichen Betrachtungsweise die fehlende Differenzierung zwischen zeitlich begrenztem Leasing und einem kreditfinanzierten Erwerb des gesamten Leasingobjektes zu kritisieren.

Demgegenüber erscheint die **Verlässlichkeit** der Informationsvermittlung nach dem *Whole-Asset*-Modell grundsätzlich gegeben. Infolge der einheitlichen Aktivierung des Leasingobjektes zum beizulegenden Zeitwert ist eine weitgehend neutrale Informationsvermittlung gewährleistet.

Aufbauend auf den Erkenntnissen aus den Untersuchungen der diskutierten alternativen Bilanzierungskonzeptionen wurde anschließend der Verlauf des aktuellen IASB-/FASB-Leasingprojektes als Teil des Konvergenzprojektes der beiden Standardsetter skizziert und das am 19. März 2009 veröffentlichte **Diskussionspapier "*Leases – Preliminary Views*"** vorgestellt. Mit dem auf die künftige Leasingnehmerbilanzierung ausgerichteten Diskussionspapier wird eine grundsätzliche Vereinheitlichung der Leasingbilanzierung mittels der **Aktivierung der erwarteten Leasingzahlungen** vorgeschlagen. Leasingvereinbarungen werden im Diskussionspapier als Erwerb des Nutzungsrechtes am Leasingobjekt während der Vertragslaufzeit interpretiert. Diese Grundannahme ähnelt sowohl dem den geltenden Regelungen für Finanzierungs-

Leasingverhältnisse zu Grunde liegenden Verständnis, das auf dem Erwerb des gesamten Leasingobjektes basiert, als auch der Annahme des Erwerbs von (mehreren) Verfügungsrechten nach dem *Right-of-use*-Modell, führt aber zu einer abweichenden Bilanzierung. Als zentraler Bewertungsmaßstab der künftigen Leasingbilanzierung werden die erwarteten Leasingzahlungen vorgeschlagen.

Bei der Analyse der im Diskussionspapier vorgeschlagenen Bilanzierung beim Leasingnehmer wurde festgestellt, dass die Entscheidungsrelevanz der vermittelten Informationen durch die Bilanzwirksamkeit sämtlicher Leasingvereinbarungen und durch die Aktivierung des auf den Leasingnehmer übertragenen Nutzungsrechtes grundsätzlich gegeben ist. Die Einbeziehung von sämtlichen erwarteten Zahlungen aus bedingten Leasingraten über die erwartete Vertragslaufzeit führt darüber hinaus gegenüber dem *Right-of-use*-Modell und der bloßen Übertragung der geltenden Regelungen für Finanzierungs-Leasingverhältnisse zu einer **vollständigeren Informationsvermittlung**. Allerdings wird die unternehmensübergreifende Vergleichbarkeit durch die aus der Ermittlung der erwarteten Leasingzahlungen resultierenden Abbildungsspielräume eingeschränkt. Bei der Untersuchung wurde deutlich, dass die bestmögliche Schätzung der Leasingzahlungen wahrscheinlichkeitsgewichtet erfolgen sollte, da nur dann sämtliche Handlungsalternativen in die Bewertung einbezogen werden und die entsprechende Berichterstattung im Vergleich zur Bilanzierung des wahrscheinlichsten Wertes präziser erscheint.

Weiterhin wurde bei der Analyse des Diskussionspapiers deutlich, dass sich die Verlässlichkeit der Berichterstattung gegenüber dem *Right-of-use*-Modell und der geltenden Bilanzierungsmethode für Finanzierungs-Leasingverhältnisse nicht wesentlich verbessern würde. Insbesondere die zentrale Bedeutung der erwarteten Leasingzahlungen führt zu **Abbildungsspielräumen** bei der Bestimmung der erwarteten Vertragsdauer sowie den erwarteten bedingten Leasingzahlungen. Daher erscheint die Ermittlung der erwarteten Leasingzahlungen mittels wahrscheinlichkeitsgewichteter Schätzung empfehlenswert, die die Subjektivität von Wahrscheinlichkeiten nicht vermeiden könnte, allerdings die Auswirkungen auf die Bilanzierung begrenzen würde. Die Bilanzierung von erwarteten Leasingzahlungen erfordert jedenfalls eine umfangreiche ergänzende Berichterstattung über die vorzunehmenden Schätzungen.

Somit konnte festgestellt werden, dass der mit dem Diskussionspapier vorgeschlagene zentrale Bewertungsmaßstab der erwarteten Leasingzahlungen zu einer im Vergleich zu den alternativ diskutierten Bilanzierungskonzeptionen **entscheidungsrelevanteren Unternehmensberichterstattung des Leasingnehmers** führen kann. Allerdings fehlen angesichts des konzeptionellen Charakters des Diskussionspapiers aktuell noch detaillierte Regelungen zur Bilanzierung und der zur Gewährleistung der Verlässlichkeit der Informationsvermittlung zwingenden ergänzenden Berichterstattung. Es ist davon auszugehen, dass der für das 1. Halbjahr 2010 geplante Standardentwurf deutlich – unter Berücksichtigung der bis zum 17. Juli 2009 eingegangenen Stellungnahmen – vom konzeptionellen Diskussionspapier abweichen wird.

Insgesamt konnte in der vorliegenden Untersuchung gezeigt werden, dass die Grundkonzeption des jüngst veröffentlichten, vor allem auf die Bilanzierung beim Leasingnehmer ausgerichtete Diskussionspapiers "*Leases – Preliminary Views*" zu einer gegenüber der geltenden Leasingbilanzierung und den alternativ diskutiertierten Konzeptionen zu einer erhöhten Entscheidungsnützlichkeit der Berichterstattung führen kann. Allerdings ist zum gegenwärtigen Zeitpunkt infolge des konzeptionellen Charakters des Diskussionspapiers sowie der noch nicht überzeugenden Umsetzung der erwarteten Leasingzahlungen als zentraler Bewertungsmaßstab noch nicht abschließend einzuschätzen, ob das **Potential der vorgeschlagenen Bilanzierungskonzeption** im Sinne der primär adressierten Investoren genutzt werden kann.

Anhang

Sämtlichen in der vorliegenden Untersuchung diskutierten Bilanzierungsvarianten liegt die folgende, in Abschnitt 323.23 eingeführte Leasingvertragkonstellation zu Grunde:

Zwischen einer Leasinggesellschaft X und einem Leasingnehmer Y wird eine unkündbare Leasingvereinbarung geschlossen, nach der Y ab dem 31.12.00 einen Vermögenswert über 5 Jahre least. Der anfängliche beizulegende Zeitwert des neuen Vermögenswertes, der eine wirtschaftliche Nutzungsdauer von 10 Jahren hat, beträgt 20.000 GE und entspricht den Anschaffungskosten von X. Die jeweils am Jahresende zu entrichtenden Leasingraten betragen 3.000 GE pro Jahr. Zudem hat Y eine jährliche erfolgsabhängige Leasingrate in Höhe von 1% der mit dem Leasingobjekt erzielten und 100.000 GE übersteigenden Umsatzerlöse zu leisten. Y kann für die zukünftige objektbezogene Umsatzentwicklung auf keine Erfahrungswerte zurückgreifen. Der Leasingnehmer besitzt eine als günstig einzuschätzende Option, den Leasingvertrag am Ende des fünften Jahres um zwei weitere Jahre zu identischen Konditionen zu verlängern. Anschließend endet das Leasingverhältnis automatisch. Außerdem ist zwischen X und Y zum 31.12.07 eine Restwertgarantie in Höhe von 4.000 GE vereinbart. Hierbei wird ein Verwertungserlös von 2.000 GE erwartet. Der dem Leasingverhältnis zu Grunde liegende Zinssatz ist dem Leasingnehmer nicht bekannt. Der Grenzfremdkapitalzinssatz des Leasingnehmers beträgt 8,0%.

Übersicht über die anhand obiger Leasingvertragskonstellation analysierten Bilanzierungsvarianten beim **Leasingnehmer**:

Jahr	0	1	2	3	4	5	6	7	Summe
Bilanz									
Liquide Mittel	26.500	23.000	19.500	16.000	12.500	9.000	5.500	0	
Rückstellung	1.167	1.260	1.361	1.470	1.588	1.715	1.852	0	
GuV									
sbA	1.167	3.500	3.500	3.500	3.500	3.500	3.500	3.500	25.667
Zinsaufwand	0	93	101	109	118	127	137	148	833
Periodenergebnis	-1.167	-3.593	-3.601	-3.609	-3.618	-3.627	-3.637	-3.648	-26.500

Bilanzierung eines Operating-Leasingverhältnisses beim Leasingnehmer[804]

Jahr	0	1	2	3	4	5	6	7	Summe
Bilanz									
Liquide Mittel	26.500	23.000	19.500	16.000	12.500	9.000	5.500	0	
Leasingobjekt	17.953	15.674	13.395	11.116	8.837	6.558	4.279	0	
Verbindlichkeit	17.953	16.389	14.700	12.876	10.907	8.779	6.481	0	
GuV									
Abschreibung	0	2.279	2.279	2.279	2.279	2.279	2.279	2.279	15.953
sbA	0	500	500	500	500	500	500	500	3.500
Zinsaufwand	0	1.436	1.311	1.176	1.030	873	702	519	7.047
Periodenergebnis	0	-4.215	-4.090	-3.955	-3.809	-3.652	-3.481	-3.298	-26.500

Bilanzierung eines Finanzierungs-Leasingverhältnisses beim Leasingnehmer[805]

Jahr	0	1	2	3	4	5	6	7	Summe
Bilanz									
Liquide Mittel	26.500	23.000	19.500	16.000	12.500	9.000	5.500	0	
Nutzungsrecht	14.641	11.713	8.785	5.857	2.928	6.741	3.371	0	
Option	500	500	500	500	500				
Verbindlichkeit	15.141	12.852	10.380	7.711	4.828	7.955	5.093	0	
GuV									
Abschreibung	0	2.928	2.928	2.928	2.928	2.928	3.371	3.371	21.383
Zinsaufwand	0	1.211	1.028	830	617	386	636	407	5.117
Periodenergebnis	0	-4.140	-3.956	-3.759	-3.545	-3.315	-4.007	-3.778	-26.500

Bilanzierung beim Leasingnehmer nach dem *Right-of-use*-Modell[806]

[804] Vgl. hierzu ausführlich Abschnitt 323.23.
[805] Vgl. hierzu ausführlich Abschnitt 323.23.

Jahr	0	1	2	3	4	5	6	7	Summe
Bilanz									
Liquide Mittel	26.500	23.000	19.500	16.000	12.500	9.000	5.500	0	/
Leasingobjekt	20.000	17.292	14.585	11.877	9.170	6.462	3.755	0	/
Verbindlichkeit	20.000	18.100	16.048	13.832	11.438	8.853	6.062	0	/
GuV									
Abschreibung	0	2.708	2.708	2.708	2.708	2.708	2.708	2.708	18.953
Zinsaufwand	0	1.600	1.448	1.284	1.107	915	708	485	7.547
Periodenergebnis	0	-4.308	-4.156	-3.991	-3.814	-3.623	-3.416	-3.193	-26.500

Bilanzierung beim Leasingnehmer nach dem *Whole-Asset*-Modell[807]

Jahr	0	1	2	3	4	5	6	7	Summe
Bilanz									
Liquide Mittel	26.500	23.000	19.500	16.000	12.500	9.000	5.500	0	/
Vermögenswert	19.389	16.619	13.849	11.079	8.310	5.540	2.770	0	/
Verbindlichkeit	19.389	17.440	15.335	13.062	10.607	7.956	5.092	0	/
GuV									
Abschreibung	0	2.770	2.770	2.770	2.770	2.770	2.770	2.770	19.389
Zinsaufwand	0	1.551	1.395	1.227	1.045	849	636	407	7.111
Periodenergebnis	0	-4.321	-4.165	-3.997	-3.815	-3.618	-3.406	-3.177	-26.500

Bilanzierung beim Leasingnehmer nach dem Diskussionspapier[808]

[806] Vgl. hierzu ausführlich Abschnitt 422.13.
[807] Vgl. hierzu ausführlich Abschnitt 432.
[808] Vgl. hierzu ausführlich Abschnitt 452.2

Übersicht über die anhand obiger Leasingvertragskonstellation analysierten Bilanzierungsvarianten beim **Leasinggeber**:

Jahr	0	1	2	3	4	5	6	7	Summe
Bilanz									
Liquide Mittel	0	3.500	7.000	10.500	14.000	17.500	21.000	28.500	/
Leasingobjekt	20.000	18.000	16.000	14.000	12.000	10.000	8.000	0	/
GuV									
Umsatzerlöse	0	3.500	3.500	3.500	3.500	3.500	3.500	3.500	24.500
Abschreibung	0	2.000	2.000	2.000	2.000	2.000	2.000	2.000	14.000
sbA	0	0	0	0	0	0	0	2.000	2.000
Periodenergebnis	0	1.500	1.500	1.500	1.500	1.500	1.500	-500	8.500

Bilanzierung eines Operating-Leasingverhältnisses beim Leasinggeber[809]

Jahr	0	1	2	3	4	5	6	7	Summe
Bilanz									
Liquide Mittel	0	3.500	7.000	10.500	14.000	17.500	21.000	28.500	/
Forderung	20.000	18.050	15.997	13.836	11.563	9.170	6.651	0	/
GuV									
Umsatzerlöse	0	500	500	500	500	500	500	500	3.500
Zinsertrag	0	1.050	947	840	726	607	481	348	5.000
Periodenergebnis	0	1.550	1.447	1.340	1.226	1.107	981	848	8.500

Bilanzierung eines Finanzierungs-Leasingverhältnisses beim Leasinggeber[810]

Jahr	0	1	2	3	4	5	6	7	Summe
Bilanz									
Liquide Mittel	0	3.500	7.000	10.500	14.000	17.500	21.000	28.500	/
Leasingforderung	13.708	11.405	8.901	6.179	3.219	6.179	3.219	0	/
Restwertanspruch	6.292	6.842	7.439	8.089	8.794	3.383	3.679	0	/
GuV									
Zinsertrag	0	1.747	1.594	1.427	1.246	1.049	835	602	8.500
Periodenergebnis	0	1.747	1.594	1.427	1.246	1.049	835	602	8.500

Bilanzierung beim Leasinggeber nach dem *Right-of-use*-Modell[811]

[809] Vgl. hierzu ausführlich Abschnitt 323.33.
[810] Vgl. hierzu ausführlich Abschnitt 323.33.
[811] Vgl. hierzu ausführlich Abschnitt 422.23.

Jahr	0	1	2	3	4	5	6	7	Summe
Bilanz									
Liquide Mittel	0	3.500	7.000	10.500	14.000	17.500	21.000	28.500	/
Leasingforderung	17.774	15.826	13.708	11.406	8.902	6.179	3.219	0	/
Restwertanspruch	2.226	2.420	2.632	2.862	3.112	3.383	3.679	0	/
GuV									
Zinsertrag	0	1.747	1.594	1.427	1.246	1.049	835	602	8.500
Periodenergebnis	0	1.747	1.594	1.427	1.246	1.049	835	602	8.500

Bilanzierung beim Leasinggeber nach dem *Whole-Asset*-Modell[812]

[812] Vgl. hierzu ausführlich Abschnitt 432.

Quellenverzeichnis

Verzeichnis der Kommentare und Handbücher

ADLER, HANS/DÜRING, WALTHER/SCHMALTZ, KURT, Rechnungslegung nach internationalen Standards – Kommentar, Stuttgart 2007 (zitiert: ADS International).

BAETGE, JÖRG/WOLLMERT, PETER/KIRSCH, HANS-JÜRGEN/OSER, PETER/BISCHOF, STEFAN (Hrsg.), Rechnungslegung nach IFRS – Kommentar auf der Grundlage des deutschen Bilanzrechts, 2. Auflage, Stuttgart 2003 (zitiert: BEARBEITER, in: Baetge et al., Rechnungslegung nach IFRS).

BALLWIESER, WOLFGANG/BEINE, FRANK/HAYN, SVEN/PEEMÖLLER, VOLKER H./SCHRUFF, LOTHAR/WEBER, CLAUS-PETER (Hrsg.), Wiley-Kommentar zur internationalen Rechnungslegung nach IFRS, 4. Auflage, Weinheim 2008 (zitiert: BEARBEITER, in: Wiley-Kommentar).

BOHL, WERNER/RIESE, JOACHIM/SCHLÜTER, JÖRG (Hrsg.), Beck'sches IFRS-Handbuch, 2. Auflage, München 2006 (zitiert: BEARBEITER, in: Beck IFRS HB).

BÜSCHGEN, HANS EGON, Praxishandbuch Leasing, München 1998 (zitiert: BEARBEITER, in: Praxishandbuch Leasing).

LÜDENBACH, NORBERT/HOFFMANN, WOLF-DIETER (Hrsg.), Haufe IFRS-Kommentar, 7. Auflage, Freiburg et al. 2009 (zitiert: BEARBEITER, in: Haufe IFRS-Kommentar).

MARTINEK, MICHAEL/STOFFELS, MARKUS/WIMMER-LEONHARDT, SUSANNE (Hrsg.), Leasinghandbuch, 2. Auflage, München 2008 (zitiert: BEARBEITER, in: Leasinghandbuch).

SÄCKER, FRANZ JÜRGEN/RIXECKER, ROLAND (Hrsg.), Münchener Kommentar zum Bürgerlichen Gesetzbuch, 5. Auflage, München 2008 (zitiert: BEARBEITER, in: Münchener Komm. BGB).

THIELE, STEFAN/KEITZ, ISABEL VON/BRÜCKS, MICHAEL (Hrsg.), Internationales Bilanzrecht – Rechnungslegung nach IFRS, Bonn 2008 (zitiert: BEARBEITER, in: Thiele/von Keitz/Brücks, Internationales Bilanzrecht)

WYSOCKI, KLAUS VON/SCHULZE-OSTERLOH, JOACHIM/HENNRICHS, JOACHIM/KUHNER, CHRISTOPH (Hrsg.), Handbuch des Jahresabschlusses – Rechnungslegung nach HGB und internationalen Standards, Loseblatt, Köln 1984/2005 (zitiert: BEARBEITER, in: HdJ).

Verzeichnis der Aufsätze und Monographien

A

AAA FINANCIAL ACCOUNTING STANDARDS COMMITTEE (AAA FASC), Evaluation of the Lease Accounting Proposed in G4+1 Special Report, in: Accounting Horizons 2001, S. 289-298 (Evaluation of the Lease Accounting).

AAA FINANCIAL ACCOUNTING STANDARDS COMMITTEE (AAA FASC), A Perspektive on the SEC's Proposal to Accept Financial Statements Prepared in Accordance with International Financial Reporting Standards (IFRS) without Reconciliation to U.S. GAAP, in: Accounting Horizons 2008, S. 241-248 (IFRS without Reconciliation to U.S. GAAP).

AAA FINANCIAL ACCOUNTING AND REPORTING SECTION OF THE FINANCIAL REPORTING POLICY COMMITTEE (AAA FARS), Response to the SEC Release, "Acceptance from Foreign Private Issuers of Financial Statements Prepared in Accordance with International Financial Reporting Standards without Reconciliation to U.S. GAAP File No. S7-13-07" in: Accounting Horizons 2008, S. 223-240 (IFRS without Reconciliation to U.S. GAAP).

ABARBANELL, JEFFERY, S./BUSHEE, BRIAN J., Fundamental Analysis, Future Earnings and Stock Prices, in: Journal of Accounting Research 1997, S. 1-24 (Fundamental Analysis).

ABDEL-KHALIK, A. RASHAD, The Economic Effects on Lessees of FASB Statement No. 13: Accounting for Leases, Stamford 1981 (Economic Effects on Lessees).

ACHLEITNER, ANN-KRISTIN, Die Normierung der Rechnungslegung: eine vergleichende Untersuchung unterschiedlicher institutioneller Ausgestaltungen des nationalen und internationalen Standardsetzungsprozesses, Zürich 1995 (Normierung der Rechnungslegung).

ACHLEITNER, ANN-KRISTIN/BASSEN, ALEXANDER/PIETZSCH, LUISA, Empirische Studien zu Investor Relations in Deutschland. Eine kritische Analyse und Auswertung des Forschungsstandes, in: ACHLEITNER, ANN-KRISTIN/BASSEN, ALEXANDER (Hrsg.), Investor Relations am Neuen Markt – Zielgruppen, Instrumente, rechtliche Rahmenbedingungen und Kommunikationsinhalte, Stuttgart 2001, S. 23-59 (Investor Relations).

ADAMEK, CARMEN, Jahresabschlussinformation und Kapitalmarktanomalien – Eine empirische Analyse börsennotierter Unternehmen in Deutschland im Rahmen der Einführung internationaler Rechnungslegungsstandards, Aachen 2006 (Jahresabschlussinformation).

ADAMS, MICHAEL, Ökonomische Analyse der Sicherungsrechte: ein Beitrag zur Reform der Mobiliarsicherheiten, Königstein 1980 (Ökonomische Analyse).

ALCHIAN, ARMEN A., Economic Forces at Work, Indianapolis 1977 (Economic Forces).

ALCHIAN, ARMEN A./DEMSETZ, H., The Property Right Paradigm, in: The Journal of Economic History 1973, S. 16-27 (Property Right Paradigm).

ALVAREZ, MANUEL/WOTSCHOFSKY, STEFAN/MIETHIG, MICHAELA, Leasingverhältnisse nach IAS 17 – Zurechnung, Bilanzierung, Konsolidierung, in: WPg 2001, S. 933-947 (Leasingverhältnisse nach IAS 17).

ALVAREZ, MANUEL/BÜTTNER, MANUEL, Bilanzierung verdeckter Leasingverhältnisse gem. IFRIC 4 – Theoretischer Hintergrund und praktische Anwendung, in: PiR 2008, S. 45-52 (Verdeckte Leasingverhältnisse).

AMMANN, HELMUT/HUCKE, ANJA, Rechtliche Grundlagen des Leasing und dessen Bilanzierung nach HGB, US-GAAP sowie IAS, in: IStR 2000, S. 87-94 (Leasing und Bilanzierung).

AMMANN, HELMUT/WULF, INGE, Leasingbilanzierung gemäß HGB, US-GAAP sowie IAS – Auswirkungen auf die Jahresabschlusserstellung und -analyse, in: StuB 2000, S. 909-917 (Leasingbilanzierung).

ANDERSONS, ARVID, Neue Entwicklungen in der Bilanzierung von Leasinggeschäften, unveröffentlicht, St. Gallen 1998 (Bilanzierung von Leasinggeschäften).

ANDREJEWSKI, KAI C., Die Risikobestimmung und -prüfung in der Rechnungslegung nach International Financial Reporting Standards – Eine kritische Würdigung unter besonderer Berücksichtigung komplexer Leasingtransaktionen, unveröffentlicht, Ulm 2006 (Risikobestimmung).

ARBEITSKREIS TACKE „NEUE FINANZIERUNGSFORMEN“ DER SCHMALENBACH-GESELLSCHAFT (AK NEUE FINANZIERUNGSFORMEN), Die besonderen Kriterien des Leasing, in: ZfbF 1972, S. 349-361 (Kriterien des Leasing).

ARROW, KENNETH J., The Economics of Agency, in: PRATT, JOHN W./ZECKHAUSER, RICHARD J. (Hrsg.), Principals and Agents: The Structure of Business, Boston 1985, S. 37-51 (Economics of Agency).

AUER, KURT V., International harmonisierte Rechnungslegungsstandards aus Sicht der Aktionäre: Vergleich von EG-Richtlinien, US-GAAP und IAS, 2. Auflage, Wiesbaden 1999 (Rechnungslegungsstandards).

ASSMANN, HEINZ-DIETER, Konzeptionelle Grundlagen des Anlegerschutzes, in: ZBB 1989, S. 49-63 (Grundlagen des Anlegerschutzes).

B

BABEL, MATHIAS, Ansatz und Bewertung von Nutzungsrechten, Frankfurt am Main 1997 (Nutzungsrechte).

BÄHR, GOTTFRIED/WEIGELL, LUTZ K.-E., Auswirkungen der vorzeitigen Kündigung eines Leasingvertrages im Jahresabschluß, in: DB 1989, S. 1633-1638 (Kündigung eines Leasingvertrages).

BAETGE, JÖRG, Möglichkeiten der Objektivierung des Jahreserfolges, Düsseldorf 1970 (Möglichkeiten der Objetivierung).

BAETGE, JÖRG, Grundsätze ordnungsmäßiger Buchführung und Bilanzierung, in: CHMIELEWICZ, KLAUS/SCHWEITZER, MARCELL (Hrsg.), Handwörterbuch des Rechnungswesens, 3. Auflage, Stuttgart 1993, Sp. 860-870 (GoB).

BAETGE, JÖRG, Gesellschafterorientierung als Voraussetzung für Kunden- und Marktorientierung, in: BRUHN, MANFRED/STEFFENHAGEN, HARTWIG (Hrsg.), Marktorientierte Unternehmensführung: Reflexionen – Denkanstöße – Perspektive; Festschrift für Heribert Meffert zum 60. Geburtstag, Wiesbaden 1997, S. 103-117 (Gesellschafterorientierung).

BAETGE, JÖRG, Meinungen zum Thema: Neue Vermögensdarstellung in der Bilanz, in: BFuP 2003, S. 480-490 (Neue Vermögensdarstellung).

BAETGE, JÖRG/BALLWIESER, WOLFGANG, Zum bilanzpolitischen Spielraum der Unternehmensleitung, in: BFuP 1977, S. 199-215 (Bilanzpolitischer Spielraum).

BAETGE, JÖRG/COMMANDEUR, DIRK, Vergleichbar – vergleichbare Beträge in aufeinanderfolgenden Jahresabschlüssen, in: LEFFSON, ULRICH/RÜCKLE, DIETER/GROßFELD, BERNHARD (Hrsg.), Handwörterbuch unbestimmter Rechtsbegriffe im Bilanzrecht des HGB, Köln 1986, S. 326-335 (Vergleichbar).

BAETGE, JÖRG/FISCHER, THOMAS R./PASKERT, DIERK, Der Lagebericht – Aufstellung, Prüfung und Offenlegung, Stuttgart 1989 (Lagebericht).

BAETGE, JÖRG/HÖMBERG, REINHOLD, Gewinn und Verlust, in: KOSIOL, ERICH/CHMIELEWICZ, KLAUS/SCHWEITZER, MARCELL (Hrsg.), Handwörterbuch des Rechnungswesens, 2. Auflage, Stuttgart 1981, Sp. 657-668 (Gewinn und Verlust).

BAETGE, JÖRG/KIRSCH, HANS-JÜRGEN/THIELE, STEFAN, Bilanzanalyse, 2. Auflage, Düsseldorf 2004 (Bilanzanalyse).

BAETGE, JÖRG/KIRSCH, HANS-JÜRGEN/THIELE, STEFAN, Bilanzen, 9. Auflage, Düsseldorf 2007 (Bilanzen).

BAETGE, JÖRG/KÜMMEL, JENS, Unternehmensbewertung in der externen Rechnungslegung, in: RICHTER, FRANK/SCHÜLER, ANDREAS/SCHWETZLER, BERNHARD (Hrsg.), Kapitalgeberansprüche, Marktwertorientierung und Unternehmenswert, München 2003, S. 1-17 (Unternehmensbewertung).

BAETGE, JÖRG/NOELLE, JENNIFER, Shareholder-Value-Reporting sowie Prognose- und Performancepublizität, in: KoR 2001, S. 174-180 (Shareholder-Value-Reporting).

BAETGE, JÖRG/ROß, HEINZ-PETER, Was bedeutet „fair presentation"?, in: BALLWIESER, WOLFGANG (Hrsg.), US-amerikanische Rechnungslegung: Grundlagen und Vergleiche mit dem deutschen Recht, 4. Auflage, Stuttgart 2000, S. 29-47 (Fair Presentation).

BAETGE, JÖRG/THIELE, STEFAN, Gesellschafterschutz versus Gläubigerschutz – Rechenschaft versus Kapitalerhaltung – Zu den Zwecken des deutschen Einzelabschlusses vor dem Hintergrund der internationalen Harmonisierung, in: BUDDE, WOLFGANG DIETER/MOXTER, ADOLF/OFFERHAUS, KLAUS (Hrsg.), Handelsbilanzen und Steuerbilanzen: Festschrift zum 70. Geburtstag von Professor Dr. h.c. Heinrich Beisse, Düsseldorf 1997, S. 11-24 (Gesellschafterschutz versus Gläubigerschutz).

BAETGE, JÖRG/THIELE, STEFAN/PLOCK, MARCUS, Die Restrukturierung des IASC, in: DB 2000, S. 1033-1038 (Restrukturierung).

BAETGE, JÖRG/ZÜLCH, HENNING, Fair Value-Accounting, in: BFuP 2001, S. 543-562 (Fair Value-Accounting).

BAETGE, JÖRG/ZÜLCH, HENNING/MATENA, SONJA, Fair Value-Accounting – Ein Paradigmenwechsel auch in der kontinentaleuropäischen Rechnungslegung? (Teil A), in: StuB 2002, S. 365-372 (Paradigmenwechsel durch Fair Value-Accounting).

BALLWIESER, WOLFGANG, Ergebnisse der Informationsökonomie zur Informationsfunktion der Rechnungslegung, in: STÖPPLER, SIEGMAR (Hrsg.), Information und Produktion – Beiträge zur Unternehmenstheorie und Unternehmensplanung: Festschrift zum 60. Geburtstag von Waldemar Wittmann, Stuttgart 1985, S. 21-40 (Informationsfunktion).

BALLWIESER, WOLFGANG, Informationsökonomie, Rechnungslegungstheorie und Bilanzrichtlinie-Gesetz, in: ZfbF 1985, S. 47-66 (Informationsökonomie).

BALLWIESER, WOLFGANG, Kapitalmarkt, Managerinteressen und Rolle des Wirtschaftsprüfers, in: SCHNEIDER, DIETER (Hrsg.), Kapitalmarkt und Finanzierung, Berlin 1987, S. 351-362 (Kapitalmarkt).

BALLWIESER, WOLFGANG, Kapitalmarkt und Informationsversorgung mit Jahresabschlüssen, in: CLAUSSEN, CARSTEN P./HÜBL, LOTHAR/SCHNEIDER, HANS-PETER (Hrsg.), Zweihundert Jahre Geld und Brief. Herausforderungen an die Kapitalmärkte. Festgabe an die Niedersächsische Börse zu Hannover aus Anlaß ihres 200jährigen Bestehens, Frankfurt am Main 1987, S. 163-178 (Kapitalmarkt und Informationsversorgung).

BALLWIESER, WOLFGANG, Unternehmensbewertung bei unsicherer Geldentwertung, in: ZfbF 1988, S. 798-812 (Unternehmensbewertung).

BALLWIESER, WOLFGANG, Die Entwicklung der Theorie der Rechnungslegung in den USA, in: WAGNER, FRANZ W. (Hrsg.), Ökonomische Analyse des Bilanzrechts: Entwicklungslinien und Perspektiven, ZfbF-Sonderheft 32, Düsseldorf 1993, S. 107-138 (Theorie der Rechnungslegung).

BALLWIESER, WOLFGANG, Adolf Moxter und der Shareholder Value-Ansatz, in: BALLWIESER, WOLFGANG et al. (Hrsg.), Bilanzrecht und Kapitalmarkt: Festschrift zum 65. Geburtstag von Professor Dr. Dr. h.c. Dr. h.c. Adolf Moxter, Düsseldorf 1994, S. 1377-1405 (Shareholder Value-Ansatz).

BALLWIESER, WOLFGANG, Chancen und Gefahren einer Übernahme amerikanischer Rechnungslegung, in: BUDDE, WOLFGANG DIETER/MOXTER, ADOLF/OFFERHAUS, KLAUS (Hrsg.), Handelsbilanzen und Steuerbilanzen: Festschrift zum 70. Geburtstag von Professor Dr. h.c. Heinrich Beisse, Düsseldorf 1997, S. 25-43 (Übernahme amerikanischer Rechnungslegung).

BALLWIESER, WOLFGANG, Grenzen des Vergleichs von Rechnungslegungssystemen – dargestellt anhand von HGB, US-GAAP und IAS, in: FORSTER, KARL-HEINZ (Hrsg.), Aktien- und Bilanzrecht: Festschrift für Bruno Kropff, Düsseldorf 1997, S. 371-391 (Vergleich von Rechnungslegungssystemen).

BALLWIESER, WOLFGANG, Anforderungen des Kapitalmarkts an Bilanzansatz- und Bilanzbewertungsregeln, in: KoR 2001, S. 160-164 (Anforderungen des Kapitalmarkts).

BALLWIESER, WOLFGANG, Konzernrechnungslegung und Wettbewerb, in: DBW 2001, S. 640-657 (Konzernrechnungslegung und Wettbewerb).

BALLWIESER, WOLFGANG, Informations-GoB – auch im Lichte von IAS und US-GAAP, in: KoR 2002, S. 115-121 (Informations-GoB).

BALLWIESER, WOLFGANG, Rechnungslegung im Umbruch – Entwicklungen, Ziele, Missverständnisse, in: Der Schweizer Treuhänder 2002, S. 295-304 (Rechnungslegung im Umbruch).

BALLWIESER, WOLFGANG, Rahmenkonzepte der Rechnungslegung: Funktionen, Vergleich, Bedeutung, in: Der Konzern 2003, S. 337-348 (Rahmenkonzepte der Rechnungslegung).

BALLWIESER, WOLFGANG, IFRS auch für nicht kapitalmarktorientierte Unternehmen?, in: IRZ 2006, S. 23-30 (IFRS).

BALLWIESER, WOLFGANG/COENENBERG, ADOLF G./SCHULTZE, WOLFGANG, Unternehmensbewertung, erfolgsorientierte, in: BALLWIESER, WOLFGANG/COENENBERG, ADOLF G./WYSOCKI KLAUS V. (Hrsg.), Handwörterbuch der Rechnungslegung und Prüfung, 3. Auflage, Stuttgart 2002, Sp. 2412-2432 (Unternehmensbewertung).

BALLWIESER, WOLFGANG/KÜTING, KARLHEINZ/SCHILDBACH, THOMAS, Fair value – erstrebenswerter Wertansatz im Rahmen einer Reform der handelsrechtlichen Rechnungslegung?, in: BFuP 2004, S. 529-549 (Fair value).

BANNIER, CHRISTINA E., Vertragstheorie – Eine Einführung mit finanzökonomischen Beispielen und Anwendungen, Heidelberg 2005 (Vertragstheorie).

BARTH, CHRISTOPHER, Zurechnung von Leasingobjekten im Jahresabschluß nach Handelsrecht, Steuerrecht und den International Accounting Standards, unter besonderer Berücksichtigung der Aktivierbarkeit eines Nutzungsrechts als immateriellen Vermögensgegenstand, unveröffentlicht, Bamberg 1999 (Zurechnung von Leasingobjekten).

BAUER, HANS H., Marktabgrenzung: Konzeption und Problematik von Ansätzen und Methoden zur Abgrenzung und Strukturierung von Märkten unter besonderer Berücksichtigung von marketingtheoretischen Verfahren, Berlin 1989 (Marktabgrenzung).

BAUER, MARKUS, Gläubigerschutz durch eine formelle Nennkapitalziffer - Kapitalgesellschaftsrechtliche Notwendigkeit oder überholtes Konzept?: Eine rechtsvergleichende Untersuchung der Gläubigerschutzkonzepte des amerikanischen und deutschen Kapitalgesellschaftsrechts, Frankfurt am Main 1995 (Gläubigerschutz).

BAY, WOLF/BRUNS, HANS-GEORG, Internationalisierung der Unternehmenspublizität als Folge globaler Unternehmenstätigkeit, in: HALLER, AXEL/RAFFOURNIER, BERNARD/WALTON, PETER (Hrsg.), Unternehmenspublizität im internationalen Wettbewerb, Stuttgart 2000, S. 709-754 (Internationalisierung der Unternehmenspublizität).

BEATTIE, VIVIEN/EDWARDS, KEITH/GOODACRE, ALAN, The impact of constructive operating lease capitalisation on key accounting ratios, in: Accounting and Business Research 1998, S. 233-254 (Constructive operating lease capitalisation)

BEATTIE, VIVIEN/GOODACRE, ALAN/THOMSON, SARAH JANE, International lease-accouting reform and economic consequences: The views of U.K. users and preparers, in: The International Journal of Accounting, S. 75-103 (International lease-accounting reform).

BEAVER, WILLIAM H., Perspectives on Recent Capital Market Research, in: The Accounting Review 2002, S. 453-474 (Perspectives on Recent Capital Market Research).

BECHTLOFF, JÜRGEN, Gesetzliche Verwertungsrechte: eine Untersuchung und Systematisierung der gesetzlich angeordneten Befriedigungs- und Pfandrechte unter besondere Berücksichtigung der Entstehungstatbestände, Berlin 2003 (Gesetzliche Verwertungsrechte).

BECK, HEIKO/SEITZ, JOCHEN, Kapitalmarkt und Börse, in: BREUER, ROLF-ERNST (Hrsg.), Handbuch Finanzierung, 3. Auflage, Wiesbaden 2001, S. 31-60 (Kapitalmarkt und Börse).

BECKMANN, HEINER, Offene Fragen bei Finanzierungsleasinggeschäften, in: DStR 2000, S. 1185-1192 (Finanzierungsleasinggeschäfte).

BECKMANN, HEINER, Finanzierungsleasing – Rechtsprobleme im typischen Leasingdreieck nach der Schuldrechtsreform, München 2006 (Finanzierungsleasing).

BECKMANN, HEINER, Aktuelle Rechtsfragen aus Finanzierungsleasingverträgen, in: DStR 2007, S. 157-164 (Aktuelle Rechtsfragen).

BEERMANN, KLAUS/FÜLLING, FRIEDHELM/SPERL, ANDREAS, Zusatzinformationen zum Jahresabschluß, in: BAETGE, JÖRG/MOXTER, ADOLF/ SCHNEIDER, DIETER (Hrsg.), Bilanzfragen – Festschrift zum 65. Geburtstag von Prof. Dr. Ulrich Leffson, Düsseldorf 1976, S. 191-203 (Zusatzinformationen).

BENDER, HANS J., Vergleich der Leasing Standards nach deutschem Recht, IAS und US-GAAP, in: BB 2002, Beilage 5/2002, S. 20-27 (Vergleich der Leasing Standards).

BERATENDES FORUM FÜR RECHNUNGSLEGUNG DER EUROPÄISCHEN KOMMISSION (BERATENDES FORUM FÜR RECHNUNGSLEGUNG), Die Behandlung von Leasingverträgen in der Rechnungslegung, Luxemburg 1995 (Behandlung von Leasingverträgen).

BERESFORD, DENNIS R., A Newcomer on the International Scene, in: The CPA Journal 2000, S. 14-19 (A Newcomer on the International Scene).

BERNDLMAIER, ALEXANDER F./KLEIN, GEORG A., Kundenorientierung in der US-amerikanischen Rechnungslegung: Der Comprehensive Report des Special Committee on Financial Reporting des AICPA, in: DB 1997, S. 1089-1095 (Kundenorientierung in der Rechnungslegung).

BERNDT, THOMAS/HOMMEL, MICHAEL, Konzernrechnungslegung zwischen Konvergenz und Wettbewerb – US-GAAP, IFRS oder Euro-IFRS?, in: BFuP 2005, S. 407-423 (Konvergenz und Wettbewerb).

BIEG, HARTMUT, Vergleichbarkeit von Jahresabschlüssen, in: LÜCK, WOLFGANG (Hrsg.), Lexikon der Rechnungslegung und Abschlussprüfung, 4. Auflage, München et al. 1998 (Vergleichbarkeit).

BIGUS, JOCHEN, Heterogeneous beliefs, moral hazard and capital structure, in: sbr 2003, S. 136-160 (Heterogeneous beliefs).

BITZ, MICHAEL/NIEHOFF, KARIN, Wirtschaftliche Analyse des Leasing, in: KRIMPHOVE, DIETER/TYTKO, DAGMAR (Hrsg.), Praktiker-Handbuch Unternehmensfinanzierung: Kapitalbeschaffung und Rating für mittelständische Unternehmen, Stuttgart 2002, S. 343-372 (Analyse des Leasing).

BITZ, MICHAEL/SCHNEELOCH, DIETER/WITTSTOCK, WILFRIED, Der Jahresabschluss: Rechtsvorschriften, Analyse, Politik, 4. Auflage, München 2003 (Der Jahresabschluss).

BLANCHET, JEANNOT/CROOCH, MICHAEL, Internationalization of Accounting and Financial Reporting: at the Crossroads?, in: KÜTING, KARL-HEINZ/LANGENBUCHER, GÜNTHER (Hrsg.), Internationale Rechnungslegung: Festschrift für Professor Claus-Peter Weber zum 60. Geburtstag, Stuttgart 1999, S. 3-11 (Internationalization of Accounting).

BLUM, ULRICH/DUDLEY, LEONARD/LEIBBRAND, FRANK/WEISKE, ANDREAS, Angewandte Institutionenökonomik. Theorien – Modelle – Evidenz, Wiesbaden 2005 (Institutionenökonomik).

BODE, JÜRGEN, Der Informationsbegriff in der Betriebswirtschaftslehre, in: ZfbF 1997, S.449-468 (Informationsbegriff).

BÖBEL, INGO, Eigentum, Eigentumsrechte und institutioneller Wandel, Berlin et al. 1988 (Eigentumsrechte).

BÖCKEM, HANNE, Die Durchsetzung von Rechnungslegungsstandards, Frankfurt am Main 2000 (Rechnungslegungsstandards).

BÖCKING, HANS-JOACHIM, Zum Verhältnis von Rechnungslegung und Kapitalmarkt: Vom „financial accounting“ zum „business reporting“, in: BALLWIESER, WOLFGANG/SCHILDBACH, THOMAS (Hrsg.), Rechnungslegung und Steuern international, ZfbF-Sonderheft 40, Düsseldorf 1998, S. 17-54 (Rechnungslegung und Kapitalmarkt).

BÖCKING, HANS-JOACHIM, IAS für Konzern- und Einzelabschluss?, in: WPg 2001, S. 1433-1440 (IAS).

BÖCKING, HANS-JOACHIM/WESNER, PETER, Value Reporting und Corporate Governance – Anreizkompatible Vergütung, Performancemessung und Unternehmensüberwachung: Wirtschaftsprüfung und Zeitgeist, WPg-Sonderheft 2004, S. S98-S107 (Value Reporting).

BONSE, ANDREAS, Informationsgehalt von Konzernabschlüssen nach HGB, IAS und US-GAAP: Eine empirische Analyse aus Sicht der Eigenkapitalgeber, Frankfurt am Main 2004 (Informationsgehalt).

BRACKLO, MARCUS/BILSTEIN, AXEL, Value Reporting, Kapitalmarkt und Unternehmensbewertung, in: KÜTING, KARLHEINZ/WEBER, CLAUS-PETER (Hrsg.), Vom Financial Accounzing zum Business Reporting – Kapitalmarktorientierte Rechnungslegung und integrierte Unternehmenssteuerung, Stuttgart 2002, S. 219-233 (Value Reporting).

BRAKENSIEK, SONJA, Bilanzneutrale Finanzierungsinstrumente in der internationalen und nationalen Rechnungslegung: die Abbildung von Leasing, Asset-Backet-Securities-Transaktionen und Special Purpose Entities im Konzernabschluss, Herne/Berlin 2001 (Bilanzneutrale Finanzierungsinstrumente).

BRETZKE, WOLF-RÜDIGER, Das Prognoseproblem bei der Unternehmensbewertung, Düsseldorf 1975 (Prognoseproblem).

BREUER, WOLFGANG/GÜRTLER, MARC/SCHUHMACHER, JOACHIM, Die Bewertung betrieblicher Realoptionen, in: BFuP 1999, S. 213-232 (Bewertung betrieblicher Realoptionen).

BRINKMANN, JÜRGEN, Zweckadäquanz der Rechnungslegung nach IFRS: eine Untersuchung aus deutscher Sicht, Berlin 2006 (Zweckadäquanz).

BRUNS, GEORG, Börse (Effektenbörse), in: BÜSCHGEN, HANS EGON (Hrsg.), Handwörterbuch der Finanzwirtschaft, Stuttgart 1976, Sp. 207-215 (Börse).

BUCHHEIM, REGINE/GRÖNER, SUSANNE, Anwendungsbereich der IAS-Verordnung an der Schnittstelle zu deutschem und zu EU-Bilanzrecht, in: BB 2003, S. 953-955 (Anwendungsbereich der IAS-Verordnung).

BUCHHEIM, REGINE/KNORR, LIESEL/SCHMIDT, MARTIN, Anwendung der IFRS in Europa: Das neue Endorsement-Verfahren, in: KoR 2008, S. 334-341 (Das neue Endorsement-Verfahren).

BUCHHEIM, REGINE/KNORR, LIESEL/SCHMIDT, MARTIN, Anwendung der IFRS in Europa: Die Auswirkungen des neuen Endorsement-Verfahrens auf die Rechnungslegung, in: KoR 2008, S. 373-379 (Auswirkungen des neuen Endorsement-Verfahrens).

BUCK-HEEB, PETRA, Kapitalmarktrecht, Heidelberg et al. 2006 (Kapitalmarktrecht).

BÜHNER, ARND/SHELDON, CAROLINE, US-Leasingtransaktionen - Grundstrukturen einer grenzüberschreitenden Sonderfinanzierung – Chancen und Risiken für kommunale Anlageneigentümer, in: DB 2001, S. 315-318 (US-Leasingtransaktionen).

BÜSCHGEN, HANS EGON, Wertpapieranalyse: die Beurteilung von Kapitalanlagen in Wertpapieren, Stuttgart 1966 (Wertpapieranalyse).

BÜSCHGEN, HANS EGON, Rahmenbedingungen eines funktionsfähigen Kapitalmarktes in der Bundesrepublik Deutschland, in: Neue Betriebswirtschaft und betriebswirtschaftliche Datenverarbeitung 1971, S. 1-13 (Rahmenbedingungen).

BÜSCHGEN, HANS EGON, Der Kapitalmarkt, in: WISU 1972, S. 507-513 (Der Kapitalmarkt).

BÜSCHGEN, HANS EGON, Finanzleasing als Finanzierungsalternative. Eine kritische Analyse unter betriebswirtschaftlichen Aspekten, in: ZfB 1980, S. 1028-1041 (Finanzierungsalternative).

BÜSCHGEN, HANS EGON, Leasing als Gegenstand der Betriebswirtschaftslehre, in: ECKSTEIN, WOLFRAM/FEINEN, KLAUS (Hrsg.), Leasing-Handbuch für die betriebliche Praxis, 7. Auflage, Frankfurt am Main 2000, S. 251-274 (Leasing).

BUHBE, MATTHES, Ökonomische Analyse von Eigentumsrechten: Der Beitrag der economics of property rights zur Theorie der Institutionen, Frankfurt am Main et al. 1980 (Ökonomische Analyse).

BUSSE VON COLBE, WALTHER, Die Entwicklung des Jahresabschlusses als Informationsinstrument, in: WAGNER, FRANZ W. (Hrsg.), Ökonomische Analyse des Bilanzrechts: Entwicklungslinien und Perspektiven, Frankfurt am Main 1993, S. 11-29 (Informationsinstrument).

BUSSE VON COLBE, WALTHER, Unternehmenskontrolle durch Rechnungslegung, in: SANDROCK, OTTO/JÄGER, WILHELM (Hrsg.), Internationale Unternehmenskontrolle und Unternehmenskultur, Tübingen 1994, S. 37-57 (Unternehmenskontrolle durch Rechnungslegung).

BUSSE VON COLBE, WALTHER, Was ist und was bedeutet Shareholder Value aus betriebswirtschaftlicher Sicht?, in: ZGR 1997, S. 271-289 (Shareholder Value aus betriebswirtschaftlicher Sicht).

C

CAIRNS, DAVID, Applying International Accounting Standards, 3rd Edition, London et al. 2002 (Applying IAS).

CANARIS, CLAUS-WILHELM, Finanzierungsleasing und Wandlung, in: NJW 1982, S. 305-312 (Finanzierungsleasing).

CANARIS, CLAUS-WILHELM, Interessenlage, Grundprinzipien und Rechtsnatur des Finanzierungsleasing, in: GRUNSKY, WOLFGANG/LIEB, MANFRED/MEDICUS, DIETER (Hrsg.), Grundfragen des Finanzierungsleasing, Tübingen 1990, S. 410-469 (Rechtsnatur des Finanzierungsleasing).

CASPER, MATTHIAS, Der Optionsvertrag, Tübingen 2005 (Optionsvertrag).

CHAMBERS, RAYMOND JOHN, Accounting, Evaluation and Economic Behaviour, Englewood Cliffs 1966 (Accounting).

CHRISTENSEN, JOHN A./DEMSKI, JOEL S., Accouting theory: an information content perspective, Boston et al. 2003 (Accounting theory).

CHRISTIANS, FRIEDRICH WILHELM, Geld- und Kapitalmärkte, in: WITTMANN, WALDEMAR et al. (Hrsg.), Handwörterbuch der Betriebswirtschaft, 5. Auflage, Stuttgart 1993, Sp. 1363-1375 (Geld- und Kapitalmärkte).

CLAPHAM, ERIC, A Note on Embedded Lease Options, in: Journal of Real Estate Research 2003, S. 347-359 (Embedded Lease Options).

CLEMM, HERMANN/WENZEL, HANS J., Überlegungen zur Konzernbilanzpolitik: Wesen und Zweck, Spielräume und Grenzen, in: BFuP 1986, S. 341-356 (Konzernbilanzpolitik).

COASE, RONALD H., The Problem of Social Cost, in: The Journal of Law and Economics 1960, S. 1-44 (Social Cost).

COENENBERG, ADOLF GERHARD, Beurteilungskriterien unternehmungsexterner Informationssysteme, in: GROCHLA, ERWIN/SZYPERSKI, NORBERT (Hrsg.), Management-Informationssysteme – Eine Herausforderung an Forschung und Entwicklung, Wiesbaden 1971, S. 735-759 (Beurteilungskriterien unternehmungsexterner Informationssysteme).

COENENBERG, ADOLF GERHARD, Ziele, Wirkungen und Gestaltung der Unternehmenspublizität: Was lehrt die empirische Forschung?, in: BAETGE, JÖRG (Hrsg.), Rechnungslegung und Prüfung: Perspektiven für die neunziger Jahre, Düsseldorf 1993, S. 73-100 (Gestaltung der Unternehmenspublizität).

COENENBERG, ADOLF GERHARD, Jahresabschluss und Jahresabschlussanalyse: Betriebswirtschaftliche, handelsrechtliche, steuerrechtliche und internationale Grundsätze – HGB, IFRS und US-GAAP , 20. Auflage, Stuttgart 2005 (Jahresabschluss und Jahresabschlussanalyse).

COENENBERG, ADOLF GERHARD/SIEBEN, GÜNTER, Unternehmensbewertung, in: GROCHLA, ERWIN/WITTMANN, WALDEMAR (Hrsg.), Handwörterbuch der Betriebswirtschaft, 4. Auflage, Stuttgart 1976, Sp. 4062-4079 (Unternehmensbewertung).

COENENBERG; ADOLF GERHARD/STRAUB, BARBARA, Rechenschaft versus Entscheidungsunterstützung: Harmonie oder Disharmonie der Rechnungszwecke?, in: KoR 2008, S. 17-26 (Harmonie oder Disharmonie der Rechnungszwecke?).

COENENBERG, MARC, Internationalisierung der Rechnungslegung und ihre Auswirkung auf die Analyse der Vermögens- und Finanzlage von Kapitalgesellschaften, Frankfurt am Main 2000 (Internationalisierung der Rechnungslegung).

COESTER-WALTJEN, DAGMAR, Die Grundstruktur des Leasing-Vertrages, in: Jura 1980, S. 123-127 (Grundstruktur des Leasing-Vertrages).

COPELAND, THOMAS E./WESTON, JOHN FREDERICK/SHASTRI, KULDEEP, Finanzierungstheorie und Unternehmenspolitik – Konzepte der kapitalmarktorientierten Unternehmensfinanzierung, Übersetzung der 4. englischen Auflage, München et al. 2008 (Unternehmensfinanzierung).

CREIFELDS, CARL (Begr.), Rechtswörterbuch, 19. Auflage, München 2007 (Rechtswörterbuch).

CYERT, RICHARD M./MARCH, JAMES G., A Behavioral Theory of the Firm, 2. Auflage, New Jersey 1992 (Theory of the Firm).

D

DAMODARAN, ASWATH, Investment valuation – Tools and Techniques for Determining the Value of Any Asset, 2. Auflage, New York 2002 (Investment valuation).

DASKE, HOLGER, Internationale Rechnungslegung und Kapitalkosten: Zum Stand der empirischen Rechnungswesenforschung, in: BFuP 2005, S. 455-473 (Internationale Rechnungslegung).

DAVIS-FRIDAY, PAQUITA Y./FOLAMI, L. BUKY/LIU, CHAO-SHIN/MITTELSTAEDT, H. FRED, The Value Relevance of Financial Statement Recognition vs. Disclosure: Evidence from SFAS No. 106, in: The Accounting Review 1999, S. 403-423 (Financial Statement Recognition vs. Disclosure).

DE ALESSI, LOUIS, The Economics of Property Rights: A Review of the Evidence, in: Research in Law and Economics, Volume 2, 1980, S. 1-47 (Economics of Property Rights).

DEMBERG, GISELA, Finanzierungsleasing beweglicher Anlagegüter (equipment leasing) in den Vereinigten Staaten der USA und der Bundesrepublik Deutschland: eine rechtsvergleichende Untersuchung, Frankfurt am Main et al. 1986 (Finanzierungsleasing).

DEMSETZ, HAROLD, The Exchange and Enforcement of Property Rights, in: The Journal of Law and Economics 1964, S. 11-26 (Property Rights).

DEMSETZ, HAROLD, Some Aspects of Property Rights, in: The Journal of Law and Economics 1966, S. 61-70 (Aspects of Property Rights).

DEMSETZ, HARALD, Toward a Theory of Property Rights, in: The American Economic Review 1967, S. 347-359 (Theory of Property Rights).

DEMSKI, JOEL S., Information Analysis, 2. Auflage, Reading et al. 1980 (Information Analysis).

DIETER, RICHARD, Is Lessee Accounting Working?, in: The CPA Journal 1979, S. 13-19 (Lessee Accounting).

DIETZ, ALBRECHT, Betriebswirtschaftslehre und die Praxis der Leasing-Anwendung, in: ZfB 1980, S. 1017-1027 (Leasing-Anwendung).

DIRRIGL, HANS, Wertorientierung und Konvergenz in der Unternehmensrechnung, in: BFuP 1998, S. 540-579 (Wertorientierung).

DOBLER, MICHAEL, Risikoberichterstattung – Eine ökonomische Analyse, Frankfurt am Main 2004 (Risikoberichterstattung).

DOBLER, MICHAEL/GÜNTHER, NINA, Stand der de facto-Konvergenz von IFRS und US-GAAP - Eine empirische Analyse der Überleitungsrechnungen nach Form 20-F von Unternehmen aus der Europäischen Union, in: ZfbF 2008, S. 809-845 (Stand der de facto-Konvergenz).

DOHRN, MATTHIAS, Entscheidungsrelevanz des Fair Value-Accouting am Beispiel von IAS 39 und IAS 40, Lohmar-Köln 2004 (Entscheidungsrelevanz).

DRUKARCZYK, JOCHEN, Theorie und Politik der Finanzierung, 2. Auflage, München 1993 (Finanzierung).

E

EBENROTH, CARSTEN THOMAS, Der Finanzierungs-Leasing-Vertrag als Rechtsgeschäft zwischen Miete und Kauf – BGH, Betr 1977, 395, in: JuS 1978, S. 588-594 (Finanzierungs-Leasing-Vertrag).

EBENROTH, CARSTEN THOMAS, Leasing im grenzüberschreitenden Verkehr – Internationalprivatrechtliche Aspekte des Leasing, Rechtsvergleich, Rechtsvereinheitlichung, in: KRAMER, ERNST A. (Hrsg.), Neue Vertragsformen der Wirtschaft: Leasing, Factoring, Franchising, Bern et al. 1985, S. 97-126 (Internationalprivatrechtliche Aspekte des Leasing).

EBENROTH, CARSTEN THOMAS, Klar und übersichtlich, in: LEFFSON, ULRICH/RÜCKLE, DIETER/GROßFELD, BERNHARD (Hrsg.), Handwörterbuch unbestimmter Rechtsbegriffe im Bilanzrecht des HGB, Köln 1986, S. 264-272 (Klar und übersichtlich).

EBERHARTINGER, EVA, Leasing – Bilanzierung ge-/verleaster Vermögensgegenstände nach US-GAAP, in: RWZ 1998, S. 331-336 (Leasing).

EBERS, MARK/GOTSCH, WILFRIED, Institutionenökonomische Theorien der Organisation, in: KIESER, ALFRED/EBERS, MARK (Hrsg.), Organisationstheorien, 6. Auflage, Stuttgart 2006, S. 247-308 (Institutionenökonomische Theorien).

EICHINGER, MICHAELA, Ökonomische Analyse der Verknüpfung von handels- und steuerrechtlicher Rechnungslegung, Weiden 1993 (Ökonomische Analyse).

EIERLE, BRIGITTE, Die Entwicklung der Differenzierung der Unternehmensberichterstattung in Deutschland und Großbritannien, Frankfurt am Main 2004 (Differenzierung der Unternehmensberichterstattung).

EINEM, HENNING VON, Die Rechtsnatur der Option, Berlin 1974 (Rechtsnatur der Option).

EKKENGA, JENS, Anlegerschutz, Rechnungslegung und Kapitalmarkt: eine vergleichende Studie zum europäischen, deutschen und britischen Bilanz-, Gesellschafts- und Kapitalmarktrecht, Tübingen 1998 (Anlegerschutz).

EKKENGA, JENS, Die Ad hoc-Publizität im System der Marktordnungen: Plädoyer für eine kapitalmarktrechtliche statt gesellschaftsrechtliche Interpretation des § 15 WpHG, in: ZGR 1999, S. 165-201 (Ad hoc-Publizität).

ELSTER, NICO, Europäisches Kapitalmarktrecht: Recht des Sekundärmarktes, München 2002 (Europäisches Kapitalmarktrecht).

EMMERICH, VOLKER, Grundprobleme des Leasings, in: JuS 1990, S. 1-7 (Grundprobleme des Leasings).

ENGEL, JOHANNA, Die Leasingerlasse als Grundlage der Leasingvertragsgestaltung, in: DStR 2000, S. 1478-1482 (Leasingerlasse).

ERCHINGER, HOLGER/MELCHER, WINFRIED, Stand der Konvergenz zwischen US-GAAP und IFRS: Anerkennung der IFRS durch die SEC – Eine kritische Bestandsaufnahme, in: KoR 2007, S. 245-254 (Anerkennung der IFRS durch die SEC).

ERGENZINGER, TILL/ESPENHAHN, RICHARD, Trends im Mobilien-Leasing: Operate Leasing erleichtert Investitionsentscheidungen, in: FLF 2003, S. 60-64 (Mobilien-Leasing).

ERLEI, MATHIAS/LESCHKE, MARTIN/SAUERLAND, DIRK, Neue Institutionenökonomik, Stuttgart 1999 (Neue Institutionenökonomik).

ERNST, EDGAR/GASSEN, JOACHIM/PELLENS, BERNHARD, Verhalten und Präferenzen deutscher Aktionäre – Eine Befragung privater und institutioneller Anleger zu Informationsverhalten, Dividendenpräferenz und Wahrnehmung von Stimmrechten, Studien des Deutschen Aktieninstituts, Frankfurt am Main 2005 (Verhalten und Präferenzen deutscher Aktionäre).

ERNSTBERGER, JÜRGEN, Erfolgs- und Vermögensmessung nach International Financial Reporting Standards (IFRS), Frankfurt am Main 2004 (Erfolgs- und Vermögensmessung).

ESSER, MAIK, Leasingverhältnisse in der IFRS-Rechnungslegung – Darstellung der Leasingbilanzierung gem. IAS 17 und IFRIC 4, in: StuB 2005, S. 429-436 (Leasingverhältnisse in der IFRS-Rechnungslegung).

EWERT, RALF, Rechnungslegung, Gläubigerschutz und Agency-Probleme, Wiesbaden 1986 (Rechnungslegung und Agency-Probleme).

F

FABRI, STEPHAN, Grundsätze ordnungsmäßiger Bilanzierung entgeltlicher Nutzungsverhältnisse, Bergisch Gladbach 1986 (Bilanzierung entgeltlicher Nutzungsverhältnisse).

FASB (Hrsg.), Minutes of the July 19, 2006 Board Meeting: Leases Agenda Decision (Board Meeting Minutes July 2006).

FASB (Hrsg.), Minutes of the March 21, 2007 Board Meeting: Leases – Identification of Assets and Liabilities and Analysis of Different Accounting Models (Board Meeting Minutes March 2007).

FASB (Hrsg.), Minutes of the April 24, 2007 Joint IASB/FASB Board Meeting: Leases – Scope (Joint IASB/FASB Board Meeting Minutes April 2007).

FASB (Hrsg.), Minutes of the June 27, 2007 Board Meeting: Leases – Measurement of a Lessee's Liability and Right to Use Asset under a Simple Lease Contract; Initial Recognition of Assets and Liabilities in Lease Contracts (Board Meeting Minutes June 2007).

FASB (Hrsg.), Minutes of the October 17, 2007 Board Meeting: Other Lessee Obligations and Variable Lease Payments (Board Meeting Minutes October 2007).

FASB (Hrsg.), Minutes of the July 23, 2008 Board Meeting: Leases Technical Discussion (Board Meeting Minutes July 2008).

FASB (Hrsg.), Minutes of the January 19, 2009 Joint IASB/FASB Board Meeting (Joint IASB/FASB Board Meeting Minutes January 2009).

FASB (Hrsg.) Minutes of the June 17, 2009 Board Meeting: Sale and Leaseback Transactions, Impairment of the Right-of-use-Asset, Revaluation of the Right-of-use-Asset, Initial direct costs and Transition (Board Meeting Minutes June 2009).

FASB/IASB (Hrsg.), Memorandum of Understanding „The Norwalk Agreement", 2002, http://www.fasb.org/news/memorandum.pdf (Stand: 21.10.2009) (The Norwalk Agreement).

FASB/IASB (Hrsg.), A Roadmap for Convergence between IFRSs and US GAAP – 2006-2008: Memorandum of Understanding between the FASB and the IASB, 27 February 2006, http://www.iasb.org/NR/rdonlyres/874B63FB-56DB-4B78-B7AF-49BBA18C98D9/0/MoU.pdf (Stand: 21.10.2009) (Roadmap for Convergence).

FASB/IASB (Hrsg.), Information for observers, Joint IASB/FASB Meeting: 28. April 2006, Project: Leasing (Agenda Paper 4), Leases – Discussion of Options Available to the Boards, http://www.iasb.org/NR/rdonlyres/F8ACC8FF-FBF1-47E1-99B2-9176FE6815C3/0/Leases0604job04.pdf (Stand: 21.10.2009) (Information for Observers – Joint IASB-FASB Meeting April 2006).

FASB/IASB (Hrsg.), IASB and FASB announce membership of International Working Group on Lease Accounting, Press Release, 7 December 2006, http://fasb.org/news/12-07-06_leases.pdf (Stand: 21.10.2009) (International Working Group on Lease Accounting)

FASB/IASB (Hrsg.), Information for observers: Analysis of different accounting models for a simple lease (Agenda Paper 6), Joint International Working Group on Leasing-Meeting, 15 February 2007, London, http://www.iasb.org/NR/rdonlyres/F8C7378F-4620-49F1-9A4D-403B34E069AB/0/Obs6.pdf (Stand: 21.10.2009) (Analysis of different accounting models).

FASB/IASB (Hrsg.), Summary report of the February 15, 2007 Leases Working Group Meeting, London, http://www.fasb.org/board_meeting_minutes/2-15-07_Joint_WG.pdf (Stand: 21.10.2009) (Summary Report).

FASB/IASB (Hrsg.), Information for observers: Joint IASB/FASB Meeting: 24. April 2007, Project: Leases – Scope (IASB Agenda paper 16, FASB Memo #6), http://www.iasb.org/NR/rdonlyres/7B2B6779-E426-49EC-B0D4-13F4E5EF 4508/0/Leases0704j16obs.pdf (Stand: 21.10.2009) (Information for Observers – IASB/FASB Meeting April 2007).

FEINEN, KLAUS, Die Behandlung von Leasingverträgen im Rahmen einer internationalen Harmonisierung der Rechnungslegung, in: RIW 1996, Beilage 5/1996, S. 1-4 (Behandlung von Leasingverträgen).

FEINEN, KLAUS, Leasing in der EU: Harmonisierungsbedarf bei den Rahmenbedingungen?, in: ZfgK 1997, S. 554-557 (Leasing in der EU).

FEINEN, KLAUS, Leasingverhältnisse nach internationalen Bilanzierungsrichtlinien, in: DB 1998, Beilage 6/1998, S. 16-18 (Leasingverhältnisse).

FEINEN, KLAUS, Mehr Mut zur europäischen Identität – „off-balance-financing" ist eine tragende Säule des Leasinggeschäfts, in: RIW 1999, Beilage 5/1999, S. 1-4 (Mut zur europäischen Identität).

FEINEN, KLAUS, „McGregor" und kein Ende, in: FLF 2001, S. 16-18 (McGregor und kein Ende).

FEINEN, KLAUS, Auch die zukünftige Rechnungslegung kann für die Qualifizierung der Leasinggeschäfte den mietvertraglichen Inhalt nicht negieren, in: BB 2002, Beilage 5/2002, S. 27-30 (Qualifizierung der Leasinggeschäfte).

FEINEN, KLAUS, Das Leasinggeschäft, 4. Auflage, Frankfurt am Main 2002 (Leasinggeschäft).

FELD, KLAUS-PETER, IAS und US-GAAP: Aktuelle Unterschiede und Möglichkeiten zur Konvergenz, in: WPg 2001, S. 1025-1040 (IAS und US-GAAP).

FELDMANN, HORST, Ordnungstheoretische Aspekte der Institutionenökonomik, Berlin 1999 (Aspekte der Institutionenökonomik).

FIGGE, HORST, Die internationale Diskussion zur Bilanzierung von Leasinggeschäften – nur ein Anwendungsfall unterschiedlicher Bilanzierungskonzepte?, in: KÜTING, KARLHEINZ/WEBER, CLAUS-PETER (Hrsg.), Wertorientierte Konzernführung – Kapitalmarktorientierte Rechnungslegung und integrierte Unternehmenssteuerung, Stuttgart 2000, S. 157-181 (Bilanzierung von Leasinggeschäften).

FINDEISEN, KLAUS-DIETER, Die Bilanzierung von Leasingverträgen nach den Vorschriften des International Accounting Standards Committee, in: RIW 1997, S. 838-847 (Bilanzierung von Leasingverträgen).

FINDEISEN, KLAUS-DIETER, Internationale Rechnungslegung im Leasing-Geschäft, in: FLF 2002, S. 62-67 (Leasing-Geschäft).

FINDEISEN, KLAUS-DIETER, Die günstige Kaufoption nach HGB, US GAAP und IFRS – Die Anwendung der „bargain purchase option" in der Praxis, in: FLF 2005, S. 28-32 (Die günstige Kaufoption).

FINDEISEN, KLAUS-DIETER/SABEL, ELMAR, Diskussionspapier von IASB und FASB zur Reform der Leasingbilanzierung, in: DB 2009, S. 1885-1894 (Reform der Leasingbilanzierung)

FINK, ALFRED, Leasing in Frankreich, in: ECKSTEIN, WOLFRAM/FEINEN, KLAUS (Hrsg.), Leasing-Handbuch für die betriebliche Praxis, 7. Auflage, Frankfurt am Main 2000, S. 451-473 (Leasing in Frankreich).

FLUME, WERNER, Das Rechtsverhältnis des Leasing in zivilrechtlicher und steuerrechtlicher Sicht – Teil I, in: DB 1972, S. 1-6 (Rechtsverhältnis des Leasing).

FOSTER, GEORGE, Financial Statement Analysis, 2. Auflage, Englewood Cliffs 1986 (Financial Statement Analysis).

FRANKE, GÜNTER/HAX, HERBERT, Finanzwirtschaft des Unternehmens und Kapitalmarkt, 3. Auflage, Berlin et al. 1994 (Finanzwirtschaft).

FRANKEN, LARS, Gläubigerschutz durch Rechnungslegung nach US-GAAP, Frankfurt am Main 2001 (Gläubigerschutz).

FRANZ, ANDREA, Regulierungen des bundesdeutschen Kapitalmarktes, in: APOLTE, THOMAS/KESSLER, MARTIN (Hrsg.), Regulierung und Deregulierung im Systemvergleich, Heidelberg 1990, S. 247-262 (Regulierung).

FREIBERG, JENS, Bedeutung von Mieterdarlehen für die Leasingklassifizierung nach IFRS, in: PiR 2006, S. 92-93 (Bedeutung von Mieterdarlehen).

FREISLEBEN, NORBERT/LEIBFRIED, PETER, Warum IAS/IFRS-Abschlüsse nicht (miteinander) vergleichbar sind – Fehlende Detailregelungen, Auswirkungen von US-GAAP und Mangel an Kontrolle, in: KoR 2004, S. 101-109 (IAS/IFRS-Abschlüsse).

FUCHS, MARKUS, Leasingverhältnisse nach den International Accounting Standards, in: DB 1996, S. 1833-1836 (Leasingverhältnisse).

FUCHS, MARKUS/STIBI, BERND, IOSCO - SEC - EU-Kommission - Entscheidende Schritte auf dem Weg zu einer international anerkannten Rechnungslegung?, in: KoR 2000, S. 1-9 (IOSCO-SEC-EU-KOMMISSION).

FUCHS, MATTHIAS, Kapitalmarktorientierte Rechnungslegung: Ein Konzept unter Beibehaltung der handelsrechtlichen Ausschüttungsbemessungsfunktion, München 2007 (Kapitalmarktorientierte Rechnungslegung).

FÜLBIER, ROLF UWE, Regulierung der Ad-hoc-Publizität: ein Beitrag zur Ökonomischen Analyse des Rechts, Wiesbaden 1998 (Ad-hoc-Publizität).

FÜLBIER, ROLF UWE, Systemtauglichkeit der International Financial Reporting Standards für Zwecke der steuerlichen Gewinnermittlung, in: StuW 2006, S. 228-242 (International Financial Reporting Standards).

FÜLBIER, ROLF UWE/FEHR, JANE, Aktueller Diskussionsstand im IASB/FASB-Leasingprojekt: Weiter Richtung *full fair value*?, in: PiR 2008, S. 181-188 (IASB/FASB-Leasingprojekt).

FÜLBIER, ROLF UWE/FEHR, JANE, Die bilanzwirksame Gleichbehandlung aller Leasingverträge steht vor der Tür: Das IASB/FASB-Discussion Paper zu "Leases", in: WPg 2009, S. 673-676 (IASB/FASB-Discussion Paper).

FÜLBIER, ROLF UWE/PFERDEHIRT, HENRIK, Überlegungen des IASB zur künftigen Leasingbilanzierung: Abschied vom *off balance sheet approach*, in: KoR 2005, S. 275-285 (Leasingbilanzierung).

FURUBOTN, EIRIK G./PEJOVICH, SVETOZAR, Property Rights and Economic Theory: A Survey of Recent Literature, in: Journal of Economic Literature 1972, S. 1137-1162 (Property Rights and Economic Theory).

G

GAO, SIMON S., International Leasing: Its Financial and Accounting Application, Preston 1994 (Leasing).

GASSEN, JOACHIM, Rechnungslegung, in: JOST, PETER-J. (Hrsg.), Der Transaktionskostenansatz in der Betriebswirtschaftslehre, Stuttgart 2001, S. 395-413 (Rechnungslegung).

GASSEN, JOACHIM/FISCHKIN, MICHAEL/HILL, VERENA, Das Rahmenkonzept-Projekt des IASB und des FASB: Eine normendeskriptive Analyse des aktuellen Stands, in: WPg 2008, S. 874-882 (Rahmenkonzept-Projekt).

GEBHARD, JOACHIM, Finanzierungsleasing, Steuern und Recht: eine ökonomische Analyse, Wiesbaden 1990 (Finanzierungsleasing).

GIERSBERG, JENS/VÖGTLE, MARCUS, Bilanzielle Auswirkungen der Adjustierung von Operating-Leasingverhältnissen, in: FB 2007, S. 431-442 (Adjustierung von Operating-Leasingverhältnissen).

GITTER, WOLFGANG, Gebrauchsüberlassungsverträge, Tübingen 1988 (Gebrauchsüberlassungsverträge).

GLAUM, MARTIN/MANDLER, UDO, Rechnungslegung auf globalen Kapitalmärkten: HGB, IAS und US-GAAP, Wiesbaden 1996 (Rechnungslegung auf globalen Kapitalmärkten).

GODE, WOLFGANG, Institutionelle Anleger und ihre Erwartungen gegenüber den Gesellschaften, in: FEDDERSEN, DIETER/HOMMELHOFF, PETER/SCHNEIDER, UWE H. (Hrsg.), Corporate Governance: Optimierung der Unternehmensführung und der Unternehmenskontrolle im deutschen und amerikanischen Aktienrecht, Köln 1996, S. 316-323 (Anleger und ihre Erwartungen).

GODFREY, JAYNE M./WARREN, SUSAN M., Lessee Reactions to Regulation of Accounting for Leases, in: ABACUS 1995, S. 201-228 (Lessee Reactions to Regulation).

GÖBEL, ELISABETH, Neue Institutionenökonomik: Konzeption und betriebswirtschaftliche Anwendungen, Stuttgart 2002 (Neue Institutionenökonomik).

GÖLLER, KONRAD FRITZ, Kauf, Miete und Leasing nach International Financial Reporting Standards (IFRS), in: BÖRNER, CHRISTOPH J./EVERLING, OLIVER/ SOETHE, ROBERT (Hrsg.), Kauf, Miete und Leasing im Rating – Finanzierungswege langlebiger Wirtschaftsgüter sicher beurteilen, Wiesbaden 2008, S. 119-149 (Leasing nach IFRS).

GÖTHEL, STEPHAN R., Europäisches Bilanzrecht im Umbruch, in: DB 2001, S. 2057-2061 (Europäisches Bilanzrecht).

GÖTZ, JAN/SPANHEIMER, JÜRGEN, Zur Identifizierung von Leasingverhältnissen – Auswirkungen und Beurteilung von IFRIC D3 im Lichte erster Erfahrungen mit EITF 01-8, in: WPg 2004, S. 510-518 (Identifizierung von Leasingverhältnissen).

GÖTZ, JAN/SPANHEIMER, JÜRGEN, Nutzungsrechte im Anwendungsbereich von IAS 17 – Inhalt und Auswirkungen von IFRIC 4 zur Identifizierung von Leasingverhältnissen, in: BB 2005, S. 259-265 (Inhalt und Auswirkungen von IFRIC 4).

GOODACRE, ALAN, Assessing the potential impact of lease accounting reform: a review of the empirical evidence, in: Journal of Property Research 2003, S. 49-66 (Impact of lease accounting reform).

GOODE, ROY M., Equipment Leasing in England, in: FREIHERR MARSCHALL VON BIEBERSTEIN, WOLFGANG (Hrsg.), Leasingverträge im Handelsverkehr: Verhandlungen der Fachgruppe für vergleichendes Handels- und Wirtschaftsrecht anlässlich der Tagung für Rechtsvergleichung 1979 in Lausanne, Frankfurt am Main 1980, S. 59-88 (Leasing in England).

GRADOW, ALEXANDER, Bilanzierung von Leasinggeschäften - Rahmenkonzept für eine investoren-orientierte Neugestaltung der Leasingbilanzierung, Bamberg 2008 (Bilanzierung von Leasinggeschäften).

GRÄFER, HORST/BEIKE, ROLF/SCHELD GUIDO A., Finanzierung: Grundlagen, Institutionen, Instrumente und Kapitalmarkttheorie, 6. Auflage, Berlin 2008 (Finanzierung).

GRÄFER, HORST/DEMMING, CLAUDIA, Harmonisierung und Standardisierung der Rechnungslegung, in: GRÄFER, HORST/DEMMING, CLAUDIA (Hrsg.), Internationale Rechnungslegung, Stuttgart 1994, S. 1-22 (Harmonisierung).

GRAF VON WESTPHALEN, FRIEDRICH, Rechtliche Qualifizierung des Leasing – Steuer- und kreditrechtliche Fußnoten, in: BB 1988, S. 1829-1832 (Qualifizierung des Leasing).

GRAF VON WESTPHALEN, FRIEDRICH, Rechtliche Qualifizierung von Finanzierungsleasingverträgen, in: GRAF VON WESTPHALEN, FRIEDRICH (Hrsg.), Der Leasingvertrag, 6. Auflage, Köln 2008, S. 114-154 (Rechtliche Qualifizierung).

GRAF VON WESTPHALEN, FRIEDRICH, Ordentliche Beendigung des Leasingvertrages, in: GRAF VON WESTPHALEN, FRIEDRICH (Hrsg.), Der Leasingvertrag, 6. Auflage, Köln 2008, S. 498-554 (Beendigung des Leasingvertrages).

GRITTA, RICHARD D./LIPPMAN, ELLEN/CHOW, GARLAND, The Impact of the Capitalization of Leases on Airline Financial Analysis: An Issue Revisited, in: The Logistics and Transportation Review 1994, S. 189-202 (Capitalization of Leases).

GRUBER, THOMAS, Zur Reform der Leasing-Bilanzierung nach IFRS und US-GAAP – Probleme bei komplexeren Vertragsstrukturen, in: FLF 2008, S. 157-165 (Reform der Leasing-Bilanzierung).

GRUBER, THOMAS/KÜHNBERGER, MANFRED, Umstellung der Rechnungslegung von HGB auf US-GAAP: Bilanzrechtliche und bilanzpolitische Aspekte eines Systemwechsels, in: DB 2001, S. 1733-1740 (US-GAAP).

GÜNTHER, THOMAS/BEYER, DIRK, Value Based Reporting - Entwicklungspotentiale der externen Unternehmensberichterstattung, in: BB 2001, S. 1623-1630 (Value Based Reporting).

H

HÄUSER, KARL, Kapitalmarkt, in: BÜSCHGEN, HANS EGON (Hrsg.), Handwörterbuch der Finanzwirtschaft, Stuttgart 1976, Sp. 1058-1075 (Kapitalmarkt).

HALLER, AXEL, Die Grundlagen der externen Rechnungslegung in den USA, 4. Auflage, Stuttgart 1994 (Externe Rechnungslegung in den USA).

HALLER, AXEL, Positive Accounting Theory – Die Erforschung der Beweggründe bilanzpolitischen Verhaltens, in: DBW 1994, S. 597-612 (Positive Accounting Theory).

HALLER, AXEL, Wesentliche Ziele und Merkmale US-amerikanischer Rechnungslegung, in: BALLWIESER, WOLFGANG (Hrsg.), US-amerikanische Rechnungslegung: Grundlagen und Vergleiche mit dem deutschen Recht, 4. Auflage, Stuttgart 2000, S. 1-27 (Merkmale US-amerikanischer Rechnungslegung).

HARTMANN-WENDELS, THOMAS, Rechnungslegung der Unternehmen und Kapitalmarkt aus informationsökonomischer Sicht, Heidelberg 1991 (Rechnungslegung der Unternehmen).

HARTMANN-WENDELS, THOMAS, Agency-Theorie und Publizitätspflicht nichtbörsennotierter Kapitalgesellschaften, in: BFuP 1992, S. 412-425 (Agency-Theorie).

HARTMANN-WENDELS, THOMAS, Aus der Leasing-Forschung: Institutionenökonomische Ansätze, in: FLF 2003, S. 171-174 (Leasing-Forschung).

HARTUNG, SVEN, Anhang und Lagebericht im Spannungsverhältnis zwischen Bilanztheorie und Bilanzpolitik – eine theoretische und empirische Analyse, Aachen 2002 (Anhang und Lagebericht).

HASEWINKEL, VOLKER, Geldmarkt und Geldmarktpapiere, Frankfurt am Main 1993 (Geldmarkt).

HASTEDT, UWE-PETER, Gewinnrealisation beim Finanzierungs-Leasing, Wiesbaden 1992 (Finanzierungs-Leasing).

HASTEDT, UWE-PETER/MELLWIG, WINFRIED, Leasing – Rechtliche und ökonomische Grundlagen, Heidelberg 1998 (Leasing).

HAVERMANN, HANS, Internationale Entwicklungen in der Rechnungslegung, in: BALLWIESER, WOLFGANG et al. (Hrsg.), Bilanzrecht und Kapitalmarkt: Festschrift zum 65. Geburtstag von Professor Dr. Dr. h.c. Dr. h.c. Adolf Moxter, Düsseldorf 1994, S. 655-677 (Entwicklungen in der Rechnungslegung).

HAX, HERBERT, Rechnungslegungsvorschriften – Notwendige Rahmenbedingungen für den Kapitalmarkt?, in: DOMSCH, MICHAEL/EISENFÜHR, FRANZ/ORDELHEIDE, DIETER/PERLITZ, MANFRED (Hrsg.), Unternehmenserfolg: Planung – Ermittlung – Kontrolle, Wiesbaden 1988, S. 187-201 (Rechnungslegungsvorschriften).

HAX, HERBERT, Theorie der Unternehmung – Information, Anreize und Vertragsgestaltung, in: ORDELHEIDE, DIETER/RUDOLPH, BERND/BÜSSELMANN, ELKE (Hrsg.), Betriebswirtschaftslehre und ökonomische Theorie, Stuttgart 1991, S. 51-72 (Theorie der Unternehmung).

HEINTGES, SEBASTIAN, Bilanzkultur und Bilanzpolitik in den USA und in Deutschland: Einflüsse auf die Bilanzpolitik börsennotierter Unternehmen, 2. Auflage, Sternenfels 1997 (Bilanzkultur in den USA).

HEINZE, STEPHAN, Europäisches Kapitalmarktrecht: Recht des Primärmarktes, München 1999 (Europäisches Kapitalmarktrecht).

HEITMÜLLER, HANS-MICHAEL, Mittelstand und IFRS – aus Sicht einer deutschen Leasinggesellschaft, in: KÜTING, KARLHEINZ/PFITZER, NORBERT/WEBER, CLAUS-PETER (Hrsg.), Internationale Rechnungslegung: Standortbestimmung und Zukunftsperspektiven: Kapitalmarktorientierte Rechnungslegung und integrierte Unternehmenssteuerung, Stuttgart 2006, S. 83-111 (IFRS aus Sicht einer Leasinggesellschaft).

HELMSCHROTT, HARALD, Leasinggeschäfte in der Handels- und Steuerbilanz, Wiesbaden 1997 (Leasinggeschäfte).

HELMSCHROTT, HARALD, Zum Einfluss von SIC 12 und IAS 39 auf die Bestimmung des wirtschaftlichen Eigentums bei Leasingvermögen nach IAS 17, in: WPg 2000, S. 426-429 (Einfluss von SIC 12).

HELMSCHROTT, HARALD, Leasingbilanzierung im Umbruch – Betrachtung unterschiedlicher Konzepte der Bilanzierung von Leasinggeschäften unter besonderer Berücksichtigung neuerer Vorschläge von McGregor, Tweedie und Mellwig, Aachen 2000 (Leasingbilanzierung im Umbruch).

HELMSCHROTT, HARALD, Die Anwendung von IAS 40 (investment property) auf Immobilien-Leasingobjekte, in: DB 2001, S. 2457-2459 (Anwendung von IAS 40).

HENNEBERGER, MICHAEL/KEINE, SONJA, Die Internationalisierung der Rechnungslegung: Auswirkung auf die Restwert- und Refinanzierungspolitik von Leasing-Gesellschaften, in: FLF 2003, S. 175-179 (Internationalisierung der Rechnungslegung).

HENNRICHS, JOACHIM, Wahlrechte im Bilanzrecht der Kapitalgesellschaften unter besonderer Berücksichtigung der EG-Bilanz-Richtlinie, Köln 1999 (Wahlrechte im Bilanzrecht).

HEPERS, LARS, Entscheidungsnützlichkeit der Bilanzierung von Intangible Assets in den IFRS – Analyse der Regelungen des IAS 38 unter besonderer Berücksichtigung der ergänzenden Regelungen des IAS 36 sowie des IFRS 3, Lohmar-Köln 2005 (Entscheidungsnützlichkeit).

HERBIG, PAUL A./KRAMER, HUGH, The Effect of Information Overload on the Innovation Choice Process: Innovation Overload, in: Journal of Consumer Marketing 1994, Nr. 2, S. 45-54 (Effect of Information Overload).

HEUMANN, RAINER, Value Reporting in IFRS-Abschlüssen und Lageberichten, Düsseldorf 2005 (Value Reporting).

HEYD, REINHARD, Leasing im Bilanz- und Steuerrecht, in: GRAF VON WESTPHALEN, FRIEDRICH (Hrsg.), Der Leasingvertrag, 6. Auflage, Köln 2008, S. 1-113 (Leasing im Bilanzrecht).

HEYD, REINHARD/LUTZ-INGOLD, MARTIN, Immaterielle Vermögenswerte und Goodwill nach IFRS, München 2005 (Immaterielle Vermögenswerte nach IFRS).

HIELSCHER, UDO, Börsen und Börsengeschäfte, in: WITTMANN, WALDEMAR/KERN, WERNER/KÖHLER, RICHARD/KÜPPER, HANS-ULRICH/WYSOCKI, KLAUS V. (Hrsg.), Handwörterbuch der Betriebswirtschaft, 5. Auflage, Stuttgart 1993, Sp. 569-577 (Börsen).

HILKE, WOLFGANG, Markt, Marktformen und Marktverhaltensweisen, in: WITTMANN, WALDEMAR/KERN, WERNER/KÖHLER, RICHARD/KÜPPER, HANS-ULRICH/WYSOCKI, KLAUS V. (Hrsg.), Handwörterbuch der Betriebswirtschaft, 5. Auflage, Stuttgart 1993, Sp. 2769-2782 (Markt).

HINZ, MICHAEL, Der Konzernabschluss als Instrument zur Informationsvermittlung und Ausschüttungsbemessung, Wiesbaden 2002 (Informationsvermittlung).

HITZ, JÖRG-MARKUS, Rechnungslegung zum fair value – Konzeption und Entscheidungsnützlichkeit, Frankfurt am Main 2005 (Rechnungslegung zum Fair Value).

HITZ, JÖRG-MARKUS, *Fair value* in der IFRS-Rechnungslegung – Konzeption, Inhalt und Zweckmäßigkeit, in: WPg 2005, S. 1013-1027 (Fair Value).

HITZ, JÖRG-MARKUS/KUHNER, CHRISTOPH, Die Neuregelung zur Bilanzierung des derivativen Goodwill nach SFAS 141 und 142 auf dem Prüfstand, in: WPg 2002, S. 273-287 (Neuregelung zur Bilanzierung).

HOFFMANN, WOLF-DIETER/LÜDENBACH, NORBERT, Zur Offenlegung der Ermessensspielräume bei der Erstellung des Jahresabschlusses – Rechnungslegung in euklidischen Räumen?, in: DB 2003, S. 1965-1969 (Offenlegung der Ermessensspielräume).

HOMMEL, MICHAEL, Internationale Bilanzrechtskonzeptionen und immaterielle Vermögensgegenstände, in: ZfbF 1997, S. 345-369 (Bilanzrechtskonzeptionen)

HOMMEL, MICHAEL, Bilanzierung immaterieller Anlagewerte, Stuttgart 1998 (Bilanzierung immaterieller Anlagewert).

HOMMEL, MICHAEL/WÜSTEMANN, JENS, Synopse der Rechnungslegung nach HGB und IFRS - Eine qualitative Gegenüberstellung, München 2006 (Synopse der Rechnungslegung).

HOOPS, STEFAN, Ansätze zur Lösung der Schuldenprobleme von Schwellenländern durch innovative Kapitalmarktinstrumente, Hamburg 2008 (Lösung der Schuldenprobleme).

HOPT, KLAUS J., Vom Aktien- und Börsenrecht zum Kapitalmarktrecht?, in: ZHR 1977, S. 389-441 (Kapitalmarktrecht).

HOPT, KLAUS J., Die Publizität von Kapitalgesellschaften: Grundsätzliche Überlegungen zum Stand nach der 4. EG-Richtlinie und zur Reformdiskussion in den USA, in: ZGR 1980, S. 225-253 (Publizität von Kapitalgesellschaften).

HOPT, KLAUS J., Insiderwissen und Interessenkonflikte im europäischen und deutschen Bankrecht, in: KÜBLER, FRIEDRICH/MERTENS, HANS-JOACHIM/WERNER, WINFRIED (Hrsg.), Festschrift für Theodor Heinsius zum 65. Geburtstag am 25. September 1991, Berlin et al. 1991, S. 289-322 (Insiderwissen und Interessenkonflikte).

HÜFNER, BERND, Fundamentale Aktienbewertung und Rechnungslegung: eine konzeptionelle Eignungsanalyse, Frankfurt am Main 2000 (Fundamentale Aktienbewertung).

HULLE, KAREL VAN, Angleichung und/oder gegenseitige Anerkennung, in: BAETGE, JÖRG (Hrsg.), Rechnungslegung und Prüfung - Perspektiven für die neunziger Jahre, Düsseldorf 1993, S. 191-205 (Angleichung und Anerkennung).

I

IASB (Hrsg.), IASB Update May 2003 – Board Decisions on International Accounting Standards (IASB Update May 2003).

IASB (Hrsg.), IASB Update April 2006 – Board Decisions on International Financial Accounting Standards (IASB Update April 2006).

IASB (Hrsg.), IASB Update July 2006 – Board Decisions on International Financial Accounting Standards (IASB Update July 2006).

IASB (Hrsg.), Information for Observers, IASB Meeting: July 19, 2006, London, Project: Leases – Leasing (Agenda Paper 9), http://www.iasb.org/NR/rdonlyres/96E867CB-913F-47BD-B7B0-AC6945181752/0/ObNotes_LP0607ob09.pdf (Stand: 21.10.2009) (Information for Observers – IASB Meeting July 2006).

IASB (Hrsg.), IASB Update March 2007 – Board Decisions on International Financial Accounting Standards (IASB Update March 2007).

IASB (Hrsg.), Information for Observers, IASB Meeting: March 22, 2007, London, Project: Leases – Identification of assets and liabilities arising in a simple lease (Agenda Paper 12A), http://www.iasb.org/NR/rdonlyres/00D4398B-8A78-41F4-A3F4-7EE0387F9757/0/Leases0703b12aobs.pdf (Stand: 21.10.2009) (Information for Observers – IASB Meeting March 2007).

IASB (Hrsg.), IASB Update April 2007 – Board Decisions on International Financial Accounting Standards (IASB Update April 2007).

IASB (Hrsg.), Information for Observers, IASB Meeting: June 19, 2007, London, Project: Leases – Measurement of a Lessee's Right to Use Asset (Agenda Paper 4B), http://www.iasb.org/NR/rdonlyres/655DE35F-3049-4677-A156-87E10AED 2060/0/Leases0706b04bobs.pdf (Stand: 21.10.2009) (Information for Observers – IASB Meeting June 2007(B)).

IASB (Hrsg.), IASB Update June 2007 – Board Decisions on International Financial Accounting Standards (IASB Update June 2007).

IASB (Hrsg.), IASB Update July 2008 – Board Decisions on International Financial Accounting Standards (IASB Update July 2008).

IASB (Hrsg.), IASB Update November 2008 – Board Decisions on International Financial Accounting Standards (IASB Update November 2008).

IASB (Hrsg.), IASB Update January 2008 – Board Decisions on International Financial Accounting Standards (IASB Update January 2008).

IASB (Hrsg.), Discussion Paper DP/2009/1, Leases – Preliminary Views, London 2009 (Discussion Paper – Leases).

IASB (Hrsg.), IASB Work Plan, http://www.iasb.org/Current+Projects/IASB+Projects/IASB+Work+Plan.htm (Stand: 21.10.2009) (Work Plan).

IASB (Hrsg.), IASB Update June 2009 – Board Decisions on International Financial Accounting Standards (IASB Update June 2009).

IASB/FASB (Hrsg.), Information for Observers: Leases Working Group Meeting: October 7, 2008, Agenda Paper – Draft IASB Invitation to Comment – IASB discussion paper on Leases, http://www.iasb.org/NR/rdonlyres/B40E2BA2-B1CA-4361-9024-78E71454BF37/0/Leases_Observer_Note.pdf (Stand: 21.10.2009) (Staff draft of the Leases discussion paper).

IASB/FASB (Hrsg.), Leases – Comment Letter Summary, http://www.iasb.org/NR/rdonlyres/66BF0DCB-2A78-4F30-A6B8-DC5E018C066D/0/Leases0909b06A obs.pdf (Stand: 21.10.2009) (Comment Letter Summary).

IASC (Hrsg.), G4+1 Position Paper: Leases: Implementation of a New Approach, London 2000 (G4+1 Position Paper).

IMHOFF, EUGENE A./LIPE, ROBERT C./WRIGHT, DAVID W., Operating Leases: Impact of Constructive Capitalization, in: Accounting Horizons 1991, S. 51-63 (Impact of Constructive Capitalization).

IMHOFF, EUGENE A./THOMAS, JACOB K., Economic Consequences of Accounting Standards – The Lease Disclosure Rule Change, in: Journal of Accounting and Economics 1988, S. 277-310 (Economic Consequences).

INWINKL, PETRA, Die neue Prüfgruppe der EU-Kommission und das neue Verfahren zur Anerkennung der IFRS, in: WPg 2007, S. 289-295 (Verfahren zur Anerkennung der IFRS).

IOSCO (Hrsg.), IASC Standards – Assessment Report of the Technical Committee of the International Organization of Securities Commissions, 2000, http://www.iosco.org/library/pubdocs/pdf/ioscopd109.pdf (Stand: 21.10.2009) (IASC Standards – Assessment Report).

J

JACOBI, ARNE, Analyse bilanztheoretischer Grundlagen der International Accounting Standards als Basis für deren Interpretation und Weiterentwicklung, Aachen 2003 (Analyse bilanztheoretischer Grundlagen).

JACOBS, OTTO J., Entnahmefähiger Gewinn und Unternehmensbewertung in Zeiten steigender Preise, in: BERGNER, HEINZ (Hrsg.), Planung und Rechnungswesen in der Betriebswirtschaftslehre, Berlin 1981, S. 379-405 (Entnahmefähiger Gewinn und Unternehmensbewertung).

JACOBY, JACOB, Perspectives on Information Overload, in: Journal of Consumer Research 1984, S. 432-435 (Information Overload).

JÄGER, RAINER/HIMMEL, HOLGER, Die Fair Value-Bewertung immaterieller Vermögenswerte vor dem Hintergrund der Umsetzung internationaler Rechnungslegungsstandards, in: BFuP 2003, S. 417-440 (Fair Value-Bewertung).

JANSCH, TORSTEN ADAM, Die Rolle der Aktionäre in Publikumsgesellschaften, Wiesbaden 1999 (Aktionäre in Publikumsgesellschaften).

JUHNKE, ROBBIN, Die Trennung von Eigentum und Verfügungsgewalt in der deutschen Publikums-Aktiengesellschaft und der Funktionswandel ihrer Organe, Frankfurt am Main 1995 (Trennung von Eigentum und Verfügungsgewalt).

JUNG, UDO, Average Prudent Investor (API), in: LÜCK, WOLFGANG (Hrsg.), Lexikon der Rechnungslegung und Abschlussprüfung, 4. Auflage, München et al. 1998 (API).

K

KAHLE, HOLGER, Informationsversorgung des Kapitalmarkts über internationale Rechnungslegungsstandards, in: KoR 2002, S. 95-107 (Informationsversorgung).

KAHLE, HOLGER, Internationale Rechnungslegung und ihre Auswirkungen auf Handels- und Steuerbilanz, Wiesbaden 2002 (Internationale Rechnungslegung).

KAHLE, HOLGER, Bilanzieller Gläubigerschutz und internationale Rechnungslegungsstandards, in: ZfB 2002, S. 695-711 (Bilanzieller Gläubigerschutz).

KAISER, THOMAS, IFRS aus Investorensicht, in: KÜTING, KARLHEINZ/PFITZER, NORBERT/WEBER, CLAUS-PETER (Hrsg.), Internationale Rechnungslegung: Standortbestimmung und Zukunftsperspektiven - Kapitalmarktorientierte Rechnungslegung und integrierte Unternehmenssteuerung, Stuttgart 2006, S. 131-158 (Investorensicht).

KAMPMANN, HELGA, Die Kapitalstruktur der Unternehmung in der handelsrechtlichen Rechnungslegung: Ökonomische Theorie des Bilanzrechts und Prinzipien der Bilanzierung einfacher und hybrider Kapitalformen, Bielefeld 2001 (Kapitalstruktur der Unternehmung).

KAMPMANN, HELGA/SCHWEDLER, KRISTINA, Zum Entwurf eines gemeinsamen Rahmenkonzepts von IASB und FASB – Rechnungslegungsziele und qualitative Anforderungen, in: KoR 2006, S. 521-530 (Rahmenkonzepte von IASB und FASB).

KEITZ, ISABEL VON, Praxis der IASB-Rechnungslegung – Best practice von 100 IFRS-Anwendern, 2. Auflage, Stuttgart 2005 (Praxis der IASB-Rechnungslegung).

KELLER, KEVIN LANE/STAELIN, RICHARD, Effects of Quality and Quantity of Information on Decision Effectiveness, in: Journal of Consumer Research 1987, S. 200-213 (Quantity of Information).

KIENER, STEFAN, Die Principal-Agent-Theorie aus informationsökonomischer Sicht, Heidelberg 1990 (Informationsökonomische Sicht).

KIRCHNER, CHRISTIAN, Bilanzrecht und neue Institutionenökonomik: Interdisziplinäre Überlegungen, in: BUDDE, WOLFGANG DIETER/MOXTER, ADOLF/OFFERHAUS, KLAUS (Hrsg.), Handelsbilanzen und Steuerbilanzen: Festschrift zum 70. Geburtstag von Professor Dr. h.c. Heinrich Beisse, Düsseldorf 1997, S. 267-283 (Bilanzrecht und neue Institutionenökonomik).

KIRCHNER, CHRISTIAN, Der Wettbewerbsfaktor „Entscheidungsnützlichkeit von Rechnungslegungsinformationen“: eine institutionenökonomische Analyse, in: SCHILDBACH, THOMAS/WAGENHOFER, ALFRED (Hrsg.), Wettbewerb und Unternehmensrechnung, ZfbF-Sonderheft 45, Düsseldorf 2000, S. 41-68 (Entscheidungsnützlichkeit von Rechnungslegungsinformationen).

KIRSCH, HANNO, Gestaltungspotential durch verdeckte Bilanzierungswahlrechte nach IAS/IFRS, in: BB 2003, S. 1111-1116 (Verdeckte Bilanzierungswahlrechte).

KIRSCH, HANNO, Leasingbilanzierung nach IAS im Vergleich zum deutschen Recht, in: WiSt 2003, S. 500-504 (Leasingbilanzierung nach IAS).

KIRSCH, HANNO, Sale-and-Leaseback-Vorgänge in Bilanz und GuV - Eine Fallstudie zur Leasingbilanzierung nach IAS 17, in: KoR 2006, S. 220-226 (Sale-and-Leaseback).

KIRSCH, HANS-JÜRGEN, Zur Frage der Umsetzung der Mitgliedstaatenwahlrechte der EU-Verordnung zur Anwendung der IAS/IFRS, in: WPg 2003, S. 275-278 (Umsetzung der Mitgliedstaatenwahlrechte).

KITTNER, WILLY ANDREAS, Die europäische Rechnungslegungsharmonisierung unter dem zunehmenden Einfluß der International Accounting Standards und der US-amerikanischen Rechnungslegungsstandards, Aachen 2001 (Rechnungslegungsharmonisierung).

KLEEKÄMPER, HEINZ, Rechnungslegung aus Sicht des IASC, in: BAETGE, JÖRG (Hrsg.), Die deutsche Rechnungslegung vor dem Hintergrund internationaler Entwicklungen: Vorträge und Diskussionen aus nationaler und internationaler Sicht zum 10. Münsterischen Tagesgespräch "Haben die deutschen Rechnungslegungsvorschriften noch eine Chance?", Düsseldorf 1994, S. 41-65 (Rechnungslegung).

KLEIN, GABRIELE, Internationale Rechnungslegung und Konzernabschluss: Entwicklung eines Sollkonzeptes für den zukünftigen Standardsetzungsprozess, Wiesbaden 2003 (Internationale Rechnungslegung).

KNAPP, LOTTE, Was darf der Kaufmann als seine Vermögensgegenstände bilanzieren?, in: DB 1971, S. 1121-1129 (Vermögensgegenstände).

KNOP, OLIVER-CHRISTIAN, Kapitalkosten und internationale Unternehmensakquisition, Wiesbaden 1992 (Unternehmensakquisition).

KOBISCH, SYLVIA/HUNDT, IRINA/NEITZ, BERND, Das Konvergenzprojekt des IASB und des FASB – eine Prognose, in: PiR 2007, S. 345-350 (Konvergenzprojekt des IASB und des FASB).

KOCH, ERNST-GERALD, Störungen beim Finanzierungs-Leasing, Berlin 1981 (Störungen beim Finanzierungs-Leasing).

KOCH, HANS-DIETER/SCHMIDT, REINHARD H., Ziele und Instrumente des Anlegerschutzes, in: BFuP 1981, S. 231-250 (Anlegerschutz).

KÖHLERTZ, KLAUS, Die Bilanzierung von Leasing: die deutschen Bilanzierungskonventionen für Leasing im Vergleich zu den US-amerikanischen Vorschriften, München 1989 (Bilanzierung von Leasing).

KÖTZLE, ALFRED/NIGGEMANN, MARKUS, Value Reporting, in: ACHLEITNER, ANN-KRISTIN/BASSEN, ALEXANDER (Hrsg.), Investor Relations am Neuen Markt – Zielgruppen, Instrumente, rechtliche Rahmenbedingungen und Kommunikationsinhalte, Stuttgart 2001, S. 633-651 (Value Reporting).

KOHL, HELMUT/WALZ, RAINER, Kapitalmarktrecht als Aufgabe, in: AG 1977, S. 29-34 (Kapitalmarktrecht).

KOHLER-GEHRIG, ELEONORA, Einführung in das Recht: Technik und Methoden der Rechtsfindung, Heidelberg 1997 (Einführung in das Recht).

KOMMISSION RECHNUNGSWESEN, Reformvorschläge zur handelsrechtlichen Rechnungslegung, in: DBW 1979, S. 1-70 (Reformvorschläge).

KPMG (Hrsg.), US-GAAP: Rechnungslegung nach US-amerikanischen Grundsätzen, Grundlagen der US-GAAP und SEC-Vorschriften, 4. Auflage, Berlin 2006 (US-GAAP).

KRATZER, JOST/KREUZMAIR, BENNO, Leasing in Theorie und Praxis - Leitfaden für Anbieter und Anwender, 2. Auflage, Wiesbaden 2002 (Leasing in Theorie und Praxis).

KRAUSE, DIETER, Die zivilrechtlichen Grundlagen des Leasing-Verfahrens, Köln 1967 (Grundlagen des Leasing-Verfahrens).

KRESS, SABINE L., Effizienzorientierte Kapitalmarktregulierung: eine Analyse aus institutionenökonomischer Perspektive, Wiesbaden 1996 (Kapitalmarktregulierung).

KREUZMAIR, BENNO, Falsche Freunde: Missverständliche Leasing-Begriffe klarstellen – Zum richtigen Gebrauch eindeutiger Leasing-Begriffe, in: FLF 2005, S. 34-38 (Leasing-Begriffe).

KRÖNERT, BJÖRN, Grundsätze informationsorientierter Rechnungslegung: Eine Untersuchung über die Erfüllung der Informationsfunktion von Jahresabschlüssen durch die US-GAAP, Sternenfels 2001 (Grundsätze informationsorientierter Rechnungslegung).

KRONKE, HERBERT, Finanzierungsleasing in rechtsvergleichender Sicht, in: GRUNSKY, WOLFGANG/LIEB, MANFRED/MEDICUS, DIETER (Hrsg.), Grundfragen des Finanzierungsleasing, Tübingen 1990, S. 383-408 (Finanzierungsleasing in rechtsvergleichender Sicht).

KRUSCHWITZ, LUTZ, Investitionsrechnung, 11. Auflage, Berlin 2007 (Investitionsrechnung).

KUBIN, KONRAD W., Der Aktionär als Aktienkunde – Anmerkungen zum Shareholder Value, zur Wiedervereinigung der internen und externen Rechnungslegung und zur globalen Verbesserung der Berichterstattung, in: MÖLLER, HANS PETER/SCHMIDT, FRANZ (Hrsg.), Rechnungswesen als Instrument für Führungsentscheidungen, Stuttgart 1998, S. 525-558 (Aktionär als Aktienkunde).

KÜBLER, FRIEDRICH, Transparenz am Kapitalmarkt, in: AG 1977, S. 85-92 (Transparenz).

KÜBLER, FRIEDRICH, Vorsichtsprinzip versus Kapitalmarktinformation – Bilanzprobleme aus der Perspektive der Gesellschaftsrechtsvergleichung, in: FÖRSCHLE, GERHART/KAISER, KLAUS/MOXTER, ADOLF (Hrsg.), Rechenschaftslegung im Wandel, München 1995, S. 361-375 (Kapitalmarktinformation).

KÜHNE, MAREIKE, Kapitalmarktorientierte Rechnungslegung nach US-GAAP: Weiterentwicklung deutscher Rechnungslegungsregeln vor dem Hintergrund US-amerikanischer Einflüsse, Bielefeld 2002 (Rechnungslegung nach US-GAAP).

KÜMPEL, SIEGFRIED, Kapitalmarktrecht – Eine Einführung, 3. Auflage, Berlin 2004 (Kapitalmarktrecht).

KÜMPEL, THOMAS/BECKER, MICHAEL, Bilanzielle Zurechnung von Leasingobjekten nach IAS 17, in: DStR 2006, S. 1471-1477 (Zurechnung von Leasingobjekten).

KÜMPEL, THOMAS/BECKER, MICHAEL, Leasing nach IFRS – Beurteilung, Bilanzierung und Berichtspflichten, München 2006 (Leasing nach IFRS).

KÜMPEL, THOMAS/BECKER, MICHAEL, Bilanzierung nachträglicher Änderungen von Leasingvereinbarungen nach IFRS, in: PiR 2006, S. 243-250 (Bilanzierung nachträglicher Änderungen).

KÜMPEL, THOMAS/BECKER, MICHAEL, Besonderheiten bei der Klassifizierung von Immobilien-Leasingverhältnissen im IFRS-Regelwerk, in: PiR 2006, S. 81-86 (Immobilien-Leasingverhältnisse).

KÜMPEL, THOMAS/BECKER, MICHAEL, Identifizierung, Isolierung und Bilanzierung verdeckter Leasingkomponenten nach Maßgabe von IFRIC 4 und IAS 17, in: PiR 2008, S. 1-7 (Verdeckte Leasingkomponenten).

KÜTING, KARLHEINZ/HELLEN, HEINZ-HERMANN/BRAKENSIEK, SONJA, Leasing in der nationalen und internationalen Bilanzierung – Eine vergleichende Darstellung unter Berücksichtigung neuer Ansätze, in: BB 1998, S. 1465-1473 (Leasing).

KÜTING, KARLHEINZ/HELLEN, HEINZ-HERMANN/BRAKENSIEK, SONJA, Die Bilanzierung von Leasinggeschäften nach IAS und US-GAAP, in: DStR 1999, S. 39-44 (Bilanzierung von Leasinggeschäften).

KÜTING, KARLHEINZ/HELLEN, HEINZ-HERMANN/BRAKENSIEK, SONJA, Leasingbilanzierung: Vorschlag zur Neuausrichtung nach dem Positionspapier der G4+1 Working Group, in BB 2000, S. 1720-1721 (Positionspapier der G4+1 Working Group).

KÜTING, KARLHEINZ/HELLEN, HEINZ-HERMANN/KOCH, CHRISTIAN, Das Leasingverhältnis: Begriffsabgrenzung nach IAS 17 und IFRIC 4 sowie kritische Würdigung, in: KoR 2006, S. 649-657 (Begriffsabgrenzung).

KÜTING, KARLHEINZ/RANKER, DANIEL, Tendenzen zur Auslegung der endorsed IFRS als sekundäres Gemeinschaftsrecht, in: BB 2004, S. 2510-2515 (Tendenzen zur Auslegung der endorsed IFRS).

KÜTING, KARLHEINZ/REUTER, MICHAEL, Bilanzierung im Spannungsfeld unterschiedlicher Adressaten, in: DSWR 2004, S. 230-233 (Bilanzierung im Spannungsfeld).

KÜTING, KARLHEINZ/WEBER, CLAUS-PETER, Internationale Bilanzierung: Rechnungslegung in den USA, Japan und Europa, Herne et al. 1994 (Internationale Bilanzierung).

KUHLEWIND, ANDREAS-MARKUS, Grundlagen einer Bilanzrechtstheorie in den USA, Frankfurt am Main 1997 (Bilanzrechtstheorie in den USA).

KUHNER, CHRISTOPH, Das Spannungsverhältnis zwischen Einzelfallgerechtigkeit und Willkürfreiheit – in Recht und in der Rechnungslegung, in: BFuP 2001, S. 523-542 (Spannungsverhältnis).

KUPSCH, PETER, Einheitlichkeit und Stetigkeit der Bewertung gemäß § 252 Abs. 1 Nr. 6 HGB (Teil I), in: DB 1987, S. 1101-1105 (Stetigkeit der Bewertung (Teil I)).

KUPSCH, PETER, Einheitlichkeit und Stetigkeit der Bewertung gemäß § 252 Abs. 1 Nr. 6 HGB (Teil II), in: DB 1987, S. 1157-1161 (Stetigkeit der Bewertung (Teil II)).

KUPSCH, PETER/ACHTERT, FRANK, Der Grundsatz der Bewertungseinheitlichkeit in Handels- und Steuerbilanz, in: BB 1997, S. 1403-1411 (Bewertungseinheitlichkeit).

KUßMAUL, HEINZ, Nutzungsrechte an Grundstücken in Handels- und Steuerbilanz, Hamburg 1987 (Nutzungsrechte).

L

LABHART, PETER, A., Value reporting: Informationsbedürfnisse des Kapitalmarktes und Wertsteigerung durch reporting, Zürich 1999 (Value reporting).

LANFERMANN, GEORG/RÖHRICHT, VICTORIA, Auswirkungen des geänderten IFRS-Endorsement-Prozesses auf die Unternehmen, in: BB 2008, S. 826-830 (IFRS-Endorsement-Prozess).

LANFRANCONI, CLAUDE/WIEDMANN, CHRISTINE, Operating leases and off-balances-sheet accounting, in: Ivey Business Journal 2000, S. 61-65 (Operating leases).

LANGE, CHRISTOPH, Jahresabschlussinformationen und Unternehmensbeurteilung, Stuttgart 1989 (Jahresabschlussinformationen und Unternehmensbeurteilung).

LARENZ, KARL, Methodenlehre der Rechtswissenschaft, 6. Auflage, Berlin et al. 1991 (Methodenlehre).

LARISCH, STEFAN, Kreditsicherheiten bei asymmetrischer Information, Frankfurt am Main et al. 2002 (Kreditsicherheiten).

LAUX, HELMUT, Entscheidungstheorie, 7. Auflage, Berlin et al. 2007 (Entscheidungstheorie).

LEENEN, DETLEF, Typus und Rechtsfindung. Die Bedeutung der typologischen Methode für die Rechtsfindung dargestellt am Vertragsrecht des BGB, Berlin 1971 (Typus und Rechtsfindung).

LEFFSON, ULRICH, Grundsätze ordnungsmäßiger Bilanzierung, deren Entstehung und Ermittlung, in: WPg 1959, S. 653-658 (Grundsätze ordnungsmäßiger Bilanzierung).

LEFFSON, ULRICH, Bilanzanalyse, 3. Auflage, Stuttgart 1984 (Bilanzanalyse).

LEFFSON, ULRICH, Bild der tatsächlichen Verhältnisse, in: LEFFSON, ULRICH/RÜCKLE, DIETER/GROßFELD, BERNHARD (Hrsg.), Handwörterbuch unbestimmter Rechtsbegriffe im Bilanzrecht des HGB, Köln 1986, S. 94-105 (Bild der tatsächlichen Verhältnisse).

LEFFSON, ULRICH, Wesentlich, in: LEFFSON, ULRICH/RÜCKLE, DIETER/GROßFELD, BERNHARD (Hrsg.), Handwörterbuch unbestimmter Rechtsbegriffe im Bilanzrecht des HGB, Köln 1986, S. 434-447 (Wesentlich).

LEFFSON, ULRICH, Die Grundsätze ordnungsmäßiger Buchführung, 7. Auflage, Düsseldorf 1987 (Grundsätze ordnungsmäßiger Buchführung).

LEIBFRIED, PETER/KLEIBOLD, THORSTEN, Neuregelung der Leasingbilanzierung im IFRS-Abschluss des Leasingnehmers, in: KoR 2009, S. 408-413 (Neuregelung der Leasingbilanzierung).

LEIBFRIED, PETER/MEIXNER, PHILIPP, Konvergenz der Rechnungslegung – Bestandsaufnahme und Versuch einer Prognose, in: Der Schweizer Treuhänder 2006, S. 210-215 (Konvergenz der Rechnungslegung).

LEIBFRIED, PETER/ROGOWSKI, CARMEN, Mögliche zukünftige Leasingbilanzierung nach IFRS – Empirische Untersuchung der bilanziellen Auswirkungen auf DAX- und MDAX-Unternehmen, in: KoR 2005, S. 552-555 (Leasingbilanzierung nach IFRS).

LEIPOLD, HELMUT, Theorie der Property Rights: Forschungsziele und Anwendungsbereiche, in: WiSt 1978, S. 518-525 (Theorie der Property Rights).

LENZ, PETER, Die Bilanzierung von Mobilien-Leasingverträgen gemäß deutschem Handelsrecht und U.S.-Generally Accepted Accounting Principles: Ein kritischer Vergleich, Saarbrücken 1997 (Bilanzierung von Mobilien-Leasingverträgen).

LEWICKI, BERNHARD, G4+1 – Vorstufe eines globalen Standardsetters - Internationale Kooperationen von FASB und IASC, in: Der Betriebswirt 2001, S. 8-14 (G4+1).

LIEB, MANFRED, Das Leitbild des Finanzierungs-Leasing im Spannungsfeld von Vertragsfreiheit und Inhaltskontrolle, in: DB 1988, S. 946-954 (Finanzierungs-Leasing im Spannungsfeld).

LINDEMANN, JENS, Rechnungslegung und Kapitalmarkt – Eine theoretische und empirische Analyse, Lohmar-Köln 2004 (Rechnungslegung und Kapitalmarkt).

LINDEMANN, JENS, Kapitalmarktrelevanz der Rechnungslegung – Konzepte, Methodik und Ergebnisse empirischer Forschung, in: ZfB 2006, S. 967-1003 (Kapitalmarktrelevanz der Rechnungslegung).

LIPE, ROBERT C., Lease Accounting Research and the G4+1 Proposal, in: Accounting Horizons 2001, S. 299-310 (Lease Accounting).

LITTMANN, EBERHARD, Leasing in der Steuerbilanz - Eine Betrachtung zum Urteil des BFH vom 26.1.1970 IV R 144/66, in: DStR 1970, S. 261-269 (Leasing in der Steuerbilanz).

LÖCKE, JÜRGEN, Steuerrechtliche Aktivierungsgrundsätze und Property-Rights-Theorie – Ein neuer Ansatz der interdisziplinären Zusammenarbeit im Bilanzrecht?, in: StuW 1998, S. 124-132 (Property-Rights-Theorie).

LÖHR, DIRK, Die handelsrechtliche Bilanzierung und Bewertung des Stillhalterrisikos aus Realoptionen, in: WPg 2000, S. 597-605 (Realoptionen).

LORENZ, KARSTEN, Leasingverhältnisse, in: LÖW, EDGAR (Hrsg.), Rechnungslegung für Banken nach IFRS – Praxisorientierte Einteldarstellungen, 2. Auflage, Wiesbaden 2005, S. 689-734 (Leasingverhältnisse).

LORSON, PETER/GATTUNG, ANDREAS, Die Forderung nach einer „faithful representation“ – Verhältnis zur Objektivität, Neutralität und Nachprüfbarkeit, in: KoR 2008, S. 556-565 (Faithful representation).

LÜDENBACH, NORBERT/FREIBERG, JENS, Wirtschaftliches Eigentum nach IAS 17 – die unterschätzte Bedeutung des Spezialleasings, in: BB 2006, S. 259-264 (Wirtschaftliches Eigentum nach IAS 17).

LÜTHJE, BERND, Die Funktionsfähigkeit der deutschen Aktienbörse, Göttingen 1970 (Funktionsfähigkeit).

LUTZ, STEFAN, Börse, in: REDAKTION DER „ZEITSCHRIFT FÜR DAS GESAMTE KREDITWESEN“ et al. (Hrsg.), KNAPPS Enzyklopädisches Lexikon des Geld-, Bank- und Börsenwesens, 4. Auflage, Frankfurt am Main 1999, S. 229-231 (Börse).

M

MACHO-STADLER, INÉS/PÉREZ-CASTRILLO, J. DAVID, An Introduction to the Economics of Information, 2. Auflage, Oxford 2001 (Economics of Information).

MAG, WOLFGANG, Risiko und Ungewissheit, in: ALBERS, WILLI et al. (Hrsg.), Handwörterbuch der Wirtschaftswissenschaft, Band 6, Stuttgart et al. 1981, S. 478-495 (Risiko und Ungewissheit).

MALHOTRA, NARESH K., Information Load and Consumer Decision Making, in: Journal of Consumer Research 1982, S. 419-430 (Information Load).

MARSCHAK, JACOB, Towards an economic theory of organization and information, in: THRALL, R. M./COOMBS, C. H./DAVIS, R. L. (Hrsg.), Decision processes, New York 1954, S. 187-220 (Economic theory).

MARTINEK, MICHAEL, Moderne Vertragstypen – Band I: Leasing und Factoring, München 1991 (Moderne Vertragstypen).

MATENA, SONJA, Bilanzielle Vermögenszurechnung nach IFRS – Konzept und Analyse der Zurechnung von Vermögenswerten zum bilanziellen Vermögen von Unternehmen, Düsseldorf 2004 (Bilanzielle Vermögenszurechnung).

MATSCHKE, MANFRED JÜRGEN/BRÖSEL, GERRIT, Unternehmensbewertung: Funktionen – Methoden – Grundsätze, Wiesbaden 2005 (Unternehmensbewertung).

MAY, AXEL, Zum Stand der empirischen Forschung über Informationsverarbeitung am Aktienmarkt-Ein Überblick, in: ZfbF 1991, S. 313-335 (Informationsverarbeitung am Aktienmarkt).

MCGREGOR, WARREN, Accounting for Leases: A New Framework, in: Australian Accountant 1993, S. 17-20 (Accounting for Leases - A New Framework).

MCGREGOR, WARREN, Accounting for Leases: A New Approach – Recognition by Lessees of Assets and Liabilities Arising under Lease Contracts, Norwalk 1996 (Accounting for Leases).

MEINHÖVEL, HARALD, Defizite der Principal-Agent-Theorie, Lohmar-Köln 1999 (Principal-Agent-Theorie).

MELLWIG, WINFRIED, Vorteilhafte Leasingverträge – ein Rechenfehler, in: DB 1983, S. 2261-2266 (Vorteilhafte Leasingverträge).

MELLWIG, WINFRIED, Die bilanzielle Darstellung von Leasingverträgen nach den Grundsätzen des IASC – Derzeitige Regelung und Reformvorschläge, in: DB 1998, Beilage 12/1998, S. 1-16 (Darstellung von Leasingverträgen).

MELLWIG, WINFRIED, Leasing im nationalen und internationalen Handelsrecht, in: ECKSTEIN, WOLFRAM/FEINEN, KLAUS (Hrsg.), Leasing-Handbuch für die betriebliche Praxis, 7. Auflage, Frankfurt am Main 2000, S. 67-97 (Leasing im internationalen Handelsrecht).

MELLWIG, WINFRIED, Leasing im handelsrechtlichen Jahresabschluss, in: ZfgK 2001, S. 303-309 (Leasing).

MELLWIG, WINFRIED/WEINSTOCK, MARC, Die Zurechnung von mobilen Leasingobjekten nach deutschem Handelsrecht und den Vorschriften des IASC, in: DB 1996, S. 2345-2352 (Zurechnung von mobilen Leasingobjekten).

MERKT, HANNO, Unternehmenspublizität, Tübingen 2001 (Unternehmenspublizität).

MERSCHMEYER, MARC, Die Kapitalschutzfunktion des Jahresabschlusses und Übernahme der IAS/IFRS für die Einzelbilanz, Frankfurt am Main 2005 (Kapitalschutzfunktion).

METH, DIRK, Die IFRS als Grundlage der Rechnungslegung mittelständischer Unternehmen, Lohmar-Köln 2007 (Grundlage der Rechnungslegung).

MEYER, MARCO, Unternehmenswertorientierte Berichterstattung auf Basis der IAS/IFRA: Eine bilanztheoretische und bilanzpolitische Betrachtung aus deutscher Sicht, Wiesbaden 2005 (Berichterstattung auf Basis der IFRS).

MEYER, WILLI, Entwicklung und Bedeutung des Property Rights-Ansatzes in der Nationalökonomie, in: SCHÜLLER, ALFRED (Hrsg.), Property Rights und ökonomische Theorie, München 1983, S. 1-44 (Bedeutung des Property Rights-Ansatzes).

MÖLLER, HANS PETER, Die Informationseffizienz des deutschen Kapitalmarktes – eine Zusammenfassung und Analyse empirischer Untersuchungen, in: ZfbF 1985, S. 504-516 (Informationseffizienz).

MÖLLER, HANS PETER/HÜFNER, BERND, Kapitalmarktforschung, empirische, in: GERKE, WOLFGANG/STEINER, MANFRED (Hrsg.), Handwörterbuch des Bank- und Finanzwesens, 3. Auflage, Stuttgart 2001, Sp. 1275-1293 (Kapitalmarktforschung).

MÖLLER, HANS PETER/HÜFNER, BERND, Zur Bedeutung der Rechnungslegung für den deutschen Aktienmarkt – Begründung, Messprobleme und Erkenntnisse empirischer Forschung, in: SEICHT, GERHARD (Hrsg.), Jahrbuch für Controlling und Rechnungswesen 2002, S. 405-463 (Bedeutung der Rechnungslegung).

MÖLLS, SASCHA H./STRAUß, MICHAEL, Bewertungsrelevanz der Rechnungslegung – Stand und Implikationen der empirischen Forschung für Aktionäre und Regulierer, in: ZfB 2007, S. 955-995 (Bewertungsrelevanz der Rechnungslegung).

MÖMKEN, TORSTEN, Der Finanzierungsleasingvertrag über bewegliche Sachen im kaufmännischen Verkehr, München 1989 (Finanzierungsleasingvertrag).

MONSON, DENNIS W., The Conceptual Framework and Accounting for Leases, in: Accounting Horizons 2001, S. 275-287 (Accounting for Leases).

MOXTER, ADOLF, Der Einfluss von Publizitätsvorschriften auf das unternehmerische Verhalten, Köln 1962 (Einfluss von Publizitätsvorschriften).

MOXTER, ADOLF, Präferenzstruktur und Aktivitätsfunktion des Unternehmers, in: ZfbF 1964, S. 6 – 35 (Präferenzstruktur).

MOXTER, ADOLF, Die Grundsätze ordnungsmäßiger Bilanzierung und der Stand der Bilanztheorie, in: ZfbF 1966, S. 28-59 (Grundsätze ordnungsmäßiger Bilanzierung).

MOXTER, ADOLF, Bilanzlehre, 2. Auflage, Wiesbaden 1976 (Bilanzlehre).

MOXTER, ADOLF, Fundamentalgrundsätze ordnungsmäßiger Rechenschaft, in: BAETGE, JÖRG/MOXTER, ADOLF/SCHNEIDER, DIETER (Hrsg.), Bilanzfragen – Festschrift zum 65. Geburtstag von Prof. Dr. Ulrich Leffson, Düsseldorf 1976, S. 87-100 (Fundamentalgrundsätze).

MOXTER, ADOLF, Betriebswirtschaftliche Gewinnermittlung, Tübingen 1982 (Gewinnermittlung).

MOXTER, ADOLF, Grundsätze ordnungsmäßiger Unternehmensbewertung, 2. Auflage, Wiesbaden 1983 (Grundsätze ordnungsmäßiger Unternehmensbewertung).

MOXTER, ADOLF, Zur wirtschaftlichen Betrachtungsweise im Bilanzrecht, in: StuW 1989, S. 232-241 (Wirtschaftliche Betrachtungsweise).

MOXTER, ADOLF, Standort Deutschland: Zur Überlegenheit des deutschen Rechnungslegungsrechts, in: PEEMÖLLER, VOLKER H./UECKER, PETER (Hrsg.), Standort Deutschland: Grundsatzfragen und aktuelle Perspektiven für die Besteuerung, die Prüfung und das Controlling; Anton Heigl zum 65. Geburtstag, Berlin 1995, S. 31-41 (Überlegenheit des deutschen Rechnungslegungsrechts).

MOXTER, ADOLF, Verletzt das Auskunftsverweigerungsrecht des § 131 Abs. 3 Nr. 3 AktG die Eigentumsgarantie des Grundgesetzes?, in: MEFFERT, HERIBERT/KRAWITZ, NORBERT (Hrsg.), Unternehmensrechnung und –besteuerung: Grundfragen und Entwicklungen, Wiesbaden 1998, S. 305-321 (Internationalisierung).

MOXTER, ADOLF, Rechnungslegungsmythen, in: BB 2000, S. 2143-2149 (Rechnungslegungsmythen).

MOXTER, ADOLF, Grundsätze ordnungsmäßiger Buchführung, in: BALLWIESER, WOLFGANG/COENENBERG, ADOLF G./WYSOCKI KLAUS V. (Hrsg.), Handwörterbuch der Rechnungslegung und Prüfung, 3. Auflage, Stuttgart 2002, Sp. 1041-1052 (GoB).

MOXTER, ADOLF, Grundsätze ordnungsgemäßer Rechnungslegung, Düsseldorf 2003 (Grundsätze ordnungsgemäßer Rechnungslegung).

MUJKANOVIC, ROBIN, Fair Value im Financial Statement nach International Accounting Standards, Stuttgart 2002 (Fair Value).

MYERS, JOHN H., Reporting of Leases in Financial Statements, AICPA Accounting Research Study No. 4, New York 1962 (Reporting of Leases).

MYERS, STEWART C., Interactions of corporate financing and investment decisions – implications for capital budgeting, in: The Journal of Finance 1974, S. 1-25 (Interactions of corporate financing).

N

NELLES, MICHAEL/STROMBERG, FRANK, IFRS/IAS und US-GAAP bei Immobilien-Leasing-Konzeptionen – Praktische Probleme und mögliche strukturelle Lösungsansätze, in: FLF 2006, S. 26-33 (Leasing-Konzeptionen).

NIEHUS, RUDOLF J./THYLL, ALFRED, Konzernabschluß nach U.S. GAAP – Grundlagen und Gegenüberstellung mit den deutschen Vorschriften, 2. Auflage, Stuttgart 2000 (U.S. GAAP).

NIEMEYER, KAI, Bilanzierung von Finanzinstrumenten nach International Accounting Standards (IAS), Düsseldorf 2003 (Bilanzierung von Finanzinstrumenten).

O

OECHSLER, JÜRGEN, Vertragliche Schuldverhältnisse, 2. Auflage, München 2007 (Vertragliche Schuldverhältnisse).

OETKER, HARTMUT/MAULTZSCH, FELIX, Vertragliche Schuldverhältnisse, 3. Auflage, Berlin et al. 2007 (Vertragliche Schuldverhältnisse).

ORDELHEIDE, DIETER, Wettbewerb der Rechnungslegungssysteme IAS, US-GAAP und HGB – Plädoyer für eine Reform des deutschen Bilanzrechts, in: BÖRSIG, CLEMENS/COENENBERG, ADOLF G. (Hrsg.), Controlling und Rechnungswesen im internationalen Wettbewerb, Stuttgart 1998, S. 15-53 (Rechnungslegungssysteme).

OSTMEIER, VEIT, Das Informationspotenzial neuerer Rechnungslegungsinstrumente in International Financial Reporting Standards (IAS/IFRS) basierten Jahresabschlüssen und seine Nutzung für die Abschlussanalyse, Frankfurt am Main 2004 (Informationspotenzial).

OTT, ALFRED EUGEN, Marktformen, in: ALBERS, WILLI, et al. (Hrsg.), Handwörterbuch der Wirtschaftswissenschaft, Band 5, Stuttgart et al. 1980, S. 104-113 (Marktformen).

o. V., Leasing hat den Bankkredit überholt, in: Frankfurter Allgemeine Zeitung vom 20.11.2007, S. 14 (Leasing überholt Bankkredit).

OVERSBERG, THOMAS, Übernahme der IFRS in Europa: Der Endorsement-Prozess – Status quo und Aussicht, in: DB 2007, S. 1597-1602 (Übernahme der IFRS in Europa).

OVERSBERG, THOMAS, Paradigmenwechsel in der Bilanzierung von Leasingverhältnissen – Eine Einführung in das aktuelle IASB/FASB-Leasingprojekt, in: KoR 2007, S. 376-386 (Bilanzierung von Leasingverhältnissen).

P Q

PABST, HERIBERT/SCHMIDT, ANDREAS/BACHER, ALBRECHT, Die Bilanzierung von Mobilien-Leasingverträgen nach internationalen und US-amerikanischen Grundsätzen, in: DB 1990, S. 1197-1202 (Bilanzierung von Mobilien-Leasingverträgen).

PAPAPOSTOLOU, NIKOLAOS, Die Risikoverteilung beim Finanzierungsleasingvertrag über bewegliche Sachen, München 1987 (Finanzierungsleasingvertrag).

PEFFEKOVEN, FRANK PETER, Wahlrechtsproblematik der Konzernrechnungslegung, Wiesbaden 1997 (Wahlrechtsproblematik).

PELLENS, BERNHARD, Der Informationswert von Konzernabschlüssen: Eine empirische Untersuchung deutscher Börsengesellschaften, Wiesbaden 1989 (Informationswert).

PELLENS, BERNHARD/FÜLBIER, ROLF UWE, Differenzierung der Rechnungslegungsregulierung nach Börsenzulassung, in: ZGR 2000, S. 572-593 (Rechnungslegungsregulierung).

PELLENS, BERNHARD/FÜLBIER, ROLF UWE/GASSEN, JOACHIM/SELLHORN, THORSTEN, Internationale Rechnungslegung, 7. Auflage, Stuttgart 2008 (Internationale Rechnungslegung).

PELLENS, BERNHARD/SÜRKEN, SILKE, Rechnungslegungspolitische Spielräume im Rahmen der International Accounting Standards, in: FREIDANK, CARL-CHRISTIAN (Hrsg.), Rechnungslegungspolitik – Eine Bestandsaufnahem aus handels- und steuerrechtlicher Sicht, Berlin et al. 1998, S. 195-228 (IAS).

PFAFF, DIETER/BÄRTL, OLIVER, Externe Rechnungslegung, internes Rechnungswesen und Kapitalmarkt: Die Bedeutung des Kapitalmarktes für den Zusammenhang zwischen externem und internem Rechnungswesen, in: ZfbF 1998, S. 757-777 (Externe Rechnungslegung).

PFERDEHIRT, HENRIK, Die Leasingbilanzierung nach IFRS – Eine theoretische und empirische Analyse der Reformbestrebungen, Wiesbaden 2007 (Leasingbilanzierung nach IFRS).

PICOT, ARNOLD, Der Beitrag der Theorie der Verfügungsrechte zur ökonomischen Analyse von Unternehmensverfassungen, in: BOHR, KURT/DRUKARCZYK, JOCHEN/DRUMM, HANS-JÜRGEN/SCHERRER, GERHARD (Hrsg.), Unternehmensverfassung als Problem der Betriebswirtschaftslehre, Berlin 1981, S. 153-197 (Theorie der Verfügungsrechte).

PLATHE, PETER, Zur rechtlichen Beurteilung des Leasing-Geschäfts, in: BB 1970, S. 601-605 (Beurteilung des Leasing-Geschäfts).

POPP, MATTHIAS, Vergangenheits- und Lageanalyse, in: PEEMÖLLER, VOLKER H. (HRSG.), Praxishandbuch der Unternehmensbewertung, 3. Auflage, Herne/Berlin 2005 (Vergangenheits- und Lageanalyse).

POSNER, RICHARD A., Economic Analysis of Law, 7. Auflage, New York 2007 (Economic Analysis of Law).

PREIßLER, GERALD, Prinzipienbasierung der Rechnungslegung nach IAS/IFRS?, Frankfurt am Main 2005 (Prinzipienbasierung der Rechnungslegung).

PRINZ, ALEXANDER, Finanzierungsleasing: Leistungsstörungen auf Leasinggeberseite, Bergisch-Gladbach 1988 (Finanzierungsleasing).

R

RENNER, WOLFGANG, Die Publikums-Aktiengesellschaft im Spannungsfeld von Markt- und Anreizstrukturen: eine neo-institutionalistische Analyse, Wiesbaden 1999 (Markt und Anreizstrukturen).

RICHTER, LUTZ, Kreditfinanzierter Kauf versus Leasing bei Mobilien am Beispiel eines gemischtzunutzenden Pkw – Modellentwicklung und Vorteilhaftigkeitsvergleich unter besonderer Berücksichtigung ertrag- und umsatzsteuerlicher Wirkungen, in: BFuP 2007, S. 249-269 (Kreditfinanzierter Kauf versus Leasing).

RICHTER, RUDOLF, Institutionenökonomische Aspekte der Theorie der Unternehmung, in: ORDELHEIDE, DIETER/RUDOLPH, BERND/BÜSSELMANN, ELKE (Hrsg.), Betriebswirtschaftslehre und Ökonomische Theorie, Stuttgart 1991, S. 395-429 (Institutionenökonomische Aspekte).

RICHTER, RUDOLF/BINDSEIL, ULRICH, Neue Institutionenökonomik, in: WiSt 1995, S. 132-140 (Neue Institutionenökonomik).

RICHTER, RUDOLF/FURUBOTN, EIRIK G., Neue Institutionenökonomik - Eine Einführung und kritische Würdigung, 3. Auflage, Tübingen 2003 (Neue Institutionenökonomik).

RIEDEL-STEGNER, ANDREA, Die Bilanzierung von Leasingverhältnissen im internationalen Vergleich, Bremen 2006 (Bilanzierung von Leasingverhältnissen).

ROß, NORBERT/KUNZ, JÜRGEN/DRÖGEMÜLLER, STEFFEN, Verdeckte Leasingverhältnisse bei Outsourcing-Maßnahmen nach US-GAAP und IAS/IFRS, in: DB 2003, S. 2023-2027 (Verdeckte Leasingverhältnisse bei Outsourcing-Maßnahmen).

ROST, PETER, Der internationale Harmonisierungsprozeß der Rechnungslegung: Theorie, Praxis, Perspektiven, Frankfurt am Main 1991 (Harmonisierungsprozeß).

RUBIN, STEVEN, The House of GAAP, in: Journal of Accountancy 1984, S. 122-129 (House of GAAP).

RUDOLPH, BERND/RÖHRL, HEINER, Grundfragen der Börsenorganisation aus ökonomischer Sicht, in: HOPT, KLAUS J./RUDOLPH, BERND/BAUM, HARALD (Hrsg.), Börsenreform: eine ökonomische, rechtsvergleichende und rechtspolitische Untersuchung, Stuttgart 1997, S. 143-285 (Börsenorganisation aus ökonomischer Sicht).

RUHWEDEL, FRANCA, Eigentümerstruktur und Unternehmenserfolg: Eine theoretische und empirische Analyse deutscher börsennotierter Unternehmen, Frankfurt am Main et al. 2003 (Eigentümerstruktur).

RUHWEDEL, FRANCA/SCHULTZE, WOLFGANG, Value Reporting: Theoretische Konzeption und Umsetzung bei den DAX 100-Unternehmen, in: ZfbF 2002, S. 602-632 (Value Reporting).

RUNGE, BERNDT/BREMSER, HORST/ZÖLLER, GÜNTER, Leasing: betriebswirtschaftliche, handels- und steuerrechtliche Grundlagen, Heidelberg 1978 (Leasing).

S

SABEL, ELMAR, Leasingverträge in der kapitalmarktorientierten Rechnungslegung, Wiesbaden 2006 (Leasingverträge).

SABEL, ELMAR/VOGEL, MARTIN, Die Leasing-Vertragsoptionen im Rahmen der Reform des IAS 17 – "Mixed Model" bei der Leasing-Bilanzierung?, in: FLF 2008, S. 198-205 (Leasing-Vertragsoptionen).

SANNWALD, RÜDIGER, Der Finanzierungsleasingvertrag über bewegliche Sachen mit Nichtkaufleuten: Rechtstatsachen, Rechtsnatur und Inhaltskontrolle, Berlin 1982 (Finanzierungsleasingvertrag).

SAUTER, DOUGLAS, Remodeling the House of GAAP, in: Journal of Accountancy 1991, S. 30-37 (House of GAAP).

SCHALEK, ERIKA, Eigenkapitalbeschaffung mittelständischer Unternehmen über den Kapitalmarkt, Bergisch Gladbach et al. 1988 (Eigenkapitalbeschaffung).

SCHENGBER, RALF A., Marktabgrenzung und Machtmessung: eine Analyse von Methoden und Indikatoren für das Koordinationsmängel-Diagnosekonzept, Lohmar et al. 1996 (Marktabgrenzung).

SCHIERECK, DIRK, Internationale Corporate Governance durch institutionelle Anleger, in: JANSEN, STEPHAN A./PICOT, GERHARD/SCHIERECK, DIRK (Hrsg.), Internationales Fusionsmanagement: Erfolgsfaktoren grenzüberschreitender Unternehmenszusammenschlüsse, Stuttgart 2001, S. 57-71 (Institutionelle Anleger).

SCHILDBACH, THOMAS, Jahresabschluss und Markt, Berlin et al. 1986 (Jahresabschluss und Markt).

SCHILDBACH, THOMAS, Rechnungslegungsideale, Bilanzkulturen, Harmonisierung und internationaler Wettbewerb, in: BB 1995, S. 2635-2644 (Rechnungslegungsideale).

SCHILDBACH, THOMAS, Rechnungslegung nach US-GAAP – ein Fortschritt für Deutschland? in: BALLWIESER, WOLFGANG/SCHILDBACH, THOMAS (Hrsg.), Rechnungslegung und Steuern international, ZfbF-Sonderheft 40, Düsseldorf 1998, S. 55-81 (Rechnungslegung nach US-GAAP).

SCHILDBACH, THOMAS, Reichweite, Eigenschaften und Legitimation der US-GAAP: Vor überzeugenden Erwartungen wird gewarnt!, in: StuB 2000, S. 192-201 (Legitimation der US-GAAP).

SCHILDBACH, THOMAS, Prinzipienorientierung – wirksamer Schutz gegen Enronitis?, in: BFuP 2003, S. 247-266 (Prinzipienorientierung).

SCHILDBACH, THOMAS, Rechnungslegung im Spannungsfeld zweier Kulturen der Regulierung: Gute Gründe für die Kombination privater mit obrigkeitlicher Regulierung, in: Der Schweizer Treuhänder 2004, S. 159-172 (Rechnungslegung im Spannungsfeld).

SCHIMMELSCHMIDT, UWE/HAPPE, PETER, Off-Balance-Sheet-Finanzierungen am Beispiel der Bilanzierung von Leasingverträgen im Einzelabschluss und im Konzernabschluss nach HGB, IFRS und US-GAAP, in: DB 2004, Beilage 9/2004, S. 1-12 (Bilanzierung von Leasingverträgen).

SCHMIDT, HARTMUT, Disclosure, Insider Information and Capital Market Functions, in: HOPT, KLAUS J./TEUBNER, GUNTHER (Hrsg.), Corporate Governance and Directors' Liabilities – Legal, Economic and Sociological Analyses on Corporate Social Responsibility, Berlin et al. 1985 (Capital Market Functions).

SCHMIDT, MARTIN, Rechnungslegung von Finanzinstrumenten: Abbildungskonzeptionen aus Sicht der Bilanztheorie, der empirischen Kapitalmarktforschung und der Abschlussprüfung, Wiesbaden 2005 (Rechnungslegung von Finanzinstrumenten).

SCHMIDT, MATTHIAS, Das Konzept einer kapitalmarktorientierten Rechnungslegung: Legitimation, Ableitung einer Sollvorstellung und Brauchbarkeit nationaler und internationaler Regelungen, Bielefeld 2000 (Kapitalmarktorientierte Rechnungslegung).

SCHMIDT, REINHART, Fundamentalanalyse, in: GERKE, WOLFGANG/STEINER, MANFRED (Hrsg.), Handwörterbuch des Bank- und Finanzwesens, 3. Auflage, Stuttgart 2001, Sp. 915-927 (Fundamentalanalyse).

SCHMUCK, MARTIN/ ULBRICH, PHILIPP R., Roadmap und Reziprozität sowie Delisting in den USA – Wege zu einer befreienden IFRS-Bilanzierung in den USA und Neufassung der SEC-Deregistrierungsbestimmungen, in: KoR 2006, S. 530-542 (Roadmap).

SCHNEIDER, DIETER, Gliederungs-, Ansatz- und Bewertungswahlrechte für den Jahresabschluss, in: BIERICH, MARCUS/BUSSE VON COLBE, WALTHER/LAßMANN, GERT/LUTTER, MARCUS (Hrsg.), Rechnungslegung nach neuem Recht, ZfbF-Sonderheft 10, Wiesbaden 1980, S. 81-103 (Wahlrechte).

SCHNEIDER, DIETER, Kapitalmarkteffizienz durch Jahresabschlussreformen?, in: BECKER, WOLF-DIETER/FALK, REINHOLD (Hrsg.), Schriften des Verbandes Öffentlicher Banken, Göttingen 1981 (Kapitalmarkteffizienz).

SCHNEIDER, DIETER, Betriebswirtschaftliche Gewinnermittlung oder ökonomische Analyse des Bilanzrechts?, in: ZfbF 1983, S. 1040-1065 (Gewinnermittlung oder ökonomische Analyse).

SCHNEIDER, DIETER, Investition, Finanzierung und Besteuerung, 7. Auflage, Wiesbaden 1992 (Investition).

SCHNEIDER, DIETER, Wider Insiderhandelsverbot und die Informationseffizienz des Kapitalsmarkts, in: DB 1993, S. 1429-1435 (Informationseffizienz).

SCHNEIDER, DIETER, Betriebswirtschaftslehre – Band 3: Theorie der Unternehmung, München 1997 (Betriebswirtschaftslehre).

SCHÖN, WOLFGANG, Kompetenzen der Gerichte zur Auslegung von IAS/IFRS, in: BB 2004, S. 763-768 (Auslegung von IAS/IFRS).

SCHRÖER, THOMAS, Leasing und international anerkannte Bilanzierungsvorschriften – Schwierigkeiten bei der Anwendung und Interpretation von Zurechnungs- und Konsolidierungsvorschriften beim Leasing, in: FLF 2003, S. 2-8 (Leasing).

SCHRUFF, WIENAND/ROTHENBURGER, MANUEL, Zur Konsolidierung von Special Purpose Entities im Konzernabschluss nach US-GAAP, IAS und HGB, in: WPg 2002, S. 755-765 (Konsolidierung von Special Purpose Entities).

SCHULTE, JÖRN, Rechnungslegung und Aktienkursentwicklung: Erklärung und Prognose von Aktienrenditen durch Einzel- und Konzernabschlussdaten, Wiesbaden 1996 (Rechnungslegung und Aktienkursentwicklung).

SCHULTZE, WOLFGANG, Methoden der Unternehmensbewertung: Gemeinsamkeiten, Unterschiede, Perspektiven, 2. Auflage, Düsseldorf 2003 (Methoden der Unternehmensbewertung).

SCHULZ, SEBASTIAN, Die Leasingbilanzierung nach IFRS aus Sicht des *asset-liability-approach*, in: IRZ 2008, S. 179-185 (Leasingbilanzierung nach IFRS).

SCHUR, HEIKE, Leasing wird als attraktivste Investitionsform angesehen – Marktstudie „Leasing in Deutschland 2007“, in: FLF 2008, S. 53-58 (Leasing als attraktivste Investitionsform).

SEC (Hrsg.), Report and Recommendations Pursuant to Section 401(c) of the Sarbanes-Oxley Act of 2002 on Arrangements with Off-Balance Sheet Implications, Special Purpose Entities, and Transparency of Filings by Issuers, 2005, http://www.sec.gov/news/studies/soxoffbalancerpt.pdf (Stand: 21.10.2009) (Off-balance Sheet Report).

SEC (Hrsg.), SEC Final Rule (Release Nos. 33-8879, 34-57026, International Series Release No. 1306, 2007), http://www.sec.gov/rules/final/2007/33-8879.pdf (Stand: 21.10.2009) (Finale Rule).

SEEGER, SIEGBERT, Zivilrechtliche und steuerrechtliche Behandlung von Finanz-Leasing-Verträgen über bewegliche Sachen, Berlin 1972 (Zivilrechtliche Behandlung).

SEIFERT, PETER, Leasing von beweglichen Wirtschaftsgütern aus rechtlicher Sicht, in: ECKSTEIN, WOLFRAM/FEINEN, KLAUS (Hrsg.), Leasing-Handbuch für die betriebliche Praxis, 7. Auflage, Frankfurt am Main 2000, S. 33-65 (Leasing).

SIEBEN, GÜNTER, Die Bewertung von Unternehmen auf Grund von Erfolgsplänen bei heterogenen Zielen, in: BUSSE VON COLBE, WALTHER/MEYER-DOHM, PETER (Hrsg.), Unternehmerische Planung und Entscheidung, Bielefeld 1969, S. 71-100 (Bewertung von Unternehmen).

SIEBERT, HENNING, Grundlagen der US-amerikanischen Rechnungslegung: Ziele und Inhalte der Verlautbarungen der SEC und des FASB sowie ihre Unterschiede zum deutschen Bilanzrecht, Köln 1996 (Grundlagen der US-amerikanischen Rechnungslegung).

SIEGEL, THEODOR, Wahlrecht, in: LEFFSON, ULRICH/RÜCKLE, DIETER/GROßFELD, BERNHARD (Hrsg.), Handwörterbuch unbestimmter Rechtsbegriffe im Bilanzrecht des HGB, Köln 1986, S. 417-427 (Wahlrecht).

SIEGEL, THEODOR/BAREIS, PETER/RÜCKLE, DIETER/SCHNEIDER, DIETER/SIGLOCH, JOCHEN/STREIM, HANNES/WAGNER, FRANZ W., Stille Reserven und aktienrechtliche Informationspflichten, in: ZIP 1999, S. 2077-2085 (Informationspflichten).

SIGLOCH, JOCHEN, Leasing-Transaktionen in der Rechnungslegung – off- or on-balance sheet?, in: SIEGEL, THEODOR/KLEIN, ANDREAS/SCHNEIDER, DIETER/SCHWINTOWSKI, HANS-PETER (Hrsg.), Unternehmungen, Versicherungen und Rechnungswesen, Berlin 2006, S. 409-425 (Leasing-Transaktionen in der Rechnungslegung).

SNAVELY, HOWARD J., Accounting Information Criteria, in: The Accounting Review 1967, S. 223-232 (Accounting Information Criteria).

SONNEMANN, ERIK, Institutionelle und konzeptionelle Grundlagen der externen Rechnungslegung in den USA, in: SONNEMANN, ERIK (Hrsg.), Rechnungslegung, Prüfung, Wirtschaftsrecht und Steuern in den USA, Wiesbaden 1989, S. 17-52 (Grundlagen der externen Rechnungslegung).

SONNENBERGER, HANS JÜRGEN, Rechtsfragen beim Leasing beweglicher Sachen, in: NJW 1983, S. 2217-2222 (Rechtsfragen beim Leasing).

SPREMANN, KLAUS, Asymmetrische Information, in: ZfB 1990, S. 561-586 (Asymmetrische Information).

SPREMANN, KLAUS, Wirtschaft, Investition und Finanzierung, 5. Auflage, München 1996 (Investition und Finanzierung).

SPRENGER, REINHARD, Grundsätze gewissenhafter und getreuer Rechenschaft im Geschäftsbericht: ein Beitrag zur Interpretation von § 160 IV 1 AktG, Wiesbaden 1976 (Grundsätze).

STÄDTLER, ARNO, Leasing wird konjunkturreagibler, in: FLF 1984, S. 15-19 (Leasing 1984).

STÄDLER, ARNO, Leasing: Boom ohne Ende?, in: FLF 1989, S. 3-7 (Leasing 1989).

STÄDLER, ARNO, Leasing: Wachstumsmotor Ostdeutschland, in: FLF 1992, S. 10-15 (Leasing 1992).

STÄDLER, ARNO, Leasing in Deutschland: Nach Zwischenhoch nun Stagnation?, in: FLF 1996, S. 8-16 (Leasing 1996).

STÄDLER, ARNO, Höchststand des Investitionsbooms – Mobilien-Leasing wächst, in: FLF 2008, S. 12-23 (Leasing 2008).

STAUBUS, GEORGE J., The decision-usefulness theory of accounting: a limited history, New York 2000 (Decision-Usefulness Theory).

STEINHAUER, LEIF, Die Objektivierung des kapitalmarktorientierten Value Reporting, Lohmar-Köln 2007 (Value Reporting).

STREET, DONNA L./SHAUGHNESSY, KIMBERLEY A., The Evolution of the G4+1 and Its Impact on International Harmonization of Accounting Standards, in: Journal of International Accounting, Auditing & Taxation 1998, S. 131-161 (Evolution of the G4+1).

STREIM, HANNES, Wahlrechte, in: CHMIELEWICZ, KLAUS/SCHWEITZER, MARCELL (Hrsg.), Handwörterbuch des Rechnungswesens, 3. Auflage, Stuttgart 1993, Sp. 2151-2160 (Wahlrechte).

STREIM, HANNES, Die Generalnorm des § 264 Abs. 2 HGB – Eine kritische Analyse, in: BALLWIESER, WOLFGANG et al. (Hrsg.), Bilanzrecht und Kapitalmarkt: Festschrift zum 65. Geburtstag von Professor Dr. Dr. h.c. Dr. h.c. Adolf Moxter, Düsseldorf 1994, S. 391-406 (Generalnorm).

STREIM, HANNES, Internationalisierung von Gewinnermittlungsregeln zum Zwecke der Informationsvermittlung. Zur Konzeptionslosigkeit der Fortentwicklung der Rechnungslegung, in: MEFFERT, HERIBERT/KRAWITZ, NORBERT (Hrsg.), Unternehmensrechnung und –besteuerung: Grundfragen und Entwicklungen, Wiesbaden 1998, S. 323-343 (Internationalisierung).

STREIM, HANNES, Die Vermittlung von entscheidungsnützlichen Informationen durch Bilanz und GuV – Ein nicht einlösbares Versprechen der internationalen Standardsetter, in: BFuP 2000, S. 111-131 (Vermittlung von entscheidungsnützlichen Informationen).

STREIM, HANNES/BIEKER, MARCUS/ESSER, MAIK, Vermittlung entscheidungsnützlicher Informationen durch Fair Values – Sackgasse oder Licht am Horizont?, in: BFuP 2003, S. 457-479 (Vermittlung entscheidungsnützlicher Informationen durch Fair Values).

STREIM, HANNES/BIEKER, MARCUS/LEIPPE, BRITTA, Anmerkungen zur theoretischen Fundierung der Rechnungslegung nach International Accounting Standards, in: SCHMIDT, HARTMUT/KETZEL, EBERHART/PRIGGE, STEFAN (Hrsg.), Moderne Konzepte für Finanzmärkte, Beschäftigung und Wirtschaftsverfassung, Tübingen 2001, S. 177-206 (Theoretische Fundierung der Rechnungslegung).

STRENGER, CHRISTIAN, Corporate Governance und Anteilseigner, insbesondere institutionelle Anleger, in: HOMMELHOFF, PETER/HOPT, KLAUS J./WERDER, AXEL V. (Hrsg.), Handbuch Corporate Governance: Leitung und Überwachung börsenorientierter Unternehmen in der Rechts- und Wirtschaftspraxis, Stuttgart 2003, S. 697-713 (Corporate Governance und Anteilseigner).

STUBENRATH, MICHAEL, Kommunikation auf internationalen Kapitalmärkten, Lohmar-Köln 2001 (Internationale Kapitalmärkte).

T

TACKE, HELMUT R., Leasing, 3. Auflage, Stuttgart 1999 (Leasing).

TANSKI, JOACHIM, Sachanlagen nach IFRS: Bewertung, Bilanzierung und Berichterstattung, München 2005 (Sachanlagen nach IFRS).

TAYLOR, PETER/TURLEY, STUART, The Views of Management on Accounting for Leases, in: Accounting and Business Research 1985, S. 59-67 (Accounting for Leases).

TEICHMANN, CHRISTOPH, Haftung für fehlerhafte Informationen am Kapitalmarkt, in: JuS 2006, S. 953-960 (Informationen am Kapitalmarkt).

TERBERGER, EVA, Neo-institutionalistische Ansätze: Entstehung und Wandel, Anspruch und Wirklichkeit, Wiesbaden 1994 (Neo-institutionalistische Ansätze).

TERBERGER, EVA, Die Neue Institutionenökonomik als Bindeglied zwischen Volks- und Betriebswirtschaftslehre: Eine Analyse am Beispiel der Finanzierungstheorie, in: PFINGSTEN, ANDREAS (Hrsg.), Betriebs- und Volkswirtschaftslehre: Geschwisterliebe und Familienzwist, München 1997, S. 99-120 (Neue Institutionenökonomik).

THIELE, STEFAN, Zeitbewertung und Rechnungslegungsgrundsätze – Hat der Fair Value eine Chance?, in: KIRSCH, HANS-JÜRGEN/THIELE, STEFAN, Rechnungslegung und Wirtschaftsprüfung – Festschrift zum 70. Geburtstag von Jörg Baetge, Düsseldorf 2007, S. 625-644 (Zeitbewertung und Rechnungslegungsgrundsätze).

THOMMEN, JEAN-PAUL/ACHLEITNER, ANN-KRISTIN, Allgemeine Betriebswirtschaftslehre – Umfassende Einführung aus managementorientierte Sicht, 5. Auflage, Wiesbaden 2006 (Betriebswirtschaftslehre).

TIEDTKE, KLAUS, Zur Sachmängelhaftung des Leasinggebers, in: JZ 1991, S. 907-910 (Leasinggeber).

TIEDTKE, KLAUS/MÖLLMANN, PETER, Auswirkungen der Schuldrechtsreform im Leasingrecht, in: DB 2004, S. 583-589 (Auswirkungen der Schuldrechtsreform).

TUCHTFELDT, EGON, Kapitalmarkt, in: ALBERS, WILLI et al. (Hrsg.), Handwörterbuch der Wirtschaftswissenschaft, Band 4, Stuttgart et al. 1978, S. 432-439 (Kapitalmarkt).

U V

ULMER, PETER, Umstrittene Fragen im Recht der Gesellschafterdarlehen (§ 32a GmbHG), in: ZIP 1984, S. 1163-1174 (Umstrittene Fragen im Recht).

ULMER, PETER/SCHMIDT, HARRY, Zur AGB-Inhaltskontrolle von Kfz-Leasingverträgen – Sondermaßstäbe für die Inhaltskontrolle von Leasingverträgen beim sog. Hersteller-Leasing?, in: DB 1983, S. 2558-2567 (Leasingverträge).

VATER, HENDRIK, Bilanzierung von Leasingverhältnissen nach IAS 17: Eldorado bilanzpolitischer Möglichkeiten?, in: DStR 2002, S. 2094-2100 (Bilanzierung von Leasingverhältnissen).

VATER, HENDRIK, Anatomie der Rechnungslegung nach US-amerikanischen Grundsätzen – Anmerkungen zum Entwurf einer „Hierarchy of Generally Accepted Accounting Principles“, in: WPg 2006, S. 940-950 (Anatomie der Rechnungslegung nach US-amerikanischen Grundsätzen).

VATER, HENDRIK, IFRS auch für US-Bilanzierer: Historische Chance oder trojanisches Pferd der SEC?, in: KoR 2007, S. 427-429 (IFRS auch für US-Bilanzierer).

VÖLKER, ANSGAR, US-Leasingtransaktionen und ihre bilanzielle Darstellung nach IAS, in: WPg 2002, S. 669-673 (US-Leasingtransaktionen und ihre bilanzielle Darstellung).

VOIGT, STEFAN, Institutionenökonomik, München 2002 (Institutionenökonomik).

W

WÄHRISCH, MARK, The evolution of international accounting systems: Accounting system adoptions by firms from a network perspective, Frankfurt am Main, et al. 2001 (International Accounting Systems).

WAGENHOFER, ALFRED, Die Rolle der Standards des IASB in der Internationalisierung der Rechnungslegung, in: BFuP 2002, S. 230-245 (Internationalisierung der Rechnungslegung).

WAGENHOFER, ALFRED, Internationale Rechnungslegungsstandards – IAS/IFRS, 4. Auflage, Frankfurt am Main/Wien 2003 (Internationale Rechnungslegung).

WAGENHOFER, ALFRED, Anspruch und Wirklichkeit der IFRS als Global GAAP, in: BOCK, KURT/WERDER, AXEL VON (Hrsg.), Unternehmensübernahme, Unternehmensaufsicht, Unternehmensberichterstattung: Perspektiven in Europa. Kongress-Dokumentation, 61. Deutscher Betriebswirtschafter-Tag 2007, Stuttgart 2008, S. 43-66 (IFRS als Global GAAP).

WAGENHOFER, ALFRED, Fair Value-Bewertung: Führt sie zu einer nützlicheren Finanzberichterstattung?, in ZfbF 2008, S. 185-194 (Fair Value-Bewertung).

WAGENHOFER, ALFRED/EWERT, RALF, Externe Unternehmensrechnung, Berlin et al. 2003 (Externe Unternehmensrechnung).

WAGNER, FRANZ W., Zur Informations- und Ausschüttungsbemessungsfunktion des Jahresabschlusses auf einem organisierten Kapitalmarkt, in: ZfbF 1982, S. 749-771 (Informations- und Ausschüttungsbemessungsfunktion).

WAGNER, FRANZ W., Periodenabgrenzung als Prognoseverfahren – Konzeption und Anwendungsbereich der „einkommensapproximativen Bilanzierung", in: BALLWIESER, WOLFGANG et al. (Hrsg.), Bilanzrecht und Kapitalmarkt: Festschrift zum 65. Geburtstag von Professor Dr. Dr. h.c. Dr. h.c. Adolf Moxter, Düsseldorf 1994, S. 1175-1197 (Periodenabgrenzung als Prognoseverfahren).

WATRIN, CHRISTOPH, Internationale Rechnungslegung und Regulierungstheorie, Wiesbaden 2001 (Internationale Rechnungslegung).

WEBER-LEJEUNE, STEFANIE, Legaldefinitionen unter besonderer Berücksichtigung des Umweltrechts, Berlin 1997 (Legaldefinitionen).

WENGER, EKKEHARD, Managementanreize und Kapitalallokation, in: BOETTCHER, ERIK/HERDER-DORNEICH, PHILIPP/SCHENK, KARL-ERNST (Hrsg.), Jahrbuch für Neue Politische Ökonomie, Tübingen 1987, S. 217-240 (Managementanreize).

WEIAND, NEIL G./SCHLITT, MICHAEL/BEHRENDS, OKKO HENDRIK, Die Finanzierung börsennotierter Gesellschaften mittels Eigenkapital, Konsortialkredit und Anleihen, in: KOHLER, KLAUS/OBERMÜLLER, MANFRED/WITTIG, ARNE (Hrsg.), Kapitalmarkt – Recht und Praxis: Gedächtnisschrift für Ulrich Bosch, Recklinghausen 2006, S. 239-260 (Finanzierung börsennotierter Gesellschaften).

WEICHERT, RONALD, Mehr Risikokapital durch Erleichterung des Börsenzugangs für Unternehmen, Kieler Diskussionsbeiträge des Instituts für Weltwirtschaft, Kiel 1985 (Erleichterung des Börsenzugangs).

WEINSTOCK, MARC, Accounting for Leases: Neuer Vorschlag des IASC zur Bilanzierung von Leasingverträgen, in: WPg 1996, S. 794-800 (Accounting for Leases).

WEINSTOCK, MARC, Die Bilanzierung von Leasingverträgen nach IASC, Frankfurt am Main 2000 (Bilanzierung von Leasingverträgen).

WEISS, MANUELA, Praxishandbuch Leasingbilanzierung - Grundlagen und Praxis der Bilanzierung nach HGB und IFRS, Saarbrücken 2006 (Leasingbilanzierung).

WENGER, EKKEHARD, Verfügungsrechte, in: WITTMANN, WALDEMAR et al. (Hrsg.), Handwörterbuch der Betriebswirtschaft, 5. Auflage, Stuttgart 1993, Sp. 4495-4507 (Verfügungsrechte).

WENTLAND, NORBERT, Die Konzernbilanz als Bilanz der wirtschaftlichen Einheit Konzern: Grundlagen der Konzernrechnungslegung unter Berücksichtigung der Vorschriften der Aktiengesetzes und der Vorstellungen einer 7. EG-Richtlinie, Frankfurt am Main et al. 1979 (Bilanz der wirtschaftlichen Einheit).

WERLEN, THOMAS, Schweizerisches Kapitalmarktrecht als Anlegerschutz?, in: SZW 1995, S. 270-279 (Kapitalmarktrecht).

WESTERMANN, HARM PETER, Vertragsfreiheit und Typengesetzlichkeit im Recht der Personengesellschaften, Berlin et al. 1970 (Typengesetzlichkeit).

WIEDMANN, HARALD/SCHWEDLER, KRISTINA, Die Rahmenkonzepte von IASB und FASB: Konzeption, Vergleich und Entwicklungstendenzen, in: KIRSCH, HANS-JÜRGEN/THIELE, STEFAN, Rechnungslegung und Wirtschaftsprüfung – Festschrift zum 70. Geburtstag von Jörg Baetge, Düsseldorf 2007, S. 679-716 (Rahmenkonzepte von IASB und FASB).

WILHELM, JOCHEN, Die Vorteilhaftigkeit des Leasing aus finanzierungstheoretischer Sicht, in: ZfbF 1985, S. 485-499 (Vorteilhaftigkeit des Leasing).

WILLIAMS, JAN R., Miller GAAP Guide – Restatement and Analysis of Current FASB Statements, New York 2002 (GAAP).

WIRTH, JÖRN, Auslösung der Ad-hoc-Publizität auf der Basis des Economic Value Added, Lohmar-Köln 2004 (Ad-hoc-Publizität).

WITTE, EBERHARD, Entscheidungsprozesse, in: WITTMANN, WALDEMAR/KERN, WERNER/KÖHLER, RICHARD/KÜPPER, HANS-ULRICH/WYSOCKI, KLAUS V. (Hrsg.), Handwörterbuch der Betriebswirtschaft, 5. Auflage, Stuttgart 1993, Sp. 910-920 (Entscheidungsprozesse).

WITTMANN, WALDEMAR, Unternehmung und unvollkommene Information: Unternehmerische Voraussicht – Ungewissheit und Planung, Köln 1959 (Unternehmung und unvollkommene Information).

WOLF, JENS, Die Rechtsnatur des Finanzierungsleasings, in: JuS 2002, S. 335-336 (Rechtsnatur des Finanzierungsleasings).

WOLL, ARTUR, Marktordnung, in: ALBERS, WILLI et al. (Hrsg.), Handwörterbuch der Wirtschaftswissenschaft, Band 5, Stuttgart et al. 1980, S. 127-139 (Marktordnung).

WOLLMERT, PETER, Stetigkeit, in: LÜCK, WOLFGANG (Hrsg.), Lexikon der Rechnungslegung und Abschlussprüfung, 4. Auflage, München et al. 1998 (Stetigkeit).

WOLLMERT, PETER/ACHLEITNER, ANN-KRISTIN, Konzeptionelle Grundlagen der IAS-Rechnungslegung (Teil I), in: WPg 1997, S. 209-222 (Konzeptionelle Grundlagen).

WÜRTELE, GÜNTHER, Die Operationalisierung des Grundsatzes der Materiality bei Abschlussprüfungen, Pfaffenweiler 1989 (Operationalisierung der Materiality).

WÜSTEMANN, JENS, US-GAAP: Modell für das deutsche Bilanzrecht?, in: WPg 1996, S. 421-431 (US-GAAP).

WÜSTEMANN, JENS/KIERZEK, SONJA, Revenue Recognition – Würdigung aktueller Entwicklungen aus prinzipienorientierter Sicht, in: BOCK, KURT/WERDER, AXEL VON (Hrsg.), Unternehmensübernahme, Unternehmensaufsicht, Unternehmensberichterstattung, Stuttgart 2008, S. 141-160 (Revenue Recognition).

XYZ

ZEITLER, FRANZ-CHRISTOPH, Rechnungslegung und Rechtsstaat – Übernahme der IAS oder Reform des HGB? – in: DB 2003, S. 1529-1534 (Rechnungslegung und Rechtsstaat).

ZIMMERMANN, JOCHEN, Zur Qualität der US-GAAP – Ein genauerer Blick auf die Enron-Konzernbilanz, in: StuB 2002, S. 573-582 (Qualität der US-GAAP).

ZIMMERMANN, JOCHEN/SCHWEINBERGER, STEFAN, Entwicklungen zur Ertragsrealisation in der kapitalmarktorientierten Rechnungslegung – Eine Analyse der Projekte „Revenue Recognition“ und „Insurance Contracts“, in: PiR 2007, S. 75-81 (Entwicklungen zur Ertragsrealisation).

ZÜLCH, HENNING, Die Bilanzierung von Investment Properties nach IAS 40, Düsseldorf 2003 (Investment Properties).

ZÜLCH, HENNING, Die Rechnungslegungsnormen des IASB – Hierarchie, Lücken und Inkonsistenzen, in: PiR 2005, S. 1-7 (Rechnungslegungsnormen des IASB).

ZÜLCH, HENNING/WILLMS, JESCO, Die Identifizierung von Leasingverhältnissen gem. IFRIC 4, in: StuB 2005, S. 315-317 (Identifizierung von Leasingverhältnissen).

ZÜLCH, HENNING/NELLESSEN, THOMAS, Die Überarbeitung der Rahmenkonzepte von IASB und FASB: aktueller Stand des „Conceptual Framework-Project", in: PiR 2008, S. 270-273 (Überarbeitung der Rahmenkonzepte).

ZWICKER, DIETER G., Mobilien-Leasing in den USA, in: ECKSTEIN, WOLFRAM/FEINEN, KLAUS (Hrsg.), Leasing-Handbuch für die betriebliche Praxis, 7. Auflage, Frankfurt am Main 2000, S. 519-571 (Leasing in den USA).

Verzeichnis der Rechtsquellen

BÖRSENGESETZ (BörsG) vom 16.7.2007 (BGBl. I S. 1330, 1351), letztmalig geändert durch Gesetz vom 20.3.2009 (BGBl. I S. 607).

BÜRGERLICHES GESETZBUCH (BGB) vom 18.8.1896 (RBGl. S. 195) in der Fassung der Bekanntmachung vom 2.1.2002 (BGBl. I S. 42, 2909), letztmalig geändert durch Gesetz vom 3.4.2009 (BGBl. I S. 700).

GESETZ ÜBER DEN WERTPAPIERHANDEL (WERTPAPIERHANDELSGESETZ – WpHG) vom 26.7.1004 in der Fassung der Bekanntmachung vom 9.9.1998 (BGBl. I S. 2708), letztmalig geändert durch Gesetz vom 20.3.2009 (BGBl. I S. 607).

VERORDNUNG (EG) Nr. 1606/2002 des Europäischen Parlaments und des Rates vom 19.7.2002 betreffend die Anwendung internationaler Rechnungslegungsstandards, Amtsblatt der EG Nr. L 243 vom 11.9.2002, S. 1-4 (IAS-Verordnung).

Verzeichnis der Rechtsprechung

BFH, Urteil vom 26.1.1970 – IV R 144/66, in: BStBl. II 1970, S. 264-273.

BGH, Urteil vom 8.10.1975 – VIII ZR 81/74, in: NJW 1977, S. 195-197.
BGH, Urteil vom 23.2.1977 – VIII ZR 124/75, in: NJW 1977, S. 848-850.
BGH, Urteil vom 5.4.1978 – VIII ZR 42/77, in: NJW 1978, S. 1383-1385.
BGH, Urteil vom 14.12.1989 – IX ZR 283/88, in: NJW 1990, S. 1113-1116.
BGH, Urteil vom 11.1.1995 – VIII ZR 82/94, in: NJW 1995, S. 1019-1023.